国家示范骨干高职院校重点建设专业系列教材

饲料配制与检测

范先超　陈继武　主编

中国农业大学出版社
·北京·

内 容 简 介

为适应 21 世纪畜牧兽医行业的发展对高职高端技能型人才的需求,编者根据多年实践和教学工作经验,并结合国家骨干高职院校建设对人才培养的要求编写了本教材。

本教材共 5 个项目 20 个任务。项目一为畜禽营养与供给,主要介绍了畜禽营养基本理论及供应畜禽营养物质的主要饲料的营养特点与使用方法;项目二为饲料实验室检验,主要介绍了饲料常规营养成分、饲料卫生指标检测及饲料显微镜检查等方法与技能;项目三为配合饲料配方设计,主要介绍了配合饲料配方设计、浓缩饲料配方设计和预混合饲料配方设计等设计方法与技能,特别是充分运用电子计算机运算功能优化设计运算的方法与技能;项目四为配合饲料加工,主要介绍预混合饲料加工及浓缩饲料、配合饲料加工等技能;项目五为饲料质量管理与检测,主要介绍了配合饲料加工工艺和饲料质量管理的内容与措施,着重介绍了配合饲料加工质量指标检测的方法与技能。书后附有最新饲料营养成分表,猪、鸡、牛饲养标准等。

本教材可作为高等农业职业院校畜牧兽医专业教材,也可作为畜牧及饲料生产第一线技术人员从事相关技术工作的参考书和工具书或培训教材。

图书在版编目(CIP)数据

饲料配制与检测/范先超,陈继武主编. —北京:中国农业大学出版社,2012.12
ISBN 978-7-5655-0668-0

Ⅰ.①饲… Ⅱ.①范…②陈… Ⅲ.①饲料-配制②饲料-检测 Ⅳ.①S816

中国版本图书馆 CIP 数据核字(2013)第 011978 号

书　　名	饲料配制与检测
作　　者	范先超　陈继武　主编

策划编辑	康昊婷　伍　斌	责任编辑	姚慧敏
封面设计	郑　川	责任校对	王晓凤　陈　莹
出版发行	中国农业大学出版社		
社　　址	北京市海淀区圆明园西路 2 号	邮政编码	100193
电　　话	发行部 010-62818525,8625	读者服务部	010-62732336
	编辑部 010-62732617,2618	出 版 部	010-62733440
网　　址	http://www.cau.edu.cn/caup	**E-mail**	cbsszs @ cau.edu.cn
经　　销	新华书店		
印　　刷	北京时代华都印刷有限公司		
版　　次	2012 年 12 月第 1 版　2012 年 12 月第 1 次印刷		
规　　格	787×1 092　16 开本　19 印张　470 千字		
定　　价	33.00 元		

编 写 人 员

主　编　范先超（黄冈职业技术学院）
　　　　　陈继武（黄冈职业技术学院）

参　编　王小芬（黄冈职业技术学院）
　　　　　王平江（武威东方希望动物营养有限公司）
　　　　　石浪涛（黄冈职业技术学院）
　　　　　任　雷（山东菏泽环山饲料有限公司）
　　　　　余亮彬（黄冈职业技术学院）
　　　　　夏小林（武汉傲农生物科技有限公司）
　　　　　秦春娥（黄冈职业技术学院）
　　　　　程思亮（黄冈职业技术学院）
　　　　　程喜荣（黄冈职业技术学院）
　　　　　戴益刚（黄冈职业技术学院）

前　言

　　为适应 21 世纪畜牧兽医行业的发展对高职高端技能型人才的需求,编者根据多年从事实践和教学工作经验,并结合国家骨干高职院校建设对人才培养的要求编写了本教材。

　　随着我国经济、科技和社会的发展,一方面促进了畜牧业发展;另一方面对畜牧业生产也提出了更高的要求:一是畜牧业生产向标准化、专业化、规模化、集约化发展;二是食品安全问题引导出对饲料安全问题日益重视。这些对畜牧业职业人才培养提出了更高要求,要求畜牧业职业人员不仅要有高超指导畜牧生产理论基础和技能,还要具有强烈绿色意识、环保意识、安全意识。本教材在传统教材基础上,加重了饲料安全控制与检测内容。

　　随着信息技术发展,计算机运用得到普及,提高了人们的工作效率。通过运用计算机运算功能,优化饲料配方设计计算过程,使配方设计者从繁重的计算过程中解放出来,集中精力研究营养理论应用和统筹饲料资源,不仅能提高配方设计效率,还能提高配方设计水平和质量。本教材在传统教材基础上,增加了运用通用办公软件(Microsoft Office Excel)辅助设计饲料配方的内容。

　　我国高等职业教育经历了规模扩张到内涵发展过程,现代高等职业教育思想和理念日趋成熟,依据职业岗位任职要求,引入行业企业技术标准,开发课程,优化教学内容,既是课程开发的要求,也是教材编写的依据。本教材吸取了现代高等职业教育思想和理念,把目标确定在培养学生具备应职岗位所必需的动物营养、配合饲料配制、饲料质量检测的基础知识和基本技能等,达到初步具备独立开展岗位工作、解决实际问题的高端技能型人才。本教材是高等职业院校畜牧兽医专业的一门必修专业课程,是各类动物生产必不可少的基础知识和技能。

　　本教材分为畜禽营养与供给、饲料实验室检验、配合饲料配方设计、配合饲料加工、饲料质量管理与检测五个项目和附录的最新饲料营养成分表,猪、鸡、牛饲养标准等组成。编写人员中既有长期从事高职教育的教师,也有长期工作在生产一线的专家和技术员,编者在编写前对编写大纲进行了详细的讨论,明确了编写内容;编写过程中,注意吸取相关高职教材的长处,注重教材内容的整合,注重理论联系实践,突出内容的实用性、可操作性和应用性。

　　限于编者水平有限和时间仓促,又有许多内容仍处于探索阶段,书中难免有不妥之处,敬请读者批评指正。

编　者
2012 年 12 月

目 录

项目一　畜禽营养与供给

任务一　畜禽营养与营养物质

◆ **知识目标**

　　1. 掌握营养、营养物质、营养需要的概念；

　　2. 掌握饲料的概念及分类方法；

　　3. 初步掌握畜禽对营养物质利用的特点。

◆ **能力目标**

　　1. 能根据饲料中营养物质含量，对饲料进行分类；

　　2. 能运用营养物质在动物体内转化基本规律指导畜牧业生产。

◆ **相关知识**

一、饲料中营养物质组成及饲料分类

（一）饲料中营养物质组成

　　饲料是动物生产的物质基础，一切能被动物采食、消化、利用且对动物无毒害作用的物质，均可作为动物的饲料；能全面供给动物营养，并按一定比例配制而成的混合饲料称为饲粮；而供给动物一昼夜营养所需的各种饲料总量称作日粮。动物的饲料，除少数来自于动物、矿物质及人工合成外，绝大多数来源于植物。

　　凡能被动物用以维持生命、生产产品，具有类似化学成分性质的物质，称为营养物质或营养素，简称养分。

　　营养物质是由单一化学元素或若干化学元素相互结合而成的，在已知的 100 余种化学元素中，动植物体内含有 60 余种。按它们在动植物体内含量的多少分为两大类：含量大于或等于 0.01% 的称为常量元素，如碳、氢、氧、氮、钙、磷、钾、钠、氯、镁和硫等；含量小于 0.01% 的称为微量元素，如铁、铜、钴、锰、锌、硒、碘、钼、铬和氟等。其中，碳、氢、氧、氮 4 种元素，所占比例最大，在植物体中约占干重的 95%，在动物体中约占干重的 91%。动物植物体中的元素，绝大部分不是以游离状态单独存在，而是互相结合为复杂的无机化合物或有机化合物。采取概略养分分析法，并结合近代分析技术测定的结果，将饲料营养物质分为水分、粗灰分、粗蛋白质、粗脂肪、碳水化合物和维生素 6 种（图 1-1）。

　　由于饲料中活性物质含量很少，在常规饲料分析中，常将饲料中营养物质概括为水分、粗灰分、粗蛋白质、粗脂肪、碳水化合物（粗纤维和无氮浸出物）5 大成分。

　　（1）水分　饲料中水分含量直接影响饲料的营养价值和贮存。水分含量越高，干物质越少，饲料的营养价值就越低，且易发霉变质，不利于饲料的运输和保存，但水分高的饲料适口性

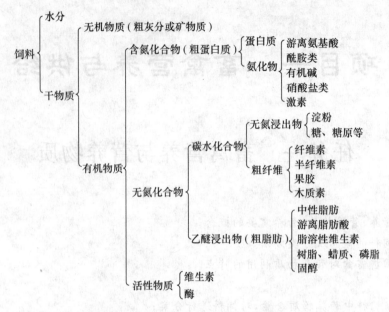

图 1-1　概略养分与饲料的营养成分

好,易消化。国家饲料标准要求,在南方配合饲料及原料中水分不得超过 12.5%,北方不得超过 14%。

(2)粗灰分　饲料样品在 550～600℃高温炉中灼烧,所有有机物全部完全燃烧氧化后剩余的残渣即为粗灰分。主要为矿物质或盐类,有时还含有少量泥沙,不能表明饲料的营养价值,对有机饲料而言,粗灰分过高其营养价值下降。

(3)粗蛋白质　饲料中一切含氮物质的总称,包括真蛋白和非蛋白含氮物。饲料中粗蛋白含量平均为 16%,常规分析测定粗蛋白质是先测出氮的量,再除以 16%(即乘以 6.25)计算出粗蛋白质的含量。一般来说,饲料中粗蛋白质越高,饲料营养价值也越高,但对猪和家禽,饲料中氨基酸尤其是有效氨基酸含量更能衡量饲料的营养价值。

(4)粗脂肪　饲料中脂溶性物质的总称,包括真脂肪和类脂肪。粗脂肪的常规分析测定是用无水乙醚(石油醚)浸提,所以粗脂肪又称乙醚浸出物。一般来说,饲料中粗脂肪越高,饲料的能量含量越高,但脂肪含量高的饲料不易贮存。

(5)碳水化合物　动物的主要能量来源。按照饲料常规分析及营养作用,碳水化合物分为粗纤维和无氮浸出物。粗纤维是植物细胞壁的主要成分,饲料中粗纤维含量越高,饲料的消化率越低,其营养价值越低,动物性饲料中一般不含粗纤维。无氮浸出物是饲料中可溶性碳水化合物的总称,主要由易被动物消化利用的淀粉、糖等组成,饲料中无氮浸出物含量越高,其营养价值越高。动物性饲料中碳水化合物极低。

动物通过摄取这些养分来维持生命,满足生长、繁殖、产肉、产蛋或产奶等生产和劳役的需要,提高对疾病的抵抗能力,保障机体的健康,并调控畜产品品质。营养物质是动物根本需要,饲料是营养物质的载体。

(二)饲料分类

1. 国际分类法

饲料的种类很多,分布甚广,各种饲料的营养特点和利用价值也各异。1963 年由美国

L. E. Harris 提出的国际饲料分类原则和编码体系,已被多数国家承认并接受。该法将收集的 6 152 种饲料,根据饲料的营养特性将饲料分为 8 大类(表 1-1)。

表 1-1　国际饲料分类依据原则　　　　　　　　　　　%

饲料类别	饲料编码	划分饲料类别依据		
		水分(自然含水量)	粗纤维(占干物质)	粗蛋白质(占干物质)
粗饲料	1-00-000	<45	≥18	—
青绿饲料	2-00-000	≥45	—	—
青贮饲料	3-00-000	≥45	—	—
能量饲料	4-00-000	<45	<18	<20
蛋白质饲料	5-00-000	<45	<18	≥20
矿物质饲料	6-00-000	—	—	—
维生素饲料	7-00-000	—	—	—
饲料添加剂	8-00-000	—	—	—

2. 中国现行饲料分类法

我国 20 世纪 80 年代初,根据国际饲料分类原则与我国传统分类体系相结合,提出了我国的饲料分类和编码体系(表 1-2)。1987 年开始建立中国饲料数据库,将中华人民共和国建立以来积累的有关饲料各种成分分析和营养价值资料进行整理、核对和筛选,并输入数据库。

表 1-2　中国饲料分类编码　　　　　　　　　　　%

饲料类别	饲料编码	划分饲料类别依据		
		水分(自然含水量)	粗纤维(占干物质)	粗蛋白质(占干物质)
一、青绿饲料	2-01-0000	≥45.0	—	—
二、树叶				
1. 鲜树叶	2-02-0000	≥45.0	—	—
2. 风干树叶	1-02-0000	—	≥18	—
三、青贮饲料				
1. 常规青贮饲料	3-03-0000	65~75	—	—
2. 半干青贮饲料	3-03-0000	45~55	—	—
3. 谷实青贮饲料	4-03-0000	28~35	<18	<20
四、块根、块茎、瓜果				
1. 含天然水分的块根、块茎、瓜果	2-04-0000	≥45	—	—
2. 脱水块根、块茎、瓜果	4-04-0000	—	<18	<20

续表 1-2   %

饲料类别	饲料编码	划分饲料类别依据		
		水分(自然含水量)	粗纤维（占干物质）	粗蛋白质（占干物质）
五、干草				
1. 第一类干草	1-05-0000	<15	≥18	—
2. 第二类干草	4-05-0000	<15	<18	<20
3. 第三类干草	5-05-0000	<15	<18	≥20
六、农副产品				
1. 第一类农副产品	1-06-0000	—	≥18	—
2. 第二类农副产品	4-06-0000	—	<18	<20
3. 第三类农副产品	5-06-0000	—	<18	≥20
七、谷实	4-07-0000		<18	<20
八、糠麸				
1. 第一类糠麸	4-08-0000		<18	<20
2. 第二类糠麸	1-08-0000		≥18	
九、豆类				
1. 第一类豆类	5-09-0000	—	<18	≥20
2. 第二类豆类	4-09-0000	—	<18	<20
十、饼粕				
1. 第一类饼粕	5-10-0000	—	<18	≥20
2. 第二类饼粕	1-10-0000	—	≥18	—
3. 第三类饼粕	4-10-0000	—	<18	<20
十一、糟渣				
1. 第一类糟渣	1-11-0000	—	≥18	—
2. 第二类糟渣	4-11-0000	—	<18	<20
3. 第三类糟渣	5-11-0000	—	<18	≥20
十二、草籽、树实				
1. 第一类草籽、树实	1-12-0000	—	≥18	—
2. 第二类草籽、树实	4-12-0000	—	<18	<20
3. 第三类草籽、树实	5-12-0000	—	<18	≥20
十三、动物性饲料				
1. 第一类动物性饲料	5-13-0000	—	—	≥20
2. 第二类动物性饲料	4-13-0000	—	—	<20
3. 第三类动物性饲料	6-13-0000	—	—	<20
十四、矿物质饲料	6-14-0000	—	—	—
十五、维生素饲料	7-15-0000	—	—	—
十六、饲料添加剂	8-16-0000	—	—	—
十七、油脂类饲料及其他	4-17-0000			—

3. 饲料编码说明

国际饲料编码,对每类饲料予以 6 位数的编码,分 3 节表示为△-△△-△△△。首位数代表饲料归属的类别,第 2 位、第 3 位数为该种饲料所属亚类,后面 3 位数字为同种饲料根据不同饲用部分、加工处理方法、成熟阶段、茬次、等级和质量保证进行的编号。

中国饲料分类法将饲料分成 8 大类、17 亚类、37 小类,对每类饲料冠以相应的中国饲料编码,共 7 位数,首位为国际饲料编码,第 2、3 位为中国饲料编码亚类编号,代表饲料的来源、形态、生产加工方法等属性,第 4~7 位代表饲料的个体编号。例如,吉双 4 号玉米的分类编码是 4-07-6302,表明是第 4 大类能量饲料,07 则表示属谷实类,6302 则是该玉米籽实的个体编号。

二、畜禽营养

畜禽营养是指动物消化、吸收和营养物质的利用率,以维持生命、生产产品整个过程。

(一)消化

饲料中的营养物质,除水、矿物质、维生素和部分小肽能被机体直接吸收利用外,碳水化合物、蛋白质、脂肪等大分子有机物,不能直接吸收,必须在消化道内经过物理的、化学的和微生物的消化,分解成简单的小分子物质,才能被机体吸收利用。饲料在消化道内这种分解过程称为消化。

1. 消化方式

动物对饲料的消化方式归纳起来,主要有 3 种:物理性消化、化学性消化和微生物消化。

(1)物理性消化 主要是指饲料在动物口腔内的咀嚼和消化道管壁的肌肉运动把饲料压扁、撕碎、磨烂的过程,利于在消化道内形成多水的食糜,从而增加饲料的表面积,易于与消化液充分混合,并把食糜从消化道的一个部位运送到另一个部位。

尽管物理性消化是化学性及微生物消化之前奏,食物只是颗粒变小,没有化学性变化,其消化产物也不能被吸收,但是咀嚼时间的长短及消化器官的肌肉运动强弱受饲料粒度的影响,而消化液分泌又与咀嚼和肌肉运动有关,所以,生产上对动物饲料粒度都有适当要求,以保证饲料有合理的物理性消化强度。

(2)化学性消化 酶的消化是高等动物的主要消化方式,是指饲料中不能被吸收的大分子营养物质在消化酶的作用下分解成能被吸收的小分子营养物质的过程。酶消化具有很强的特异性,受动物消化道内酶的种类、数量影响,合理开发、利用外源性酶,将有利于促进饲料营养物质的消化利用。

(3)微生物消化 主要是动物消化道内微生物对饲料的发酵过程,其消化酶来源于微生物而非动物本身,其中含有许多是动物消化道内所不能分泌的酶。微生物消化过程实际上包括两个方面,即分解和合成。分解是指饲料大分子营养物质在微生物酶的作用下被分解为小分子营养物质,其中包括许多动物本身无法消化的大分子营养物质,如纤维素、半纤维素等。合成是指微生物能将一些小分子物质合成可被动物消化、利用的营养物质,其中还会产生一些饲料中原本不存在的营养物质,如利用氨态氮合成菌体蛋白,产生 B 族维生素等。同时,微生物消化也存在着不足,如将能被动物本身消化的优质蛋白降解,发酵过程中产生一些气体和热量排出体外,造成优质蛋白源和能量的损失等。

动物的物理性、化学性和微生物消化过程,并不是彼此孤立的,而是相互联系共同作用的,

5

只是在消化道某一部位和某一消化阶段,某种消化过程才居于主导地位。

2. 动物的消化力与饲料的消化性

动物消化饲料中营养物质的能力称为动物的消化力,同一动物对不同饲料具有不同的消化能力;饲料被动物消化的性质或程度称为饲料的消化性,同一饲料对不同动物具有不同的消化特性。饲料的消化性和动物的消化力是营养物质消化过程中不可分割的两个方面。消化率是衡量这两个方面的统一指标。消化率是指饲料中可消化营养物质占食入营养物质的百分率。

$$消化率 = \frac{可消化营养物质}{食入营养物质} \times 100\% = \frac{食入营养物质 - 粪中排出物质}{食入营养物质} \times 100\%$$

粪中排出的物质,并非完全是饲料中未消化吸收的营养物质,还有消化道脱落细胞及分泌物、肠道微生物及其产物,故此消化率又称为表观消化率。

$$真消化率 = \frac{食入营养物质 - (粪中排出物质 - 粪中代谢产物)}{食入营养物质} \times 100\%$$

表观消化率比真消化率低,而真消化率测定比较复杂困难,一般常用的是表观消化率。饲料的消化率可通过消化试验测得。

(二)吸收

消化后的营养物质和可被动物直接吸收的营养物质通过消化道黏膜上皮细胞进入血液或淋巴循环的过程称为吸收。

1. 吸收的部位

消化道的部位不同,吸收程度也不同。各种动物口腔和食道均不吸收营养物质;单胃动物的胃可以吸收少量水分和无机盐;成年反刍动物的前胃(瘤胃、网胃和瓣胃)能吸收大量的挥发性脂肪酸,约75%的前胃微生物消化产物在前胃中吸收;小肠是各种动物吸收营养物质的主要场所,其吸收面积最大,吸收的营养物质也最多;肉食动物的大肠对有机物的吸收作用有限,而在草食动物和猪的盲肠及结肠中,还存在较强烈的微生物消化,其消化产物也能被强烈地吸收。

2. 吸收方式

(1)胞饮吸收　此方式吸收的物质,可以是分子形式,也可以是团块或聚集物。初生哺乳动物对初乳中免疫球蛋白的吸收即胞饮吸收,这对初生动物获取抗体具有十分重要的意义。

(2)被动吸收　一些低分子的营养物质经动物消化道上皮的滤过、扩散和渗透等作用,不需要消耗机体能量,即被吸收,如简单的多肽、各种离子、电解质、水及水溶性维生素和某些糖类等。

(3)主动吸收　主要靠消化道上皮细胞的代谢活动,需要有细胞膜上载体的协助,消耗能量的吸收过程,是高等动物吸收营养物质的主要途径,绝大多数有机物的吸收依靠主动吸收完成。

(三)营养物质的利用率

吸收后的营养物质,被利用于两个方面:一是形成动物体成分(体蛋白、体脂肪及少量糖原)和体外产品(奶、蛋及皮毛等);二是氧化供给动物体能量。将饲料中用于形成动物成分、体外产品和氧化供给动物体能量的营养物质称为可利用营养物质。可利用营养物质占可消化营养物质的百分比称为利用率。则:

$$利用率 = \frac{可利用营养物质}{可消化营养物质} \times 100\% = \frac{食入物质-粪中物质-尿中物质-胃肠气体损失}{食入物质-粪中物质} \times 100\%$$

动物对饲料蛋白质的利用率又称为蛋白质生物学价值。蛋白质生物学价值即动物体内被利用氮占肠道吸收氮的百分比。其计算公式如下:

$$蛋白质生物学价值 = \frac{利用氮}{吸收氮} \times 100\% = \frac{食入氮-(粪中氮+尿中氮)}{食入氮-粪中氮} \times 100\%$$

三、畜禽营养需要及转化规律

畜禽每天每头(只)对营养物质的总需要量称为畜禽营养需要,需要的营养物质包括能量、蛋白质、氨基酸、矿物质、维生素和必需脂肪酸等。根据被利用营养物质在畜禽体内的用途分为维持需要和生产需要。

(一)维持需要

维持需要是指畜禽处于维持状态下对各种营养物质的需要量。

维持状态指动物体重不增不减、不进行生产、体内各种营养物质相对平衡,即分解代谢与合成代谢过程处于零平衡的状态。这部分营养物质用于维持畜禽正常体温、血液循环、组织更新等必要的生命活动。

(二)生产需要

生产需要是指畜禽摄取的营养物质用于生产肉、蛋、奶、毛、繁殖、劳役等生产活动的部分。不同动物、同种动物的不同生理阶段以及不同生产目的的同种动物,其生产需要有所不同。根据生产类型,可将生产需要划分为生长、肥育、繁殖、泌乳、产蛋、使役、产毛及产绒等营养需要。

(三)畜禽营养需要测定方法

测定动物营养需要的方法大致可分为综合法和析因法2类。

综合法是研究营养需要最常用的方法,包括饲养试验法、平衡试验法、生物学法、屠宰试验法等。其中严格控制的饲养试验法用得最多。测定生长肥育动物、产乳母畜和产蛋禽的能量、蛋白质需要量,主要用饲养试验法。

析因法是将研究的总内容剖分为多个部分(如维持、产毛、产肉、产奶等),分别试验每个部分,然后综合多个部分的结果而得到动物的总养分需要量。

随着营养研究的深入发展和数学向营养学研究领域的渗透,部分营养物质的需要量可利用动态模拟模型估计,利用简单数学模型测算特定营养物质的需要量。

(四)营养物质在畜禽体内的转化规律

畜牧生产目的就是通过饲养畜禽将饲料原料最大限度地转化为畜产品或为人类生产、生活、娱乐等做功。畜禽摄取的营养物质不可能完全转化为畜产品或为人类做功,其中绝大部分被损耗(图1-2)。

由图1-2可见,饲料中营养物质转化为畜产品过程中,经过了若干环节耗损,科学合理地

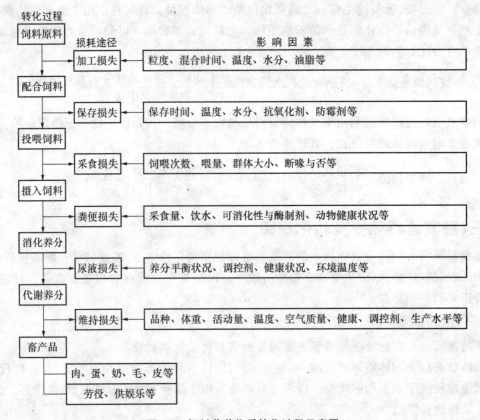

图 1-2　饲料营养物质转化过程示意图

加工、搭配,采取科学饲喂技术;尽可能地按动物生产时所需养分的比例提供有效养分,使供需间平衡;为动物提供适宜的生活环境等都是提高饲料转化率的有效措施。

(五)影响维持营养需要的因素

在畜禽生产中,维持需要属于无效损失,但又是必要的损耗,只有在满足维持需要的基础上,多余的养分才可能用于生产,即维持需要是动物的第一需要。在畜禽生产潜力允许的范围内,降低维持损耗或增加饲料投入,均能提高生产效率。影响畜禽维持营养需要的因素包括动物自身、饲粮营养成分、饲养管理技术、环境温度等。

1. 动物自身的影响

(1)种类、品种和生产水平　动物种类不同,维持需要明显不同,如牛每天维持需要的绝对量比禽高数十倍。同种同品种的动物,维持需要也不一样,如产蛋鸡的维持能量需要比肉鸡高10%~15%,奶用种牛比肉用种牛高10%~20%。按单位体重需要计算,鸡最高,猪较高,马次之,牛和羊最低。高产奶牛比低产奶的代谢强度高10%~32%,乳用家畜在泌乳期比干乳期高30%~60%;乳用牛比肉用牛的基础代谢高15%。一般代谢强度高的动物,按绝对量计,其维持需要也多,但相对而言,维持需要所占的比例就愈小。例如,一头500 kg体重的奶牛,日产20 kg标准乳,其维持消耗占总营养消耗的37%;而日产标准乳达40 kg时,仅占23%。

(2)年龄和性别　幼龄动物代谢旺盛,以单位体重计,基础代谢消耗比成年和老年动物多,故幼龄动物的维持需要相对高于成年、老年动物。性别也影响代谢消耗,雄性动物比雌性动物代谢消耗高。

（3）体重与体型　一般情况下,体重愈大,其维持需要量也愈多。但就单位体重而言,体重小的维持需要较体重大的高。这是因为体重小者,单位体重所具有的表面积大,散热多,故维持需要量也多。

（4）活动量　自由活动量愈大,用于维持的能量就愈多。所以,饲养肉用畜禽应适当限制活动量,可减少维持营养需要的消耗。

（5）被毛厚薄　动物被毛状态对维持能量需要的影响颇为明显,被毛厚的动物,在冷环境条件下维持需要明显低于被毛少的动物。绵羊在剪毛前,其临界温度为 0℃ 左右,而剪毛后即迅速升高,可达 30℃ 左右,故要避免在寒冬季节为绵羊剪毛。

2. 饲粮营养成分的影响

畜禽的维持需要量,不仅受畜禽自身的影响,还与饲粮组成有关。

非反刍动物饲粮种类不同对维持需要的直接影响较大,其中热增耗是一个重要影响因素。蛋白质含量高的饲粮,其热增耗明显高于其他类型的饲粮。不同饲料、不同饲粮配合、三大有机营养物质的绝对含量和相对比例不同,热增耗也不同。

反刍动物中,不同饲料或饲粮用于维持的代谢效率不同,而代谢率与饲粮代谢能用于维持的利用效率呈正相关,因此饲粮组成变化引起代谢率变化,最终将影响维持能量需要。饲粮种类不同对蛋白质维持需要同样有很大影响。秸秆饲料比含氮量相同的干草产生的代谢氮更多,相应增加维持总氮需要。

3. 饲养管理技术的影响

家禽在傍晚喂料,饲料利用效率高,用于维持的部分相应减少。反刍动物适当增加粗纤维比例,可提高饲粮代谢能含量,减少维持需要;相反,过量饲喂或瘤胃过度发酵,因食糜通过消化道的速度加快或瘤胃 pH 下降而降低饲粮代谢能含量,而增加维持需要。非反刍动物可因饲养水平提高、生产加快或生产水平提高,使体内营养物质周转代谢加速,增加维持需要。饲粮代谢能深度增加,也增加维持需要。

4. 环境温度的影响

畜禽都是恒温动物,只有当产热量与散热量相等时,才能保持体温恒定。环境温度低、风速大,散热量增加,为保持体温恒定,代谢会增强,维持需要也会增加;体内营养物质代谢强度与环境温度直接相关,环境温度过高或过低都会增加维持需要。

（六）营养与生产

畜禽生产本质就是将营养物质转化为畜禽产品。畜禽营养需要受生产方向、生产水平、生理阶段影响。

1. 营养与生长

畜禽生长是指体尺的增长和体重的增加,其营养需要受生长速度和增重内容影响,反过来说,营养水平和营养物质间的比例,同样影响生长速度和增重内容。

在畜禽的整个生长期中,生长速度不一样,生长速度取决于年龄和起始体重的大小。绝对生长呈"慢—快—慢"的趋势,相对生长速度随着体重或年龄的增长而下降。所以,动物体重（年龄）愈小,生长强度愈大,产出产品的效率愈高,需要的饲粮养分浓度愈高。

畜禽生长过程中,各阶段各种组织的生长速度不尽相同,从胚胎开始,最早发育和最先完成的是神经系统,依次为骨骼系统、肌肉组织,最后是脂肪组织,不同组织营养物质含量不完全相同,所以动物在不同生长阶段对营养物质需要的比例不完全相同,只有遵循这一规律合理调配饲粮中营养物质水平和组成,才能保证动物正常生长发育、发挥最佳生产潜力。不过,育肥猪后期生产中应适量控制能量供给,以提高瘦肉率。

2. 营养与繁殖

繁殖的营养需要低于快速生长的营养需要,但合理的营养供给对于最大限度提高家畜繁殖性能十分重要。母畜繁殖周期可分为配种前期及配种期、妊娠期和哺乳期三个阶段,每个阶段的生理特点和营养需要均不同。

(1)营养与初情期 家畜初情期出现主要受种类和品种的影响,其次就是营养水平,一般来说,同一品种的家畜生长愈快,初情期就愈早。如猪的初情期年龄一般为5~6月龄,地方猪种早于外种猪,杂交猪早于纯种猪;营养水平过低或过高均会推迟小母猪的初情年龄。牛、羊等反刍动物的初情期主要取决于体重或体格大小,与年龄关系较小,一般体重分别达到成年体重的35%(6~8月龄)和60%(5~10月龄)开始发情;营养不足,生长缓慢,初情期推迟;营养水平偏高,初情期提前。鸡的开产时间也受营养水平影响,正常情况下商品蛋鸡开产时间为110日龄左右。

(2)营养与排卵 促性腺激素受营养水平的调控,进而影响母畜排卵。母猪在配种前或在发情周期内,提高能量水平可增加排卵数。小母猪在后备期和发情期提高能量水平也能增加排卵数。生产上,常常为配种前的母猪提供较高营养水平(一般在维持能量需要基础上提高30%~100%)的饲粮以促进排卵("短期优饲"或"催情补饲")。优饲在配种前10~14 d为宜。母绵羊体重下降到最低体重前或在繁殖季节开始前2~3周起,用高能高蛋白质饲粮优饲,产羔率可提高10%~20%。短期优饲对体况较差、产仔数高、泌乳力强和在哺乳期失重严重的母畜效果更好。

(3)营养与受胎和胚胎成活 母猪受精率在95%左右,牛可达100%。但部分胚胎因各种不良因素的影响在中途死亡。母体的营养条件,特别是能量摄入水平是引起胚胎死亡的重要因素之一。供给高能(ME 38.12 MJ/d)饲粮时,配种后25~43 d胚胎成活率为67%~74%,而低能(ME 20.92 MJ/d)饲粮的成活率为77%~80%。饲粮蛋白质水平对胚胎成活率影响不大。维生素 A、维生素 E、叶酸和铁、碘、锌等微量元素的严重缺乏会增加胚胎死亡率。

(4)营养与胎儿生长发育 妊娠后1/4期,胎儿生长发育很快,母畜的营养水平明显影响胎儿的生长和初生重,但对多胎动物的产仔数没有影响。提高母猪后期的能量摄入量,可提高仔猪初生重和成活率;青年母牛妊娠最后 5 个月内的营养水平,对胎儿发育及犊牛断奶时体重有影响。母羊在妊娠后期若营养严重不足,不仅会影响羔羊初生重及生活力,还会影响胎儿次级毛囊的成熟。

(5)营养与产后发情间隔 母畜产后或断奶后至下次发情的时间间隔和情期受胎率是影响母畜繁殖性能的重要因素,缩短发情间隔,提高受胎率有利于提高母畜的繁殖成绩。动物分娩时的体况和哺乳期营养是影响发情间隔的关键因素。在营养良好的情况下,母牛一般在产后40~45 d发情,母猪在断奶后 7 d左右发情。

(6)营养与长期繁殖性能 母畜繁殖周期中营养状况不仅影响现期繁殖成绩,也会影响后期甚至一生的繁殖成绩。母畜过度饲养、体况过肥是繁殖障碍的常见原因;母畜长期严重营养不足,可导致母畜瘦弱综合征。这两种情况均影响动物的繁殖性能。为有利于长期繁殖性能的提高,母畜应维持适度低的营养水平。

（7）营养与公畜繁殖性能 公畜的繁殖机能主要是生产品质优良的精子,并达到使母畜卵子受精的目的。优秀的种公畜需要保持健壮的体况、旺盛的性欲和配种能力,生产品质优良的精子。公畜营养不良或营养过量是会严重影响期繁殖性能。后备期公畜能量供给不足,导致睾丸和附属性器官发育不正常,推迟性成熟,成年公畜性器官机能降低和性欲减退,射精量少,精子活力差;能量水平过高,又会使公畜体况偏肥,性机能减弱,甚至丧失配种能力。饲粮中蛋白质不足,会影响精子形成和减少射精量,青年公畜易引起睾丸发育不良和出现无精子等症状;蛋白质过多,不利于精液品质的提高,尤其是赖氨酸对改进精液品质十分重要。

除此之外,矿物质和维生素对公畜繁殖性能也有很大地影响。矿物质元素中钙、磷、钠、氯、锌、锰、碘、铜、硒等都能影响种公畜精液品质;维生素 A、维生素 D 等对种公畜精子活力影响很大,适量提高维生素 A、维生素 D 等可提高受精率。

3. 营养与泌乳

泌乳是哺乳动物的重要生理机能,为哺育幼畜、繁衍种族所必需。现代乳用家畜特别是奶牛,经过长期选育和精心饲养,其产奶量已远远超过哺育幼畜的需要,高产奶或奶山羊一年的产乳量,按干物质计,相当于自身体重的 4～5 倍,高者可达 7～8 倍。

影响泌乳和乳成分的因素有品种、年龄、胎次、泌乳期、气温和营养水平等,其中饲料和营养是最重要因素。对生长期奶牛,在一定程度上降低营养水平,虽延迟产犊年龄,但以后产奶量逐胎上升,若以终身产乳量计,甚至高于高营养水平培育的奶牛,产乳效率也高。对产乳奶牛,长期饲喂低营养水平日粮有利于产乳量提高,但乳脂量减少。一般日粮营养水平适当高于实际泌乳需要,并随泌乳量的提高而不断增加,有利于充分发挥母畜的泌乳潜力。

日粮中精粗料比例对奶牛产奶量和乳脂率影响较大。日粮中若精料比例大,在瘤胃发酵而产生挥发性脂肪酸乙酸比例下降,丙酸增多,则乳脂合成减少而体脂增多;相反丙酸比例下降而乙酸增多,则有利于提高乳脂率。生产中为提高泌乳量和乳脂率,奶牛日粮以精料占 40%～60%、粗纤维占 15%～17% 为宜。

4. 营养与产蛋

营养因素对蛋的影响,包括对蛋的数量、大小和成分的影响。

（1）对产蛋量和蛋大小的影响 蛋禽可根据饲粮中能量浓度调节采食量,一般不会出现能量过量,但能量不足会造成蛋形变小,最后导致产蛋量降低,甚至停产;能量饲喂过量或自由采食会使种鸡体组织脂肪沉积过多,间接降低产蛋量和蛋的受精率。蛋白质、氨基酸不足,会降低产蛋量,减轻蛋重,严重时会停产;脂类中亚油酸等必需脂肪酸不足,会明显降低产蛋量、蛋的大小和蛋中脂类含量;维生素缺乏最易造成产蛋量下降;矿物质元素对蛋壳的影响最大,影响产蛋量的主要元素是钙和钠。

（2）对蛋的成分影响 营养对蛋清的成分影响不大或没有影响,对蛋黄、蛋壳的成分影响较大。蛋壳的成分主要受钙、磷、维生素 D 等因素的影响。蛋黄中脂溶性维生素、必需脂肪酸、胆固醇、维生素 B_{12}、泛酸、叶酸、碘、硒等成分受饲粮中相应养分含量影响,特别是脂溶性维生素,而其他成分受饲粮中营养成分含量影响不大。

5. 营养与产毛

营养不仅影响产毛量,还影响毛的品质。能量、蛋白质、氨基酸,特别是含硫氨基酸对毛的产量和品质有较大影响;矿物质和维生素,特别是碘、钴、铜、锌、硫、维生素 A、核黄酸、生物素、泛酸、烟酸等对毛的品质和产量也有影响。

◈ 相关技能

常用饲料的分类

一、目的要求

能根据饲料的主要营养物质含量,结合实际,对给定的饲料进行正确分类,并能编制出其第一、二节编码。

二、实训条件

(1)中国饲料成分及营养价值表(附录 4);
(2)中国饲料分类编码表;
(3)饲料分类表。

三、方法步骤

(1)教师随机从《中国饲料营养成分及营养价值表》挑选不少于 10 种饲料。
(2)学生将依据饲料分类表,将指定的饲料名称和主要营养成分填入饲料分类表中。
(3)学生对给定的饲料进行分类,并对饲料进行编码。

四、考核评定

1. 简答
结合自己分类的饲料,能正确说出饲料分类依据和编码原则。
2. 饲料分类
饲料分类全面正确的得满分。

◈ 讨论与思考

运用畜禽营养需要及转化的规律,分析提高饲料转化效率、充分发挥畜禽生产潜力的措施。

任务二　能量营养与供给

◈ 知识目标

1. 掌握能量对畜禽的营养作用;
2. 掌握畜禽能量来源;
3. 掌握能量在动物体内转化规律;
4. 掌握能量饲料种类及其营养特点。

◆ **能力目标**

1. 能正确识别动物能量缺乏或过剩营养疾病,并提出解决措施;
2. 能正确识别能量饲料,并能对能量饲料品质进行评价;
3. 能正确使用能量饲料,合理开发能量饲料资源;
4. 能在饲料接收现场,开展能量饲料原料验收工作。

◆ **相关知识**

第一部分 能量营养与能量来源

一、能量对畜禽的营养作用

能量是畜禽赖以生存的基础。畜禽为了维持生命、生长、发育、繁殖后代和生产畜产品,每天必须从外界取得一定物质和能量。

生物体内能量的储存和利用都是以 ATP 为中心。在体外 pH 7.0,25℃ 条件下,每摩尔 ATP 水解为 ADP 和 Pi 时释放的能量为 30.5 kJ。畜禽体内 ATP 含量虽然不多,但每日经 ATP/ADP 相互转变的量相当可观。ATP 在机体内可以参与肌肉收缩转变成机械能,参与物质主动转运转变成渗透能,参与合成代谢转变成化学能,维持生物电转变成电能,维持体温转变成热能等。

二、能量水平对动物与生产性能的影响

(一)能量缺乏对动物健康和生产性能的影响

幼龄生长动物若缺乏能量,生长速度明显减慢,日增重大幅降低,并可导致初情期延迟,躯体消瘦、体重减轻。生长动物短期缺乏能量,一般不致严重影响其体尺大小,对健康亦不会造成持久的损害,当能量供给恢复正常后,将会因生长加快而使增重得到补偿;但若长期缺乏能量而招致的生长受阻,虽能量供给恢复正常,其生长亦难以得到补偿。

妊娠母畜缺乏能量,会使仔畜初生重减轻,体质变弱;泌乳母畜缺乏能量,则体躯消瘦、体重减轻,泌乳量显著减少,且对健康和繁殖性能造成十分有害的后果,甚至引起酮糖症和毒血症。母鸡能量供应不足,导致生长减缓、产蛋率下降等。

(二)能量过量对动物健康和生产性能的影响

妊娠母猪能量过量,会导致体内脂肪沉积,致使体躯过肥而影响正常繁殖,常出现死胎,胎儿被吸收或产出弱仔猪;有的母猪还出现产后食欲不振和采食量减少,从而造成体质软弱和消瘦,并常因发生蹄病和四肢疾病而不适于种用。

泌乳母牛能量过量,往往呈现体躯过肥,影响母牛的正常繁殖,表现为性周期紊乱、难孕、胎儿发育不良及难产等;其次影响母牛正常泌乳,泌乳量减少,严重时甚至可使母牛丧失乳用价值。

种用公畜能量过量,体脂沉积和体躯肥胖,体况不佳,性机能严重衰退,甚至完全失去种用价值。

母鸡能量过量,特别是采食高能低蛋白饲粮,产蛋母鸡会出现肝脂肪浸润,产蛋率大幅度下降;后备鸡而因体脂沉积,早熟,开产过早,蛋重减轻,蛋料比降低等。

三、能量在动物体内的转化

(一)能量在动物体内的转化规律

动物食入的能量,损耗的能量及沉积的能量,是按能量守恒定律进行的,称为能量平衡。饲料中的能量在动物体内的转化过程见图1-3。

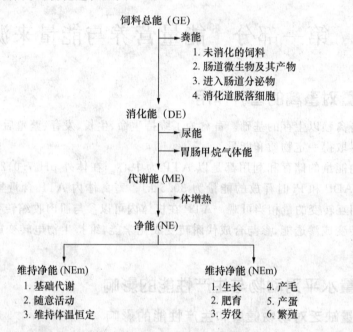

图1-3 饲料能量在动物体内转化过程

1. 总能(GE)

饲料中有机物完全燃烧所产生的能量总和称为总能,常用氧弹式热量计进行测定。总能只表示饲料完全燃烧后所释放的能量值,并不能反映饲料的真实营养价值,但它是评定能量代谢过程中其他能值的基础。

2. 消化能(DE)

饲料中可消化的营养物质所含的能量称为消化能。动物采食饲料后,未被消化吸收的营养物质等由粪便排出体外,粪中所含的能量为粪能(FE)。

$$ADE = GE - FE$$

式中:ADE 为饲料表观消化能;GE 为进食饲料总能;FE 为粪便中所含的能量。

$$TDE = GE - (FE - FmE)$$

式中:TDE 为饲料的真实消化能;FmE 为肠道微生物及其产物、进入肠道分泌物、消化道脱落细胞等所含的能量,即代谢粪能。

表观消化能低于真消化能,但生产实践中多应用表观消化能。

由总能转化为消化能的过程中,粪能丢失的多少因动物品种及饲料性质而异。

表 1-3 几种常用饲料中总能与猪可消化能的比较 MJ/kg

饲料名称	总能	消化能	饲料名称	总能	消化能
玉米	18.87	14.39	脱水苜蓿粉	17.95	7.87
小麦	17.45	14.23	豆粕(48.8%CP)	17.66	15.40
大麦	16.61	13.05	双低菜籽粕	17.99	12.13
燕麦	18.24	11.55			

测定饲料的消化能采用消化试验。用饲料消化能评定饲料的营养价值和估计动物的能量需要量比饲料总能更为准确,可反映出饲料能量被消化吸收的程度。

3. 代谢能(ME)

饲料中可利用的营养物质所含的能量称为代谢能。它表示饲料中真正参与动物体内代谢的能量,故又称为生理有效能。

饲料中被吸收的营养物质,在利用过程中有两部分能量损失。一是尿中蛋白质的尾产物尿素、尿酸等所含的能量,即尿能;二是碳水化合物在消化道,经微生物酵解所产生的气体中甲烷所含的能量,即胃肠甲烷气体能。则:

$$ME=DE-UE-AE \text{ 或 } ME=GE-FE-UE-AE$$

式中:ME 为饲料代谢能;UE 为尿能;AE 为胃肠甲烷气体能。

哺乳动物尿中的含氮化合物主要是尿素,禽类主要是尿酸。据测定,每克尿素含能量23 kJ,每克尿酸含能量 28 kJ。一般情况下,猪的尿能占采食总能的 2%~3%,牛的尿能占总能的 4%~5%。尿能损失受饲粮结构的影响,特别是饲粮中蛋白质水平、氨基酸平衡状况等。

反刍动物损失的甲烷气体能较多,一般占总能的 6%~8%。猪禽损失很少,略而不计。

通常所说的代谢能指表观代谢能。用代谢能评定饲料的营养价值和能量需要,比消化能更进一步明确了饲料能量在动物体内的转化与利用程度。

测定饲料的代谢能常采用代谢试验,即在消化试验的基础上增加收集尿和收集甲烷气体的装置。

4. 净能(NE)

饲料中总能用于维持生命活动和生产产品的能量,即代谢能扣除体增热,称为净能。

体增热又称热增耗(HI),是指绝食动物在采食饲粮后短时间内,体内产热量高于绝食代谢产热的那部分热能,它由体表散失。体增热包括发酵热(HF)和营养代谢热(HNM)。发酵热是指饲料在消化过程中由消化道微生物发酵产生的热量(非草食动物可忽略不计)。营养代谢热是指动物采食饲料后体内代谢加强而增加的产热量。此外,消化道肌肉活动、呼吸加快以及内分泌系统和血液循环系统等机能加强,都会引起体热增加。冷应激环境中,动物可利用体增热维持体温;热应激环境中,体增热是一种负担,设法降低体增热是提高饲料利用率和动物生产性能的主要措施之一。体增热受动物种类、饲料成分、饲粮组成、饲养水平及日粮全价性等因素的影响,一般占食入总能的 10%~40%。

净能根据其用途分为维持净能和生产净能。用来维持动物生命活动的部分称为维持净能;用于生产产品的部分,称为生产净能。不同生产用途,生产净能的表现形式不同,例如肥育动物的产脂净能(NEF)、泌乳动物的产奶净能(NEL)、产蛋动物的产蛋净能(NEE)、生长动物的增重净能(NEG)等。维持净能是动物第一需要,只有当供给净能满足了维持净能后,超量部分才用于生产净力。

饲料净能的测定,除进行代谢试验外,还应测定的体增热。在测定表观代谢能基础上测定的净能值,称为表观净能。

可见,动物采食饲料能量后,经消化、吸收、代谢及合成等过程,大部分能量以各种废能的形式(粪能、尿能、气体能、体增热、维持净能)损失掉,仅有少部分食入饲料能量转化为不同形式的产品净能(NEp)供人类使用。GE、DE、ME、NEp 均可评价饲料的能量营养价值,由于依次愈来愈接近饲料利用之终端,所以评定饲料能量营养价值或估计动物能量需要时,其准确性以 GE 最差,NEp 最高。

(二)饲料能量利用效率

饲料在动物体内经过代谢转化后,最终用于维持动物生命和生产。动物利用饲料中能量转化为产品净能,这种投入的能量与产出的能量的比率关系称为饲料能量利用效率。

$$饲料能量利用效率 = \frac{产品能值}{食入饲料总能} \times 100\%$$

能量用于维持需要和用于生产的效率不同,且饲料总能难以反映饲料的真实营养价值,所以饲料能量的利用率常用总效率和纯效率两种指标表示。

总效率是指产出产品中所含的能量与进食饲料的有效能(消化能或代谢能)之比。计算公式如下:

$$总效率 = \frac{产品能值}{进食有效能值(包括维持能量)} \times 100\%$$

纯效率是指喂给动物的能量水平高于维持需要时,产出的产品能值与进食有效能扣除用于维持需要的有效能值之比。计算公式为:

$$净效率 = \frac{产品能值}{进食有效能值 - 用于维持需要有效能值} \times 100\%$$

总效率或净效率受动物种类、日粮性质、能量水平、环境温度、饲喂技术等多种因素的影响。有效能占饲料总能的比例愈高,用于维持需要所占的比例愈小,则效率越高。

(三)畜禽能量体系

生产中,根据不同动物饲料 GE、DE、ME、NE 与 NEp 相关度,结合各种能量测定难易程度,采用不同能量类型作为不同动物的能量指标,即动物能量体系。一般情况下,猪饲料消化能中 96% 可转化为代谢能,66%～72% 的代谢能可转变为净能;禽饲料代谢能 75%～80% 可转变为净能;反刍动物饲料消化能 76%～86% 可转变为代谢能,30%～65% 的代谢能可转变为净能。所以,我国采用消化能作为猪的能量指标,采用代谢能作为禽的能量指标,采用净能作为反刍动物的能量指标。在我国,奶牛采用奶牛能量单位,缩写为 NND(汉语拼音字首)或DCEU(英语 Dairy Cattle Energy Unit 缩写),即 1 kg 含乳脂率为 4% 的标准乳能量或3 138 kJ产奶净能为一个 NND。对肉牛采用肉牛能量单位,缩写为 RND(汉语拼音字首)或BCEU(英语 Beef Cattle Energy Unit 缩写),即 1 kg 中等品质玉米所含的综合净能 8.08 MJ

(1.93 Mcal)为一个 RND。

四、畜禽能量的来源

畜禽所需要的能量来源于饲料中的 3 种有机物:碳水化合物、脂肪和蛋白质。

(一)碳水化合物

碳水化合物广泛地存在于植物性饲料中,在动物日粮中占一半以上,是供给动物能量最主要的营养物质。

1. 碳水化合物存在形式

植物性饲料中的碳水化合物又称糖,虽然种类繁多,性质各异,但是,除个别糖的衍生物中含有少量氮、硫等元素外,都由碳、氢、氧 3 种元素组成。在常规养分分析中将碳水化合物分为无氮浸出物和粗纤维两大类。

无氮浸出物主要包括单糖、双糖、寡聚糖和多聚糖中的淀粉,主要存在于细胞内容物中。各种饲料的无氮浸出物含量差异很大,其中以块根块茎类及籽实类中含量最多。

粗纤维主要包括纤维素、半纤维素、果胶和木质素等,是构成植物细胞壁的主要物质,多存在于植物的茎秆和秕壳中。纤维素、半纤维素和果胶不能被动物消化道分泌的酶水解,但能被消化道中微生物酵解,酵解后的产物能被动物吸收与利用;木质素却不能被动物利用。

动物体内的碳水化合物含量很低,仅占体重的 1% 以下,主要存在有葡萄糖、糖原、乳糖、肝糖等。

2. 碳水化合物的营养功能

(1)碳水化合物是供给动物能量的主要来源 动物为了生存和生产,必须维持体温的恒定和各个组织器官的正常活动。如心脏的跳动、血液循环、胃肠蠕动、肺的呼吸、肌肉收缩等都需要能量。动物所需能量中,约 80% 由碳水化合物提供。碳水化合物平均含能量 16.7 kJ/g。

(2)碳水化合物是机体内能量贮备物质 当供给动物能量过剩时,先在动物体内转变为肝糖原、肌糖原进行能量贮备,若仍有过剩时才转变为脂肪进行贮备;供能时则先由糖原氧化供能,其次才是脂肪氧化供能。

(3)碳水化合物是体组织的构成物质 碳水化合物普遍存在于动物体的各种组织中,作为细胞的构成成分,参与多种生命过程,在组织生长的调节上起着重要作用,如核糖、脱氧核糖、黏多糖、糖蛋白等。

(4)碳水化合物是动物生产产品时的重要原料 母畜在泌乳期,碳水化合物也是乳脂肪和乳糖的原料。试验证明,体脂肪约有 50%、乳脂肪有 60%～70% 是以碳水化合物为原料合成的。

饲养实践中,如日粮中碳水化合物不足,动物就要动用体内贮备物质(糖原、体脂肪,甚至体蛋白),出现体况消瘦,生产性能降低等现象。因此,必须重视碳水化合物的供应。

(5)寡聚糖的特殊营养功能 寡聚糖是指 2～10 个单糖单元通过糖苷键连结的一类小聚合物的总称,主要有寡果糖(又称果寡糖或蔗果三糖)、寡甘露糖、异麦芽寡糖、寡乳糖及寡木糖等。寡聚糖可作为有益菌的基质,改变肠道菌相,建立健康的肠道微生物区系。寡聚糖还有消除消化道内病原菌,激活机体免疫系统等作用。日粮中添加寡聚糖可增强机体免疫力,提高成活率、增重及饲料转换率。

(6)非淀粉多糖(NSP)的营养功能 非淀粉多糖根据其溶解性分为不溶性非淀粉多糖和可溶性非淀粉多糖。不溶性非淀粉多糖主要是纤维性、半纤维素等,在植物体中含量高;可溶性非淀粉多糖主要包括 β-葡聚糖和阿拉伯木聚糖、果胶等,在植物体中含量较低。

不溶性非淀粉多糖(日粮粗纤维)的营养:

①营养作用。粗纤维经微生物发酵产生的各种挥发性脂肪酸,除用以合成葡萄糖外,还可氧化供能。它是草食动物的主要能源物质,也是泌乳母畜乳汁中乳脂肪的重要来源。

②填充作用。粗纤维体积大,吸水性强,不易消化,可充填胃肠容积,使动物食后有饱感,还可以用来调节日粮营养浓度。

③促进胃肠蠕动的作用。粗纤维可刺激消化道黏膜,促进胃肠蠕动、消化液的分泌和粪便的排出。

可溶性非淀粉多糖的抗营养作用:

具有抗营养特性的 NSP 主要是 β-葡聚糖和阿拉伯木聚糖等可溶于水的 NSP,大量存在于麦类、谷物及糠麸中。可溶性非淀粉多糖在消化道中与水作用形成凝胶,增加食糜黏度,阻碍了消化酶与养分的充分混合,延长了混合的时间,从而影响动物对其他营养物质的消化吸收。

3. 单胃动物碳水化合物营养特点及应用

碳水化合物在动物体内代谢方式有两种,一是葡萄糖代谢,二是挥发性脂肪酸代谢。其过程简式表示如图 1-4 所示。

图 1-4 碳水化合物在动物体内代谢过程简图

(1)无氮浸出物营养(以猪为例) 猪体内碳水化合物消化代谢过程如图 1-5 所示。

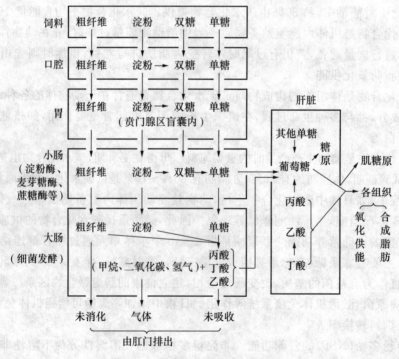

图 1-5 猪体内碳水化合物消化代谢简图

18

由图1-5可知,饲料中碳水化合物被猪采食后进入口腔,经过胃、小肠、大肠,最后未被消化、吸收的部分由肛门排出体外。由于口腔中只有唾液淀粉酶,胃本身不含消化碳水化合物的酶类,小肠中含有消化碳水化合物的各种酶类。所以饲料中无氮浸出物消化主要在小肠,口腔中只有少部分淀粉经唾液淀粉酶的作用水解为麦芽糖等,胃内大部分为酸性环境,淀粉酶失去活性,只有在贲门腺区和盲囊区内,一部分淀粉在唾液淀粉酶作用下,水解为麦芽糖。其消化过程如下:

$$淀粉 \xrightarrow[胰淀粉酶]{唾液淀粉酶、肠淀粉酶} 麦芽糖 \xrightarrow{麦芽糖酶} 葡萄糖$$

$$蔗糖 \xrightarrow{蔗糖酶} 葡萄糖＋果糖$$

$$乳糖 \xrightarrow{乳糖酶} 葡萄糖＋半果糖$$

无氮浸出物最终的分解产物是各种单糖,其中大部分由小肠壁吸收,经血液输送至肝脏。在肝脏中,其他单糖首先都转变为葡萄糖,而所有葡萄糖中大部分经体循环输送至身体各组织,参加三羧酸循环,氧化释放能量供动物需要。一部分葡萄糖在肝脏合成肝糖原,一部分葡萄糖通过血液输送至肌肉中形成肌糖原。再有过多的葡萄糖时,则被输送至动物脂肪组织及细胞中合成体脂肪作为贮备。

(2)粗纤维营养 单胃动物的胃和小肠不分泌纤维素酶和半纤维素酶,因此饲料中的纤维素和半纤维素不能在其中酶解。饲料中的纤维素和半纤维素的消化主要依靠结肠与盲肠中的细菌发酵,将其酵解产生乙酸、丙酸和丁酸等挥发性脂肪酸及甲烷、氢气、二氧化碳等气体。部分挥发性脂肪酸可被肠壁吸收,经血液输送至肝脏,进而被动物利用,而气体排出体外。在所有消化器官中没被消化吸收的碳水化合物,最终由粪便排出体外。

由消化代谢过程可知,猪碳水化合物消化代谢的特点是以葡萄糖代谢为主,消化吸收的主要场所是在小肠,靠酶的作用进行。挥发性脂肪酸代谢为辅助代谢方式,且在大肠中靠细菌发酵进行,其营养作用较小,因此,猪能大量利用淀粉和各类单、双糖,但不能大量利用粗纤维。猪饲粮中粗纤维水平不宜过高,一般为4％～8％。在肥育后期可利用粗纤维较高的日粮,以限制采食量,减少脂肪沉积,提高胴体瘦肉率。瘦肉型猪饲粮中粗纤维应控制在7％以下。家禽碳水化合物消化代谢特点与猪相似,但缺少乳糖酶,故乳糖不能在家禽消化道中水解,而粗纤维的消化只在盲肠。因此,它利用粗纤维的能力比猪还低。鸡饲粮中,粗纤维的含量以3％～5％为宜。

单胃草食动物,如马、驴、骡等,对碳水化合物的消化代谢过程与猪基本相同。草食动物虽然没有瘤胃,但盲肠结肠较发达,其中细菌对纤维素和半纤维素具有较强的消化能力。因此,对粗纤维的消化能力比猪强,却不如反刍动物。马属动物在碳水化合物消化代谢过程中,既可进行挥发性脂肪酸代谢,又能进行葡萄糖代谢。马属动物在使役时,需要较多的能量,日粮中应增加含淀粉多的精料。休闲时,可多供给些富含粗纤维的秸秆类饲料。

4. 反刍动物碳水化合物营养特点及其应用

反刍动物碳水化合物消化代谢过程见图1-6。

(1)粗纤维营养 反刍动物的瘤胃是消化粗纤维的主要器官。饲料粗纤维进入瘤胃后,被瘤胃细菌降解为乙酸、丙酸和丁酸等挥发性脂肪酸,同时产生甲烷、氢气和二氧化碳等气体。分解后的挥发性脂肪酸,大部分可直接被瘤胃壁迅速吸收,吸收后由血液输送至肝脏。在肝脏中,丙酸转变为葡萄糖,参与葡萄糖代谢,丁酸转变为乙酸,乙酸随体循环到各组织中参加三羧酸循环,氧化释放能量供给动物体需要,同时也产生二氧化碳和水。还有部分乙酸被输送至乳腺,用以合成乳脂肪。所产生的气体以嗳气等方式排出体外。

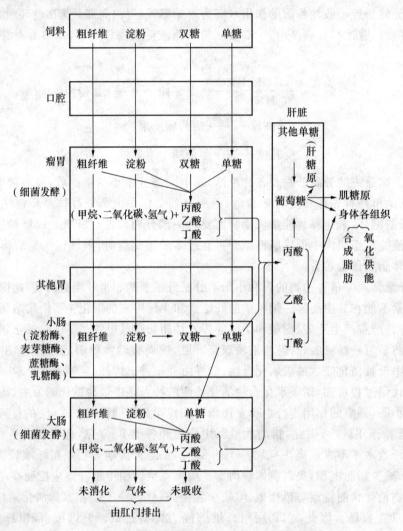

图 1-6 反刍家畜的碳水化合物消化代谢示意图

瘤胃中未被降解的粗纤维,通过小肠时无大变化。到达结肠与盲肠中,部分粗纤维又可被细菌降解为挥发性脂肪酸及气体。挥发性脂肪酸可被肠壁吸收参加机体代谢,气体排出体外。

(2)无氮浸出物营养　反刍动物的口腔中,唾液多但淀粉酶很少,饲料中淀粉在口腔内变化不大。饲料中大部分淀粉和糖进入瘤胃后被细菌降解为挥发性脂肪酸及气体。挥发性脂肪酸被瘤胃壁吸收参加机体代谢,气体排出体外。瘤胃中未被降解的淀粉和糖进入小肠,在淀粉酶、麦芽糖酶及蔗糖酶等的作用下分解为葡萄糖等单糖被肠壁吸收,参加机体代谢。小肠未被消化的淀粉和糖进入结肠与盲肠,被细菌降解为挥发性脂肪酸并产生气体。挥发性脂肪酸被肠壁吸收参加代谢,气体排出体外。在所有消化道中未被消化吸收的无氮浸出物和粗纤维,最终由粪便排出体外。

由碳水化合物消化代谢过程可知,反刍动物碳水化合物消化代谢的特点:以挥发性脂肪酸代谢为主,是在瘤胃和大肠中靠细菌发酵;而以葡萄糖代谢为辅,是在小肠中靠酶的作用进行。故反刍动物不仅能大量利用无氮浸出物,也能大量利用粗纤维。反刍动物对粗纤维的消化率一般可达 42%~61%。

瘤胃发酵形成的各种挥发性脂肪酸的数量,因日粮组成、微生物区系等因素而异。对于肉牛,提高饲粮中精料比例或将粗饲料磨成粉状饲喂,瘤胃中产生的乙酸减少,丙酸增多,有利于合成体脂肪,提高增重改善肉质。对于奶牛,增加饲粮中优质粗饲料的给量,则形成的乙酸多,有利于形成乳脂肪,提高乳脂率。反刍动物对粗纤维的利用程度变化极大,影响消化道中微生物所有因素均影响粗纤维的利用。粗纤维是反刍动物的一种必需的营养素,不仅具有发酵产生挥发性脂肪酸的营养作用,还对保证消化道的正常功能,维持宿主健康和调节微生物群落等也具有重要作用。

粗饲料应该是反刍动物日粮之主体,一般应占整个日粮干物质的 50% 以上。奶牛粗饲料供给不足或粉碎过细,轻者影响产奶量,降低乳脂率,重则引起奶牛蹄叶炎、酸中毒、瘤胃不完全角化症、皱胃移位等。日粮粗纤维水平低于或高于适宜范围,都不利于对能量的利用,会对动物产生不良影响。奶牛日粮中按干物质计,粗纤维含量约 17% 或酸性纤维约 21%,才能预防出现粗纤维不足的症状。

(二)脂肪

1. 脂肪的主要理化特性

各种饲料和动物体中均含有脂肪。根据结构不同,主要分为真脂肪和类脂肪两大类,两者统称为粗脂肪。真脂肪在体内脂肪酶的作用下,分解为甘油和脂肪酸;类脂肪则除了分解为甘油和脂肪酸外,还含有磷酸、糖和其他含氮物。

构成脂肪的脂肪酸种类很多,包括脂肪酸结构中不含双键的饱和脂肪酸与含有双键的不饱和脂肪酸。脂肪酸的饱和程度不同,脂肪酸和脂类的熔点和硬度不同。脂肪中含不饱和脂肪酸越多,其硬度越小,熔点也越低。植物油脂中不饱和脂肪酸含量高于动物油脂。故常温下,植物油脂呈液体状态,而动物油脂呈固体状态。

(1)脂肪的水解作用　脂肪可在酸或碱的作用下发生水解,水解产物为甘油和脂肪酸,动植物体内脂肪的水解在脂肪酶催化下进行。水解所产生的游离脂肪酸大多数无臭无味,但低级脂肪酸,特别是 4~6 个碳原子的脂肪酸,如丁酸和乙酸具有强烈的气味,影响动物适口性,动物营养中把这种水解看成影响脂肪利用的因素。多种细菌和霉菌均可产生脂肪酶,当饲料保管不善时,其所含脂肪易于发生水解而使饲料品质下降。

(2)脂肪的酸败作用　脂肪暴露在空气中,经光、热、湿和空气的作用,或者经微生物的作用,可逐渐产生一种特有的臭味,此作用称为酸败作用。存在于植物饲料中的脂肪氧化酶或微生物产生的脂肪氧化酶最容易使不饱和脂肪酸氧化酸败,脂肪酸败产生的醛、酮和酸等化合物,不仅具有刺激性气味,影响适口性,而且在氧化过程中所生成的过氧化物,还会破坏一些脂溶性维生素,降低了脂类和饲料的营养价值。

(3)脂肪的氢化作用　在催化剂或酶的作用下,不饱和脂肪酸的双键,与氢发生反应而使双键消失,转变为饱和脂肪酸。从而使脂肪的硬度增加,不易酸败,有利于贮存,但也损失必需脂肪酸。反刍动物进食的饲料脂肪,可在瘤胃中发生氢化作用。因此,其体脂肪中饱和脂肪酸含量较高。

2. 脂肪的营养生理功能

(1)脂肪是供给动物体能量和贮备能量的最好形式 脂肪含能量高,脂肪平均含能量为 36.7 kJ/g,在体内氧化产生的能量为同重量碳水化合物的 2.25 倍。脂肪的分解产物游离脂肪酸和甘油都是供给动物维持生命活动和生产的重要能量来源,日粮脂肪作为供能营养素,热增耗最低,消化能或代谢能转变为净能的利用效率比蛋白质和碳水化合物高 5%~10%。动物摄入过多有机物质时,可以体脂肪形式将能量贮备起来。而体脂肪能以较小体积含较多的能量;同时脂肪在动物体内氧化时,所产生的代谢水也最多。

(2)脂肪是动物体组织的重要成分,也是动物产品的成分 动物的各种组织器官,如皮肤、骨骼、肌肉、神经、血液及内脏器官中均含脂肪,主要为磷脂和固醇类等。脑和外周神经组织含有鞘磷脂;蛋白质和脂肪按一定比例构成细胞膜和细胞原生质,因此,脂肪也是组织细胞增殖、更新及修补的原料。

(3)脂肪是脂溶性维生素的溶剂 脂溶性维生素 A、维生素 D、维生素 E、维生素 K 及胡萝卜素,在动物体内必须溶于脂肪后,才能被消化吸收和利用。如母鸡日粮中含 4%脂肪时,能吸收 60%的胡萝卜素,当脂肪含量降至 0.07%时,只能吸收 20%。日粮中脂肪不足,可导致脂溶性维生素的缺乏。

(4)脂肪为动物提供必需脂肪酸 脂肪可为动物提供 3 种必需脂肪酸,即亚油酸、亚麻酸和花生油酸,它们对动物,尤其是幼龄动物具有重要作用,缺乏时,幼龄动物生长停滞,甚至死亡。

(5)维持体温和保护内脏、缓冲外界压力 皮下脂肪可防止体温过多向外散失,减少身体热量散失,维持体温恒定。也可阻止外界热能传导到体内,有维持正常体温的作用。内脏器官周围的脂肪垫有缓冲外力冲击保护内脏的作用,还可减少内部器官之间的摩擦。

(6)增加饱腹感 脂肪在胃肠道内停留时间长,所以有增加饱腹感的作用。

(7)脂肪是动物产品的成分 动物产品奶、肉、蛋及皮毛、羽绒等均含有一定数量的脂肪。因此,脂肪的缺乏,也会影响到动物产品的形成和品质。饲养实践中,日粮所含脂肪达 3%就足够了,一般情况下,各种饲料的脂肪含量均能满足动物的需要。近年研究表明,动物日粮中添加一定比例的脂肪,可提高生产性能。

3. 必需脂肪酸(EFA)的营养

不饱和脂肪酸中的亚油酸(十八碳二烯酸)、亚麻酸(十八碳三烯酸)和花生油酸(二十碳四烯酸)对动物生长、生产、生理有着十分重要的营养功能,且在动物体内不能合成,必须由饲料供给,所以,人们常称其为必需脂肪酸。亚油酸必须由日粮供给,亚麻酸和花生油酸可通过日粮直接供给,也可通过供给足量的亚油酸在体内转化合成。所以,畜禽营养需要中通常只考虑亚油酸。

(1)营养生理功能与缺乏症

①必需脂肪酸是动物体细胞膜和细胞的组成成分。必需脂肪酸参与磷脂合成,并以磷脂形式出现在线粒体和细胞中。鼠、猪、鸡、鱼、幼年反刍动物缺乏时,皮肤细胞对水的通透性增强,毛细血管变得脆弱,从而引起皮肤病变,水肿和皮下出血,出现角质鳞片。家禽缺乏亚油酸时细胞膜失去完整性,其典型症状是需水量增加,粪便变软,对疾病抵抗力下降,羽毛粗劣,水肿,生长率下降。

②必需脂肪酸与类脂肪代谢密切相关。胆固醇必须与必需脂肪酸结合,才能在动物体内转运和正常代谢。缺乏必需脂肪酸,胆固醇将与一些饱和脂肪酸结合,不能在体内正常运转,

从而影响动物体的代谢过程。

③必需脂肪酸与动物精子生成有关。日粮中长期缺乏,可导致动物繁殖机能降低。公猪精子形成受到影响,母猪出现不孕症;公鸡睾丸变小,第二性征发育迟缓。产蛋鸡所产的蛋变小。种鸡产蛋率降低,受精率和孵化率下降,胚胎死亡率上升。

④必需脂肪酸是动物体内合成前列腺素的原料。前列腺素是一组与必需脂肪酸有关的化合物,是由亚油酸合成的,它可控制脂肪组织中甘油三酯的水解过程。必需脂肪酸缺乏时,影响前列腺素的合成,导致脂肪组织中脂解作用速度加快。

(2)动物必需脂肪酸的来源和供给　非反刍动物,可从饲料中获取所需要的必需脂肪酸。日粮中亚油酸含量达 1.0% 即能满足禽类的需要,种鸡和肉鸡亚油酸的需要量可能更高,各阶段猪需要 0.1% 亚油酸。亚油酸的主要来源是植物油。玉米、大豆、花生、菜籽、棉籽等饲料中富含亚油酸。以玉米、燕麦为主要能源或以谷类籽实及其副产品为主的饲粮都能满足亚油酸的需要,而幼龄动物、生长快的动物和妊娠动物需另外补饲。成年反刍动物瘤胃中的微生物所合成的脂肪中,亚油酸含量丰富,正常饲养条件下,能满足需要而不会产生必需脂肪酸的缺乏。幼年反刍动物因瘤胃功能尚不完善,需从饲料中摄取必需脂肪酸。

4.饲料脂肪对动物产品品质的影响

(1)饲料脂肪对肉类脂肪的影响

①单胃动物。脂肪在单胃动物胃中不能被消化,只是初步乳化。单胃动物消化吸收脂肪的主要场所是小肠,在胆汁、胰脂肪酶和肠脂肪酶的作用下,水解为甘油和脂肪酸。经吸收后,家禽主要在肝脏,家畜主要在脂肪组织(皮下和腹腔)中再合成体脂肪。单胃动物没有瘤胃,不能经细菌的氢化作用将不饱和脂肪酸转化为饱和脂肪酸。因此,它所采食饲料中的脂肪性质直接影响体脂肪的品质。在猪的催肥期,如喂给脂肪含量高的饲料,可使猪体脂肪变软,易于酸败,不适于制作腌肉和火腿等肉制品。因此,猪肥育期应少喂脂肪含量高的饲料,多喂富含淀粉的饲料,因为由淀粉转变成的体脂肪中含饱和脂肪酸较多。采取这种措施,既保证猪肉的优良品质,又可降低饲养成本。饲料脂肪性质对鸡体脂肪的影响与猪相似。一般来说,日粮中添加脂肪对总体脂含量的影响较小,对体脂肪的组成影响较大。马属动物,虽然盲肠中具有与瘤胃相同的细菌,也能将牧草中不饱和脂肪酸氢化转变为饱和脂肪酸。但牧草中的脂肪在进入盲肠之前,大部分在小肠尚未转化为饱和脂肪酸时已被吸收。因此,马属动物的体脂肪中也是不饱和脂肪酸多于饱和脂肪酸。

②反刍动物。反刍动物的饲料主要是牧草和秸秆类。尽管牧草和秸秆类饲料中脂肪以不饱和脂肪为主,以鲜草中脂肪为例,不饱和脂肪酸占 4/5,饱和脂肪酸仅占 1/5,但牧草中的脂肪,在瘤胃内微生物的作用下,水解为甘油和脂肪酸,其中大量的不饱和脂肪酸经细菌的氢化作用转变为饱和脂肪酸,再由小肠吸收后合成体脂。因此,反刍动物体脂肪中饱和脂肪酸较多,体脂肪较为坚硬。

可见,反刍动物体脂肪品质受饲草脂肪性质影响极小,高精料饲养容易使皮下脂肪变软。

(2)饲料脂肪对乳脂肪品质的影响　饲料脂肪在一定程度上可直接进入乳腺,饲料脂肪的某些成分,可不经变化地用以形成乳脂肪。因此,饲料脂肪性质与乳脂品质密切相关。奶牛饲喂大豆时黄油质地较软,饲喂大豆饼时黄油较为坚实,而饲喂大麦粉、豌豆粉和黑麦麸时黄油则坚实。添加油脂对乳脂率影响较小,一般不能通过添加油脂的办法改善奶牛的乳脂率。还有就是如果奶牛日粮中含脂溶性色素时,可能会改变牛奶的颜色。

（3）饲料脂肪对蛋黄脂肪的影响　将近一半的蛋黄脂肪是在卵黄发育过程中，摄取经肝脏而来的血液脂肪而合成，这说明蛋黄脂肪的质和量受饲料脂肪影响较大。据研究，饲料脂类使蛋黄脂肪偏向不饱和程度大，一些特殊饲料成分可能对蛋黄造成不良影响，例如，硬脂酸进入蛋黄中会产生不适宜的气味。添加油脂（主要为植物油）可促进蛋黄的形成，继而增加蛋重，并可能生产富含亚油酸的"营养蛋"。

（三）蛋白质

畜禽采食的蛋白质在消化道中被分解成氨基酸，经吸收进入畜禽体内，主要用于合成畜禽体蛋白等，过剩的氨基酸在肝脏中在脱氨酶作用下经脱氨作用转化为酮酸、氨，其中酮酸可用于合成葡萄糖和脂肪，或进入三羧酸循环氧化供能，而氨则在肝脏中形成尿素或尿酸，随尿液排出体外。可见，蛋白质在体内的氧化并不完全，氨基酸等中的氮并未被氧化成氮的氧化物或硝酸，而以尚有部分能量的有机物如尿素、尿酸、肌酐等由尿排出。所以，尽管蛋白质平均含能量 23.6 kJ/g，但能被畜禽利用的能量与碳水化合相当，即 16.7 kJ/g。

总之，动物所需要的能量虽然可来源于饲料中碳水化合物、脂肪和蛋白质，但是蛋白质不能完全氧化，供能不仅造成了资源浪费，还会增加畜禽肝脏负担，不利于畜禽健康和生产；脂肪能值虽然高，但如果脂肪用量过大会对动物健康、产品品质及饲料加工等产生不利影响，同时蛋白质和脂肪资源较少、价格均较高，因此，畜禽能量的主要来源是碳水化合物中的淀粉和粗纤维。单胃动物主要是淀粉和寡糖；反刍动物除淀粉和寡糖外，主要是通过瘤胃中微生物对纤维素的发酵，得到它所需要的大部分能量。脂肪是特殊情况时动物所需能量的补充。动物在绝食、产奶、产蛋等过程中也可动用体内积贮的糖原、脂肪和蛋白质供能。

第二部分　供能饲料

畜禽能量来源于饲料中的碳水化合物、脂肪和蛋白质，因此凡是含有碳水化合物、脂肪或蛋白质的饲料均可为畜禽提供能量，即能为畜禽提供能量的饲料包括能量饲料、蛋白质饲料、粗饲料、青绿饲料和青贮饲料。在畜禽生产中，为畜禽供能最主要的途径是能量饲料。

一、能量饲料

能量饲料是指在绝干物质中粗纤维含量小于 18%，粗蛋白质含量低于 20%的饲料。主要包括谷实类饲料、糠麸类饲料、淀粉质块根块茎瓜果类饲料以及油脂类和含糖丰富的其他饲料。能量饲料在畜禽饲粮或反刍家畜精料补充料中所占比例最大，一般为 50%～70%。

（一）谷实类饲料

谷实类饲料指禾本科作物的籽实，是畜禽最主要的能量饲料。禾本科作物籽实既是优质的能量饲料，也是人们的主要粮食和酿造业的主要原料，目前广泛用于能量饲料的是玉米，其次还有高粱、小麦、稻谷和糙米、大麦、燕麦等。

谷实类饲料主要成分为无氮浸出物，占干物质的 70%以上，且其中主要是淀粉，占无氮浸出物 82%～92%；含脂肪量约为 3.5%，且主要以不饱和脂肪酸为主，亚油酸和亚麻酸的比例较高；粗纤维含量低，一般在 5%以下，但带有颖壳谷实类饲料粗纤维含量可达 10%左右，如带颖壳的大麦、燕麦水稻和粟等;蛋白质和氨基酸含量普遍不足,一般为8%～11%,赖氨酸、蛋氨酸、色氨酸等含量较少;钙少磷多,磷多为植酸盐,对单胃动物的有效性差;相对而言,维生素E、维生素B_1较丰富,而维生素B_2、维生素C、维生素D等贫乏。

1. 玉米

玉米的有效能值高,有"能量之王"的美誉。我国饲料用玉米质量标准见表1-4。

表1-4　我国饲料用玉米质量标准(GB/T 17890—1999)

指标等级	堆密度/(g/L)	粗蛋白质 干基/%	不完善料/%		水分/%	杂质/%	色泽气味
			总量	其中生霉率			
1	≥710	≥10.0	≤5.0	≤2.0	≤14.0	≤1.0	正常
2	≥685	≥9.0	≤6.5	≤2.0	≤14.0	≤1.0	正常
3	≥660	≥8.0	≤8.0	≤2.0	≤14.0	≤1.0	正常

有黄色、白色、红色,饲用玉米一般为黄色、马齿形、半马齿形,光泽坚硬,气味不明显,微甜,适口性好。玉米含无氮浸出物74%～80%,主要是易消化的淀粉,消化率可达90%以上;脂肪含量3%～4%,高油玉米可达8%,玉米中不饱和脂肪酸主要是亚油酸和油酸;粗纤维含量低,约2.5%,适口性好;黄玉米含有胡萝卜素、叶黄素和玉米黄素,有助于加深蛋黄或奶油或肉鸡皮肤及脚趾的颜色。

玉米用作猪饲料,应粉碎以利于消化,但猪饲料(特别是育肥猪饲料)中用量过多易造成软质肉;用作反刍动物饲粮应与其他蓬松性原料搭配使用,否则可能导致气胀。

粉碎后的玉米易酸败变质,易被霉菌污染,不宜久存。特别是玉米被黄曲霉菌污染后产生的黄曲霉毒素是一种强致癌物质,对人畜危害极大。

2. 大麦

大麦分有皮大麦和裸大麦,裸大麦叫青稞或元麦。我国饲料用皮大麦质量标准见表1-5,用裸大麦质量标准见表1-6。

表1-5　我国饲料用皮大麦质量标准
(NY/T 118—1989)　　　　　%

指标	等级		
	一级	二级	三级
粗蛋白质	≥11.0	≥10.0	≥9.0
粗纤维	<5.0	<5.5	<6.0
粗灰分	<3.0	<3.0	<3.0

表1-6　我国饲料用裸大麦质量标准
(NY/T 210—1989)　　　　　%

指标	等级		
	一级	二级	三级
粗蛋白质	≥13.0	≥11.0	≥9.0
粗纤维	<2.0	<2.5	<3.0
粗灰分	<2.0	<2.5	<3.5

大麦是重要的谷物之一,纺锤形,脱壳大麦(裸大麦)酷似小麦。大麦粗脂肪含量低,粗纤维含量高,淀粉及糖类比玉米少,热能相对较低;蛋白质含量为9%～13%,赖氨酸、色氨酸、含硫氨基酸的含量均较玉米高。大麦不宜用于仔猪饲料。但是大麦用作育肥猪饲料,由于粗脂肪含量低,有利于产生优质硬脂猪肉,提高猪肉品质。大麦也是草食动物良好的能量饲料,饲喂时不应粉碎,宜压扁或磨碎。

3. 高粱

按用途可将高粱分为粒用高粱、糖用高粱、帚用高粱和饲用高粱等。我国饲用高粱质量标准见表1-7。

高粱有红色、褐色、白色,球状,坚硬,气味不明显,味苦涩。去壳高粱籽实的主要成分为淀粉,约70%,粗纤维少,粗脂肪含量稍低于玉米,有效能值稍低于玉米;粗蛋白质含量为8.0%～9.0%,且赖氨酸、蛋氨酸等缺乏。高粱种皮中含有较多的单宁,单宁含量与其颜色深浅度呈正相关,单宁具有收敛性和苦味。

高粱用作奶牛饲料,其饲用价值与玉米相当;用作肉牛其饲用价值相当于玉米的90%～95%,可带穗粉碎饲用;用作猪饲料,因高粱味苦涩,适口性不及玉米,一般用量控制为占配合饲粮的20%以下;用作蛋鸡和雏鸡料用量一般控制为占配合饲粮的15%以下。高粱用作饲料宜粉碎后饲喂,对单胃畜禽严格限量,否则会影响采食量,甚至引起畜禽便秘。

4. 小麦

小麦主要用于人的粮食,且经济价值高,我国一般不直接作为饲料,小麦制粉的副产品麸皮、尾粉、次粉和筛漏的小麦则用作饲料。我国饲料用小麦质量标准见表1-8。

表 1-7　我国饲料用高粱质量标准（NY/T 115—1989）　%

指标	等级		
	一级	二级	三级
粗蛋白质	≥9.0	≥7.0	≥6.0
粗纤维	<2.0	<2.0	<3.0
粗灰分	<2.0	<2.0	<3.0

表 1-8　我国饲料用小麦质量标准（NY/T 117—1989）　%

指标	等级		
	一级	二级	三级
粗蛋白质	≥14.0	≥12.0	≥10.0
粗纤维	<2.0	<3.0	<3.5
粗灰分	<2.0	<2.0	<3.0

小麦有红色、白色,纺锤形、中有条凹陷沟,光泽略暗,气味不明显,微甜。主要粮食作物之一,少量用作饲料。与玉米相比较,小麦中粗纤维含量较高,脂肪含量较低,能值低于略玉米;粗蛋白质含量较高,且氨基酸组成较玉米优。

小麦适口性好,可作猪、鸡配合饲料原料;用作猪、鸡饲料时宜粉碎,若适量使用相应的酶,效果更好。小麦是草食家畜良好的能量饲料,但小麦具有黏滞性,使用过多(50%以上)会引起反刍动物与马属动物消化障碍。

5. 稻谷与糙米

稻谷是我国第一粮食作物,一般不直接用作饲料,稻谷制米的副产品米糠则用作饲料。稻谷脱壳后,大部分种皮仍残留在米粒上,称为糙米。我国饲料用稻谷质量标准见表1-9。

表 1-9　我国饲料用稻谷质量标准（NY/T 116—1989）　%

指标	等级			指标	等级		
	一级	二级	三级		一级	二级	三级
粗蛋白质	≥8.0	≥6.0	≥5.0	粗灰分	<5.0	<6.0	<8.0
粗纤维	<9.0	<10.0	<12.0				

稻谷中无氮浸出物为60％以上,但粗纤维达8％以上,粗蛋白质含量为5％～8％,氨基酸含量与玉米近似,且粗纤维半数以上是木质素,所以一般不提倡直接用稻谷饲喂猪、鸡等单胃畜禽。

糙米中无氮浸出物较多,主要是淀粉,粗脂肪含量约2％,高于玉米,其中不饱和脂肪酸比例较高,能值与玉米相当。粗蛋白质含量及其氨基酸组成与玉米相似。用作鸡的能量饲料,饲喂效果与玉米相当,但对鸡的皮肤、蛋黄等无着色效果。

用作能量饲料的籽实类饲料,还有燕麦、粟与小麦、荞麦、黑麦等,由于产量较少,又用作其他用途,所以用作饲料的份额也较少,这里就不一一叙述了。

(二)糠麸类饲料

谷类籽实加工后的副产品,制米的副产品通常称为糠,制粉的副产品一般称为麸。作为畜禽的能量饲料原料主要以米糠和小麦麸为主。

这类饲料营养成分的高低与皮粉比例有关,质地疏松、容积大、吸水性强,具有一定的轻泻性。与原料相比,除无氮浸出物含量有所降低外,其他各种营养物质含量均有所提高。因容易发霉变质,尤其是大米糠含脂肪多,更易酸败,故难以贮存。

1. 小麦麸

小麦麸又称麸皮,是以小麦籽实为原料加工面粉后的副产品。我国饲料用小麦麸质量标准见表1-10。

小麦麸颜色受麦皮含量影响,呈粉褐色至褐色,粉状到渣状不一,有面粉特有的清香味。小麦麸的营养物质含量受小麦品种、制粉工艺等因素影响,变化较大。粗纤维含量为1.5％～9.5％,粗蛋白质11％～17％,粗脂肪含量低,有效能量相对原料较低,钙少磷多,不适合单独作动物饲料。但因其价格低廉,蛋白质、锰和B族维生素含量较多,所以也是畜禽常用的能量饲料。

由于小麦麸纤维含量高,易霉变且具有轻泻性,不宜用作仔猪的饲料。小麦麸在单胃畜禽饲粮中的用量应受到控制,生长肥育猪一般控制在15％～25％;种鸡和产蛋鸡5％～10％,育成鸡10％～20％。产后的母牛、母马、母猪等喂给适量的麸皮粥可起到调节消化道机能的作用。

2. 全脂米糠

全脂米糠又称米糠,是糙米加工成精米过程中脱除的果皮层、种皮层及胚芽等混合物。我国饲料用米糠质量标准见表1-11。

表1-10　我国饲料用小麦麸质量标准（NY/T 119—1989）　　　　%

指标	等级		
	一级	二级	三级
粗蛋白质	≥15.0	≥13.0	≥11.0
粗纤维	<9.0	<10.0	<11.0
粗灰分	<6.0	<6.0	<6.5

表1-11　我国饲料用米糠质量标准（NY/T 119—1989）　　　　%

指标	等级		
	一级	二级	三级
粗蛋白质	≥13.0	≥12.0	≥11.0
粗纤维	<6.0	<7.0	<8.0
粗灰分	<8.0	<9.0	<10.5

新鲜米糠呈青色,粉状,带有米糠特有的香味。全脂米粮脂肪含量高,以不饱和脂肪酸为主,能值与玉米相当,易发生氧化酸败和水解酸败,不易贮藏;蛋白质(约 13%)和赖氨酸均高于玉米。

在饲粮中配比过高会引起畜禽腹泻及体脂软。一般未变质的大米糠可占生长猪日粮的10%~12%,育肥猪可占 20%;喂鸡一般限量在 3%~8%;奶牛、肉牛占日粮的 20%左右。

3. 脱脂米糠

米糠经溶剂或压榨提油后的残留物,属低热能的纤维性原料,又称米糠饼(粕)。呈棕黄色,粉状、饼状、渣状。因脱去油脂,引起生长抑制的胰蛋白酶抑制因子亦减少很多,耐贮藏性能大大提高,使用范围扩大。各种养分相对全脂米糠而言,除脂肪外均有所增加。

4. 其他糠麸类

大麦麸是大麦加工的副产物,在能量、蛋白质和粗纤维含量上皆优于小麦麸;高粱麸的有效能值较高,但含单宁较多,适口性差,易引起便秘,应控制用量;玉米麸因果种皮所占比例较大,粗纤维含量较高,应控制在单胃动物饲粮中用量;小米糠粗纤维含量高达 23.7%,接近粗饲料,饲用前应进一步粉碎、浸泡和发酵,或只作反刍动物饲料。

(三)淀粉质块根、块茎和瓜果类

淀粉质块根、块茎和瓜果类主要包括薯类(甘薯、马铃薯、木薯)、南瓜等,干物质中主要成分是无氮浸出物,而蛋白质、脂肪、粗纤维、粗灰分等较少或贫乏。鲜淀粉质块根、块茎和瓜果类饲料因水分含量高,不宜作配合饲料原料,干燥后可作配合饲料原料,但鲜淀粉质块根、块茎和瓜果类饲料是传统养殖、生态养殖重要的能量饲料之一。

1. 甘薯

鲜甘薯中水分达 75%左右,适口性好。脱水甘薯中无氮浸出物含量达 75%以上;蛋白质含量仅为 4.5%,且品质较差。中国农业行业标准《饲料用甘薯干》(NY/T 121—1989)以粗纤维、粗灰分为质量控制指标,以 87%干物质为基础计,规定粗纤维含量不得高于 4%,粗灰分含量不得高于 5%。甘薯干在鸡饲粮中用量可占 10%,在猪饲粮中可替代 25%的玉米,在牛精料补充料中可替代 50%的其他能量饲料。新鲜甘薯饲喂家畜时,无论是生喂还是熟喂,都应切碎或切成小块,以免引起牛、羊、猪等动物食道梗塞。黑斑甘薯有毒,家畜采食后腹痛,并有喘息症状,重者可以致死,不能作为畜禽饲料。

2. 马铃薯

马铃薯又名土豆、洋芋、洋山芋、山药蛋。鲜马铃薯中水分达 75%左右,淀粉占其干物质的 80%~85%,粗蛋白质约占干物质的 9.0%,蛋白质以球蛋白为主,生物学价值相当高,维生素 C 含量丰富,其他维生素缺乏。马铃薯对反刍动物可生饲,对猪宜熟饲。马铃薯中含有一种配糖体,称茄碱(龙葵碱)的有毒质。马铃薯贮藏过程中,环境温度较高时发芽或者表皮见到光而变青时,龙葵素会剧增,采食过多会导致家畜消化道炎和中毒,甚至死亡。因此,已发芽或青皮的马铃薯,一般不宜用作饲料,或者将芽挖去、将青皮刮净方可作饲料,并且要进行蒸煮处理。

3. 木薯

木薯干中无氮浸出物含量高达 80%,有效能值较高;粗蛋白质含量低,约 2.5%;矿物质、维生素均缺乏。木薯中,特别是木薯皮中含有毒物质氢氰酸,脱皮、加热、水煮、烘烤等可降低或除去木薯中的氢氰酸。去毒后的木薯干或木薯粉可用作配合饲料原料,但用量不宜超过 15%。

4. 南瓜

南瓜干物质中无氮浸出物占 60%~70%,有效能值与薯类相似;粗蛋白质含量 12.90%,粗纤维含量 11.83%,富含胡萝卜素和寡聚糖,适口性好,可作各种畜禽饲料。

(四)其他能量饲料

1. 油脂

油脂总能和有效能均比一般的能量饲料高,如猪脂肪总能是玉米的 2.14 倍,大豆油代谢能是玉米的 2.87 倍。植物油和鱼油等富含动物所需的必需脂肪酸,同时油脂供能,热增耗低,可减少动物炎热气候下散热负担,油脂还能延长饲料在消化道停留的时间,具有"额外热能效应"。因此,在畜禽饲粮中添加油脂能显著提高生产性能,降低饲养成本,尤其对生产发育快、生产周期短或生产性能高的畜禽效果更为明显。

在畜禽日粮中添加油脂除提供能量和必需脂肪酸外,还具有以下优点:减少饲料因粉尘而致的损失及动物呼吸道疾病;减少热应激带来的危害;提高粗纤维的使用价值;提高饲料风味;增强饲料适口性;改善饲料外观;提高制粒效果;减少混合机等机器设备的磨损等。

油脂按照产品来源可分为植物油脂、动物油脂和饲料级水解油脂,按其形态分为液态油脂、粉末状油脂、微颗粒油脂等。生产中植物油脂优于动物油脂,其中椰籽油、玉米油、大豆油为仔猪的最佳添加油脂。目前,我国还没有饲料用油脂国家标准,生产中一般规定:饲料用油脂脂肪含量为 91%~95%,游离脂肪酸 10% 以下,水分 1.5% 以下,不溶性杂质 0.5% 以下。

油脂添加量建议为:奶牛 3%~5%;蛋鸡 2%~5%;肉猪 4%~6%;仔猪 3%~5%。但受价格、配合饲料混合工艺的影响,目前国内的油脂实际添加量远低于建议量。

2. 乳清粉

用牛乳生产工业酪蛋白和酸凝乳干酪的副产品,将其脱水干燥便成乳清粉。由于牛乳成分受奶牛品种、季节、饲粮等因素影响及制作乳酪的种类不同,乳清粉的色泽、营养成分含量有较大差异。乳白色偏黄,粉状,有乳香味,咸味。乳糖含量很高,65% 以上;高蛋白质,主要是 β-乳球蛋白质,营养价值很高;钙、磷含量较高,且比例合适;缺乏脂溶性维生素,但富含水溶性维生素。

乳清粉主要用做猪的饲料,尤其是仔猪的能量、蛋白质补充饲料,在仔猪玉米型饲料中加 30% 的脱脂乳和 10% 的乳清粉,饲养效果很好。在生长猪饲粮中乳清粉用量应少于 20%,在肥育猪饲粮中用量应控制在 10% 以内。

3. 糖蜜

糖蜜为制糖工业副产品,根据制糖原料不同,可将糖蜜分为甘蔗糖蜜、甜菜糖蜜、柑橘糖蜜、木糖蜜、高粱糖蜜等。糖蜜一般呈黄色或褐色液体,大多数糖蜜具甜味,但柑橘糖蜜略有苦味;有效能值高,粗蛋白含量低,主要是非蛋白质含氮化合物(NPN);矿物元素丰富,钾含量最高,钙、磷含量低;适口性好。糖蜜具有甜味,对各种畜禽适口性均好,但糖蜜具有轻泻性,日粮中糖蜜量大时,粪便发黑变稀。

二、其他供能饲料

供能饲料除能量饲料外,还包括蛋白质饲料、粗饲料、青饲料和青贮饲料。由于蛋白质饲料除含有丰富能量,同时含有丰富的蛋白质,且蛋白质资料相对较缺乏,单位供能价格往往比能量饲料高得多,所以生产中蛋白质饲料使用主要目的是为畜禽提供蛋白质,而非能量,留待后面详细介绍;粗饲料、青饲料和青贮饲料是不宜作单胃动物饲料,而是反刍动物重要能量来源之一,资源广、品种复杂、营养特点差异大、加工调制方法多,限于篇幅,以后有专门介绍。

◈ 相关技能

常用能量饲料现场验收

一、目的要求

按生产要求独立或在老师及技术人员的指导下,完成常用能量饲料现场验收岗位工作任务。通过完成该任务,培养学生实际动手操作能力,掌握饲料样本采集、饲料现场验收工艺、能量饲料品质感官鉴定等操作技能。

二、实训条件

(1)配合饲料生产厂能量饲料进厂现场;
(2)搪瓷盘、记录簿、剪刀、镊子、料铲、采样器、透明水杯等。

三、方法步骤

1. 接洽原料供应商

向供货商或采购员咨询有关原料信息,主要包括:原料产地、供货商单位名称、生产厂家、出厂日期、是否已经过质检、索要质检报告单等。

2. 检查包装

主要检查包装是否完好、有无破损、是否淋雨、饲料原料标签是否科学规范、出厂日期、有效期、原料生产厂家联系方式、单包重量是否与提供的信息一致等。

3. 采样

根据原料总数确定采样量,一般袋装原料:按总包数100袋以下选择10袋,以后每增加100袋增加1袋的原则确定待抽样品包数;按照分层多点采样法(即几何法)选出数量足够的待抽样饲料包;对被选出的饲料包进行全面采样,采样时每包饲料对角采样两针,采取的饲料样本倒入瓷盘盛装。

4. 饲料品质感官鉴定

将饲料样品平摊在瓷盘或塑料布上,通过看、嗅、抓等进行感官鉴定。主要检查饲料的颜色、组成、杂质或掺假、虫蛀、霉变、粒料的饱满度等,同时还可通过掐、嚼等对粒料水分含量进行初步判断。

5. 入库前整包检查

若通过感官鉴定确定合格的饲料即可入库,若通过感官鉴定存在品质问题的饲料不得入库,若通过感官鉴定对其品质无法下结论或根据生产需要进一步进行鉴定的可进行进一步检查,如显微镜检查、实验室检验等。

饲料入库时,应随机抽取一定数量的饲料包,打开饲料包进行进一步检查,主要检查是否有结块、是否有较大体积的杂质。

6. 检查记录

对检查过程、检查结果以及处置建议做好详细记录。

四、考核评定

1. 简答

(1)玉米质量优劣主要体现在哪些方面？

(2)针对不同能量饲料,如玉米、麸皮等,进行感官鉴定时鉴定重点有什么不同？

2. 技能操作

学生根据常用能量饲料现场验收操作情况,写出实训报告。

3. 评定

在规定时间内完成操作、回答问题、方法步骤、处置建议正确,结果符合要求者为优;完成时间较长,回答问题、方法步骤正确,处置建议基本正确,结果符合要求者为良;完成时间较长,回答问题、方法步骤、处置建议基本正确,结果基本符合要求者为及格;否则为不及格。

◈ 讨论与思考

1. 动物能量来源于哪些营养物质？有哪些种类饲料中含有相关营养物质？生产中为什么将能量饲料作为动物能量供给的最主要饲料？

2. 影响动物对饲料能量利用的因素有哪些？ 如何提高饲料能量利用效率？

3. 如何看待饲料油脂在现代畜牧业生产中应用的前景？

任务三　蛋白质、氨基酸、小肽营养与供给

◈ 知识目标

1. 掌握蛋白质、氨基酸、肽的营养生理功能；

2. 掌握畜禽体内蛋白质来源及饲料蛋白质消化代谢特点；

3. 掌握蛋白质不足或过量危害及其症状；

4. 掌握蛋白质饲料种类及其营养特点。

◈ 能力目标

1. 能正确识别动物蛋白质缺乏或过剩营养疾病,并提出解决措施；

2. 能正确识别蛋白质饲料,并能对蛋白质饲料品质进行评价；

3. 能正确使用蛋白质饲料,合理开发蛋白质饲料资源；

4. 能在饲料接收现场,开展蛋白质饲料原料验收工作。

◈ 相关知识

第一部分　蛋白质、氨基酸、小肽营养及其来源

蛋白质是由氨基酸组成的一类数量庞大的物质的总称,主要组成元素是碳、氢、氧、氮,大

多数的蛋白质还含有硫,少数含有磷、铁、铜和碘等元素。在测定饲料中蛋白质含量时,很难将真蛋白质与非蛋白质类含氮化合物分开,所以,通常所讲的饲料蛋白质是指饲料中真蛋白质和非蛋白质含氮化合物的总称,即粗蛋白质。

一、蛋白质、氨基酸、肽的营养生理功能

(一)蛋白质的营养生理功能

1. 构建机体组织细胞的主要原料

动物的肌肉、神经、结缔组织、腺体、精液、皮肤、血液、毛发、角、喙等都以蛋白质为主要成分,具有传导、运输、支持、保护、连接、运动等多种功能。肌肉、肝、脾等组织器官的干物质含蛋白质80%以上。

在动物的新陈代谢过程中,组织和器官的蛋白质的更新、损伤组织的修补都需要蛋白质。据同位素测定,全身蛋白质6~7个月可更新一半。

2. 机体内功能物质的主要成分

在动物的生命和代谢活动中起催化作用的酶、某些起调节作用的激素、具有免疫和防御机能的抗体(免疫球蛋白)都是以蛋白质为主要成分。蛋白质对体内某些营养物质和氧的运输、维持体内的渗透压和水分的正常分布,也起着重要的作用。

3. 遗传物质的基础

动物的遗传物质DNA与组蛋白结合成为一种复合体——核蛋白,以核蛋白的形式存在于染色体上,将本身所蕴藏的遗传信息,通过自身的复制过程遗传给下一代;且DNA在复制过程中,还涉及30多种酶和蛋白质的参与协同作用。

4. 可供能和转化为糖、脂肪

在机体能量供应不足时,蛋白质也可分解供能,维持机体的代谢活动。当摄入蛋白质过多或氨基酸不平衡时,多余的部分也可能转化成糖、脂肪或分解产热。但生产中,应尽量避免蛋白质作为供能物质。

5. 蛋白质是动物产品的重要成分

蛋白质是形成奶、肉、蛋、皮毛及羽绒等畜产品的重要原料。

(二)氨基酸的营养生理功能

氨基酸是构成蛋白质的基本单位,一般认为动物蛋白质的营养实质上是动物氨基酸的营养。只有当构成蛋白质的各种氨基酸同时存在且按需要比例供给时,动物才能有效地合成蛋白质。在已发现的180多种氨基酸中存在于动物植物体中有20余种,植物能合成自身全部的氨基酸,而动物不能全部自身合成。下面介绍几种功能比较重要且生产中应用比较广泛的氨基酸。

1. 赖氨酸

赖氨酸是动物体内合成细胞蛋白质和血红蛋白所必需的氨基酸,也是幼龄动物生长发育所必需的营养物质,能增强机体免疫功能。日粮中缺乏赖氨酸,食欲降低,体况憔悴消瘦,瘦肉率下降,生长停滞。红细胞中血红蛋白量减少,贫血,甚至引起肝脏病变。皮下脂肪减少,骨的钙化失常。

2. 蛋氨酸

蛋氨酸是动物体代谢中一种极为重要的甲基供体。通过甲基转移,参与肾上腺素、胆碱和

肌酸的合成;肝脏脂肪代谢中,参与脂蛋白的合成,将脂肪输出肝外,防止产生脂肪肝,降低胆固醇;此外,还具有促进动物被毛生长的作用。蛋氨酸脱甲基后可转变为胱氨酸和半胱氨酸。动物缺乏蛋氨酸时,发育不良,体重减轻,肌肉萎缩,禽蛋变轻,被毛变质,肝脏肾脏机能损伤,易产生脂肪肝。

3. 苏氨酸

苏氨酸参与体蛋白的合成,缺乏时动物体重迅速下降。苏氨酸是免疫球蛋白的成分,也是母猪初乳与常乳中免疫球蛋白中含量最高的氨基酸;苏氨酸作为黏膜糖蛋白的组成成分,有助于形成防止细菌与病毒入侵的、非特异性防御屏障,可预防仔猪下痢。

4. 色氨酸

色氨酸是动物体内唯一一种可与血清白蛋白结合的氨基酸,因此被认为是唯一与自身免疫系统疾病有关的氨基酸。动物体内色氨酸除用于蛋白质合成外,还参与某些生物活性物质的合成。色氨酸参与并调控蛋白质合成;是 5-羟色胺、褪黑激素、色胺、NAD、NADP、烟酸等的前体;具有促进骨骼 T 淋巴细胞前体分化为成熟 T 淋巴细胞的作用;具有减轻动物应激反应,减少 PSE 肉和 DFD 肉的发生率等作用。动物缺乏色氨酸时,食欲降低,体重减轻,生长停滞;产生贫血、下痢,视力破坏并患皮炎等;种公畜缺乏时睾丸萎缩;产蛋母鸡缺乏时无精卵多,胚胎发育不正常或中途死亡;免疫力下降。

5. 精氨酸

精氨酸是一种碱性氨基酸,是目前发现的动物细胞内功能最多的氨基酸。它不仅作为蛋白质合成的重要原料,同时也是机体内肌酸、多胺和一氧化氮等物质的合成前体,在动物体营养代谢与调控过程中发挥重要作用,特别是在促进哺乳母畜免疫能力、胎儿生长、降低动物脂肪含量、调控肿瘤细胞生长、改善心血管系统疾病及免疫调理等方面都起着极为重要的作用。

(三)小肽的营养生理功能

肽是蛋白质分解成氨基酸过程中的中间产物,通常把含氨基酸残基 50 个以上的称为蛋白质,把含几个至几十个氨基酸残基的肽链统称为寡肽,更长的肽链称为多肽,而把由 2～3 个氨基酸组成的肽链称为小肽。消化道中的小肽能被完整地吸收并以二肽、三肽形式进入血液循环,在氨基酸消化、吸收以及动物营养代谢中起着重要的作用。

1. 促进氨基酸吸收,提高蛋白质沉积率

小肽和氨基酸具有相互独立的吸收机制,二者互不干扰,且部分游离氨基酸可能主要依靠小肽的形式吸收进入体内;肠道小肽转运系统具有转运快、耗能低、不易饱和等特点,其吸收比由相同氨基酸组成的混合物的吸收快而且多,有效地促进了氨基酸的吸收。血液循环中的小肽能直接参与组织蛋白质的合成,肝脏、肾脏、皮肤和其他组织也能完整地利用小肽,从而显著地提高了蛋白质沉积率。

2. 促进矿物质元素的吸收利用

有些小肽具有与金属结合的特性,从而可以促进金属元素的被动转运过程及在体内的储存。酪蛋白磷酸肽能在动物的小肠环境中与 Ca^{2+}、Cu^{2+}、Zn^{2+}、Fe^{2+} 等二价离子结合,防止产生沉淀,增强肠内可溶性矿物质的浓度,从而促进其吸收。

3. 提高动物生产性能

蛋白质在消化酶的作用下降解形成的小肽可能具有特殊的生理活性,能够直接被动物吸收,参与机体生理活性和代谢调节,从而提高动物生产性能。有试验表明,在断奶仔猪、生长猪日粮中添加小肽制品,能显著提高猪的日增重、蛋白质利用率和饲料转化率;在蛋鸡基础日粮中添加小肽制品,能显著提高蛋鸡的产蛋量、蛋壳强度和饲料转化率。

4. 促进瘤胃微生物对营养物质的利用

以可溶性糖作为能源时,小肽促进可溶糖分解菌的生长速度要比氨基酸对其的促进作用高 70%;小肽可促进结构性碳水化合物后期发酵产气量、非结构性碳水化合物初期产气量以及总挥发性脂肪酸的生成量,能显著提高农作物秸秆和纤维素组的微生物合成量,从而提高瘤胃微生物对粗饲料的利用率。

5. 具有增强动物机体免疫力的作用

小肽参与机体免疫调节,能促进巨噬细胞的吞噬作用、淋巴细胞和未成熟的脾细胞的增殖;小肽还能促进畜禽肠道菌群的平衡,促进有益菌的生长;具有提高细胞免疫和体液免疫功能的作用。

小肽除上述营养功能之外,还有许多作用,如增强饲料适口性、调节脂肪代谢、改善畜产品品质等。

二、蛋白质缺乏症与过量的危害

(一)蛋白质缺乏症

引起动物蛋白质缺乏的因素主要有两个方面,一是饲料中蛋白质不足或蛋白质品质低下;二是胃肠道疾病等诱发。由于蛋白质氨基酸组成、功能复杂,其缺乏症往往表现为营养素缺乏综合征,对动物的健康、生长、繁殖、生产等均有影响,其表现主要有以下几点。

1. 消化机能紊乱

饲粮中蛋白质的缺乏会影响消化道组织蛋白质的更新和消化液的正常分泌。动物会出现食欲下降,采食量减少,营养不良及慢性腹泻等现象。

2. 幼龄动物生长发育受阻

幼龄动物正处于皮肤、骨骼、肌肉等组织迅速生长和各种器官发育的旺盛时期,需要蛋白质多。若供应不足,幼龄动物增重缓慢,生长停滞,甚至死亡。

3. 易患贫血症及其他疾病

动物缺少蛋白质,体内就不能形成足够的血红蛋白和血球蛋白而患贫血症。并因血液中免疫抗体数量的减少,使动物抗病力减弱,容易感染各种疾病。

4. 影响繁殖

公畜性欲降低,精液品质下降,精子数目减少;母畜不发情,性周期失常,卵子数量少、质量差,受胎率低。受孕后胎儿发育不良,以致产生弱胎,死胎或畸形胎儿。

5. 生产性能下降

可使生长动物增重缓慢,泌乳动物泌乳量下降,绵羊的产毛量及家禽的产蛋量减少,而且动物产品的质量也降低。

(二)蛋白质过量的危害

饲粮中蛋白质给量超过动物的需要,不仅造成浪费,而且多余的氨基酸在肝脏中脱氨,形成尿素由肾随尿排出体外,加重肝肾负担,严重时引起肝肾的病患,夏季还会加剧热应激。

三、单胃动物蛋白质营养特点及其应用

(一)单胃动物蛋白质消化代谢特点

单胃动物对蛋白质消化代谢过程如图 1-7 所示,以猪为例加以说明。

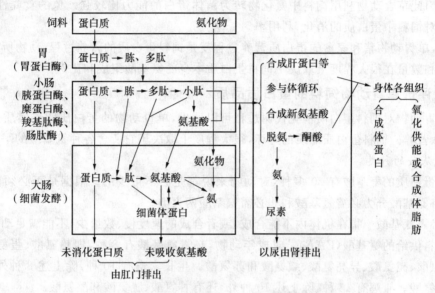

图 1-7　单胃动物对蛋白质消化代谢过程示意简图

由图 1-7 可见,猪等单胃动物对蛋白质的消化由胃开始,然后在各种蛋白酶作用下,在小肠最终被分解为小肽(二肽、三肽)和氨基酸被吸收。小肠未被消化吸收的蛋白质、肽、氨基酸和氨化物进入大肠,部分在细菌酶的作用下,不同程度地降解为氨基酸和氨,其中部分可被细菌利用合成菌体蛋白,但合成的菌体蛋白绝大部分随粪排出,而被再度降解为氨基酸后能由大肠吸收的为数甚少,吸收后的由血液输送到肝脏。最后,在所有消化道中未被消化吸收的蛋白质,随粪便排出体外。随粪便排出的蛋白质,除了饲料中未消化吸收的蛋白质外,还包括肠脱落黏膜、肠道分泌物及残存的消化液等。后部分蛋白质则称为"代谢蛋白质"(即代谢粪 N×6.25),它可由饲喂不含氮日粮的动物测得。

进入肝脏中的小肽和氨基酸,一部分合成肝脏蛋白和血浆蛋白,另一部分经过肝脏由体循环转送到各个组织细胞中,连同来源于体组织蛋白质分解产生的氨基酸和由糖类等非蛋白质物质在体内合成的氨基酸(两者均称为内源氨基酸)一起进行代谢;没有被细胞利用的氨基酸,在肝脏中脱氨,脱掉的氨基生成氨又转变为尿素,由肾脏以尿的形式排出体外。剩余的酮酸部分氧化供能或转化为糖原和脂肪作为能量贮备。氨基酸在肝脏中还可通过转氨基作用,合成新的氨基酸。

尿中排出的氮有一部分是体组织蛋白质的代谢产物,通常将这部分氮称为"内源尿氮",内源尿氮可视为给动物采食不含氮日粮时,由尿中排出的氮。

由消化代谢过程看出,猪对蛋白质消化吸收的主要场所是小肠,并在酶的作用下,最终以氨基酸、小肽的形式被机体吸收,进而被利用。而大肠的细菌虽然可利用少量氨化物合成菌体蛋白,但最终绝大部分还是随粪便排出。因此,猪能大量利用饲料中的蛋白质,但不能大量利用氨化物。

家禽消化器官中的腺胃容积小,饲料停留时间短,消化作用不大。而肌胃又是磨碎饲料的器官,因此家禽蛋白质消化吸收的主要场所也是小肠,其特点大致与猪相同。

马属动物和兔等单胃草食动物的盲肠与结肠相当发达,它们在蛋白质的消化过程中起着重要作用,这一部位消化蛋白质的过程类似反刍动物。而胃和小肠蛋白质的消化吸收过程与猪类似。因此草食动物利用饲料中氨化物转为菌体蛋白的能力比较强。兔的食粪性习性,也提高了其对饲料中蛋白质的消化、利用率。

总之,单胃动物猪和家禽的蛋白质营养过程就是饲料蛋白质的营养过程,动物所吸收的氨基酸种类和数量在很大程度上取决于饲料蛋白质本身的氨基酸组成和比例。

(二)评价单胃动物饲料的蛋白质品质

从单胃动物对饲料蛋白质消化代谢过程可以看出,单胃动物的蛋白质营养实质上就是氨基酸、小肽营养。饲料蛋白质品质的好坏,很大程度上取决于它所含各种氨基酸的平衡状况。

1. 氨基酸的种类

构成蛋白质的氨基酸有 20 多种,对动物来说都是必不可少的。根据是否必须由饲料提供,通常将氨基酸分为必需氨基酸和非必需氨基酸两大类。

(1)必需氨基酸 指在机体内不能合成,或者合成的速度慢、数量少,不能满足动物需要而必须由饲料供给的氨基酸(EAA)。对成年动物,必需氨基酸有 8 种,即赖氨酸、蛋氨酸、色氨酸、苯丙氨酸、亮氨酸、异亮氨酸、缬氨酸和苏氨酸。生长家畜有 10 种,除上述 8 种外,还有精氨酸和组氨酸。雏鸡有 13 种,除上述 10 种外,还有甘氨酸、胱氨酸和酪氨酸。

(2)非必需氨基酸 在动物体内能利用含氮物质和酮酸合成,或可由其他氨基酸转化代替,可不由饲料提供即能满足需要的氨基酸。如丙氨酸、谷氨酸、丝氨酸、羟谷氨酸、脯氨酸、瓜氨酸、天门冬氨酸等。

从饲料供应角度考虑,氨基酸有必需与非必需之分。但从营养角度考虑,二者都是动物合成体蛋白和产品蛋白所必需的营养,且它们之间的关系密切。某些必需氨基酸是合成某些特定非必需氨基酸的前体,如果饲粮中某些非必需氨基酸不足时,则会动用必需氨基酸来转化代替。研究表明,蛋氨酸脱甲基后,可转变为胱氨酸和半胱氨酸。猪和鸡对胱氨酸需要量的30%可由蛋氨酸来满足。若给猪和鸡充分提供胱氨酸,即可节省蛋氨酸;提供充足的酪氨酸可节省苯丙氨酸,丝氨酸和甘氨酸在吡哆醇的参与下,可相互转化。丝氨酸可完全代替甘氨酸参与体内的合成反应,而对雏鸡生长速度及饲料转化率均无影响。

(3)限制性氨基酸 动物对各种必需氨基酸的需要量有一定的比例,但不同种类、不同生理状态等情况下,所需要的比例不同。饲料或日粮缺乏一种或几种必需氨基酸时,就会限制其他氨基酸的利用,致使整个日粮中蛋白质的利用率下降,故称它们为该日粮(或饲料)的限制性氨基酸。必需氨基酸的供给量与需要量相差越多,则缺乏程度越大,限制作用就越强。根据饲料或日粮中各种必需氨基酸缺乏程度的大小,分别称为第一、第二、第三……限制性氨基酸。根据饲料氨基酸分析结果与动物需要量的对比,即可推断出饲料中哪种必需氨基酸是限制性氨基酸。这种推断方法是根据氨基酸化学评分法进行的,其计算公式如下:

$$\frac{饲料中某种\ EAA\ 的含量}{动物对某种\ EAA\ 的需要量} \times 100\%$$

饲料种类不同,所含必需氨基酸的种类和数量有显著差别。动物则由于种类和生产性能等不同,对必需氨基酸的需要量也有明显差异。因此,同一种饲料对不同动物或不同种饲料对同一种动物,限制性氨基酸的种类和顺序不同。谷实类饲料中,赖氨酸均为猪和肉鸡的第一限制性氨基酸。蛋白质饲料中一般蛋氨酸较缺乏。大多数玉米—豆饼型日粮,蛋氨酸和赖氨酸分别是家禽和猪的第一限制性氨基酸。

2. 理想蛋白质与饲粮的氨基酸平衡

(1)理想蛋白质　尽管必需氨基酸对单胃动物十分重要,但还需在非必需氨基酸或合成非必需氨基酸所需氮源满足的条件下,才能发挥最大的作用。因此,只有供给动物各种必需氨基酸之间以及必需氨基酸总量与非必需氨基酸总量之间具有最佳比例的"理想蛋白质",才能充分发挥蛋白质的营养潜力。理想蛋白是以生长、妊娠、泌乳、产蛋等的氨基酸需要为理想比例的蛋白,通常以赖氨酸作为100,用相对比例表示,猪3个生长阶段必需氨基酸理想模型如表1-12所示。有人建议必需氨基酸总量与非必需氨基酸总量之间的合适比例约为1∶1。

表1-12　猪3个生长阶段必需氨基酸理想模式

氨基酸	体重/kg		
	5～20	20～50	50～100
赖氨酸	100	100	100
精氨酸	42	36	30
组氨酸	32	32	32
色氨酸	18	19	20
异亮氨酸	60	60	60
亮氨酸	100	100	100
缬氨酸	68	68	68
苯丙氨酸＋酪氨酸	95	95	95
蛋氨酸＋胱氨酸	60	65	70
苏氨酸	65	67	70

运用理想蛋白质最核心的问题是以第一限制性氨基酸为标准,确定饲料蛋白质和氨基酸水平。

(2)饲粮的氨基酸平衡　饲喂动物理想蛋白质可获得最佳生产性能,但常用饲料中的蛋白质与动物理想蛋白质相比,往往有较大的差异,它直接涉及饲粮蛋白质的品质和蛋白质的转化率,平衡饲粮的氨基酸时,应重点考虑和解决以下几个方面。

①氨基酸的缺乏。一般情况下,动物饲粮中往往有一种或几种氨基酸不能满足需要。可参考理想蛋白质的氨基酸配比,确定饲粮中必需氨基酸的限制顺序,确认第一限制性氨基酸及其喂量。氨基酸的缺乏,不完全等于蛋白质的缺乏,如机榨菜籽饼作为猪的蛋白质饲料,可利用赖氨酸缺乏,但蛋白质水平却超标。

②氨基酸失衡。是指饲粮中各种必需氨基酸相互间的比例与动物需要的比例不相适应。可根据"理想蛋白质"中各种必需氨基酸同第一限制性氨基酸间的比例调整其他氨基酸的给量,使饲粮中氨基酸达到平衡。不平衡主要是比例问题,缺乏则主要是量不足。

③氨基酸相互间的关系。氨基酸之间存在着相互转化、代替与相互拮抗等复杂的关系,这

对饲粮氨基酸的平衡十分重要。雏鸡饲粮中,胱氨酸可代替 1/2 的蛋氨酸,丝氨酸可完全代替甘氨酸;酪氨酸不足,可以由苯丙氨酸来满足等。赖氨酸与精氨酸、苏氨酸与色氨酸、亮氨酸与异亮氨酸和缬氨酸、蛋氨酸与甘氨酸、苯丙氨酸与缬氨酸、苯丙氨酸与苏氨酸之间在代谢中都存在一定的拮抗作用。赖氨酸过多时,会干扰肾小管对精氨酸的重吸收,造成精氨酸的不足,鸡饲粮中赖氨酸与精氨酸的适宜比例为 1:1.2;亮氨酸过量时,会激活肝脏中异亮氨酸氧化酶和缬氨酸氧化酶,致使异亮氨酸和缬氨酸大量氧化分解而不足,生产中常遇到亮氨酸超量问题,主要是因为玉米、高粱的亮氨酸较多,以至常引起小鸡缬氨酸和异亮氨酸需要量的提高;过量蛋氨酸阻碍赖氨酸的吸收;精氨酸和甘氨酸能消除其他氨基酸过量的有害作用等,拮抗作用只有在两种氨基酸的比例相差较大时影响才明显。

氨基酸之间相互转化或拮抗的程度与饲粮中氨基酸的平衡程度密切相关。调整饲料中氨基酸平衡和供给足够的非必需氨基酸,可达到提高饲粮蛋白质转化效率的目的。

平衡饲粮的氨基酸时,要防止氨基酸过量。添加过量的氨基酸会引起动物中毒,且不能以补加其他氨基酸加以消除,尤其蛋氨酸,过量摄食可引起动物生长抑制,降低蛋白质的利用率。

四、反刍动物蛋白质营养特点及其应用

(一)反刍动物蛋白质消化代谢特点

反刍动物的蛋白质消化代谢,因受瘤胃发酵的影响,与单胃动物明显不同。反刍动物体内蛋白质消化代谢过程如图 1-8 所示。

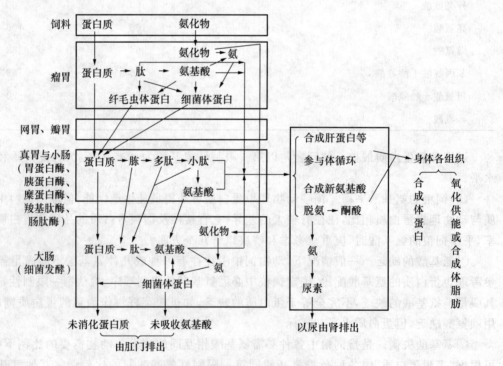

图 1-8 反刍动物体内蛋白质消化代谢

饲料蛋白质被采食进入瘤胃后,在瘤胃微生物蛋白质水解酶作用下,分解为寡肽和氨基酸。大部分寡肽和氨基酸,可被微生物利用合成菌体蛋白,其中部分氨基酸又在细菌脱氨基酶作用下,降解为挥发性脂肪酸、氨和二氧化碳。饲料中的氨化物也可在细菌脲酶作用下分解为氨和二氧化碳。在瘤胃被微生物降解的蛋白质称为瘤胃降解蛋白(RDP)。瘤胃中的氨基酸和氨化物的降解产物氨,也可被细菌利用合成细菌体蛋白。瘤胃中的细菌蛋白氮有50%~80%来源于瘤胃中产生的氨,另外20%~50%则来源于食入蛋白水解而成的肽类和氨基酸,纤毛原虫不能利用氨态氮,只能利用细菌和饲料颗粒含有的氮作为氮源而生长。

瘤胃内未被微生物降解的饲料蛋白质,通常称为过瘤胃蛋白质(RBPP),也称为未降解蛋白质(UDP)。过瘤胃蛋白与瘤胃微生物蛋白、肽、游离氨基酸一同由瘤胃转至真胃,随后进入小肠和大肠,其蛋白质消化、吸收,以及吸收后的利用过程与单胃动物基本相同。

由代谢过程看出,反刍动物蛋白质消化代谢的特点:蛋白质消化吸收的主要场所首先是在瘤胃,靠微生物的降解;其次是在小肠,在酶的作用下进行。因此,反刍动物不仅能大量利用饲料中的蛋白质,而且也能很好地利用氨化物。也就是说,饲料蛋白质可在瘤胃进行较大的改组,通过微生物合成饲粮中不曾有的氨基酸,因此,很大程度上认为反刍动物的蛋白质营养实质上是瘤胃微生物的蛋白质营养。也就是说,反刍动物所需要的小肠可消化蛋白质来源于瘤胃合成的微生物蛋白和饲料过瘤胃蛋白。

饲料蛋白质在瘤胃内的降解率受其溶解度和瘤胃内滞留时间的影响,溶解度大的蛋白质及在瘤胃内滞留时间较长的蛋白质降解率较高。不同饲料蛋白质溶解度不一样,一些饲料蛋白质的降解率见表1-13。

表 1-13　饲料蛋白质在瘤胃的降解率　　　　　　　　　　　　　　%

饲料名称	降解率	饲料名称	降解率	饲料名称	降解率
酪蛋白	90	大麦	72~90	禾草青贮	85
花生饼	63~78	白鱼粉	50	小麦干草	73~89
棉仁饼	60~80	秘鲁鱼粉	30	禾草干草	50
葵籽饼	75	玉米蛋白	28~40	黑燕麦	59~70
豆饼	39~60	苜蓿干草	40~60	干红豆草	37
玉米	40	玉米青贮	40	红三叶草(青刈)	66~73

饲料中的蛋白质和氨化物在瘤胃中被细菌降解生成的氨,除被合成菌体蛋白外,经瘤胃、真胃和小肠吸收后转送到肝脏合成尿素。尿素大部分经肾脏随尿排出,小部分被运送到唾液腺随唾液返回瘤胃,再次被细菌利用,氨如此循环反复被利用的过程称为"瘤胃氮素循环",既提高了饲料中粗蛋白质的利用率,又将食入的植物性粗蛋白反复转化为菌体蛋白,供动物体利用,提高饲料蛋白质的品质。

据测定,瘤胃微生物蛋白质与动物产品蛋白质的氨基酸组成相似。瘤胃细菌蛋白质生物学价值为85%~88%,瘤胃纤毛原虫蛋白质生物学价值为80%。微生物蛋白的品质次于优质的动物蛋白,与豆饼和苜蓿叶蛋白相当,而优于大多数的谷物蛋白。瘤胃微生物蛋白质可满足反刍动物蛋白质需要的50%~100%。

(二)反刍动物对必需氨基酸的需要

反刍动物同单胃动物一样,真正需要的不是蛋白质本身,而是蛋白质在真胃以后分解产生的氨基酸,因此,反刍动物蛋白质营养的实质是小肠氨基酸营养。

通常饲养管理条件下,反刍动物所需必需氨基酸的 50%～100% 来自于瘤胃微生物蛋白质(含 10 种必需氨基酸),其余来自饲料。中等以下生产水平的反刍动物,仅微生物蛋白和少量过瘤胃饲料蛋白所提供的必需氨基酸足以满足需要。但对高产反刍动物,上述来源的氨基酸远不能满足需要,限制了生产潜力的发挥。据研究,日产奶 15 kg 以上的奶牛,蛋氨酸和亮氨酸可能是限制性氨基酸,日产奶 30 kg 以上的奶牛,除上述两种外,赖氨酸、组氨酸、苏氨酸和苯丙氨酸可能都是限制性氨基酸。研究确认,蛋氨酸是反刍动物最主要的限制性氨基酸。

生产实践中,必须从饲料中保证高产反刍动物对限制性氨基酸的需要,以充分发挥其高产潜力。对高品质蛋白质饲料进行过瘤胃保护,不仅可满足高产反刍动物对必需氨基酸的需要,而且可避免瘤胃过度降解饲料真蛋白质所造成的能量和氮素浪费。

第二部分　蛋白质、氨基酸、小肽的供给

畜禽体内蛋白质来源于饲料中的蛋白质、氨基酸、小肽和氨化物,因此凡是含有蛋白质、氨基酸、小肽和氨化物的饲料均能为畜禽提供蛋白质。虽然能量饲料、粗饲料、青绿饲料和青贮饲料均能供给部分蛋白质,但由于这些饲料中含量较低或蛋白质品质较差,不能满足现代养殖业畜禽生产需要,需要由蛋白质饲料或氨基酸、小肽饲料添加剂补充、完善。

一、蛋白质饲料

饲料干物质中粗纤维含量小于 18%、粗蛋白质含量大于或等于 20% 的饲料。种类:动物性蛋白质饲料、植物性蛋白质饲料、单细胞蛋白质饲料和非蛋白氮饲料。

(一)动物性蛋白质饲料

动物性蛋白质饲料类主要是指水产、畜禽加工、乳品业等加工副产品。粗蛋白质含量高(40%～85%),氨基酸组成比较平衡,生物学价值较高;碳水化合物含量低,不含粗纤维,消化利用率高;矿物元素丰富,比例适宜;维生素含量丰富(特别是维生素 B_2 和维生素 B_{12});脂肪含量较高,虽然能值含量高,但脂肪易氧化酸败,不宜长时间贮藏;含有未知生长因子,促进动物生长的动物性蛋白因子。

1. 鱼粉

以全鱼或鱼下脚(鱼头、尾、鳍、内脏)为原料,经过蒸煮、压榨、干燥、粉碎加工之后的粉状物。红棕色、黄棕色或黄褐色等,咸腥味,味咸。蛋白质含量高,60% 以上,品质好,真蛋白质占 95% 以上,赖氨酸 4.5% 以上,蛋氨酸 1.7% 以上。蛋白质消化率好(达 90% 以上),EAA 比例相当平衡,氨基酸利用率高,蛋白质生物学价值高;脂肪含量较高,小于 10%。矿物质含量丰富,钙磷比例合理,利用率高,铁、锌、硒、碘含量高;富含 B 族维生素,尤其是维生素 B_{12} 和维生素 B_2,真空干燥的鱼粉含有较丰富的维生素 A、维生素 D;含有未知因子。在家禽饲粮中使用鱼粉过多可导致禽肉、蛋产生鱼腥味。各类畜禽饲粮中鱼粉用量宜控制在 0～3%,奶牛饲粮一般不添加鱼粉。饲料用鱼粉质量标准见表 1-14。

表 1-14　饲料用鱼粉质量标准(SC/T 3501—1996)

项目	等　级			
	特级品	一级品	二级品	三级品
色泽	黄棕色、黄褐色等鱼粉正常颜色			
组织	膨松、纤维状组织明显,无结块、无霉变	较膨松、纤维状组织较明显,无结块、无霉变	松软粉状物,无结块、无霉变	
气味	有鱼香味,无焦灼味和油脂酸败味		有鱼香味,无异臭,无焦灼味	
粉碎粒度	至少98%能通过筛孔为 2.80 mm 的标准筛			
粗蛋白质/%	≥60	≥55	≥55	≥45
粗脂肪/%	≤10	≤10	≤12	≤12
水分/%	≤10	≤10	≤10	≤12
盐分/%	≤2	≤3	≤3	≤4
灰分/%	≤15	≤20	≤25	≤25
沙分/%	≤2	≤3	≤3	≤4

2. 肉骨粉和肉粉

肉粉是用动物屠宰后不宜食用的下脚料以及肉类罐头厂、肉品加工厂等的残余碎肉、内脏经过切碎、充分煮沸、压榨,尽可能分离脂肪,残余物干燥后制成的粉末。由于加工方法及原料品质的变化使肉骨粉的产品外观有很大差异。纯肉粉中不含骨头,加工中含有骨头的称为肉骨粉。但限于运输、保鲜、防疫卫生等方面的因素,目前不建议在饲料中使用。蛋白质含量高,品质好,赖氨酸、苏氨酸等含量较高,而色氨酸、酪氨酸含量较低;钙、磷含量高,磷利用率高;脂肪含量较高,能值较高;维生素含量比鱼粉低。肉骨粉一般用作肉猪与种猪饲粮,用量宜控制在不超过 7.5% 或 10%;仔猪、反刍动物一般不用。肉骨粉质量标准见表 1-15。

表 1-15　肉骨粉质量标准

项目	等　级		
	一级品	二级品	三级品
色泽	褐色或灰褐色	灰褐色或浅棕色	灰色或浅棕色
状态	粉状		
气味	固有气味	无异味	无异味
粗蛋白质/%	≥26	≥23	≥20
粗脂肪/%	≤8	≤10	≤12
水分/%	≤9	≤10	≤12
钙/%	≥14	≥12	≥10
磷/%	≥8	≥5	≥3

3. 血粉

鲜血脱水加工而成;暗红色,略有血腥味,味苦,适口性差。碳水化合物和脂肪含量低;蛋白质含量高,一般在80%以上,赖氨酸含量高达6%～9%,蛋氨酸、异亮氨酸缺乏,总的氨基酸组成非常不平衡,故不易消化,利用率低;钙、磷含量低,且变异较大,但磷的利用率高;微量元素铁含量高达2 800 mg/kg,而其他元素含量较低。能通过2～3 mm筛孔,不含砂石等杂质。由于血粉适口性较差,且具黏性,过量使用易引起腹泻,因此饲粮中血粉的添加量不宜过高。一般仔猪、仔鸡饲粮中用量应小于2%,成年猪、鸡饲粮中用量不宜超过4%,育成牛和成年牛饲粮中用量应以6%～8%为宜。血粉质量标准见表1-16。

表1-16 血粉质量标准(SB/T 10212—1994) %

质量指标	等级		质量指标	等级	
	一级品	二级品		一级品	二级品
粗蛋白质	≥80	≥70	水分	≤10	≤10
粗纤维	<1	<1	灰分	≤4	≤6

4. 血浆蛋白粉

粉状,暗红色,略有腥味,味甘,适口性好。蛋白质含量,品质好,利用率高,是一种品质极佳的动物性蛋白质饲料,尤其适合作早期断奶仔猪饲料原料。

5. 血球蛋白粉

粉状,深红色,略有腥味,味甘。蛋白质含量高,达88%左右;铁含量高达2 700 mg/kg,可防止动物贫血。

除此之外,还有蚕蛹粉、羽毛粉等。

(二)植物性蛋白质饲料

植物性蛋白质主要包括豆类籽实、豆类籽实炼油后副产品(饼粕)及其他,这类饲料蛋白质含量高达20%～50%;粗脂肪:含量高,不同种类作物,含量变化大;粗纤维:一般不高,与谷类籽实近似,故能值与中等能量饲料相似;矿物质:与谷类近似,钙少磷多,磷主要是植酸磷;维生素含量也与谷类相似,B族维生素较丰富,而维生素A、维生素D较缺乏;大多含有一些抗营养因子,影响饲喂价值。

1. 全脂大豆

它包括黄豆、黑豆等,蛋白质含量为32%～40%,氨基酸组成较好,其中赖氨酸丰富,如黄豆为2.30%,黑豆为2.18%,但含硫氨基酸相对不足;大豆脂肪含量高,达17%,其中不饱和脂肪酸较多,亚油酸和亚麻酸可达55%,代谢能值高于动物油脂;无氮浸出物明显低于能量饲料,约26%;矿物质元素和维生素类与谷实类饲料相仿。钙的含量稍高,但仍低于磷。

未经加工的豆类籽实中含有多种抗营养因子,最典型的是胰蛋白酶抑制因子、凝集素等,因此生喂豆类籽实不利于动物对营养物质的吸收,生大豆饲喂畜禽可导致腹泻和生产性能下降。生大豆用于肉鸡粉料宜在10%以下,在生长肥育猪饲粮中添加比例一般为15%以下,牛饲料中不宜超过精料补充料的50%。

加热处理得到的全脂大豆对各种畜禽均有良好的饲喂效果。湿法膨化处理能破坏全脂大豆的抗原活性,更能提高全脂大豆的适口性和蛋白质消化率。熟化全脂大豆脲酶活性不得超过0.4。

《饲料用大豆》标准中规定:大豆中异色粒不许超过5.0%,秕食豆不能超过1.0%,水分含量不得超过 13.0%。饲料用大豆等级标准见表 1-17。

2. 大豆饼

大豆饼是以大豆为原料通过机械压榨法取油后的副产物。片状、块状或饼状，黄色至棕黄色，有豆香味，味甘微带豆腥味。粗蛋白质含量高，一般在 40%～50%，必需氨基酸含量高，组成合理；有效能值中等；胡萝卜素、核黄素和硫胺素含量少，烟酸和泛酸含量较多，胆碱含量丰富，维生素 E 在脂肪残量高和储存不久的饼粕中含量较高；熟化程度不够时，含有胰蛋白酶抑制因子、大豆凝集素、大豆抗原等抗营养因子，脲酶活性为 0.03～0.4 时，饲喂效果最佳。饲料用大豆饼质量标准见表 1-18。

表 1-17　饲料用大豆等级标准
（NY/T 135—1989）　　　　%

质量指标	等　级		
	一级品	二级品	三级品
粗蛋白质	≥36.0	≥35.0	≥34.0
粗纤维	<5.0	<5.5	<6.5
灰分	<5.0	<5.0	<5.0

表 1-18　饲料用大豆饼质量标准
（NY/T 130—1989）　　　　%

质量指标	等　级		
	一级品	二级品	三级品
粗蛋白质	≥41.0	≥39.0	≥37.0
粗脂肪	<8.0	<8.0	<8.0
粗纤维	<5.0	<6.0	<7.0
灰分	<6.0	<7.0	<8.0

3. 大豆粕

大豆粕是以大豆为原料通过浸提法提油后的副产物。渣状，浅黄色至深黄色，有豆香味，味甘微带豆腥味。与大豆饼相比，具有较低的脂肪含量，而蛋白质含量较高，且质量较稳定。饲料用大豆粕质量标准见表 1-19。

4. 棉籽（仁）饼（粕）

饼：块状或饼状；粕：渣状；色黄。即使去壳饼（粕）也能偶见棉籽壳和棉丝。粗蛋白质含量棉籽饼（粕）为 33%～40%，棉仁饼（粕）为 41%～44%，与豆粕相当；赖氨酸为豆饼的一半，精氨酸含量高，为饼粕类饲料中的第二高；蛋氨酸含量低，仅为菜籽饼（粕）的 55% 左右；去壳棉籽饼（粕）蛋白质品质高；棉籽饼（粕）中含有较丰富的磷、铁及锌，但植酸磷的含量也较高。含有毒物质游离棉酚。

棉籽（仁）饼（粕）对鸡的饲用价值主要取决于游离棉酚和粗纤维的含量。家禽日粮一般仅限制使用 3%～7%；对反刍家畜不存在中毒问题，是反刍家畜良好的蛋白质来源，一般用量以占精料的 20%～35% 为宜；但棉籽饼（粕）不宜用作肉鸡饲料。饲料用棉籽饼质量标准见表 1-20。

表 1-19　饲料用大豆粕质量标准
（NY/T 131—1989）　　　　%

质量指标	等　级		
	一级品	二级品	三级品
粗蛋白质	≥44.0	≥42.0	≥40.0
粗纤维	<5.0	<6.0	<7.0
粗灰分	<6.0	<7.0	<8.0

表 1-20　饲料用棉籽饼质量标准
（NY/T 129—1989）　　　　%

质量指标	等　级		
	一级品	二级品	三级品
粗蛋白质	≥40.0	≥36.0	≥32.0
粗纤维	<10.0	<12.0	<14.0
粗灰分	<6.0	<7.0	<8.0

5. 菜籽饼(粕)

饼:块状或饼状;粕:渣状。暗红至红黑,具有菜籽油的香味,味涩、苦。粗蛋白质含量为33%～38%;蛋氨酸含量较高,在饼粕类饲料中仅次于芝麻饼(粕),居第二位;赖氨酸含量较高,在饼粕类饲料中仅次于大豆饼(粕),居第二位;硒含量高,达 1 mg/kg;磷的利用率较高。因含有硫葡萄糖苷、芥子碱、植酸、单宁等多种抗营养因子,饲喂价值明显大豆饼(粕),用量过高可引起甲状腺肿大、采食量下降,生产性能下降。在鸡配合饲料中,菜籽饼(粕)用量一般控制在 3%～10%。饲料用菜籽饼质量标准见表1-21。

6. 花生饼(粕)

饼:饼状或块状;粕:渣状;浅黄至深黄;有花生香味,味甘。粗蛋白质含量 36%～48%,赖氨酸和蛋氨酸含量低,精氨酸含量特别高;无氮浸出物含量为 30%左右,有效能值是饼类饲料中最高的;花生饼极易被黄曲霉菌污染,产生毒性很强的黄曲霉毒素。饲料用花生饼质量标准见表1-22。

表1-21 饲料用菜籽饼质量标准 (NY/T 125—1989)　　%		
质量指标	等　级		

质量指标	一级品	二级品	三级品
粗蛋白质	≥37.0	≥34.0	≥30.0
粗脂肪	<10.0	<10.0	<10.0
粗纤维	<14.0	<14.0	<14.0
粗灰分	<12.0	<12.0	<12.0

表1-22 饲料用花生饼质量标准 (NY/T 132—1989)　　%		
质量指标	一级品	二级品	三级品
---	---	---	---
粗蛋白质	≥48.0	≥40.0	≥36.0
粗纤维	<7.0	<9.0	<11.0
粗灰分	<6.0	<7.0	<8.0

7. 大豆浓缩蛋白粉

大豆经去皮、脱脂等工艺加工而成。粉状,细腻;黄色,芳香气味,味甘。氨基酸含量极其丰富。粗蛋白质≥65%、粗脂肪≤1%,动物食后消化吸收率高。特别适用于乳猪、水产、犊牛、宠物的饲料添加。

8. 玉米蛋白粉

玉米蛋白粉又叫玉米面筋,是玉米除去浸渍液、淀粉、胚芽及玉米外皮后剩下的产品。色泽:金黄色,蛋白质愈高,色泽愈鲜艳。粗纤维含量低;粗蛋白质高 25%～60%;蛋氨酸含量很高,赖氨酸和色氨酸则严重不足;维生素(水溶性维生素)和矿物元素(除铁外)含量较低;类胡萝卜素含量很高。玉米蛋白粉适用于猪、禽、鱼等动物,尤其适用于鸡料。

9. DDGS

酒糟蛋白饲料商品名称。以玉米为原料发酵制取乙醇的副产品,金黄色。蛋白质、B族维生素及氨基酸含量较,并含有未知促生长因子。蛋白质含量 26%以上,用作反刍动物饲料过瘤胃蛋白高。

10. 啤酒糟

啤酒生产的副产物。是大麦提取可溶性碳水化合物后的残渣,暗红。粗蛋白质 25%左右,品质与大麦相似。用于养牛效果很好,用量几乎不受限制。

11. 其他植物性蛋白质饲料原料

如黄大豆、黑大豆、蚕豆、豌豆等豆科作物种子及亚麻籽(仁)饼(粕)、向日葵仁粕、玉米胚芽粕、膨化豆粕、饲料级小麦蛋白粉、玉米麸等。

(三)单细胞蛋白质饲料

1. 单细胞蛋白质饲料(SCP)

微生物及培养基不同，外观特征、营养成分变化较大。蛋白质一般为 40%～80%，氨基酸比较平衡，蛋白质生物学价值高；核酸含量非常高；脂肪以不饱和脂肪酸为主；含有葡聚糖、甘露聚糖和壳多糖等，影响其消化利用。

2. 饲料酵母

外观特征、营养成分变化较大，主要取决于培养基；蛋白质含量高，40%～60%，含部分核酸，含有大量的 B 族维生素和消化酶，含未知生长因子；有效能值与玉米近似，所含必需氨基酸及其生物学效价均可与优质豆饼媲美。

(四)非蛋白氮饲料(NPN)

此类饲料包括酰胺、尿素、缩二脲等，最常用的是尿素。不含能量，只能借助反刍动物瘤胃中共生的微生物的活动，作为微生物的氮源而间接地起到补充动物蛋白质营养的作用。一般只作为成年反刍动物蛋白质供给。

1. 反刍动物日粮中使用非蛋白氮的目的

一是在日粮蛋白质不足的情况下，补充 NPN，提高采食量和生产性能；二是用 NPN 适量代替高价格的蛋白质饲料，在不影响生产性能的前提下，降低饲料成本，提高生产效益；三是用于平衡日粮中可降解与过瘤胃蛋白，以充分发挥瘤胃的功能，促进整个日粮的有效利用。

2. 反刍动物利用非蛋白氮的机制

反刍动物对尿素、双缩脲等非蛋白氮化合物(也称氨化物)的利用主要靠瘤胃中的细菌。以尿素为例，其利用机制简述如下：

$$尿素 \xrightarrow{\text{细菌脲酶}} 氨 + 二氧化碳$$

$$碳水化合物 \xrightarrow{\text{细菌酶}} 酮酸 + 挥发性脂肪酸$$

$$氨 + 酮酸 \xrightarrow{\text{细菌酶}} 氨基酸 \xrightarrow{\text{细菌酶}} 细菌体蛋白$$

$$细菌体蛋白 \xrightarrow{\text{真胃和小肠(消化酶)}} 氨基酸$$

瘤胃内的细菌利用尿素作为氮源，以可溶性碳水化合物作为碳架和能量的来源，合成细菌体蛋白。进而和饲料蛋白质一样在动物体消化酶的作用下，被动物体消化利用。

尿素含氮量为 42%～46%，若按尿素中的氮 70% 被合成菌体蛋白计算，1 kg 尿素经转化后，可提供相当于 4.5 kg 豆饼的蛋白质。

3. 提高尿素利用率的措施

尿素等分解的氨态氮并非全部在瘤胃内合成菌体蛋白，且尿素的利用效果又受多种因素的影响。为了提高尿素的利用率并防止动物氨中毒，饲喂尿素时应注意：

(1)日粮中必须有一定量易消化的碳水化合物　瘤胃细菌在利用氨合成菌体蛋白的过程中，需要同时供给可利用能量和碳架，后者主要由碳水化合物酵解供给。淀粉的降解速度与尿素分解速度相近，能源与氮源释放趋于同步，有利于菌体蛋白的合成。因此，粗饲料为主的日粮中，添加尿素时，应适当增加淀粉质的精料。有人建议，每 100 g 尿素，可搭配 1 kg 易消化的碳水化合物,其中 2/3 是淀粉,1/3 是可溶性糖。增加能量供应量,可提高尿素利用率。

(2)日粮中真蛋白质水平要适宜　有些氨基酸,如赖氨酸、蛋氨酸是细菌生长繁殖所必需的营养,它们不仅作为成分参与菌体蛋白的合成,而且还具有调节细菌代谢的作用,从而促进细菌对尿素的利用。

补加尿素前日粮中蛋白质含量超过 13% 时,尿素在瘤胃转化为菌体蛋白的速度和利用程度显著降低,甚至会发生氨中毒;蛋白质水平低于 8% 时,又可能影响细菌的生长繁殖。一般认为补加尿素前,日粮蛋白质水平应控制在 8%~13% 为宜。

(3)保证供给微生物生命活动所必需的矿物质　钴是在蛋白质代谢中起重要作用的维生素 B_{12} 的成分。如果日粮中钴不足,则维生素 B_{12} 合成受阻,会影响细菌对尿素的利用。硫是合成细菌体蛋白中蛋氨酸、胱氨酸等含硫氨基酸的原料。为提高尿素的利用率,有人建议,在保证硫供应的同时还要注意氮硫比和氮磷比,含尿素日粮的最佳氮硫比为(10~14):1,氮磷比为 8:1。此外,还要保证细菌生命活动所必需的钙、磷、镁、铁、铜、锌、锰及碘等的供给。

(4)控制喂量,注意喂法　尿素被利用时,首先要在细菌分泌的脲酶作用下分解为氨和二氧化碳。由于脲酶的活性很强,致使尿素在瘤胃中分解为氨的速度很快,而细菌利用氨合成菌体蛋白的速度相对较慢,仅为尿素分解速度的 1/4。如果尿素喂量过大,会被迅速地分解产生大量的氨,而细菌又来不及利用,其中一部分氨被胃壁吸收后随血液输入肝脏形成尿素,由肾排出,造成浪费,严重时会引起反刍动物氨中毒。症状表现运动失调、肌肉震颤、痉挛、呼吸急促,口吐白沫等,这种症状一般在喂后 0.5~1 h 发生,如不及时治疗,可能在 2~3 h 死亡。

①喂量。尿素的喂量为日粮粗蛋白质量的 20%~30% 或不超过日粮干物质的 1%;成年牛每头每天饲喂 60~100 g,成年羊 6~12 g。生后 2~3 个月的犊牛和羔羊,由于瘤胃机能尚未发育完全,严禁饲喂尿素。如果日粮中有含非蛋白氮高的饲料,如青贮料,尿素用量可减半。

②喂法。饲喂尿素时,必须将尿素均匀地搅拌到精粗饲料中混喂,最好先用糖蜜将尿素稀释或用精料拌尿素后再与粗料拌匀,还可将尿素加到青贮原料中青贮后一起饲喂。饲喂尿素时,开始少喂,逐渐加量,使反刍动物有 5~7 d 的适应期。尿素一天的喂量要分几次饲喂;生豆类、生豆饼类、苜蓿草籽、胡枝子种子等含脲酶多的饲料,不要大量掺在加尿素的谷物饲料中一起饲喂。严禁将尿素单独饲喂或溶于水中饮用,应在饲喂尿素 3~4 h 后饮水。

(5)饲用缓释型技术处理的尿素　为减缓尿素在瘤胃的分解速度,使细菌有充足的时间利用氨合成菌体蛋白,提高尿素利用率和饲用安全性,在饲用尿素时可采用以下措施。

①向尿素饲粮中加入脲酶抑制剂,如醋酸氧肟酸、辛酰氧肟酸、脂肪酸盐、四硼酸钠等,以抑制脲酶的活性。

②包被尿素,用煮熟的玉米面糊或高粱面糊拌合尿素后饲喂。也可用硬脂酸、二双戊聚合物、羟甲基纤维素、聚乙烯、干酪素、蜡类或蛋白质将尿素包被后制成颗粒饲喂。

③制成颗粒凝胶淀粉尿素,此产品在降低氨释放速度的同时,加快淀粉的发酵速度,保持能氮同步释放,提高细菌蛋白的合成效率。

④将尿素、糖蜜、矿物质等压制或自然凝固制成块状物即尿素舔块,让牛羊舔食,控制了尿素的食入速度,提高了尿素的利用率。

⑤饲喂尿素衍生物,如磷酸脲、双缩脲、脂肪酸脲、羟甲基脲、异丁叉二脲等。与尿素相比,其降解速度减慢,饲用效果和安全性均高。

生产实践证明,马(驴、骡)补饲尿素,来代替日粮中的一部分蛋白质饲料,试验证明也有一定效果,但在实际生产中应用不多。而猪鸡饲喂尿素,没有实用价值。

二、氨基酸饲料添加剂

天然饲料中氨基酸的平衡性很差,因此需要添加氨基酸来平衡或补充某种特定生产目的的需要。饲粮中添加人工合成氨基酸可以达到四个目的:一是节约饲料蛋白质,提高饲料利用率和动物产品产量;二是改善畜产品品质;三是改善和提高动物消化机能,防止消化系统疾病;四是减轻动物的应激症。

1. 蛋氨酸添加剂

饲料工业中广泛使用的蛋氨酸有两类,一类是 DL-蛋氨酸,另一类是 DL-蛋氨酸羟基类似物(液体)及其钙盐(固体)。目前国内使用最广泛的是粉状 DL-蛋氨酸,含量一般为99%。后者虽没有氨基,但含有转化为蛋氨酸所特有的碳架,故具有蛋氨酸的生物活性,其生物活性相当于蛋氨酸的88%左右。蛋氨酸羟基类似物对反刍动物还具有过瘤胃保护作用,因此不会发生本身的脱氨基作用。蛋氨酸及其同类产品在饲料中的添加量,一般按配方计算后,补差定量供给。D 型与 L 型蛋氨酸的生物利用率相同。

2. 赖氨酸添加剂

生产中常用的商品为98.5%的 L-赖氨酸盐酸盐,其生物活性只有 L-赖氨酸的78.8%。天然饲料中赖氨酸的 ε-氨基比较活泼,易在加工、贮存中形成复合物而失去作用,故可利用氨基酸一般只有化学分析值的80%左右。此外,还有一种赖氨酸添加剂为 DL-赖氨酸盐酸盐,其中的 D 型赖氨酸是发酵或化学合成工艺中的半成品,没有进行或没有完全进行转化为 L 型的工艺,价格便宜,使用时应引起注意,因为动物体只能利用 L-赖氨酸,不能利用 D 型赖氨酸。

3. 色氨酸添加剂

白色或微黄色结晶或结晶性粉末;无臭,味微苦。本品在水中微溶,在乙醇中极微溶解,在氯仿中不溶,在甲酸中易溶,在氢氧化钠试液或稀盐酸中溶解。L-色氨酸活性为100%,而 DL-色氨酸活性只有 L-色氨酸的50%~80%。

4. 苏氨酸添加剂

饲料级苏氨酸为灰白色晶体粉末,易于加工处理。其活性成分不低于98.0%,若以干物质为基础,活性成分不低于98.5%。一般在仔猪饲料中添加。

5. 精氨酸添加剂

饲料级精氨酸添加剂为淡黄色或棕黄色粉末,其活性成分一般不低于90%。

在生产中,氨基酸添加剂的添加量较大,且以平衡饲粮中氨基酸为根本目的,所以通常将氨基酸直接添加于全价饲粮之中,用量在1%及其以下的高浓度预混料中一般不含氨基酸。

三、小肽添加剂

小肽饲料添加剂是一种新型的饲料添加剂,目前国家没有统一标准,品种繁多,商品名复杂,应用时应密切关注产品成分与有效成分含量。

四、其他供应

能为动物提供蛋白质、氨基酸和小肽的饲料还包括能量饲料、粗饲料、青饲料、青贮饲料,关于粗饲料、青饲料、青贮饲料供给蛋白质、氨基酸和小肽的特点有专门介绍,这里不再重复。

◈ 相关技能

技能训练一　畜禽蛋白质缺乏症的识别与分析

一、目的要求

能识别畜禽蛋白质缺乏症,并能初步分析引起蛋白质缺乏的原因,提出较为合理的解决措施。

二、实训条件

动物营养缺乏症的幻灯片、课件、录像等及饲养场。

三、方法步骤

(1)畜主访谈　了解发病过程、生长生产状况、查询日粮配方、发病规模和传染性等。

(2)观察病畜体征　采食、粪便、精神、是否浮肿、眼黏膜颜色等。

(3)病料送检　血常规检查,血浆蛋白量、血蛋白量等。

四、记录并作出判断,提出解决建议

项　目	记　录
访谈	
病畜体征	
病料检验结果	
结论	
建议	

五、考核评定

①能准确描述缺乏症特征,结论正确;能正确分析发病原因,并能提出合理的防控措施者为优秀。

②能准确描述缺乏症特征,结论正确;发病原因分析较准确,提出的防控措施较有效者为良好。

③缺乏症特征描述较准确,结论正确;发病原因分析较准确,提出的防控措施较有效者为及格。

④结论不正确者为不及格。

技能训练二 常用蛋白质饲料现场验收

一、目的要求

按生产要求独立或在老师及技术人员的指导下,完成常用蛋白质饲料现场验收岗位工作任务。通过完成该任务,培养学生实际动手操作能力,掌握饲料样本采集、饲料现场验收工艺、蛋白质饲料品质感官鉴定等操作技能。

二、实训条件

①配合饲料生产厂蛋白质饲料进厂现场。
②搪瓷盘、记录簿、剪刀、镊子、料铲、采样器、透明水杯等。

三、方法步骤

1. 接洽原料供应商
向供货商或采购员咨询有关原料信息,主要包括原料产地、供货商单位名称、生产厂家、出厂日期、是否已经过质检、索要质检报告单等。

2. 检查包装
主要检查包装是否完好、有无破损、是否淋雨、饲料原料标签是否科学规范、出厂日期、有效期、原料生产厂家联系方式、单包重量是否与提供的信息一致等。

3. 采样
根据原料总数确定采样量,一般袋装原料:按总包数 100 袋以下选择 10 袋,以后每增加 100 袋增加 1 袋的原则确定待抽样品包数;按照分层多点采样法(即几何法)选出数量足够的待抽样饲料包;对被选出的饲料包进行全面采样,采样时每包饲料对角采样 2 针,采取的饲料样本倒入瓷盘盛装。

4. 饲料品质感官鉴定
将饲料样品平摊在瓷盘或塑料布上,通过看、嗅、抓、捻等进行感官鉴定。主要检查饲料的颜色、组成、杂质或掺假、虫蛀、霉变、酸败等。

5. 入库前整包检查
若通过感官鉴定确定合格的饲料即可入库,若通过感官鉴定存在品质问题的饲料不得入库,若通过感官鉴定对其品质无法下结论或根据生产需要进一步进行鉴定的可进行进一步检查,如显微镜检查、实验室检验等。
饲料入库时,应随机抽取一定数量的饲料包,打开饲料包进行进一步检查,主要检查是否有结块、是否有较大体积的杂质。

6. 检查记录
对检查过程、检查结果以及处置建议做好详细记录。

四、考核评定

1. 简答

(1)豆粕、鱼粉质量优劣主要体现在哪些方面?

(2)针对不同蛋白质饲料,如豆粕、鱼粉等,进行感官鉴定时鉴定重点有什么不同?

2. 技能操作

学生根据常用蛋白质饲料现场验收操作情况,写出实训报告。

3. 评定

在规定时间内完成操作,回答问题、方法步骤、处置建议正确,结果符合要求者为优;完成时间较长,回答问题、方法步骤正确,处置建议基本正确,结果符合要求者为良;完成时间较长,回答问题、方法步骤、处置建议基本正确,结果基本符合要求者为及格;否则为不及格。

技能训练三 编排饲料限制性氨基酸顺序

随机选择两种饲料,编排分别对体重为 8～20 kg 生长肥育猪、9～18 周龄蛋鸡的限制性氨基酸顺序。

◈讨论与思考

1. 单胃动物、反刍动物蛋白质来源上有何不同特点? 在蛋白质饲料选用上有什么不同?

2. 如何理解动物蛋白质营养实质上是氨基酸的营养?

3. 影响动物对饲料蛋白质利用的因素有哪些? 如何提高饲料蛋白质利用效率?

任务四 矿物质营养与供给

◈知识目标

1. 掌握矿物质元素分类方法;

2. 了解矿物质元素在动物体内的含量与动态平衡规律;

3. 掌握各种矿物质元素的营养生理功能、缺乏与过量的危害及其症状识别;

4. 掌握矿物质元素对动物生理机能的影响;

5. 掌握供给动物矿物质元素的途径与方法;

6. 熟悉常用矿物质饲料质量标准。

◈能力目标

1. 能正确识别矿物质元素缺乏或过量营养疾病,并提出解决措施;

2. 能正确识别矿物质饲料;

3. 能对矿物质饲料进行品质鉴定;

4. 能正确选用矿物质饲料和添加剂。

◆相关知识

　　矿物质是除碳、氢、氧和氮4种元素外，其他各元素的统称。它是一类无机营养物质，存在于动物体的各种组织中，广泛参与体内各种代谢过程，在机体生命活动过程中起十分重要的调节作用，尽管所占体重很小，且不能供给能量、蛋白质，但缺乏时动物生长或生产受阻，疾病抵抗力下降，甚至死亡。

　　动物体内矿物质元素根据其含量分为2大类，即常量矿物质元素和微量矿物质元素。矿物质种类繁多，常量矿物质元素主要包括钙、磷、镁、钾、钠、氯、硫等，微量矿物质元素主要包括铁、铜、钴、硒、锌、锰、碘、铬等。

一、钙、磷营养与供给

(一)钙、磷营养生理功能

　　动力体内的钙约99％构成骨骼和牙齿；钙在维持神经和肌肉正常功能中起抑制神经和肌肉兴奋性的作用，当血钙含量低于正常水平时，神经和肌肉兴奋性增强，引起动物抽搐；钙可促进凝血酶的致活，参与正常血凝过程；钙是多种酶的活化剂或抑制剂；钙能激活肌纤凝蛋白－ATP酶与卵磷脂酶，能抑制烯醇化酶与二肽酶的活性。

　　动物体内的磷约80％构成骨骼和牙齿；磷以磷酸根的形式参与糖的氧化和酵解，参与脂肪酸的氧化和蛋白质分解等多种物质代谢；在能量代谢中磷以ADP和ATP的成分，在能量贮存与传递过程中起着重要作用；磷还是RNA、DNA及辅酶Ⅰ、辅酶Ⅱ的成分，与蛋白质的生物合成及动物的遗传有关；另外，磷也是细胞膜和血液中缓冲物质的成分。

(二)钙、磷缺乏或过量的危害

1. 钙磷缺乏症

　　动物任何生理阶段都有可能出现钙、磷缺乏症。草食动物最易出现磷缺乏，猪、禽最易出现钙缺乏。常见缺乏症一般表现为：食欲不振，甚至废绝，缺磷时更为明显。生长减慢，生产力和饲料利用率下降，患畜消瘦、生长停滞；母畜不发情或屡配不孕，并可导致永久性不育，或产畸胎、死胎，产后泌乳量减少；公畜性欲下降，精子发育不良，活力差；母鸡产软壳蛋或蛋壳破损率高，产蛋率和孵化率下降等。缺乏时，典型症状有佝偻病、软骨症、产后瘫痪和异食癖。

　　(1)佝偻病　幼年动物的饲粮中钙磷缺乏或其比例不当或维生素D不足时均可引起。其表现为：行走步态僵硬或脚跛，甚至骨折；长骨末端肿大，关节肿大，四肢弯曲，呈"X"形或"O"形，肋骨有"捻珠状"突起；骨矿物质元素含量减少；血钙、血磷或两者含量下降。

　　(2)骨软化症　常发生于妊娠后期与产后母畜、高产奶牛和产蛋鸡。饲粮钙、磷、维生素D缺乏或不平衡，动物为供给胎儿生长或产奶、产蛋的需要，过多地动用骨骼中的贮备，造成骨质疏松、多孔呈蜂窝状，骨壁变薄，容易在骨盆骨、股骨和腰荐部椎骨处发生骨折。

　　(3)产后瘫痪(又名产乳热)　是高产奶牛或母猪因缺钙引起内分泌功能异常而产生的一种营养缺乏症。在分娩后，产奶对钙的需要突然增加，甲状旁腺素、降钙素的分泌不能适应这种突然变化，在缺钙时则引起产后瘫痪。

2. 钙磷过量的危害

　　动物对钙、磷有一定程度的耐受力。过量直接造成中毒的少见，但超过一定限度，会降低动物的生产性能。反刍动物食入过量钙时，可抑制瘤胃微生物的活动而降低日粮的消化率。

单胃动物食入过量钙时,脂肪消化率下降,磷、镁、铁、锰和碘等代谢紊乱。生长猪和禽供钙量超过需要量的 50％时,就会产生不良后果;磷过多,使血钙降低。为了调节血钙,刺激副甲状腺分泌增多而引起副甲状腺机能亢进,致使骨中磷大量分解,易产生跛行或长骨骨折。

(三)钙、磷的供给

供给畜禽钙、磷的途径主要有 2 种。

1. 含钙、磷天然饲料供给

含有骨骼的动物性饲料,如鱼粉、肉骨粉等钙磷含量均高。豆科植物,如大豆、苜蓿草、花生秧等含钙丰富。禾谷类籽实和糠麸类中缺钙含磷多,但其中的磷主要是以植酸磷的形式存在。单胃动物消化道水解植酸磷的能力很低,磷的有效性相当于总磷的 60％;反刍动物对各种来源的钙、磷(包括植酸磷)利用都有效。但一般要求饲料中植酸磷含量在 0.2％以上,才有必要使用植酸酶,推荐添加量为 300～500 u/kg 饲粮。猪的试验表明,每千克饲粮中添加500 u 植酸酶大致替代 1.2 g 的无机磷。

2. 矿物质饲料供给

植物性饲料常满足不了动物对钙磷的需要,必须在饲粮中添加含钙或含钙磷的矿物质饲料。

（1）含钙矿物质饲料

①饲用石粉。主要指石灰石粉,为天然的 $CaCO_3$,含钙 34％～39％,是补钙来源最广、价格最低的矿物质原料。天然的石灰石只要镁、铅、汞、砷、氟含量在卫生标准范围之内均可使用。一般畜禽配合饲料中石粉用量为 0.5％～2.0％,蛋鸡和种鸡料可达 7％左右。猪用石粉的细度为 0.36～0.61 mm(32～56 目),禽用石粉的细度为 0.67～1.30 mm(26～28 目)。

表 1-23　饲料级轻质碳酸钙质量标准(HG 2940—2000)　　　　　　　　　　%

指标名称	指标	指标名称	指标
碳酸钙(以干基计)	≥98.0	钡盐(以 Ba 计)	≤0.005
碳酸钙(以 Ca 计)	≥39.2	重金属(以 Pb)	≤0.003
盐酸不溶物	≤0.2	砷(As)	≤0.000 2
水分	≤1.0		

②贝壳粉。各类贝壳外壳(牡蛎壳、蚌壳、蛤蜊壳等)经过加工粉碎而成的粉状或颗粒状产品,一般含钙不低于 33％～38％,主要成分为 $CaCO_3$,品质好的贝壳粉杂质少,含钙高,呈白色粉状或片状。贝壳沙(直径 2～3 mm)作为产蛋鸡的钙源,使用效果优于石粉。贝壳粉内常夹杂沙石和沙砾,使用时应予以检查并注意贝壳内有无残次的生物尸体的发霉、发臭情况。

③蛋壳粉。由蛋品加工厂或大型孵化场收集的蛋壳,经灭菌、干燥、粉碎而成,不过孵化后的蛋壳钙含量极少。新鲜蛋壳制粉时应注意消毒,避免蛋白质腐败,甚至带来传染病。蛋壳粉含粗蛋白质12.4％,钙 24％～27％。

（2）含钙、磷的矿物质饲料

①骨粉。以动物骨骼为原料,经加热加压、脱脂、脱胶后,再干燥粉碎而成。骨粉含氟量低,只要杀菌消毒彻底,便可安全使用。骨粉类饲料钙多磷少,比例平衡,是补充家畜钙磷的良好矿物质饲料。

表 1-24　几种常见骨粉钙、磷含量

饲料	磷/%	钙/%	氟/mg/kg	饲料	磷/%	钙/%	氟/mg/kg
煮骨粉	10.95	24.53	—	脱脂蒸汽骨粉	14.88	33.59	—
脱脂煮骨粉	11.65	25.40	—	骨制沉淀磷酸钙	11.35	28.77	—
蒸汽处理骨粉	12.86	30.71	3 569				

②磷酸氢钙。又称磷酸二钙,白色或灰白色粉末或粒状,分无水磷酸氢钙和二水磷酸氢钙两种,后者的钙磷利用率较高。

表 1-25　饲料级磷酸氢钙质量标准(HG 2326—2000)　　　　　　　　　　%

指标名称	指标	指标名称	指标
钙(Ca)含量	≥16.5	铅(以 Pb)	≤0.003
总磷(P)含量	≥21.0	砷(As)	≤0.000 2
氟(F)含量	≤0.18	细度(粉末状通过 500 μm 试验筛)	≥95

③磷酸二氢钙。又称磷酸一钙、过磷酸钙,纯品为白色结晶粉末,磷高钙低,水产动物对其吸收率比其他含磷饲料高,是水产动物常用的磷源。

表 1-26　饲料级磷酸二氢钙质量标准(HG 2861—1997)　　　　　　　　　%

指标名称	指标	指标名称	指标
钙(Ca)含量(质量分数)	15.0～18.0	砷(As)含量(质量分数)	≤0.004
总磷(P)含量(质量分数)	≥22.0	pH	≤3.0
水溶性磷(P)含量(质量分数)	≥20.0	水分(质量分数)	≥3.0
氟(F)含量(质量分数)	≤0.20	细度(粉末状通过 500 μm 试验筛)	≥95.0
重金属(以 Pb 计)含量(质量分数)	≤0.003		

④磷酸三钙。又称磷酸钙,纯品为白色无臭粉末。饲料用常由磷酸废液制造,为灰色或褐色,并有臭味。经脱氟处理后,称作脱氟磷酸钙,为灰白色或茶褐色粉末。含钙 29% 以上,含磷 15%～18%,含氟低于 0.12%。

(四)影响钙、磷吸收的因素

饲料中的钙和无机磷可以直接被吸收,而有机磷则需经过酶水解成为无机磷后才能吸收。钙磷的吸收须在溶解状态下进行,因此,凡是能促进钙磷溶解的因素就能促进钙磷的吸收。

(1)酸性环境　磷酸钙、碳酸钙等的溶解度受环境 pH 值影响很大,在碱性、中性溶液中其溶解度很低;酸性溶液中溶解度大大增加。胃液中有盐酸,饲料中的钙与盐酸化合生成可溶性的氯化钙,故能被胃壁吸收。小肠前段为弱酸性环境,是饲料中钙和无机磷吸收的主要场所。小肠后段偏碱性,不利于钙磷的吸收。因此,增强小肠酸性的因素有利于钙磷的吸收。蛋白质在小肠内水解为氨基酸,乳糖、葡萄糖在肠内发酵生成乳酸,均可增强小肠酸性,促进钙磷吸收。胃液分泌不足,则影响钙磷吸收。

(2)钙磷比例 一般动物,钙磷比例在(1~2):1吸收率高。若钙磷比例失调,小肠内又偏碱性条件下,小肠中钙或磷过多,过多部分将与较少的元素结合生成磷酸钙沉淀,被排出体外。所以饲粮中钙过多易造成磷的不足,磷过多又造成了钙的缺乏。

(3)维生素 D 维生素D能调节钙磷代谢,具有增强小肠酸性,调节钙磷比例,促进钙磷吸收与沉积的作用。因此,保证动物对维生素D的供给,可促进钙磷的吸收。尤其动物在冬季舍饲期,满足维生素D的供应就显得更为重要。加强动物的舍外运动,多晒太阳,有助于使动物被毛、皮肤、血液等中7-脱氢胆固醇大量转变为维生素D,能增强钙磷吸收。但是,过高的维生素D会使骨骼中钙磷过量动员,反而可能产生骨骼病变。

(4)饲粮中过多的脂肪、草酸、植酸 饲粮中脂肪过多,易与钙结合成钙皂,由粪便排出,影响钙的吸收;饲粮中草酸、植酸易与钙结合为草酸钙、植酸磷沉积,影响动物对其吸收。反刍动物瘤胃微生物可分解草酸,当草酸盐含量不高时,对钙的吸收影响不大;反刍动物瘤胃微生物水解植酸磷能力很强,所以能很好地利用饲料中植酸磷。单胃动物对植酸磷水解能力弱,利用率低,因此对猪和家禽存在有效磷(可利用磷)的供应问题。一般认为,矿物质饲料和动物性饲料中的磷100%为有效磷,而植物性饲料中的磷30%为有效磷,为保证单胃动物对磷的需要,最好使无机磷的比例占总磷需要量的30%以上或添加植酸酶以提高有机磷的利用率。谷实类及加工副产品中的磷,大多以植酸磷(六磷酸肌醇)或植酸钙镁磷复盐的有机磷形式存在,单胃动物对它的水解能力弱,很难吸收。以谷实类、麸皮类饲料为主的单胃动物日粮中,应适当补加无机磷。

二、钾、钠、氯营养与供给

这3种元素又称为电解质元素,主要分布于动物体液和软组织中。其中钾主要存在于细胞内液,约占体内总钾量的90%;钠、氯主要分布于细胞外液,其中钠占体内总量的90%。

(一)营养生理功能

钾、钠、氯共同维持细胞内、外液的渗透压恒定和体液的酸碱平衡。钾参与蛋白质和糖的代谢;可促进神经和肌肉兴奋性;维持心、肾、肌肉的正常活动。钠和氯参与水的代谢;钠也可促进神经和肌肉兴奋性,并参与神经冲动的传递;氯与氢离子结合成盐酸,保持胃液呈酸性,可激活胃蛋白酶,活化唾液淀粉酶,同时具有杀菌作用;以重碳酸盐形式存在的钠可抑制反刍动物瘤胃中产生过多的酸,为瘤胃微生物活动创造适宜环境。

(二)缺乏与过量的危害

1. 缺乏的危害

3种元素中任何1种缺乏均可导致动物体内渗透压和酸碱平衡紊乱,犊牛、雏鸡、幼猪表现为食欲差,生长受阻,失重,步态不稳,异嗜癖,生产力下降和饲料利用率低。

缺钠可降低能量和蛋白质的利用,动物表现为体重减轻,生产力下降。奶牛缺钠初期有严重的异嗜癖,对食盐特别有食欲,随着时间延长则产生厌食、被毛粗糙、体重减轻、产奶量下降、乳脂率和奶中钠含量下降等。产蛋鸡缺钠,易出现啄羽、啄肛与自相残杀等现象,同时也伴随着产蛋率下降和蛋重减轻,但不同品种生产力下降程度不同。猪缺钠可导致掘土毁圈、喝尿、舐脏物、相互咬尾巴等异嗜癖。缺氯生产受阻,肾脏受损伤,雏鸡还表现特有的神经反应,身躯前跌,双腿后伸。

各种植物性饲料中钠和氯都较缺乏,但钾一般不缺乏,故钾缺乏情况很少发生。但是当育肥肉牛喂精料或非蛋白氮饲料比例过高或高产奶牛大量使用玉米青贮等饲料时也可出现缺钾症。

2. 过量的危害

生产中一般是以食盐作为钠离子、氯离子补充饲料。如果补充食盐过多、饮水量少,会引起动物中毒。猪和鸡对食盐过量较为敏感,容易发生食盐中毒。饲喂含食盐为 2% 日粮的生长猪,在给水少的情况下,可出现食盐中毒,表现极度口渴,步态不稳,后肢麻痹,剧烈抽搐,甚至死亡。饲喂雏鸡日粮中食盐达 2% 时便可死亡。因此,要严格控制食盐给量,一般猪为混合精料的 0.25%~0.5%,鸡为 0.35%~0.37%。

钾过量影响钠、镁的吸收,甚至引起"缺镁痉挛症"。

(三)钾、钠、氯的供给

1. 钾的供给

植物性饲料,尤其是幼嫩植物中含钾丰富,一般情况下,动物饲粮中不会缺钾,生产配合饲料时也无需补充。

2. 钠、氯的供给

除鱼粉、酱油渣等含食盐饲料钠、氯离子丰富外,多数常规饲料也含有钠、氯,但相对动物需要均缺乏,做配合饲料时常需要用含钠、氯的矿物质饲料来补充,如食盐、小苏打、乙酸钠等。

(1)食盐 即氯化钠,白色结晶或粉末,无臭。饲用食盐的粒度须全部通过 30 目筛,含水不超过 0.5%,纯度在 95% 以上,含钠 38.91%,含氯 59.1%。粗制的食盐含有钙、镁和很少量的铁、锰等微量元素。食盐还具有改善口味,增进食欲,促进消化。但不可多喂,否则饮水量增加,粪便稀软,重则导致食盐中毒。海盐优于矿盐。一般食盐在风干日粮中添加量为:牛、羊、马等草食动物约 1%,猪、禽以 0.3%~0.5% 为宜。确定食盐添加量时,还应考虑动物体重、年龄、生产力、季节、水及饲料中(特别是鱼粉中)盐的含量。

(2)小苏打 即碳酸氢钠,白色结晶或粉末,无臭,含钠 27.10%。可弥补食盐中氯多钠少的不足,对产蛋家禽更为适合。碳酸氢钠是一种缓冲剂,可缓解热应激,改善蛋壳强度,保证瘤胃正常的 pH 值,是反刍动物饲料中不可缺少的。在畜禽的日粮中使用量以 0.2%~0.4% 为宜。

(3)芒硝 即无水硫酸钠,又称元明粉,无色透明结晶或粉末,无臭,含钠 32% 以上,含硫 22% 以上。无水硫酸钠具有泻药的性质,除补充钠离子外,对鸡的互啄有预防作用,但用量不宜过大,一般不超过 0.5%。

(4)乙酸钠 白色结晶或粉末,无臭,含钠 16.57%。乙酸钠不仅补钠,而且对反刍动物有提高生产性能等功能。

(5)甲酸钠 白色结晶或粉末,无臭,含钠 33.15%。不仅补钠,同时也是一种酸化剂,对仔猪有提高增重、防止下痢等功效。

三、镁的营养与供给

动物体内约含镁 0.05%,其中约 70% 存在于骨骼、牙齿中,30% 左右分布于软组织中。

(一)营养生理功能

镁是骨骼和牙齿的成分;作为酶的活化因子或直接参与酶的组成,是焦磷酸酶、胆碱酯酶、三磷酸苷酶、肽酶等的激活剂;在糖和蛋白质的代谢中起重要作用;具有抑制神经和肌肉兴奋性及维持心脏正常功能的作用;还参与 DNA、RNA 和蛋白质的合成。

反刍动物消化道中镁主要经前胃壁吸收,非反刍动物主要经小肠吸收。镁不同存在形式吸收率不同,硫酸镁的利用率较高;粗饲料中镁的吸收率比精饲料低。

(二)缺乏与过量的危害

1. 缺乏的危害

非反刍动物需镁量低,约占日粮 0.05%,一般饲料均能满足需要,生产中很少见到猪、禽缺镁现象,故猪、禽不需要另外补饲。

反刍动物需镁量高,是非反刍动物的 4 倍,且对镁的吸收率较低,如果饲料中镁含量不足,容易出现镁缺乏。在实际生产中犊牛和羔羊长期饲喂缺镁日粮会导致发生"缺镁痉挛症",产奶母牛采食大量缺镁的牧草后会出现"草痉挛"。主要表现为神经过敏,肌肉痉挛,步态蹒跚,呼吸困难,心跳过速,水泻样下痢,抽搐,甚至死亡。

2. 过量的危害

镁过量可使动物中毒。主要表现为昏睡,运动失调,拉稀,采食量下降,生产力降低,严重时死亡。鸡日粮含镁高于 1% 时,鸡表现生长缓慢,产蛋率下降,蛋壳变薄。生产实践中,使用含镁添加剂混合不均时可导致中毒。

(三)镁的供给

镁普遍存在于各种饲料中,尤其是糠麸、饼粕和青饲料中含镁丰富。谷实类、块根茎类中也含有较多的镁。

缺镁地区的反刍动物,可采用硫酸镁、氧化镁、碳酸镁等进行补饲。

1. 硫酸镁

无色结晶或白色粉末,无臭、味苦。镁含量不低于 9.76%,细度为 95% 以上通过 400 μm 试验筛。

2. 氧化镁

白色粉末,无臭无味。镁含量不低于 58.0%,细度为 95% 以上通过 400 μm 试验筛。

3. 碳酸镁

白色单斜结晶或无定形粉末,无毒、无味,在空气中稳定。镁含量不低于 26.0%,细度为 95% 以上通过 400 μm 试验筛。

四、硫的营养与供给

硫约占动物体重的 0.15%,广泛分布于动物体的每个细胞中,其中大部分以有机硫形式存在于肌肉组织、骨骼和牙齿中,少量以硫酸盐形式存在于血液中。在动物的被毛、羽毛中含硫量高达 4% 左右。

(一)营养生理功能

硫以含硫氨基酸形式参与被毛、羽毛、蹄爪等角蛋白合成;硫是硫胺素、生物素和胰岛素的成分,参与碳水化合物代谢;硫以粘多糖的成分参与胶原蛋白和结缔组织代谢;硫以辅酶 A 的成分参与能量代谢。

无机硫对于动物具有一定的营养意义。反刍动物瘤胃中的微生物能有效利用无机的含硫化合物,合成含硫氨基酸和维生素;硫可减少雏鸡对含硫氨基酸的需要,有利于合成生命活动所必需的牛磺酸,从而促进雏鸡生长。

(二)缺乏和过量的危害

硫的缺乏通常是动物缺乏蛋白质时才会发生。动物缺硫表现为消瘦,角、蹄、爪、毛、羽生长缓慢。反刍动物用尿素作为唯一的氮源而不补充硫时,也可能出现缺硫现象,致使体重减轻,利用粗纤维能力降低,生产性能下降。禽类缺硫易发生啄食癖,影响羽毛质量。

自然条件下硫过量现象少见。用无机硫作添加剂,用量超过 0.3%～0.5%,可能使动物产生厌食、失重、抑郁等症状。

(三)硫的供给

动物性蛋白质饲料中含硫丰富,如鱼粉、肉粉和血粉等含硫可达 0.35%～0.85%。动物日粮中的硫一般都能满足需要,不需要另外补饲,但在动物脱毛、换羽期间,为加速脱毛、换羽的进行,以尽早地恢复正常生产,可补饲硫酸盐,如硫酸钠、硫酸钙、硫酸镁等。

五、铁的营养与供给

动物体内含铁 30～70 mg/kg,平均 40 mg/kg,其中 60%～70%分布于血红蛋白质中,2%～20%分布于肌红蛋白质中,0.1%～0.4%分布在细胞色素中,约 1%存在于转运载体化合物和酶系统中。肝、脾和骨髓是铁主要的贮铁器官。

(一)营养生理功能

铁的营养生理功能主要表现在三个方面:一是铁以血红蛋白、肌红蛋白等的原料参与载体组成、转运和贮存营养素。血红蛋白是体内运载氧和二氧化碳最主要的载体,肌红蛋白是肌肉在缺氧条件下作功的供氧源。二是参与体内物质代谢。铁作为细胞色素氧化酶、过氧化物酶、过氧化氢酶、黄嘌呤氧化酶等的成分及碳水化合物代谢酶类的激活剂,参与机体内的物质代谢及生物氧化过程,也是体内很多氧化还原反应过程中的电子传递体。三是生理防卫机能。运铁蛋白除运载铁以外,还有预防机体感染疾病的作用,奶或白细胞中的乳铁蛋白在肠道能把游离铁离子结合成复合物,防止大肠杆菌利用,有利于乳酸杆菌利用,能预防新生动物腹泻。

(二)缺乏与过量的危害

1. 缺乏的危害

缺铁的典型症状是贫血。其临床症状表现为生长慢、昏睡、可视黏膜变白、呼吸频率增加、抗病力弱,严重时死亡。血液检查,血红蛋白质比正常值低,所以血红蛋白质的含量可以作为判定贫血的重要标识,当血红蛋白质低于正常值 25%时表现贫血,低于正常值 50%～60%时则可能表现出生理功能障碍。动物在不同的生长阶段出现贫血的可能性不一样,吮乳小猪最易出现贫血,补铁即可防止贫血现象。雏鸡严重缺铁时心肌肥大,铁不足直接损伤淋巴细胞的生成,影响机体内含铁球蛋白类的免疫性能。

2. 过量的危害

各种动物对过量铁的耐受力都较强,而猪比禽、牛和羊更强。猪、禽、牛和绵羊对饲粮中铁的耐受量分别为 3 000 mg/kg、1 000 mg/kg、1 000 mg/kg 和 500 mg/kg。日粮干物质中含铁量达 1 000 mg/kg 时,导致慢性中毒,消化机能紊乱,引起腹泻,增重缓慢,重者导致死亡。

(三)铁的供给

各种天然植物性饲料和动物性饲料含铁都比较丰富。生产中,为预防畜禽缺铁,往往采用含铁化合物进行补足,如硫酸亚铁、富马酸亚铁、柠檬酸铁络合物、甘氨酸铁等。

1. 一水硫酸亚铁

饲料级硫酸亚铁一般是指一水硫酸亚铁,白色至淡黄色结晶性粉末,溶解性好,铁(Fe)含量不低于 30%。

2. 富马酸亚铁

富马酸亚铁属于有机酸铁,为橙红色或红棕色粉末,流动性好,微溶于水,极微溶于乙醇,铁(Fe)含量不低于 32%。生物效价高于硫酸亚铁。

3. 柠檬酸铁络合物

饲料用柠檬酸铁络合物多用六水化合物[$Fe_3(C_6H_3O_7)_2 \cdot 6H_2O$],呈白色或类白色粉末,在空气中较稳固。柠檬酸铁络合物不仅为动物供给铁元素,柠檬酸还可以调节饲料的酸度,有利于动物消化,也有防腐和抗氧化作用,生物效价高。

4. 甘氨酸铁

铁的甘氨酸络合物,淡黄色粉末,铁(Fe)含量不低于 17.0%,生物效价高。主要用在提高仔猪初生重、成活率、生长速度及断奶窝重,预防仔猪贫血,提高免疫力,抑制仔猪下痢、腹泻。

六、铜的营养与供给

动物体内铜的含量很低,成年动物体内含量为 1.5 ~2.5 mg/kg。主要分布在肝、脑、心、肾、眼的色素沉着部位以及毛发中,其次胰腺、脾腺、肌肉、皮肤和骨骼,甲状腺、垂体、前列腺和胸腺含量最低。

(一)营养生理功能

参与造血过程和髓蛋白的合成;促进骨与胶原的形成;发挥类似抗生素对猪、鸡的促进作用;增强机体的免疫能力;参与色素沉着和毛与羽毛的角化作用;铜是过氧化物歧化酶、赖氨酰氧化酶、酪氨酸酶、尿酸氧化酶、铁氧化酶、铜胺氧化酶、细胞色素 C 氧化酶和铜蓝蛋白等的构成成分,在体内色素沉积、神经传递以及糖类和蛋白质、氨基酸代谢方面发挥重要作用。猪日粮中铜含量为 150~250 mg/kg,具有促生长作用。

(二)缺乏与过量的危害

1. 缺乏

一般情况下,草食动物常出现缺铜,猪、禽很少出现缺铜。动物缺铜,主要表现为生长减慢、体重减轻、生产性能下降、贫血、腹泻、运动失调和被毛褪色、心血管病变、繁殖性能降低、免疫力下降等。猪、禽缺铜还会引起骨折或骨畸形。绵羊缺铜还表现为羊毛褪色、弯曲消失,羔羊缺铜致使中枢神经髓鞘脱失,患"摆腰症"。

2. 过量

动物摄入过量的铜会发生以腹痛、腹泻、肝功能异常和贫血为特征的中毒性疾病,其中以绵羊最为易感,其次为牛。单胃动物对铜有较大的耐受量,很少发生中毒现象。

日粮中影响动物生长的铜最大耐受量分别为:羊 25 mg/kg、牛 100 mg/kg、猪250 mg/kg、马 800 mg/kg、鸡 300 mg/kg。随着年龄的增长,动物对铜的耐受量提高。如果铜的摄入量超过上述水平会引起中毒,具体表现为反刍动物产生严重溶血,其他动物可表现出生长受阻、贫血、肌肉营养不良和繁殖障碍等。

(三)铜的供给

豆科牧草、大豆饼(粕)、禾本科籽实及副产品中含铜较丰富,动物不易缺乏。生产中,为了增强畜禽免疫力、促进畜禽生产,往往需补饲适量的铜。补饲铜的添加剂主要有五水硫酸铜、赖氨酸螯合铜等。

1. 五水硫酸铜

浅蓝色结晶颗粒,五水硫酸铜(CuSO$_3$·5H$_2$O)含量不低于 98.5%,铜(Cu)含量不低于 25.06%。

2. 氨基酸螯合铜

氨基酸螯合铜包括赖氨酸螯合铜、蛋氨酸螯合铜、甘氨酸螯合铜等,采用氨基酸与无机铜盐经特殊工艺合成的有机螯合铜,其化学性质稳定,不受 pH、无机离子、有机大分子等的拮抗,吸收率高,比无机铜的生物学效价高 2～3 倍,且用量少,效果好,可避免无机高铜对环境污染和不必要的浪费。

七、锌的营养与供给

广泛分布于动物体各个组织器官中,但分布不均衡。骨骼肌含量最高,占总量的50%～60%;其次是骨骼,约占总量的30%;软组织以前列腺、肝、肾、胰的含量高。锌主要在小肠吸收,但吸收率较低,单胃动物约 10%,反刍动物 20%～40%。

(一)营养生理功能

锌是酶的辅酶和激活剂,体内 300 种以上的酶含锌,能催化分解、合成,稳定酶蛋白四级结构,调节酶活性;锌是胰岛素的组成成分,具有稳定胰岛素分子结构的作用,避免受胰岛素酶的降解,并参与体内碳水化合物代谢;锌影响前列腺素的合成,能促进性激素的活性,并与精子生成有关;锌参与胱氨酸和硫酸粘多糖代谢,能维持上皮细胞和被毛的正常形态、生长和健康,促进创伤愈合;锌是抗氧化酶的成分,可维持动物免疫系统的完整性,增强机体免疫和抗感染力;锌对基因表达、细胞分化起调节作用;锌参与肝脏和视网膜内维生素 A 还原酶的组成,与视力有关。

以 ZnO 形式给早期断奶(14～28 日龄)幼猪日粮中补充 Zn 1 500～4 000 mg/kg,可缓解下痢,加快生长,减少死亡率。但此药理剂量的高锌最多只能补充 14 d,并仅以 ZnO 形式补充,高锌与高铜之间无协同作用。

(二)缺乏与过量的危害

1. 锌缺乏

锌缺乏最初表现食欲不振,生长受阻,表皮增厚,龟裂和不全角质化,骨骼异常,公畜生殖器官发育不良、精液品质下降,母畜繁殖性能降低、受胎率降低。猪缺锌,在四肢下部、眼、嘴周围和阴囊皮肤变厚角化,蹄上部出现皮肤不完全角化症。生长鸡缺乏,表现严重皮炎,脚爪特别明显,骨骼可能发育异常。小牛缺锌,口鼻部、颈、耳、阴囊和后肢出现皮肤不完全角化,也可出现脱毛、关节僵硬和踝关节肿大。羔羊缺锌,眼和蹄上部出现皮肤不完全角化症,有角羊角环消失，跗关节肿大。幼畜，特别是 2～3 月龄幼猪，皮肤变厚发炎，皱褶粗糙，结痂，出现红斑，伤口难愈合，脱毛，少数出现下痢。

高钙或高铜的日粮会加剧缺锌症的发生。

2. 锌过量

各种动物对高锌都有较强的耐受力，其需要量与中毒剂量间有很宽的安全带。但牛、羊耐受力较低，进食 900～1 700 mg/kg 的锌就能抑制食欲，并发生啃木头等异食癖的现象。过量锌影响铁、铜吸收，导致贫血。

(三)锌的供给

锌的来源较广泛，幼嫩植物、酵母、鱼粉、麸皮、油饼类及动物性饲料中含锌均丰富。生产中补锌通常有硫酸锌、碳酸锌、氧化锌、甘氨酸螯合锌等。

1. 硫酸锌

有一水硫酸锌、七水硫酸锌，白色结晶粉末，一水硫酸锌含锌量不低于 35%，七水硫酸锌含锌量不低于 22.5%。

2. 碳酸锌

作饲料添加剂用的碳酸锌主要是碱式碳酸锌[$ZnCO_3 \cdot 2Zn(OH)_2 \cdot H_2O$]，白色无定型粉末，无气味，锌(Zn)含量 57% 以上。

3. 氧化锌

白色至淡黄白色粉末，无臭，锌(Zn)含量不低于 80%。

4. 氨基酸螯合锌

氨基酸螯合锌包括甘氨酸螯合锌、蛋氨酸螯合锌、赖氨酸螯合锌等，其生物学效价均高于无机盐锌和氧化锌。

八、锰的营养与供给

在畜禽体内含很低，含 0.2～0.3 mg/kg，主要分布在骨骼中，其次是肝、肾、胰中，肝脏是主要贮备器官。羊毛、羽毛、鸡蛋中锰的含量均随饲料中量多少而升降。

(一)营养生理功能

锰是多糖聚合酶和半乳糖转移酶的激活剂，维持骨骼的正常生长；锰是精氨酸酶、脯氨酸肽酶的成分，又是肠肽酶、羧化酶、ATP 酶等的激活剂，参与蛋白质、碳水化合物、脂肪及核酸代谢；锰是二羧甲戊酸激酶的成分，参与性激素合成，影响繁殖功能；锰为过氧化物歧化酶所必需，保护细胞膜免受氧化破坏；锰与造血机能密切相关，并维持大脑的正常功能；锰可能与核糖核酸、脱氧核糖核酸和蛋白质的生物合成有关。

(二)缺乏与过量的危害

1. 缺乏的危害

锰缺乏一般表现为生长停滞、骨骼畸形、繁殖功能紊乱以及新生动物四肢运动失调等。猪缺乏患脚跛症，后跗关节肿大和腿弯曲缩短。禽类缺乏患滑腱症，腿骨粗短、关节变形、因腓长肌腱脱出而不能直立，最后可导致死亡；患软骨营养障碍，下颌骨缩短呈鹦鹉嘴。鸡胚的腿、翅缩短变粗，死亡率高。产蛋母鸡产蛋率下降，蛋壳变薄，种蛋孵化率降低。绵羊、小牛缺乏，站立和行走困难，关节疼痛，不能保持平衡。山羊缺乏，出现跗骨小瘤，腿变形。母畜发情异常，不易受孕,妊娠母畜初期易流产或产弱胎、死胎、畸胎;妊娠期缺乏,新生仔畜麻痹,死亡率高。缺锰还会抑制机体的抗体产生。

2. 过量的危害

生产中锰过量中毒非常少见。锰过量会损伤动物胃肠道,生长受阻、贫血,钙、磷吸收率下降,导致动物患"佝偻症"、"软骨症"。

动物对锰的耐受量:牛、羊 1 000 mg/kg,禽 600 mg/kg,猪 500 mg/kg。

(三)锰的供应

植物性饲料中含锰较多,尤其糠麸类、青绿饲料中含锰较丰富。生产中采用硫酸锰、氧化锰等补饲。补饲蛋氨酸锰效果更好。

1. 硫酸锰

饲料用硫酸锰多为一水硫酸锰,淡红色结晶,结晶水多的颜色深些,含锰 32.5%。

2. 氧化锰

饲料用氧化锰一般为一氧化锰,灰绿色粉末。

3. 氨基酸螯合锰

包括蛋氨酸螯合锰、赖氨酸螯合锰、甘氨酸螯合锰等,其生物学效价均高于硫酸锰和氧化锰。

九、碘的营养与供给

动物体内平均含碘 0.2～0.3 mg/kg,分布在全身组织中,其中 65% 存在于甲状腺内,血中碘以甲状腺素形式存在,主要与蛋白质结合,少量游离于血浆中。

(一)营养生理功能

碘是甲状腺素的成分,甲状腺素调节机体新陈代谢,促进生物氧化过程,协调氧化与磷酸化过程,保证动物体健康、生长和繁殖。甲状腺素与某些特殊蛋白质(角质蛋白)的代谢、与胡萝卜素转变为维生素 A 的过程有一定关系。

(二)缺乏与过量的危害

1. 缺乏的危害

碘缺乏典型症状是甲状腺肿,也称大脖子病。缺碘会降低动物基础代谢,幼龄动物生长缓慢,骨架小,出现"侏儒症"。初生犊牛和羔羊表现为甲状腺肿大,初生仔猪缺碘表现无毛、皮厚与颈粗;妊娠动物缺碘,可使胎儿发育受阻,产生弱胎,死胎或新生胎儿无毛、体弱、成活率低。母牛缺碘发情无规律,甚至不孕;雄性动物缺碘,精液品质下降,影响繁殖。甲状腺肿大是缺碘地区人畜共患的一种常见病。

缺碘导致甲状腺肿,但甲状腺肿不全是缺碘。十字花科植物中的含硫化合物和其他来源的高氯酸盐、硫脲或硫脲嘧啶等都能造成类似缺碘一样的后果。

2. 过量的危害

碘过量,会导致猪血红蛋白水平下降,鸡产蛋量下降,奶牛奶产量降低。

各种动物对碘的耐受量不一样,生长猪 400 mg/kg,禽 500 mg/kg,牛、羊 50 mg/kg,马 5 mg/kg,犊牛 5 mg/kg。

(三)碘的供给

各种饲料含碘量不同,沿海地区植物的含碘量高于内陆地区植物,海洋植物含碘丰富。生产中通常用碘化钾、碘酸钙补充。

1. 碘化钾

无色或白色立方晶体,无臭,有浓苦咸味,含碘量高达 75%。

2. 碘酸钙

白色结晶或结晶性粉末,无臭,无味,含碘约 65%,在贮藏过程较碘化钾稳定。

十、硒的营养与供给

动物体内含硒 0.05~0.2 mg/kg。硒遍及全身的细胞和组织中,以肝、肾和骨肉的硒含量最高。体内硒一般与蛋白质结合存在。

(一)营养生理功能

硒是谷胱甘肽过氧化酶的成分,谷胱甘肽过氧化酶具有抗氧作用,对细胞正常功能起保护作用;硒能激活甲状腺激素,促进蛋白质、DNA 与 RNA 的合成并对动物的生长有刺激作用,从而保证动物的正常生长发育;硒能促进胰腺组织的发育,保证胰腺分泌功能的发挥;硒影响胰脂肪的形成,保证肠道脂肪酶的活性,从而促进脂类及脂溶性物质的消化吸收;硒能促进免疫球蛋白的合成,增强白细胞的杀菌能力;硒能保证睾酮激素的正常分泌,对公畜的繁殖更为重要;硒在机体内有拮抗和降低汞、镉、砷等元素毒性的作用,并可减轻维生素 E 中毒引起的病变。

(二)缺乏与过量的危害

1. 缺乏的危害

缺硒时,猪和兔多发生肝细胞大量坏死而突然死亡;3~6 周龄雏鸡患"渗出性素质病",胸腹部皮下有蓝绿色的体液聚集,皮下脂肪变黄,心包积水,严重缺硒会引起胰腺萎缩,胰腺分泌的消化液明显减少;幼年动物缺硒均可患"白肌病",因肌球蛋白合成受阻,致使骨骼肌和心肌退化萎缩,肌肉表面有白色条纹;缺硒的青年公猪精子数减少,活力差。畸形率增高;缺硒的母牛空怀或胚胎死亡;缺硒还加重缺碘症状,并降低机体免疫力(表 1-27)。

表 1-27 畜禽硒缺乏与之有关的疾病一览表

牛	羊	猪	禽
肌营养不良	肌营养不良	桑葚心	渗出性素质
胎衣滞留	白肌病	肝坏死	胰腺纤维变性
白肌病	繁殖率低	渗出性素质	肌胃变性
		贫血	脑软化
			肌营养不良

2. 过量的危害

饲粮中含有 0.1~0.15 mg/kg 的硒,就不会出现缺硒症。含有 5~8 mg/kg 时,可发生慢性中毒,其表现为消瘦、贫血、关节僵直、脱毛、脱蹄、心脏、肝脏机能损伤,并影响繁殖等。摄入 500~1 000 mg/kg 时,发生急性中毒,患畜瞎眼、痉挛瘫痪、肺部充血,因窒息而死亡(表 1-28)。

表 1-28　动物与人硒中毒与之有关的疾病一览表

马、牛、羊、猪	禽	犬、大鼠	人
皮肤粗糙、被毛脱落	孵化率下降、胚胎畸形	厌食	头发脱落、指甲脱落
蹄壳溃疡、蹄壳脱落	产蛋量下降	低血色素小细胞型贫血	
关节腐烂、四肢僵直			
心脏萎缩、肝硬化、贫血			

(三)硒的供给

在我国,除湖北省恩施自治州等富硒地区作物、牧草中硒含量丰富外,绝大部分地区为贫硒区,所以畜禽缺硒现象比较普遍。预防或治疗缺硒症,可采用亚硒酸钠维生素 E 制剂,作皮下或深度肌肉注射;或将亚硒酸钠稀释后,拌入饲粮中补饲;家禽可将亚硒酸钠溶于水中饮用。生产中多采取将亚硒酸钠稀释后拌入饲粮补饲,以预防缺硒症。为了防治添加时引起动物中毒,也可选用蛋氨酸螯合硒、酵母硒、甘氨酸纳米硒补饲。

1. 亚硒酸钠

纯品亚硒酸钠为无色结晶粉末,亚硒酸钠(Na_2SeO_3)含量不低于 98%,硒(Se)含量不低于 44.7%。

2. 甘氨酸纳米硒

甘氨酸纳米硒是以甘氨酸为纳米硒的修饰载体、纳米红色单质硒为有效成分的一种硒制剂。它具有稳定的理化特性,流散性好,不产生团聚,包装、运输、贮存及使用均极为方便。甘氨酸纳米硒红褐色粉末,无臭,有特殊甜味,易吸潮,微溶于水。

十一、钴的营养与供应

动物体内钴分布比较均匀,不存在明显的组织器官集中分布。其中 40% 左右贮存于肌肉中,14% 贮存于骨骼中,其余则分布在其他组织中。在动物肝中,大多数钴是以维生素 B_{12} 的形式存在。

(一)营养生理功能

钴是反刍动物瘤胃微生物和单胃动物盲肠微生物合成维生素 B_{12} 的原料。钴在动物体内代谢作用实质上是维生素 B_{12} 的代谢作用,促进体内丙酸生成糖,促进血红素的形成。钴是激活磷酸葡萄糖变位酶、精氨酸酶、碱性磷酸酶、碳酸酐酶、醛缩酶、脱氧核糖核酸酶等的激活剂,与蛋白质和碳水化合物代谢有关,钴直接参与造血过程。

(二)缺乏与过量的危害

1. 缺乏的危害

单胃动物很少出现缺钴现象。

反刍动物牛、羊容易发生缺钴现象。反刍动物缺钴,食欲差,生长慢或失重,严重消瘦,贫血,异食癖,极度贫血致死。亚临床缺钴,表现生长不良,产奶量下降,幼畜出生体弱,成活率低等。钴缺乏时,机体中抗体减少,降低了细胞免疫反应。

2. 过量的危害

各种动物对钴耐受力较强,日粮中钴的含量超过需要量的 300 倍才会产生中毒反应。非反刍动物主要表现是红细胞增多；反刍动物主要表现是肝钴含量增高，采食量和体重下降，消瘦和贫血。

（三）钴的供应

各种饲料均含微量的钴，一般都能满足动物的需要。缺钴地区，可给动物补饲硫酸钴、碳酸钴和氯化钴等。

1. 硫酸钴

饲料级硫酸钴有一水硫酸钴、七水硫酸钴，红色粉末，随其结晶水的增加由淡红色、玫瑰红至棕黄的红色结晶，且水溶性增加，一水硫酸钴（$CoSO_4 \cdot H_2O$）含量不低于 98.5％，一水硫酸钴中钴（Co）含量不低于 30％，七水硫酸钴中钴（Co）含量不低于 21％。

2. 碳酸钴

红色单斜晶系结晶或粉末，钴（Co）含量 49％。

3. 氯化钴

本品为随着结晶水的增加，由淡蓝色、浅紫色至红色或红紫色结晶或粉末，钴（Co）含量 45.4％。

十二、矿物元素间的协同与拮抗

如图 1-9 和图 1-10 所示。

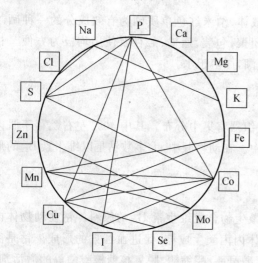

图 1-9　矿物质元素间协同作用关系

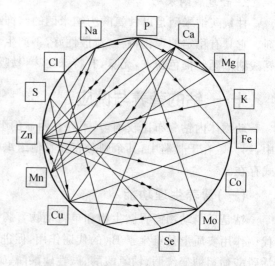

图 1-10　矿物质元素间拮抗作用关系

◈ **相关技能**

矿物质元素缺乏症的识别与分析

一、目的要求

能正确识别畜矿物质元素缺乏的典型症状，并能初步分析引起矿物质元素缺乏症的原因，提出较为合理的解决措施。

二、实训条件

动物营养缺乏症的幻灯片、课件、录像片等及饲养场。

三、方法步骤

结合幻灯片、课件、录像片或养殖场观察,回顾课堂讲授的有关矿物质营养知识,总结归纳出所观察的动物营养缺乏症的名称,从营养角度分析可能产生的原因及解决的方法措施,重点描述矿物质元素缺乏症的典型症状。主要观察内容如下:

仔猪、犊牛等幼龄动物的佝偻症;仔猪、犊牛等幼龄动物的贫血症;各种畜禽的异嗜癖;犊牛、羔羊、仔猪患"白肌病"或"肝坏死"的幻灯片;仔猪患"癞皮病"或"鹅行步"的图片或幻灯片;各种动物患皮肤炎症;雏鸡患"多发性神经炎"、"卷爪症"、"渗出性素质症"的图片或幻灯片;动物的"不全角化症"或"鳞片状皮炎";母畜产后瘫痪。

四、记录并作出判断,提出解决建议

序号	观察症状描述	典型缺乏症名称	原因分析	建议采取的措施

五、考核评定

(1)能准确描述缺乏症特征,结论正确;能正确分析发病原因,并能提出合理的防控措施者为优秀。

(2)能准确描述缺乏症特征,结论正确;发病原因分析较准确,提出的防控措施较有效者为良好。

(3)缺乏症特征描述较准确,结论正确;发病原因分析较准确,提出的防控措施较有效者为及格。

(4)结论不正确者为不及格。

◆讨论与思考

1. 从矿物质元素营养角度,综合分析各种畜禽患营养性贫血的原因。

2. 从矿物质元素营养角度,综合分析各种畜禽患异嗜癖、佝偻症与软骨症的原因。

3. 综合分析各种矿物质饲料、微量矿物质元素添加剂选用的原则与方法。

任务五 维生素营养与供给

◆知识目标

1. 掌握维生素分类方法;

2. 掌握各种维生素的营养生理功能、对动物生理机能的影响；

3. 掌握各种维生素缺乏与过量的危害及其症状。

◈ 能力目标

1. 能正确识别维生素缺乏症，并提出解决措施；

2. 能正确识别维生素添加剂；

3. 能合理使用维生素添加剂。

◈ 相关知识

一、维生素的分类与需要特点

维生素是维持动物正常生理功能所必需的低分子有机化合物。维生素既不是动物体能量的来源，也不是构成动物组织器官的物质，但它是动物体新陈代谢的必需参加者。它作为生物活性物质，在代谢中起调节和控制作用，其作用不能被其他养分替代，且每种维生素又有各自特殊的作用，相互间不能替代，一旦缺乏，就会表现出特异性缺乏症。

（一）维生素分类

维生素根据其溶解特性，通常分类脂溶性维生素和水溶性维生素 2 大类。脂溶性维生素包括维生素 A、维生素 D、维生素 E、维生素 K 4 种；水溶性维生素包括 B 族维生素和维生素 C。

1. 脂溶性维生素特点

①分子中仅含有碳、氢、氧 3 种元素。

②不溶于水，而溶于脂肪和大部分有机溶剂。

③脂溶性维生素的存在与吸收均与脂肪有关。它与日粮中的脂肪一同被动物吸收，任何增加脂肪吸收的措施，均可增加溶性维生素的吸收。日粮中缺乏脂肪，脂溶性维生素的吸收率下降。

④脂溶性维生素有相当数量贮存在动物机体的脂肪组织中，若动物吸收的多，体内贮存的也多。

⑤动物缺乏时，有特异的缺乏症。但短期缺乏不易表现出临床症状。

⑥未被动消化吸收的脂溶性维生素，通过胆汁随粪便排出体外，但排泄较慢。过多会产生中毒症或者妨碍与其有关养分的代谢，尤其是维生素 A 和维生素 D_3。维生素 E 和维生素 K 的中毒现象在生产中很少见。

⑦易受光、热、湿、酸、碱、氧化剂等破坏而失效。

⑧维生素 K 可在肠道内经微生物合成。动物皮肤中的 7-脱氢胆固醇可经紫外线照射转变为维生素 D_3。动物体内不能合成维生素 A 和维生素 E，故均需由饲料提供。

2. 水溶性维生素特点

①分子中除含有碳、氢、氧 3 种元素外，多数含有氮，有的还含硫或钴。

②溶于水，并可随水分很快地由肠道吸收。

③体内不贮存，未被动物利用的水溶性维生素主要由尿液很快排出体外。因此，即使一次较大剂量服用也不易中毒。短期缺乏即对代谢有影响，但表现临床症状尚需一段时间。

④多数情况下，缺乏症无特异性。采食量降低，生长和生产受阻是共同的缺乏症状。

⑤反刍动物经瘤胃微生物可合成 B 族维生素,成年反刍动物不需由日粮提供。

⑥动物体内可合成维生素 C。但在高温、运输、疾病、断喙、防疫、转群等应激条件下,维生素 C 需要量增加,应额外补充。

(二)维生素的需要特点

现代养殖业中,添加维生素不单纯是为了预防或治疗某种维生素缺乏症,而是作为饲料的必需养分,保证动物的健康,促进动物生长和繁殖,增强动物抗病力或抗应激能力,提高动物产品的产量与质量,增加养殖业的经济效益。

动物对维生素的需要量很大程度上取决于其种类、年龄、生理时期、健康与营养状况及生产水平等。饲料中含有某种维生素拮抗物时,其需要量也增加。各种应激因素均可增加维生素的需要量,尤其是维生素 C。集约化饲养致使动物对维生素的需要量增加。例如,集约化生产使家禽生产性能不断提高,动物新陈代谢加剧,肉鸡生产中常发生代谢异常疾病,如猝死综合征、腹水症、脂肪肝和腿病等,目前仍没有很的解决办法,但通过添加高水平维生素具有一定的预防代谢疾病的作用。快速生长的肉鸡的腿病,通过在日粮中添加高水平的生物素、叶酸、烟酸和胆碱,可部分得以纠正。

二、脂溶性维生素的营养与供应

(一)维生素 A 的营养与供应

1. 理化特性

维生素 A 又称抗干眼症维生素、视黄醇。纯净的维生素 A 为黄色片状结晶体,是不饱和的一元醇,它有视黄醇、视黄醛和视黄酸 3 种衍生物。维生素 A 只存在于动物性饲料中,植物性饲料含有维生素 A 原——类胡萝卜素,其中 β-胡萝卜素生理效力最高,它们在动物体内可转变为维生素 A。维生素 A 可在肝脏中大量贮存,维生素 A 和胡萝卜素在阳光照射下或在空气中加热蒸煮时,或与微量元素及酸败脂肪接触条件下,极易被氧化破坏而失去生理作用。

2. 营养生理功能与缺乏症

(1)维持动物在弱光下的视力 维生素 A 是视觉细胞内感光物质——视紫红质的成分。缺少时,在弱光下,视力减退或完全丧失,患"夜盲症"。

(2)维持上皮组织的健康 维生素 A 与黏液分泌上皮的黏多糖合成有关。缺乏时,上皮组织干燥和过度角质化,易受细菌侵袭而感染多种疾病。泪腺上皮组织角质化,发生"干眼症",严重时角膜、结膜化脓溃疡,甚至失明;呼吸道或消化道上皮组织角质化,生长动物易引起肺炎或下痢;泌尿系统上皮组织角质化,易产生肾结石和尿道结石。

(3)促进幼龄动物的生长 维生素 A 能调节碳水化合物、脂肪、蛋白质及矿物质代谢。缺乏时,影响体蛋白合成及骨组织的发育,造成幼龄动物精神不振,食欲减退,生长发育受阻。长期缺乏时肌肉脏器萎缩,严重时死亡。

(4)参与性激素的形成 维生素 A 缺乏时繁殖力下降,种公畜性欲差,睾丸及附睾退化,精液品质下降,严重时出现睾丸硬化。母畜发情不正常,不易受孕。妊娠母畜流产、难产、产生弱胎、死胎或瞎眼仔畜。

(5)维持骨骼的正常发育 维生素 A 与成骨细胞活性有关,影响骨骼的合成,缺乏时,破坏软骨骨化过程;骨骼造型不全,骨弱且过分增厚,压迫中枢神经,出现运动失调,痉挛、麻痹等神经症状。

(6)具有抗癌作用 维生素 A 对某些癌症有一定治疗作用,给动物口服或局部注射维生素 A 类物质,可使乳腺、肺、膀胱等组织上皮细胞癌前病变发生逆转。

(7)增强机体免疫力和抗感染能力 维生素 A 对传染病的抗感染能力是通过保持细胞膜的强度,而使病毒不能穿透细胞,因此而避免了病毒进入细胞利用细胞的繁殖机制来复制自己。给妊娠母猪补充维生素 A,免疫力显著增强,产仔数和仔猪成活率提高。

3. 过量的危害

长期或突然摄入过量维生素 A 均可引起动物中毒。对于非反刍动物及禽类,维生素 A 的中毒剂量是需要量的 4~10 倍,反刍动物为需要量的 30 倍。中毒表现为精神抑郁,采食量下降或拒食,被毛粗糙,触觉敏感,粪尿带血,发抖,最终死亡。

4. 维生素 A 的供应

动物性饲料如鱼肝油、肝、乳、蛋黄、鱼粉中均含有丰富的维生素 A。豆科牧草、青绿饲料和胡萝卜中胡萝卜素最多,红、黄心甘薯以及黄玉米中也含有较多胡萝卜素。优质干草和青贮饲料是胡萝卜素的良好来源。生产中常以维生素 A 添加剂进行补充。

动物对维生素 A 的需要量,通常采用国际单位(IU)或重量单位(mg)来表示。1 IU 维生素 A 相当于 $0.3~\mu g$ 的视黄醇或相当于 $0.6~\mu g$ β-胡萝卜素。

维生素 A 添加剂:维生素 A 的纯化合物是视黄醇,它极易被破坏。因而,制作维生素 A 添加剂的第一道工序是先把它酯化。"酯化"有利于维生素 A 添加剂的稳定性。酯化维生素 A 的有机酸,常用的有醋酸、丙酸和棕榈酸。维生素 A 的活性,以"国际单位(IU)"表示,维生素 A 添加剂含量是以每克添加剂含有多少国际单位维生素 A 的活性成分进行描述,如维生素 A 500 是指每克添加剂中含有 500 000 IU 维生素 A 活性成分。维生素 A 添加剂规格主要有 3 种,即维生素 A 500、维生素 A 650 和维生素 A 200,黄色粉末或微颗粒。

(二)维生素 D 的营养与供应

1. 理化特性

维生素 D 又称抗佝偻症维生素,为无色晶体,性质稳定,耐热,不易被酸、碱、氧化剂所破坏。但紫外线过度照射、酸败的脂肪及碳酸钙等无机盐可破坏维生素 D。维生素 D 种类很多,对动物有重要作用的只有维生素 D_2(麦角钙化醇)和 D_3(胆钙化醇)。

2. 营养生理功能与缺乏症

维生素 D 被吸收后并无活性,它必须首先在肝脏、肾脏中经羟化,如维生素 D_3 转变为 1,25-二羟维生素 D_3 后具有增强小肠酸性,调节钙磷比例,促进钙磷吸收的作用,并可直接作用于成骨细胞,促进钙、磷在骨骼和牙齿中的沉积,有利于骨骼钙化。1,25-二羟维生素 D_3 还可刺激单核细胞增殖,使其获得吞噬活性,成为成熟巨噬细胞。维生素 D 影响巨噬细胞的免疫功能。

缺乏维生素 D,导致钙、磷代谢失调,幼年动物患"佝偻症",成年动物尤其妊娠母畜和泌乳母畜患"软骨症"。家禽除骨骼变化外,喙变软,蛋壳薄而脆或产软蛋,产蛋量及孵化率下降。

3. 过量的危害

鸡每千克饲粮中含 4×10^5 IU 维生素 D,猪每天每头摄入 25×10^3 IU 维生素 D 并持续 30 d,

会使早期骨骼钙化加速，后期钙从骨组织中转移出来，造成骨质疏松，血钙过高，致使动脉管壁、心脏、肾小管等软组织钙化。当肾脏严重损伤时，常死于尿毒症。短期饲喂，多数动物可耐受 100 倍的剂量。维生素 D_3 的毒性比维生素 D_2 大 $10\sim20$ 倍，由于中毒剂量很大，故生产中很少见中毒发生。

4. 维生素 D 的供应

动物性饲料如鱼肝油、肝粉、血粉、酵母中都含有丰富的维生素 D。优质干草含有较多的维生素 D_2。加强日光浴，可促使动物被毛、皮肤、血液、神经及脂肪组织中 7-脱氢胆固醇大量转变为维生素 D_3。对禽类而言，维生素 D_3 比维生素 D_2 生物学效价高 $20\sim30$ 倍。因此，禽类更应强调日光照射。在密闭的鸡舍内，可安装波长为 $290\sim320~\mu m$ 的紫外线灯，进行适当照射。病畜也可注射骨化醇。

动物对维生素 D 的需要量用国际单位(IU)表示。1 IU 维生素 D 相当于 $0.025~\mu g$ 维生素 D_3。生产中除加强饲养管理促进动物体内维生素 D 转化外，常用维生素 D_3 添加剂进行补充。

维生素 D 添加剂：维生素 D 为白色针状结晶或粉末，无臭无味，遇光或空气均易变质，不溶于水，极易溶于乙醇、乙醚、氯仿或丙酮，略溶于植物油。维生素 D 添加剂有效成分一般为维生素 D_3，维生素 D_3 经微胶囊包埋处理后在水溶液中呈分散状态，相当于可溶于水，其规格一般为维生素 D_3 500，即每克维生素 D_3 添加剂中含 500 000 IU 维生素 D_3。

（三）维生素 E 的营养与供应

1. 理化特性

维生素 E 又称抗不育维生素，具有维生素 E 活性的酚类化合物有 8 种，其中以 α-生育酚效价最高。维生素 E 为黄色油状物，不易被酸、碱及热所破坏，但却极易被氧化。它可在脂肪等组织中贮存。

2. 营养生理功能与缺乏症

（1）抗氧化作用　维生素 E 是一种天然抗氧化剂，可阻止过氧化物的产生，保护维生素 A 和必需脂肪酸等，尤其保护细胞膜免遭氧化破坏，从而维持膜结构的完整和改善膜的通透性。

（2）维持正常的繁殖机能　维生素 E 可促进性腺发育，调节性机能。促进精子的生成，提高其活力。增强卵巢机能。缺乏时雄性动物睾丸变性萎缩，精细胞的形成受阻，甚至不产生精子，造成不育症；母畜性周期失常，不受孕。妊娠母畜分娩时产程过长，产后无奶或胎儿发育不良，胎儿早期被吸收或死胎。母鸡的产蛋率和孵化率均降低，公鸡睾丸萎缩。母猪妊娠期间补饲维生素 E 和硒，可提高产活仔猪数、仔猪的初生重、断乳重及育成率。公猪补饲维生素 E，射精量和精子密度显著提高。

（3）保证肌肉的正常生长发育　动物缺乏维生素 E 时肌肉中能量代谢受阻，肌肉营养不良，致使各种幼龄动物患"白肌病"，仔猪常因肝坏死而突然死亡。

（4）维持毛细血管结构的完整和中枢神经系统的机能健全　雏鸡缺少维生素 E 时，毛细血管通透性增强，致使大量渗出液在皮下积蓄，患"渗出性素质病"。肉鸡饲喂高能量饲料又缺少维生素 E，患"脑软化症"。小脑出血或水肿，运动失调，伏地不起甚至麻痹，死亡率高。

（5）参与机体内物质代谢　维生素 E 是细胞色素还原酶的辅助因子，参与机体内生物氧化；它还参与维生素 C 和维生素 B_6 的合成，以及参与 DNA 合成的调节及含硫氨基酸和维生

素 B_{12} 的代谢等。

(6)增强机体免疫力和抵抗力　维生素 E 可促进抗体的形成和淋巴细胞的增殖,提高细胞免疫反应,降低血液中免疫抑制剂皮质醇的含量,提高机体的抗病能力,它具有抗感染,抗肿瘤与抗应激等作用。

3. 维生素 E 的供应

谷实类的胚果维生素 E 含量丰富,青绿饲料、优质干草中较多,但谷实类在一般条件下贮存 6 个月后,维生素 E 可损失 30%～50%。维生素 E 添加剂已在生产中广泛应用。

动物对维生素 E 的需要量用国际单位(IU)和重量单位(mg/kg)表示。1 mg DL-α-生育酚乙酸酯相当于 1 IU 维生素 E;1 mg α-生育酚相当于 1.49 IU 维生素 E。

维生素 E 添加剂:饲料维生素 E 添加剂多为 DL-α-生育酚醋酸酯,纯品为淡黄色黏稠液,易溶于氯仿、乙醚、丙酮和植物油,溶于醇,不溶于水,耐热性较好,遇光可被氧化,色泽变深。饲料添加所用维生素 E 添加剂是将 DL-α-生育酚醋酸酯加以包被制成颗粒状粉末,DL-α-生育酚醋酸酯含量为 50%,即每克饲料维生素 E 添加剂含有 500 IU 维生素 E 有效成分。

(四)维生素 K 的营养与供应

1. 理化特性

维生素 K 又称抗出血性维生素,是一类萘醌衍生物。其中最重要的是维生素 K_1(叶绿醌)、维生素 K_2(甲基萘醌)和维生素 K_3(甲萘醌)。前 2 种为天然产物,维生素 K_1 为黄色油状物,维生素 K_2 为黄色晶体。维生素 K_3 是人工合成的产品,其中大部分溶于水,效力高于维生素 K_2。维生素 K 耐热,但易被光、辐射、碱和强酸所破坏。

2. 营养生理功能与缺乏症

维生素 K 主要参与凝血活动。它可催化肝脏中凝血酶原和凝血活素的合成。凝血酶原通过凝血活素的作用转变为具有活性的凝血酶,而将血液可溶性纤维蛋白质转变为不溶性的纤维蛋白,致使血液凝固;维生素 K 与钙结合蛋白的形成有关,并参与蛋白质和多肽的代谢;维生素 K 还具有利尿、强化肝脏解毒功能及降低血压等作用;高水平的维生素 K 对患球虫病的鸡有益处。

动物维生素 K 缺乏时,伤口凝血时间延长,主要发生于禽类。禽类缺乏症时,可在躯体任何部位发生出血,有的在颈、胸、腿、翅膀及腹膜等部位出现小血斑;雏鸡缺乏时,皮下和肌肉间隙呈现出血现象,断喙或受伤时流血不止;母鸡缺乏时,所产的蛋蛋壳有血斑,孵化时,鸡胚也常因出血而死亡。猪缺乏时,皮下出血,内耳血肿,尿血,呼吸异常;初生仔猪脐孔出血,或仔猪去势后出血,甚至流血不止而致死;有的关节肿大,充满淤血造成跛行。

3. 维生素 K 的供应

维生素 K_1 遍布于各种植物性饲料中,尤其是青绿饲料中含量丰富。维生素 K_2 除动物性饲料中含量丰富外,还能在动物消化道(反刍动物在瘤胃,猪、马在大肠)中经微生物合成。因此,正常情况下家畜不会缺乏,而家禽因其合成能力差,特别是笼养鸡不能从粪便中获取维生素 K,易产生缺乏症。生产实践中常采取维生素 K 添加剂进行补充。动物对维生素 K 的需要量用重量单位 mg 或 mg/kg 表示。

维生素 K 添加剂:多为维生素 K_3,为白色或类白色结晶粉末,易溶于水和热乙醇,难溶于冰乙醇,不溶于苯和乙醚,对酸性物质敏感,常温下稳定,遇光易分解,易吸湿,吸湿后结块。饲

料级维生素 K_3 添加剂中维生素 K_3 不低于95％。

三、水溶性维生素的营养与供应

(一)B族维生素营养与供应

B族维生素包括硫胺素(维生素 B_1)、核黄素(维生素 B_2)、泛酸(遍多酸、维生素 B_3)、胆碱(维生素 B_4)、烟酸(尼克酸、维生素 pp、维生素 B_5)、维生素 B_6、生物素(维生素 H)、叶酸(维生素 B_{11})、维生素 B_{12}(氰钴素)。

1. 硫胺素(维生素 B_1)营养

(1)理化特性 溶于70％的乙醇和水,在干热条件下及酸性溶液中颇为稳定,在碱性溶液中易被氧化。

(2)营养生理功能与缺乏症 以羧化辅酶的成分参与 α-酮酸脱羧进入糖代谢和三羧酸循环,影响碳水化合物代谢;为神经介质和细胞膜组分,参与脂肪酸、胆固醇和神经介质乙酰胆碱的合成,影响神经节细胞膜钠离子转移,降低磷酸戊糖途径中转酮酶的活性,从而影响神经系统的能量代谢和脂肪酸合成;维持神经组织和心脏正常功能;维持胃肠正常消化机能。

硫胺素缺乏时,动物一般表现为食欲不振、消化不良、腹泻、瘦弱、生产性能下降。体温降低、羽毛蓬乱、步态不稳,心脏、胃和肠壁萎缩。皮肤和黏膜发绀。硫胺素缺乏时,血中丙酮酸和乳酸浓度增加。鸡和火鸡患多发性神经炎,频繁痉挛,共济失调,角弓反张或强直;猪运动失调,胃肠功能紊乱,厌食呕吐,浮肿,生长缓慢,体重下降,母猪所生仔猪体弱,畸胎增加。

2. 核黄素(维生素 B_2)

(1)理化特性 橙黄色针状晶体或结晶性粉末,稍具异味;易溶于稀碱,稍溶于水,在水溶液中呈黄绿色荧光,微溶于乙醇,不溶于乙醚、丙酮和三氯甲烷等有机溶剂;在酸性溶液中加热很稳定,但在碱性溶液中很快分解,特别是在曝光情况下;对光(特别是紫外线)辐射敏感,易分解失活。但在干燥情况下,光对核黄素影响不明显;蓝色或紫外光及其他可见光可使其迅速破坏。

(2)营养生理功能与缺乏症 以辅基形式与特定酶结合形成多种黄素蛋白酶,参与蛋白质、脂类、碳水化合物代谢及生物氧化;与色氨酸、铁的代谢及维生素 C 合成有关;强化肝脏功能,调节肾上腺素分泌,防止毒物侵袭,并影响视力。

核黄素缺乏动物一般表现为食欲不振,消化不良,腹泻,生长发育速度下降,神经过敏,皮肤干裂,眼部受损,视力下降,被毛生长不良,繁殖力下降及胎儿畸形率增加等。雏鸡的典型缺乏症是"爪卷曲"麻痹症,趾向内弯曲成拳状,足跟关节肿胀,脚瘫痪,以踝部行走。严重时,鸡伸腿倒卧在地,有时腿伸向反方向,成年鸡腹泻、产蛋量和孵化率下降等;猪出现肾出血,共济失调,呕吐,仔猪弱小或死胎等。猪缺乏常表现为腿的弯曲、僵硬、皮厚、皮疹、背和侧面上有渗出物、晶状体浑浊和白内障。

3. 泛酸(遍多酸、维生素 B_3)

(1)理化特性 游离的泛酸是一种黏滞性的油性物,溶于水和乙醚;吸湿性极强,不稳定;在酸性和碱性溶液中易受热破坏;对氧化剂和还原剂极为稳定。

(2)营养生理功能与缺乏症　泛酸以辅酶 A 和酰基载体蛋白（ACP）的组成成分,参与三大有机营养物质代谢,促进脂肪代谢及类固醇和抗体的合成。

泛酸缺乏一般表现为生长缓慢,体重减轻;羽毛和被毛生长不良,皮肤及黏膜发生炎症;肠道和呼吸道易患疾病;生殖机能紊乱;神经系统紊乱;抗体形成受阻;肾上腺功能缺陷等。鸡缺乏羽毛生长不良,出现皮炎,眼睑、嘴周围、喙角和肛门有局限性痂块;脚底长茧,裂缝出血和结痂。胫骨短粗,严重缺乏时可引起死亡。鸡对泛酸的需要量较大,尤其是雏鸡。猪四肢运动失调,严重时不能站立,后肢呈"鹅步"或"犬坐"式,抽搐昏迷,皮屑增多,毛细,眼周围有棕色的分泌物,胃肠道疾患,尸检可发现神经退化和实质器官的疾病。

4. 烟酸（尼克酸、维生素 pp、维生素 B_5）

(1)理化特性　外观为无色针状结晶,味苦;溶于水和乙醇,不溶于丙酮和乙醚;耐热,熔点 234～237℃;不为酸、碱、光、氧或热破坏。

(2)营养生理功能与缺乏症　以辅酶Ⅰ、辅酶Ⅱ的形式参与三大营养物质代谢;参与视紫红质的合成;促进铁吸收和血细胞的生成;维持皮肤的正常功能和消化腺分泌;参与蛋白质和 DNA 合成。

缺乏时,鸡生长缓慢,羽毛不丰满,口腔症状类似犬的黑舌病,舌暗红发炎,舌尖白色;口腔及食管前端发炎,黏膜呈深红色;脚和皮肤有鳞状皮炎,关节肿大,腿骨弯曲(滑键症),趾底发炎;雏火鸡可发生跗关节扩张;雏鸡眼分泌物增多,眼睑周围结痂;母鸡产蛋率与孵化率下降,鸡胚死亡。猪生长缓慢,胃肠功能紊乱,失重,皮毛粗糙,皮肤生痂,皮炎,毛竖立、脱落,腹泻便血、呕吐,正常红细胞贫血;成年反刍家畜的瘤胃微生物能合成足够的尼克酸,小牛饲喂低尼克酸日粮,可产生缺乏症。

5. 维生素 B_6

(1)理化特性　外观呈白色结晶;对热和酸相当稳定,但易氧化;易被碱和紫外光所破坏;易溶于水;在中性和碱性溶液中易破坏。

(2)营养生理功能与缺乏症　以转氨酶和脱羧酶等多种酶系统的辅酶形式参与氨基酸、蛋白质、脂肪和碳水化合物代谢;抗体合成;促进血红蛋白中原卟啉的合成,与红细胞形成有关;与许多激素的形成有关。

缺乏一般表现为食欲不振,生长停滞;易患皮炎;贫血,部分脱毛;肝脏和心脏受损,功能减弱;神经系统病变,出现类似癫痫的惊厥现象;繁殖机能紊乱等。鸡异常的兴奋,神经症状为盲目转动,翅下垂,腿软弱,以胸着地,伸屈脖子,剧烈痉挛以至衰竭而死;雏鸡异常兴奋,不能自控地奔跑,并伴有吱吱叫声,听觉紊乱,运动失调,甚至死亡;肉用仔鸡的饲粮能量较高,所需维生素 B_6 也要增多。猪易出现痉挛及四肢共济运动失调等症状,小红细胞异常的血红蛋白过少性贫血,类似癫痫的阵发性抽搐或痉挛,肝发生脂肪浸润以及腹泻和被毛粗糙。成年反刍动物不会出现缺乏症。

6. 生物素（维生素 H）

(1)理化特性　外观呈长针状结晶粉末,无臭味;溶于稀碱,微溶于水和乙醇,不溶于脂肪等有机溶剂;在常规条件下,干燥结晶的 D-生物素对空气、光线和热十分稳定,但能被紫外线逐渐破坏;在弱酸或弱碱水溶液中较稳定,但能被强酸、强碱、氧化剂和甲醛等破坏。

(2)营养生理功能与缺乏症　以各种羧化酶的辅酶形成参与蛋白质、脂肪和碳水化合物等三种有机物代谢,主要起传递 CO_2 作用;与碳水化合物、蛋白质转化为脂肪有关,与溶菌酶活化和皮脂腺功能有关。

缺乏时,一般表现为动物营养性贫血,生长缓慢,脂溢性皮炎,脱毛,角化,易感传染病,繁殖机能和饲料利用率下降等。猪后肢痉挛,蹄开裂,足裂缝,皮肤干燥、粗糙,鳞片增多和以棕色渗出物为特征的皮炎。鸡脚趾肿胀,开裂,脚、喙及眼周围发生皮炎,脚、胫、趾、嘴和眼周围皮肤炎症,角化,开裂出血,生成硬壳性结痂,类似于泛酸缺乏症,但生物素缺乏引起的皮炎是从脚开始,而泛酸缺乏的损伤首先表现在嘴角和眼睑上,严重时才损害到脚;胫骨粗短症,共济失调,生长缓慢,种蛋孵化率降低,鸡胚骨骼畸形。雏鸡出现脂肪肝和肾病综合征。瘤胃发育好的反刍动物不会出现生物素缺乏现象,但牛饲粮中添加生物素,可改善蹄质。

7. 叶酸(维生素 B_{11})

(1)理化特性　黄至橙黄色结晶粉末,无味;易溶于稀碱,溶于稀酸,稍溶于水,不溶于乙醇、丙酮、乙醚和三氯甲烷;熔点为 250℃,有特定的吸收光谱;结晶态对空气和热均稳定,但受光和紫外线辐射则降解;在中性溶液中较稳定,酸、碱、氧化剂与还原剂对其有破坏作用。

(2)营养生理功能与缺乏症　以辅酶形式通过一碳基团的转移,参与蛋白质和核酸生物合成及某些氨基酸的代谢,促进红细胞、白细胞的形成与成熟;与维生素 B_{12} 和维生素 C 共同参与血红细胞和血红蛋白的生成;保护肝脏并具解毒作用等。

缺乏时,动物表现为营养性贫血,生长缓慢,慢性下痢,被毛粗乱,繁殖性能和免疫机能下降等。猪患皮炎,被毛稀少,脱毛,消化、呼吸及泌尿器官黏膜损伤,下痢;母猪繁殖和泌乳功能紊乱,胎儿畸形,胚胎死亡率增加。鸡羽毛生长不良,脱色,脊柱麻痹,幼鸡胫骨短粗(脱腱症);产蛋率与鸡孵化率降低,死胚骨骼畸形,羽毛脱色,生长迟缓。

8. 维生素 B_{12}(氰钴素)

(1)理化特性　外观呈深红色结晶粉末;易吸湿,可被氧化剂、醛类、抗坏血酸、二价铁盐等破坏;当 pH 为 4~7 时,对热稳定;强酸、强碱不稳定;当温度达到 115℃ 时,15 min 则被分解;对日光不稳定。

(2)营养生理功能与缺乏症　维生素 B_{12} 是几种酶系统中的辅酶,参与核酸、胆碱与蛋白质的生物合成及 3 种有机物的代谢;合成血红蛋白,促进红细胞的形成与发育,维持神经系统的完整,控制恶性贫血;维生素 B_{12} 辅酶参与髓磷脂的合成,在维护神经组织中起重要作用;维持肝脏的正常功能。

缺乏一般表现为生长受阻,饲料转化率低,生产和繁殖力下降,抵抗力降低,步态的不协调和不稳定,引起肝功能和消化功能障碍,蛋白质沉积减少,皮肤粗糙和皮炎等症,有时可产生小红细胞贫血。禽羽毛粗乱,发生肌胃黏膜炎症,肌胃糜烂,死亡率高,脂肪在肝脏、心脏、肾脏沉积,孵化率低;出壳雏鸡骨骼异常,雏鸡胫骨短粗症,甲状腺机能降低,死亡率高。猪下痢,呕吐,神经极为敏感,后肢行走失调,运动异常,繁殖性能下降;反刍动物饲粮缺钴时,就可能出现维生素 B_{12} 缺乏现象,丙酸代谢发生障碍,生长停止,食欲差,有时也表现动作不协调。

9. 主要 B 族维生素的供给

B 族维生素可在成年反刍动物瘤胃中大量合成,故一般不必由饲料供给,而幼龄反刍动物因瘤胃发育不健全,合成能力差,猪和禽则因在大肠合成后大部分由粪便排出,因此,都必须由饲料来提供。除了维生素 B_{12} 只含在动物性饲料中外,其他 B 族维生素广泛存在于各种酵母、良好干草、青绿饲料、青贮饲料、籽实类的种皮和胚芽中。生产上多用维生素添加剂来补充（表1-29）。

表 1-29　B 族维生素添加剂情况

添加剂名称	补充的维生素	性　　状	含量/% 规格	含量/% 指标	执行标准
盐酸硫胺素	维生素 B_1	白色结晶或结晶性粉末,味苦,易溶于水,微溶酒精,不溶于乙醚	98.5	98.5～101.0	GB/T 7295—2008
硝酸硫胺素	维生素 B_1	白色或微黄色结晶或结晶性粉末,有微弱的特臭,水中略溶,在乙醇或三氯甲烷中微溶	98.0	98.0～101.0	GB/T 7296—2008
核黄素	维生素 B_2	黄色至微橙色粉末,微臭	96.0 98.0	96.0～102 98.0～102	GBT 7297—2006
		黄色至微橙色微粒,微臭,微苦,易吸湿	80.0		GB/T 18632—2010
D-泛酸钙	泛酸	白色至类白色粉末,无臭,味微苦,有引湿性。水溶液呈中性或微碱性,易溶于水,微溶酒精,几乎不溶于乙醚	98.0	98.0～101.0	GB/T 7299—2006
烟酸	烟酸	白色至类白色粉末,无臭或微臭,味微苦,有引湿性。水溶液呈酸性,沸水和沸乙醇中溶解,易溶于水,微溶酒精,几乎不溶于乙醚,易溶于碳酸盐溶液和碱溶液	99.0	99.0～100.5	GB/T 7300—2006
烟酰胺	烟酸	白色结晶性粉末或白色颗粒状粉末,无臭或几乎无臭,味苦	99.0		GB/T 7301—2002
维生素 B_6	维生素 B_6	白色至微黄色结晶性粉末,无臭,味酸苦,遇光渐变质,易溶于水,微溶于乙醇,不溶于乙醚和三氯甲烷	98.0	98.0～101.0	GB/T 7298—2006
D-生物素	生物素	白色至微黄色流动性粉末	2.0		GB/T 23180—2008
叶酸	叶酸	黄色至橙黄色结晶性粉末,无臭、无味,在水、乙醇、丙酮、三氯甲烷和乙醚中不溶,在氢氧化钠和碳酸盐的稀溶液中溶解	95.0	95.0～102.0	GB/T 7302—2006
维生素 B_{12}	维生素 B_{12}	浅红色至棕色细微粉末,具有吸湿性	90.0	90.0～130.0	GB/T 9841—2006

10. B 族维生素间的相互关系

各种 B 族维生素的作用,既有共同之处,也有各自的特点,但大多数的作用并不是单独孤立地进行,往往是几种 B 族维生素共同作用于一种或几种生理活动（表 1-30）。生产实践中,通过观察动物的表现,联系每种维生素特有的作用,并结合饲粮中含量情况,进行综合分析,从而确认究竟是缺少哪一种或哪几种维生素,以便有针对性的补饲。

表 1-30　与不同性能有关的维生素

性能	有关维生素
生产性能(生长速度,产蛋率)	A、D、E、B₁、B₂、B₁₂、B₆、C、泛酸、叶酸、烟酸、生物素
抗应激	B₁、E、C、A
繁殖性能(孵化率、受精率、胚胎成活率)	A、D、E、B₂、B₁₂、B₆、烟酸、泛酸、叶酸、生物素
抗病力	A、E、K、C、叶酸
骨骼发育	A、D、B₁₂、C、烟酸、生物素
食欲	B₁、B₂、B₆、C
蛋壳色泽	K、叶酸、胆碱
蛋壳强度	D、C、A
消化道疾患(肠胃炎、腹泻)	A、E、B₁、B₂、B₆、叶酸、泛酸、烟酸
羽毛(丰满、光泽、脱毛)	A、B₂、烟酸、B₆、B₁₂、D、泛酸、生物素
皮肤(粗糙、皮炎)	E、B₂、B₁₂、烟酸、泛酸、生物素

(二)胆碱的营养与供应

1. 理化特性

外观为无色味苦的粉末;黏滞性的碱性较强的液体,易吸潮;溶于水、甲醇、乙醇,难溶于丙酮、三氯甲烷,不溶于石油醚和苯;具强碱性;胆碱对热稳定,但在强酸条件下不稳定,吸湿性强,胆碱可在肝脏中合成。

2. 营养生理功能

胆碱是细胞的组成成分,它是细胞卵磷脂、神经磷脂和某些原生质的成分,也是软骨组织磷脂的成分。因此,它是构成和维持细胞的结构,保证软骨基质成熟必不可少的物质,并能防止骨短粗病的发生;胆碱参与肝脏脂肪代谢,可促使肝脏脂肪以卵磷脂形式输送或者提高脂肪酸本身在肝脏内的氧化利用,防止脂肪肝的产生;胆碱在机体内作为甲基的供体参与甲基转移;胆碱还是乙酰胆碱的成分,参与神经冲动的传导。

3. 缺乏的危害

动物缺乏胆碱时,精神不振,食欲丧失,生长发育缓慢,贫血,衰竭无力,关节肿胀,运动失调,消化不良等;脂肪代谢障碍,易发生肝脏脂肪浸润而形成脂肪肝;鸡比较典型的缺乏症状是"骨粗短病"和"滑腱症"。母鸡产蛋量减少,甚至停产;种蛋的孵化率下降;猪缺乏胆碱,后腿叉开站立,行动不协调。

4. 过量的危害

过量进食胆碱会引起动物中毒,中毒症状是:流涎、颤抖、痉挛、发绀、惊厥和呼吸麻痹,增重与饲料转化率均降低。NRC 认为,成年鸡按需要量的一倍添加胆碱是安全的。猪对胆碱耐受力较强。

5. 胆碱的供应

胆碱广泛存在于各种饲料中,以绿色植物、豆饼、花生饼、谷实类、酵母、鱼粉、肉粉及蛋黄中最为丰富。日粮中动物性饲料不足或缺少叶酸、维生素 B₁₂、锰或烟酸过多时,常导致胆碱的缺乏。饲喂低蛋白高能量饲粮时,需补充胆碱,同时还应适当补充含硫氨基酸和锰;用玉米—豆饼型日粮饲喂母猪时,补充胆碱,可提高产活仔数。生产中通常是用氯化胆碱添加剂来补充胆碱。

氯化胆碱:添加剂中氯化胆碱含量不同剂型不同,含量为 70%、75% 的为水剂,而含量为 50%、60% 的为粉剂。饲料级氯化胆碱水剂为无色透明的黏性液体,稍具特异臭味,pH 为 6.0~8.0;饲料级氯化胆碱粉剂为白色或黄褐色(视赋形剂不同而不同)干燥的流动性粉末或颗粒,具有吸湿性,有特异臭味。

(三)维生素 C 的营养与供给

1. 理化特性

维生素 C 又称抗坏血病维生素、抗坏血酸,为己糖衍生物,有 L 型和 D 型两种异构体,其中只有 L 型对动物具有生理功效。维生素 C 在弱酸中稳定,遇碱或遇碱加热、遇光或金属离子(特别是 Fe^{2+}、Cu^{2+})或荧光物质(如核黄素)都能促进其氧化分解,失去生物活性。动物均能在肝脏、肾脏、肾上腺及肠中利用单糖合成。

2. 营养生理功能

维生素 C 参与细胞间质胶原蛋白的合成;在机体生物氧化过程中,起传递氢和电子的作用;在体内具有杀灭细菌和病毒、解毒、抗氧化作用,可缓解铅、砷、苯及某些细菌毒素的毒性,阻止体内致癌物质亚硝基胺的形成,预防癌症及保护其他易氧化物质免遭氧化破坏;维生素 C 能使三价铁还原为易吸收的二价铁,促进铁的吸收;可促进叶酸变为具有活性的四氢叶酸,并刺激肾上腺皮质素等多种激素的合成;维生素 C 还能促进抗体的形成和白细胞的噬菌能力,增强机体免疫功能和抗应激能力。维生素 C 可提高蛋鸡产蛋率、蛋壳质量及肉鸡增重,可使雏鸡生长均匀并提高成活率;还可增加公鸡精子活力,提高其授精力并防治疾病。猪日粮中适量添加,可提高幼畜成活率及生产性能,并明显提高公猪的精液品质。

3. 缺乏的危害

维生素 C 缺乏时,毛细血管的细胞间质减少,通透性增强而引起皮下、肌肉、肠道黏膜出血。骨质疏松易折,牙龈出血,牙齿松脱,创口溃疡不易愈合,患"坏血症";动物食欲下降,生长阻滞,体重减轻,活动力丧失,皮下及关节弥漫性出血,被毛无光,贫血,抵抗力和抗应激力下降;母鸡产蛋量减少,蛋壳质量降低。

4. 维生素 C 的供应

青绿饲料、块根鲜果中含量均丰富,动物体内又能合成,因此一般不用补饲,但是,动物处在高温、寒冷、运输等应激状态下,合成维生素 C 的能力下降,消耗量增加;日粮中能量、蛋白质、维生素 E、硒和铁等不足时,也会增加对维生素 C 的需要量,必须额外补充。

维生素 C 添加剂:白色或类白色结晶性粉末,无臭、味酸、久置颜色渐变微黄,易溶于中,略溶于乙醇,不溶于三氯甲烷或乙醚,水溶液呈酸性。含量(以 $C_6H_8O_6$ 计)不低于 99%。

◈ 相关技能

维生素缺乏症的识别与分析

一、目的要求

能正确识别畜维生素缺乏的典型症状,并能初步分析引起维生素缺乏症的原因,提出较为合理的解决综合措施。

二、实训条件

动物营养缺乏症的幻灯片、课件、录像片等及饲养场。

三、方法步骤

结合幻灯片、课件、录像片或养殖场观察,回顾课堂讲授的有关矿物质营养知识,总结归纳出所观察的动物营养缺乏症的名称,从维生素营养角度分析可能产生的原因及解决的方法措施,重点描述维生素缺乏症的典型症状。主要观察内容如下:

仔猪、犊牛等幼龄动物的佝偻症;仔猪、犊牛等幼龄动物的贫血症;各种畜禽的异嗜癖;犊牛、羔羊、仔猪患"白肌病"或"肝坏死"的幻灯片;仔猪患"癞皮病"或"鹅行步"的图片或幻灯片;各种动物患皮肤炎症;雏鸡患"多发性神经炎"、"卷爪症"、"渗出性素质症"的图片或幻灯片;动物的"不全角化症"或"鳞片状皮炎";鸡的"骨粗短病"和"滑腱症"。

四、记录并作出判断,提出解决建议

序号	观察症状描述	典型缺乏症名称	原因分析	建议采取的措施

五、考核评定

1. 能准确描述缺乏症特征,结论正确;能正确分析发病原因,并能提出合理的防控措施者为优秀。

2. 能准确描述缺乏症特征,结论正确;发病原因分析较准确,提出的防控措施较有效者为良好。

3. 缺乏症特征描述较准确,结论正确;发病原因分析较准确,提出的防控措施较有效者为及格。

4. 结论不正确者为不及格。

◈**讨论与思考**

1. 从维生素元素营养角度,综合分析各种畜禽患营养性贫血的原因。

2. 分析动物维生素的需要量受哪些因素的影响。

任务六　水的营养与供给

◈**知识目标**

1. 水的营养生理功能;

2. 掌握缺水对动物的危害及其症状；

3. 掌握动物体内水分来源和排泄途径；

4. 掌握体内水平衡调节的作用与意义；

5. 掌握动物水的需要量及其影响因素。

◆ 能力目标

能运用水分营养理论指导畜禽饲养管理。

◆ 相关知识

一、水的营养生理功能

1. 水是动物机体的主要组成成分

成年动物体成分中 $1/2 \sim 2/3$ 由水组成。动物体内的水大部分与蛋白质结合形成胶体，直接参与活细胞和组织器官的构成，使组织细胞和组织器官具有一定的形态、硬度和弹性。

2. 动物体内重要的溶剂

各种营养物质的消化吸收、运输与利用及其代谢废物的排出均需溶解在水中后方可进行。

3. 水是各种生化反应的媒介

动物体内所有生化反应都是在水溶液中进行的，水参与多种生化反应，如水解、氧化还原、有机物质的合成和细胞的呼吸过程等。有机体内所有聚合和解聚合作用都伴有水的结合或释放。

4. 水参与体温调节

水的比热大，导热性好，蒸发热高。所以水能吸收动物体内产生的热能，并迅速传递热能和蒸发散失热能。动物通过排汗和呼气，蒸发体内水分，排出多余体热，以维持体温的恒定。猪脂肪层厚，汗腺不发达，但它可通过人为冲凉或在水中打溺，借助沾在体表水分的蒸发来散失多余的体热。

5. 水具有润滑作用

动物体关节囊、体腔内和各器官间的组织中的水可以减少关节、器官间运动时的摩擦；泪液可防止眼球干燥；唾液可湿润饲料和咽部，便于吞咽。

二、动物体缺水的危害

动物短期缺水，生产力下降；幼龄动物生长受阻，肥育家畜增重缓慢，泌乳母畜产奶量急剧下降，母鸡产蛋量迅速减少，蛋重减轻，蛋壳变薄。母鸡断水 24 h 产蛋量下降 30%，恢复正常产蛋则需要 $25 \sim 30$ d；若断水 36 h，母鸡产蛋可能再也恢复不到正常。

动物长期饮水不足，会损害健康。动物体内水分减少 $1\% \sim 2\%$ 时，开始有口渴感，食欲减退，尿量减少；水分减少 8% 时，出现严重口渴感，食欲丧失，消化机能减弱，并因黏膜干燥降低了对疾病的抵抗力和机体免疫力。

严重缺水会危及动物的生命。长期水饥饿的动物，各组织器官营养物质的代谢发生障碍，常因组织内积蓄有毒的代谢产物而死亡。

实际上，动物得不到水分比得不到饲料更难维持生命，尤其是高温季节。因此，必须保证供水。

三、动物体内水的来源与排泄

(一)动物体内水的来源

动物体内的水有 3 个来源,即饮水、饲料水和代谢水。

1. 饮水

饮水是动物体内水的主要来源。作为饮水,要求水质良好,无污染,并符合饮水水质标准和卫生要求。

2. 饲料水

各种饲料中水分含量变动很大,在 5%~95%,青绿饲料、青贮饲料中水分含量最大。

3. 代谢水

也称内源水,是指脂肪、碳水化合物、蛋白质 3 种有机物在体内氧化分解和合成过程中所产生的水,占动物总摄水量的 5%~10%。

(二)动物体内水的排泄

动物摄入的水与排出的水保持着一定的动态平衡。动物对水的摄入主要是靠渴觉调节,而对水的排出主要是靠肾脏通过排尿量调节。动物体内水有 3 种排泄途径。

1. 通过粪与尿排泄

一般动物随尿排出的水占总排出水量的 50% 左右。动物的排尿量因饮水量、饲料性质、动物活动量以及环境温度等多种因素的不同而异。饮水量越多,排泄量越多。活动量越大,环境温度越高,尿量相对减少。以粪便形式排出的水量,因动物种类不同而异,牛、马等动物排粪量大,粪中含水量又高,从粪中排出的水量越多。绵羊、犬、猫等动物的粪较干,由粪便排出的水较少。

2. 通过皮肤和肺脏蒸发

由皮肤表面失水的方式有 2 种,一是由血管和皮肤的体液中简单地扩散到皮肤表面而蒸发,二是通过排汗失水,皮肤出汗和散发体热与调节体温密切相关。汗腺发达的动物处在高温时,一般的体热散失方式已不能满足需要,则汗腺活动经出汗排出大量水分,如马的汗液中含水量约为 94%,排汗量随气温上升及肌肉活动量的增强而增加;汗腺不发达或缺乏的动物,则体内水的蒸发,多以水蒸气的形式经肺脏呼气排出。经肺呼出的水量,随环境温度的提高和动物活动量的增加而增加,无汗腺的母鸡,通过皮肤的扩散作用失水和肺呼出水蒸气的排水量占总排水量的 17%~35%。

3. 经动物产品排泄

泌乳动物泌乳也是水排出的重要途径。牛乳平均含水量高达 87%,每产 1 kg 牛奶,可排出 0.87 kg 水。产蛋家禽每产 1 枚 60 g 重的蛋,可排出 42 g 以上的水。

四、动物需水量及影响因素

(一)动物需水量

动物需水量受很多因素的影响,很难估计出动物确切的需水量,生产实践中,动物需水量(不包括代谢水),常以采食饲料干物质量来估计。每采食 1 kg 饲料干物质牛和绵羊需水 3~4 kg,猪、马和家禽需 2~3 kg,猪在高温环境里需水量可增至 4~4.5 kg。

(二)影响动物需水量的因素

1. 动物种类

不同种类的动物,体内水的流失情况不同。哺乳类动物,粪、尿或汗液流失的水比鸟类多,需水量相对较多。长期在干旱环境中生活的动物,如骆驼、卡拉库尔羊和阿拉伯马对缺水的耐受力比其他动物强,需水量相应较少。

2. 年龄

幼龄动物比成年动物需水量大。因为幼年动物体内含水量大于成年动物。一般为70%～80%;幼龄动物又正处于生长发育时期,代谢旺盛,需水量多。幼龄动物每千克体重的需水量约比成年畜高1倍以上,有试验表明,设法增加仔猪,特别是断奶仔猪饮水量,可提高成活率和日增重。

3. 生理状态

妊娠肉牛需水量比空怀肉牛高50%;泌乳期奶牛,每天需水量为体重的1/6～1/7,而干奶期奶牛每天需水量仅为体重的1/13～1/14;产蛋母鸡比休产母鸡需水量多50%～70%。

4. 生产性能

生产性能是决定需水量的重要因素。高产奶牛、高产母鸡和重役马需水量比同类的低产动物多。例如,日泌乳10 kg的奶牛,日需水量为45～50 kg,日泌乳40 kg的高产奶牛,日需水量高达100～110 kg。

5. 饲料性质

饲喂含粗蛋白质、粗纤维及矿物质高的饲料时,需水量多,因为蛋白质的分解及尾产物的排出、粗纤维的酵解及未消化残渣的排出、矿物质的溶解吸收与排泄均需要较多的水,饲料中含有毒素,或动物处于疾病状态,需水量增加。饲喂青饲料时,需水量少。

6. 气温条件

气温对动物需水量的影响显著。气温高于30℃,动物需水量明显增加。气温低于10℃,需水量明显减少。气温在10℃以下,猪每采食1 kg饲料干物质需供水2.1 kg,气温升至30℃以上时,采食1 kg饲料干物质则需供水2.8～5.1 kg。乳牛在气温30℃以上时的需水量,较气温10℃以下增加75%以上,气温从10℃以下升高到30℃以上时,产蛋鸡的饮水量几乎增加2倍。

7. 水的品质

水中有一些对畜禽有害元素和物质,其品质直接影响动物的饮水量、饲料消耗,以及健康和生产水平。

五、动物体水的供应

给动物供水是以饮水方式供应,并提倡采用自动饮水的办法供水。水质要符合饮水水质标准和卫生要求。总可溶固形物浓度(可溶总盐分浓度)是检查水质的重要指标。每立升水中固体物含量为1 500 mg是理想的饮水,低于500 mg对幼龄动物无害,超过7 000 mg可导致动物腹泻,高于10 000 mg即不能饮用,1 000～5 000 mg为安全范围。

◈ 讨论与思考

1. 试述水对动物营养功能及其缺乏症状。

2. 分析动物对水的需要量受哪些因素的影响。

任务七　青、粗饲料使用与调制

◈ **知识目标**

1. 掌握青、粗饲料分类；
2. 掌握青、粗饲料的营养特点；
3. 掌握青、粗饲料使用方法；
4. 掌握饲料青贮的意义及营养特点；
5. 掌握青贮饲料的使用方法。

◈ **能力目标**

1. 能进行粗饲料的氨化处理；
2. 能制作青干草，并能进行品质鉴定；
3. 能调制青贮饲料，并能进行品质鉴定。

◈ **相关知识**

粗饲料、青饲料及青贮饲料都是反刍动物重要饲料，是其日粮组成的重要成分，一般占奶牛饲料干物质的 40%～60%。

一、粗饲料

粗饲料是指天然水分在 45% 以下，绝干物质中粗纤维含量在 18% 及其以上的饲料。这类饲料的共同特点是体积大、难消化、可利用养分少及营养价值低，尤其是收割较迟的劣质干草和秸秆秕壳类。粗饲料主要包括干草类(1-05-0000)、农副产品类［荚、壳、藤、秸秆、秧，中国饲料编码为(1-06-0000)］、树叶类(1-02-0000)、糟渣类(1-11-0000)和某些草籽树实类(1-12-0000)。它来源广，种类多，产量大，价格低，是草食动物日粮中的主要成分。

(一)干草

干草是指青草(或其他青绿饲料植物)在未结籽实以前，刈割下来，经晒干(或其他办法干制)而成，由于干草是由青绿植物制成，在干制后仍保留一定青绿颜色，故又叫青干草。

1. 干草营养价值

青干草中蛋白质含量范围为 7%～20%，粗纤维为 20%～30%，胡萝卜素含量为 5～40 mg/kg，维生素 D 为 16～35 mg/kg。青干草消化率的差别很大，如有机物的消化率为46%～79%。

青饲料调制为干草后，除维生素 D 有所增加外，多数养分都比青饲料及其调制的青贮饲料有较多的损失，合理调制的干草，干物质损失量为 18%～30%。

草粉在国外被当做维生素蛋白饲料，是配合饲料的一种重要成分，年饲喂量很大。草粉按其所含养分不次于麸皮，按可消化粗蛋白质含量计，优于燕麦、大麦、高粱、玉米、黍子和其他精料。

2. 影响干草营养价值的因素

干草的营养价值取决于制作原料的植物种类、生长阶段及调制技术等。就原料而言，由豆科植物制成的干草含有较多的蛋白质。而在能量方面,豆科牧草、禾本科牧草以及禾本科作物调制的干草之间没有显著差异,消化能约为 10 MJ/kg。一般随作物的生长,植物体内蛋白质含量下降,粗纤维及木质素含量增加,因而营养价值降低。调制干草的方法有日晒与人工干燥2 种,前者干燥过程缓慢,植物分解与破坏过程持久,因而养分损失较多。因此,在适宜生长期刈割牧草,并快速干燥是保证青干草营养价值的主要措施。

3. 干草的饲用技术

青干草是草食动物最基本、最主要的饲料。生产实践中,干草不仅是一种必备饲料,而且还是一种贮备形式,以调节青饲料供给的季节性淡旺,缓冲枯草季节青饲料的不足。干草是一种较好的粗饲料,养分含量较平衡,蛋白质品质完善,胡萝卜素及钙含量丰富,尤其是幼嫩的青干草,不仅供草食动物大量采食,而且粉碎后制成草粉可作为鸡、猪、鱼配合饲料的原料。将干草与青饲料或青贮饲料混合使用,可促进动物采食,增加维生素 D 的供应。将干草与多汁饲料混合喂奶牛,可增进干物质及粗纤维采食量,保证产奶量和乳脂含量。

(二)农副产品类(秸秕饲料)和高纤维糟渣类

秸秆和秕壳是农作物脱谷收获籽实后所得的副产品,前者主要由茎秆和经过脱粒剩下的叶子组成,秕壳是从籽粒上脱落下的小碎片和数量有限的小的或破碎的颗粒构成。大多数农区有相当多数量的秸秕用作饲料。

这类饲料的主要特点是:粗纤维含量很高,可达 30%～45%,其中木质素比例大,一般为6.5%～2%,因而容积大,适口性差,消化率低,有效能值低;蛋白质含量低,一般为 2%～8%,且蛋白质品质差,缺乏限制性氨基酸,但不同种类的粗饲料间营养成分含量有所差异,如豆科作物秸秕的蛋白质含量高于禾本科作物的秕秸;这类饲料的粗灰分比例较大,如稻草含灰分高达 17%,其中含有大量的硅酸盐,而钙磷含量甚少,利用率低;维生素含量极低。表 1-31 为一些秸秕类和糟渣类饲料的营养成分。

表 1-31 秸秆和秕壳及高纤维糟渣类的营养成分

品种	干物质 (DM)/%	产奶净能 (NEL)/(MJ/kg)	奶牛能量单位/ NND	粗蛋白质 (CP)/%	粗纤维 (CF)/%	钙 (Ca)/%	磷 (P)/%
玉米秸秆	91.3	6.07	1.93	9.3	26.2	0.43	0.25
小麦秸秆	91.6	2.34	0.74	3.1	44.7	0.28	0.03
大麦秸秆	88.4	2.97	0.94	5.5	38.2	0.06	0.07
粟秸	90.7	4.27	1.36	5.0	35.9	0.37	0.03
稻草	92.2	3.47	1.11	3.5	35.5	0.16	0.04
大豆秸秆	89.7	3.22	1.03	3.6	52.1	0.68	0.03
豌豆秸秆	87.0	4.23	1.35	8.9	39.4	1.31	0.40
蚕豆秸秆	93.1	4.10	1.31	16.4	35.4	—	—
花生秸秆	91.3	5.02	1.60	12.0	32.4	2.69	0.04
甘薯藤	88.0	4.60	1.47	9.2	32.4	1.76	0.13
甘蔗渣	—	1.88	0.60	1.2	51.9		
甜菜干粕	88.6	6.99	2.23	8.2	22.1	0.74	0.08
蚕豆粉渣	15.0	5.33	1.70	14.7	35.3	0.74	0.07

可见,此类饲料的营养价值较低,由于含粗纤维和粗灰分特别高,只适于饲喂反刍动物及其他草食动物,而不宜用于喂养单胃动物和禽类。同类作物秸秆与秕壳相比较,通常后者的营养价值略优于前者。

秸秕类饲料种类繁多,资源极为丰富,占粮食作物总收获量的1倍以上,我国年产4亿多吨,这些人类均不能食用。秸秕类饲料含有植物光合作用所积累一半以上的能量,作为非竞争性的饲料资源,经科学加工处理用来饲喂家畜,间接地为人类提供动物食品,其潜力巨大。

(三)树叶和其他饲用林产品

大多数树木的叶子(包括青叶和秋后落叶)及其嫩枝和果实,可用作畜禽饲料。有些优质青树叶还是畜、禽很好的蛋白质和维生素饲料来源,如紫穗槐、洋槐和银合欢等树叶。树叶外观虽硬,但养分较多,青嫩鲜叶很容易消化,不仅作草食家畜的维持饲料,而且可以用来生产配合饲料。树叶虽是粗饲料,但营养价值远优于秸秕类。青干叶经粉碎后制成叶粉,可以代替部分精料喂猪、鸡、鱼,并具有改善畜产品外观和风味之目的。

树叶的营养成分随产地、品种、季节、部位和调制方法不同而异,首先是鲜叶嫩叶营养价值最高,其次是青干叶粉,青落叶、枯黄干叶营养价值最差。

树叶中维生素含量也很丰富。据分析,柳、桦、赤杨等青树叶中胡萝卜素含量为110~130 mg/kg,紫穗槐青干叶中胡萝卜素含量可达到270 mg/kg。核桃树叶中含有丰富的维生素C,松柏叶中也含有大量胡萝卜素和维生素C、维生素E、维生素D、维生素B_{12}和维生素K等,并含有铁、钴、锰等多种微量元素。

树叶喂猪、鸡,需制成叶粉。仔猪日粮中可加5%紫穗槐叶粉,架子猪日粮中添加10%,笼养鸡日粮中添加量应控制在5%以下。松针叶粉也是非常好的饲料。除树叶以外,许多树木的籽实,如橡子、槐豆也可喂猪。有些含油较多的树种,其油渣可以喂猪。果园的残果、落果更是猪的良好多汁饲料。

有些树叶中含有单宁,有涩味,家畜不喜吃食,必须加工调制(发酵或青贮)再喂。有的树木有剧毒,如荚竹桃等,要严禁饲喂。

二、青饲料

青饲料是供给畜禽饲用的幼嫩青绿的植株、茎叶或叶片等,以富含叶绿素颜色青绿而得名。该类饲料中自然水分含量在45%以上。青绿饲料的种类繁多,主要包括天然牧草、人工栽培牧草、叶菜类、非淀粉质茎根瓜果类和水生植物等。中国饲料分类编码中多为2-01-0000、2-02-0000和2-04-0000。

(一)青绿饲料的营养特性

1. 含水量高

陆生植物的水分含量为75%~90%,而水生植物约为95%,因此鲜草的热能较低,陆生植物饲料每千克鲜重消化能在1.20~2.50 MJ。青饲料含有酶、激素、有机酸等,有助于消化。青饲料具有多汁性与柔嫩性,适口性好,草食动物在牧地可直接大量采食。在生长季节,青绿饲料是牧区草食动物(羊、牛、马等)的唯一营养来源。

2. 蛋白质含量较高

青饲料中蛋白质含量丰富,一般禾本科牧草和蔬菜类饲料的粗蛋白质含量为1.5%~

3%,豆科牧草为3.2%~4.4%,按干物质计前者可达13%~15%,后者可达18%~24%,含赖氨酸较多,可补充谷物饲料中赖氨酸的不足。青饲料蛋白质中氨化物(游离氨基酸、酰胺、硝酸盐等)占总氮的30%~60%,氨化物中游离氨基酸占60%~70%。对单胃动物,其蛋白质营养价值接近纯蛋白质,对反刍动物可由瘤胃微生物转化为菌体蛋白质,因此蛋白质品质较好。

3. 粗纤维含量低

青饲料含粗纤维较少,木质素低,无氮浸出物较高。青饲料干物质中粗纤维不超过30%,叶菜类不超过15%,无氮浸出物为40%~50%。粗纤维的含量随植物生长期延长而增加,木质素含量也显著增加。

4. 钙、磷比例适宜

青饲料中矿物质占鲜重1.5%~2.5%,是矿物质的良好来源,见表1-32。

表 1-32　牧地牧草重要矿物质元素含量范围(占干物质)　　　　　　　　　　　%

元素	低	正常	高	元素	低	正常	高
K	<1.0	1.2~2.80	>3.0	Mg	<0.1	0.12~0.26	>0.3
Ca	<0.3	0.40~0.8	>1.0	P	<0.2	0.20~0.35	>0.4

5. 维生素含量丰富

青饲料的维生素含量较丰富,最突出特点是含有大量的胡萝卜素,每千克含50~80 mg。青饲料中B族维生素、维生素C、维生素E和维生素K的含量也较丰富,但维生素B_6很少,缺乏维生素D。

青绿饲料幼嫩,柔软多汁,营养丰富,适口性好,还具有轻泻、保健作用,是畜禽饲料的重要来源。但青饲料干物质中消化能较低,限制了其潜在的其他营养优势的发挥。

(二)影响青饲料营养价值的因素

1. 青饲料的种类

一般豆科牧草和蔬菜类的营养价值较高,禾本科之,水生饲料最低。

2. 植物的生长阶段

幼嫩的植物含水多,干物质少,蛋白质含量较多,而粗维含量较低,所以生长早期的各种牧草消化率较高,其营养价值也高。随着植物的生长,水分逐渐减少,干物质中粗蛋白质也随着下降,粗纤维含量上升,营养价值下降(表1-33)。

表 1-33　不同生长分阶段苜蓿干物质中养分含量　　　　　　　　　　　%

成分	蕾前期	现蕾期	盛花期	成分	蕾前期	现蕾期	盛花期
粗纤维	22.1	26.5	29.4	可消化粗蛋白质	21.3	17.0	14.1
粗蛋白质	25.3	21.5	18.2	可消化粗纤维	8	12.8	16.2
灰分	12.1	9.5	9.8				

3. 植物体不同部位的影响

植物体不同部位的营养成分差别很大。例如,苜蓿上部茎叶中蛋白质含量高于下部茎叶,粗纤维含量低于下部。但无论什么部位，茎中蛋白质含量少，粗纤维含量高，而叶中的蛋白质与粗纤维含量则相反。因此，叶片占全株比例越大，整株的营养价值越高。

4. 土壤、肥料等的影响

青饲料的营养价值还要受栽培土壤、气候、施肥等因素的影响。例如，生长在钙、磷缺乏的泥炭土和沼泽土壤中的植物，其钙、磷含量较少。氮肥量施放适当，可以增加青饲料中粗蛋白质含量，使其生长旺盛，茎叶颜色变得浓绿，胡萝卜素也有所增加。土壤中某些微量元素缺乏或过多，也会影响植物中这些微量元素的含量。

（三）青饲料的饲喂技巧

1. 青饲料在动物日粮中的用量

青饲料在动物日粮中的用量，通常受动物种类的限制。反刍动物可以大量利用青绿多汁饲料，单胃动物则不能。对反刍动物，青饲料可以作为唯一的饲料来源而并不影响其生产力（高产泌乳牛例外）。

猪只能在盲肠内少量消化青饲料中的粗纤维，对青饲料的利用率较差，特别是含木质素高的青饲料。因此仅能以幼嫩的牧草，如苜蓿、紫云英、三叶草等喂猪，另外青饲料不能作为猪的唯一饲料来源，应适当搭配精料，以获得好的饲喂效果。

2. 饲用青饲料时应注意的几个问题

（1）防止亚硝酸盐中毒　青饲料（如蔬菜、饲用甜菜、萝卜叶、芥菜叶、油菜叶等）中均含有硝酸盐，硝酸盐本身无毒或低毒，但在细菌的作用下，硝酸盐可被还原为具有毒性的亚硝酸盐。

青饲料堆放时间过长，发霉腐败，或者在锅里加热或煮后焖在锅中、缸中过夜，都会使细菌将硝酸盐还原为亚硝酸盐。青饲料在锅中焖 $24 \sim 48$ h，亚硝酸盐含量达到 $200 \sim 400$ mg/kg。

亚硝酸盐中毒发病很快，多在 1 d 内死亡，严重者可在半小时内死亡。发病症状表现为动物不安，腹痛，呕吐，流涎，吐白沫，呼吸困难，心跳加快，全身震颤，行走摇晃，后肢麻痹，体温无变化或偏低，血液呈酱油色。

（2）防止氢氰酸（HCN）和氰化物[NaCN、KCN、Ca(CN)$_2$]中毒　氰化物是剧毒物质，即使在饲料中含量很低也会造成中毒。青饲料中一般不含氢氰酸，但在高粱苗、玉米苗、马铃薯幼芽、木薯、亚麻叶、蓖麻籽饼、三叶草、南瓜蔓中含有氰苷配糖体。含氰苷配糖体饲料经过堆放发霉或霜冻枯萎，在植物体内特殊酶作用下，氰苷配糖体被水解而生成氢氰酸。

氢氰酸中毒的症状为腹痛腹胀，呼吸困难而且快，呼出气体有苦杏仁味，行走站立不稳，可见黏膜由红色变为白色或带紫色，肌肉痉挛，牙关紧闭，瞳孔放大，最后卧地不起，四肢划动，呼吸麻痹而死。

（3）防止草木樨中毒　草木樨本身不含有毒物质，但含有香豆素，当草木樨发霉腐败时，在细菌作用下，可使香豆素变为双香豆素，其结构式与维生素 K 相似，二者具有拮抗作用。

双香豆素中毒主要发生于牛，其他动物很少发生，中毒发生缓慢，通常饲喂草木樨 2～3 周后发病。牛中毒症状为食欲变化不大，机体衰弱，步态不稳，运动困难，有时发生跛行，体温低，发抖，瞳孔放大。该病病症是凝血时间变慢，在颈部、背部，有时在后躯皮下形成血肿，鼻孔可流出血样泡沫，奶里也可出现血液。此病可用维生素 K 治疗。注意饲喂草木樨时应逐渐增加喂量，不能突然大量饲喂，不要投喂发霉变质的草木樨。

（4）防止农药中毒　蔬菜园、棉花园、水稻田刚喷过农药后,其临近的杂草或蔬菜不能用作饲料,等下过雨后或隔 1 个月后再割草利用,谨防引起农药中毒。

（5）防止某些植物因含有毒物而引起动物中毒　如夹竹桃、嫩栎树芽等。

三、青贮饲料

青贮饲料在饲料分类系统中属于第三大类,青贮饲料的中国饲料分类号为 3-03-0000。

青贮饲料是指青饲料在密闭青贮容器(窖、塔、壕、堆和袋)中,经过乳酸菌发酵,或采用化学制剂调制,或降低水分,以抑制植物细胞呼吸及其附着微生物的发酵损失,而使青饲料养分得以保存。青贮饲料能保持青饲料的营养特性,养分损失较少,是解决家畜常年均衡供应青饲料的重要措施。青贮饲料在世界范围内的广泛应用,在畜牧业生产实践中具有重大的经济意义。

（一）青贮饲料的营养特点

从常规营养成分含量看,青贮饲料尤其是低水分青贮饲料的含水量大大低于同名青饲料。因而以单位鲜重所提供物质数量讲,青贮饲料并不比青饲料逊色。

青贮饲料与原植物相比,最明显的变化是碳水化合物含量减少,特别是可溶性糖被植物细胞呼吸和微生物发酵耗用,所剩无几,淀粉等多糖损失较少。纤维素和木质素在青贮时分解较少因而相对增加。粗蛋白质方面,按干物质中总含氮量比较,二者相差无几。只是青贮饲料中蛋白态氮下降,而非蛋白氮(主要为氨基酸)增加。菌体蛋白的增加量很小。可见对反刍动物,青贮饲料可提供充分的非蛋白态氮。青贮过程中矿物质与维生素有所损失,损失量与青贮汁液的流出密切相关。高水分青贮时钙、磷、镁、钾等矿物质的损失量达 20% 以上,而半干青贮则几乎无损失。维生素中的胡萝卜素生物活性略有降低,但其含量相对稳定,损失很少,微生物发酵还可能产生少量的 B 族维生素。另外,化学变化可影响青贮饲料的颜色,发酵酸使叶绿素转为褐色的无镁色素——脱镁叶绿素。

良好的青贮饲料,总能含量较原料高 10%,这是由于干物质损失而未伴随能量损失所致。一般认为青贮对消化率影响不大,因而消化能值差异不大。青贮过程中,蛋白氮多被水解为氨基酸和氨化物,可溶性糖的残留量极少。反刍动物采食后,大量的青贮氨化物极易被瘤胃微生物降解,而残留的可溶性糖类不能满足微生物增殖的能量需要,大部分氨态氮被瘤胃吸收变为尿素排出体外。与原料相比,家畜对青贮饲料的氮素利用率和存留率均低。因此,实践中要把青贮饲料与谷实类能量饲料及蛋白质饲料搭配饲喂。

（二）青贮饲料的使用技术

1. 取用

青贮饲料一般在调制后 30 d 左右即可开窖饲用。一旦开窖,就得天天取用,防雨淋或冻结。取用时应逐层或逐段,从上往下分层利用,每天按畜禽实际采食量取出,切勿全面打开或掏洞取用,尽量减少与空气的接触,以防霉烂变质。已经发霉的青贮饲料不能饲用。结冰的青贮饲料慎喂动物,以免引起消化道疾病或母畜流产。

2. 喂法

青贮饲料适口性好,但多汁轻泻,应与干草、秸秆和精料类搭配使用。开始饲喂青贮饲料时,要有一个适应过程,喂量由少到多逐渐增加。

3. 喂量

每种动物每日每头青贮饲料喂量大致如下:

妊娠成年母牛	50 kg	成年绵羊	5 kg
产奶成年母牛	25 kg	成年马	10 kg
断奶犊牛	5～10 kg	成年妊娠母猪	3 kg
种公牛	15 kg	成年兔	0.2 kg

(三)青贮饲料的发展趋向

1. 低水分青贮

低水分青贮也叫半干青贮,它要求收割后迅速将原料含水量降到 45%～55%,然后装入青贮容器(窖、塔、壕、袋等),之后按照普通青贮方法进行。半干青贮饲料由于含水量低,干物质含量比一般青贮饲料多 1 倍以上,有效能、粗蛋白、胡萝卜素的含量较高,还具有果香酸味,不含丁酸,呈深绿色,湿润状态,适口性良好。半干青贮与一般青贮最大差别是它利用植物水分含量降低(45%～55%),使植物细胞渗透压达到 5 066～6 080 kPa,在这种状态下,腐败菌、丁酸菌甚至乳酸菌由于生理干旱(缺水状态)而使生命活动被抑制,养分消耗量减少,养分从而被保存下来。

2. 外加添加剂青贮

(1)促进乳酸菌发酵的添加剂 如糖蜜、麸皮、甜菜渣和乳酸菌制剂或酶制剂。糖蜜的残糖量达 50%,每吨原料加入 20 kg 即可大大促进乳酸菌发酵,效果显著。加入乳酸活菌制剂是人工扩大青贮原料中乳酸菌群体的方法,作为青贮用的乳酸菌必须满足以下条件:a. 进行同质发酵;b. 发酵植物中含有足够的糖;c. 乳酸菌生成力强。多数乳酸菌制剂使用的菌种为德氏乳酸杆菌,按照每克原料达到 105～166 的菌数添加。乳酸菌对禾本科牧草和麦类全株青贮效果明显,对豆科牧草不太有效。酶制剂利用淀粉分解酶和纤维素分解酶,把原料中的淀粉和纤维素分解为可溶性糖,供乳酸菌利用,从而促进青贮作用。

(2)抑制不良发酵的添加剂 即防霉抑菌剂,此类添加剂有蚁酸(甲酸)、丙酸、甲醛(福尔马林)和其他防霉抑菌剂,其作用主要是防霉抑菌和改善饲料风味,提高饲料营养价值,减少有害微生物活动。在美国,每吨青饲料添加 85% 甲醛 3.6 kg。美国、挪威、斯堪地那维亚、英国等用黑麦草青贮,每吨黑麦草中添加 95% 甲醛 2.8 kg。在瑞典、美国、英国以甲醛+甲酸用于青贮。北欧 20 世纪 30 年代后曾用 Virtanin 教授的加 H_2SO_4 或 H_2SO_4 与甲酸混合青贮方法,目的是用外加酸完全控制发酵,使青贮饲料的 pH 直接降至 4.0,也就是通常所说化学青贮。H_2SO_4 比有机酸廉价,用户乐于接受。为了避免青贮饲料因加入 H_2SO_4 引起矿物质营养障碍,可用石灰水中和后再喂动物。

(3)改善青贮饲料营养价值的添加物

①非蛋白态氮。即尿素和氨水,制备反刍动物用青贮料时,对蛋白质含量低的禾本科牧草常用,用量为 2～5 kg/t,如果加入的是氨水,容器必须密封。

②矿物质添加物。针对原料中含量不足,适当补加 $CaCO_3$、石灰石、磷酸钙、碳酸镁等,也可以有机酸钙盐的形式加入抑菌剂,这类物质除了补充钙、磷、镁外,还有使青贮发酵持续、酸生成量增加的效果。

◈ **相关技能**

技能训练一 青干草的制作与品质鉴定

一、目的要求

掌握青干草制作的原理与方法,掌握青干草品质要求与鉴定方法,能制作优质青干草并能对其品质进行鉴定。

二、青干草制作原理

将青绿植物在结实以前刈割下来,采用自然或人工的方法进行干燥处理使其水分含量降到 14%~15%,以达到长期保存使用的目的。

三、实训条件

牧草、牧草收割工具、牧草干燥设施、台秤、水分测定仪、计算器等。

四、方法步骤

1. 剔除有毒有害杂草

在原料牧草(禾本科牧草或豆科牧草)收割前,清除牧草地里有毒有害的杂草。

2. 原料收割

禾本科牧在牧草生长的抽穗期进行收割;豆科牧草在牧草生长的初花期进行收割。

3. 干燥脱水

原料牧草干燥脱水的方法有自然干燥法和人工干燥法两种。

(1)自然干燥法 自然干燥法又可分为田间干燥法和架上干燥法两种。其方法是在晴朗的天气,将刈割后的青干草就地摊在田间的地面上或者放在事先搭好的晾晒架上,让青绿饲料中的水分在自然条件下,借助太阳的照射和风吹而很快蒸发掉,当水分降到 50% 以下时,然后将其堆成小堆,使其继续蒸发水分干燥;当水分含量降到 14%~15% 时,再将其堆成垛保存。

(2)人工干燥法 人工干操法可分为低温和高温两种干燥法。低温干燥法是指在 45~50℃ 的一间小室内,将刈割后的青绿饲草放在其中,停留数小时,使青绿饲草尽快脱水干燥,当水分降到 14%~15% 时,即可堆垛。高温干燥法是利用干燥设备,采用 500~1 000℃ 的热空气将青绿饲草脱水 6~10 s,水分很快就可以降到 14%~15%,然后堆垛。

五、干草的品质鉴定

青干草的品质鉴定主要是根据其外观而加以鉴定的。

1. 采样

首先采集草样平均样。所谓草样平均样是指距表层 20 cm 深处,从草垛各个部位(至少20处),每处采集草样 200~250 g,均匀混合而成,样品总重 5 kg 左右。每次从平均样抽500 g 进行品质评定。

2. 植物学组成的分析

植物种类不同,营养价值差异较大。将样品按植物学组成一般可分为 5 类:豆科牧草、禾本科牧草、其他可食草、不可食草、有毒有害草。

①将各类草准确称重。

②计算各类草占样品百分比:

$$各类草占样品百分比 = 某类草质量(g)/样品质量(g) \times 100\%$$

优质干草:豆科草占的比例较大,不可食草不超过 5%(其中杂质不超过 10%)。

中等干草:禾本科及其他非豆科可食草比例较大,不可食草不超过 10%。

低劣干草:除禾本科草、豆科牧草外,其他可食草占比例较多,不可食草不超过 15%(其中杂质不超过 30%)。

任何干草中有毒有害植物均不应超过 1%。

人工栽培的单播草地,只要混入杂草不多,就不必进行植物学组成分析。

3. 刈割时期

一般栽培豆科牧草在现蕾开花期、禾本科牧草在抽穗开花期刈割比较合适。如样品中有花蕾出现,表示收割适时,品质优良;如有大量花序而尚无结子,表示开花期收割,品质中等;如发现大量种子或已籽实脱落,表示收割过晚,营养价值降低。

4. 青干草的颜色及气味

颜色和气味是评定青干草品质的重要指标,也是调制过程中质量的标志。

优等:色泽青绿,香味浓郁,没有霉变和雨淋。

中等:淡绿色或灰绿色,香味较淡,无异味,没有霉变。

较差:色泽微黄色或黄褐,无香味,茎秆粗硬,有轻度霉变。

劣等:暗褐色,草上有白灰或有霉味,霉变严重。

5. 青干草叶片保有量分析

优等:叶片保有量 75% 以上。

中等:叶片保有量 50%～75%。

劣等:叶片低于 25%。

6. 干草的含水量分析

干草的含水量高低,是决定干草能否长期储存不致变质的主要标志。

干燥:用肉眼观察有相当数量的枝叶保存的不完整,有的完全失去叶片和花果;干草中夹杂一些草屑;用手揉折干草发出轻微声音并易折断。含水量在 15% 以下。

中等干草:用手扭折时草茎破裂,稍压有弹性而不断。含水量为 15%～17%。

较湿:用手扭折时草茎不易折断,并溢出水。含水量在 17% 以上。

7. 综合评定

评定等级上述 4 项指标分别鉴定后,进行综合评定,确定干草的品质等级。

优质:植物学组成鉴定指标为优等;颜色青绿,有光泽,气味芳香;在样品中有花蕾出现;含水量在 17% 以下。

中等:植物学组成鉴定指标为中等;颜色淡绿或灰绿,无异味;在样品中有大量花序但尚未结子;含水量在 17% 左右。

低劣：植物学组成鉴定指标为劣等；颜色微黄或淡褐、暗褐、有霉味；在样品中有大量种子或已籽实脱落；含水量在 17％以上。

凡有毒有害植物超过 1％，杂质过多，颜色暗褐、发霉和变质的干草不能饲用。

六、考核评定

1. 简答

(1)简述青干草制作的方法步骤。

(2)简述青干草的品质鉴定方法步骤。

2. 技能操作

根据提供的条件，鉴定青干草饲料原料品质，并写出实验报告。

3. 评定

(1)在规定时间内独立完成，回答问题、方法步骤正确，结果符合要求得 100 分；

(2)所用时间较长，回答问题、方法步骤正确，结果符合要求得 80 分；

(3)在教师指导下完成，回答问题基本正确得 60 分，否则不得分。

技能训练二　秸秆的氨化处理

一、目的要求

熟悉氨化原理，掌握小型堆垛法氨化秸秆的操作过程，掌握用氨量的计算方法。

二、原理

秸秆氨化处理是指用液氨、氨水或能产氨的尿素、碳酸氢铵或人畜尿液处理秸秆的方法。秸秆饲料蛋白质含量低，当与氨相遇时，其有机物与氨发生氨解反应，破坏木质素与纤维素、半纤维素链间的酯键结合，并形成铵盐，提高了饲料粗蛋白质水平。当反刍家畜食入含有铵盐的氨化秸秆后，在瘤胃脲酶的作用下，铵盐分解成氨，被瘤胃微生物所利用。同时氨溶于水形成的氢氧化氨对粗饲料有碱化作用。具体的氨化处理方法多种多样，可因地制宜。

三、实训条件

新鲜秸秆、无毒的聚乙烯薄膜、氨水或无水氨、水、秤、注氨管等。

四、方法步骤

1. 材料准备

新鲜的麦秸、含氮量为 15％～17％的氨水及无毒乙烯薄膜等。

2. 堆垛

在干燥向阳的平整地上挖一个半径 1 m、深 30 cm 的锅底形圆坑，把无毒聚乙烯塑料薄膜在坑内铺开，薄膜外延出圆坑 0.5～0.7 m，再把切碎的小麦秸在铺好的塑料膜上打圆形垛，垛高可以到 1.5～2.0 m，也可以根据处理秸秆的多少而定。

3. 注氨

根据计算出秸秆垛的质量,计算出注氨量并注入氨水,首先测出秸秆垛的密度,据报道,新切碎的风干秸秆的平均密度为新麦秸垛 55 kg/m³,旧麦秸垛 79 kg/m³,新玉米秸垛 99 kg/m³,然后,参考秸秆垛的平均密度,再乘以秸秆垛的体积,即为该垛的质量。最后,根据秸秆垛的质量和每 100 千克秸秆加氨水 10～12 kg 的比例,计算出某一秸秆垛应注入的氨量。

注:也可用尿素代替氨水,将秸秆切短,喷水,与尿素混合均匀,密封。尿素用量为秸秆干物质的 4％～5％;每 100 千克干秸秆加水 40～50 kg。

4. 封垛

打好垛且注完氨后,用另一块塑料薄膜盖在垛上,并同下面的薄膜重合折叠好,用泥土压紧、封严、防止漏气,最后用绳子捆好,压上重物。

5. 成熟后开垛检查质量

密封后,夏季经过 1～2 周,春秋季 2～3 周,冬季 4～8 周,氨化即可成熟。此时开垛检查质量:手感柔软、有潮湿感,色泽呈黄褐色,有氨气逸出的为品质良好的氨化秸秆;如果色泽黄白、氨气微弱,可能是漏气、含水不足、时间不够、温度过低等原因造成的氨化不成熟;如有褐色、棕黑色、发灰、发黏,有霉味,则说明秸秆已变质。

五、考核评定

1. 简答

制作氨化秸秆的方法步骤及注意事项。

2. 技能操作

根据氨化秸秆成熟后开垛检查质量结果,写出实验报告。

技能训练三 青贮饲料的调制及品质鉴定

一、实训目的

根据生产现场实际能够合理选择饲料原料,并能根据家畜饲养量、饲喂时间正确计算青贮饲料量,选择适宜的青贮设备,熟悉感官鉴定法和实验室鉴定法。学生通过参加青贮饲料调制和品质鉴定的过程,熟悉和掌握青贮各环节的基本知识和操作技术。

二、青贮饲料的调制

1. 实训条件

在开始青贮前 1 周,即应准备好下列各项。

(1)青贮原料 可根据当时当地的条件,确定青贮原料种类及来源,根据青贮需要计算好青贮总量,决定收割面积或收购数量,可按表 1-34 参考数计算。

表 1-34　各种原料(鲜)青贮时每立方米的质量　　　　　　　　　　　　　　　%

原料	质量	原料	质量
玉米茎叶(乳熟-蜡熟)	500～600	甘薯藤	650～750
玉米秸(收获后立即刈割,尚有1/2青绿)	400～500	菜叶、紫云英	750～800
野青草,牧草	600～700	水生饲料	800～1 000

注:每立方米按贮干物量 120～150 kg 计。

在收割或收购原料时,一般应比计算青贮量多准备 20%～30%,贮后如有剩余可供日常性畜青料用。

(2)青贮设备　青贮窖应选择靠近畜舍附近,地势高燥、排水便利,且有较大空地,调制时青饲料运输方便,机具好安装的地方。调制前检查旧有青贮窖、池、壕或塔等,逐个记录好容积(平均面积×深度),清扫消毒(一般用 2%～3% 石灰水),堵塞漏气孔,开好排水沟。

(3)收割、运输机械　检修割草机(或镰刀),青贮联合收割机及运输车辆等,要准备足够的数量。大型畜牧场应设有地磅室,以便称量原料。

(4)填充物　秸草、干草、秕壳、糠等,供调节原料水分之用。

(5)添加剂　尿素、食盐、糖浆等,无条件也可免此项。

(6)踩压工具　耙、铲、碾磙,役畜或推土机等,供摊匀压实原料用。

(7)覆盖物　塑料薄膜、草帘、新鲜泥土或细沙等,供密闭时用。

2. 方法步骤

调制青贮料系一项重要任务,必须保证青贮成功,为此应有专门技术人员总负其责,同时工作量大,必须有多数人参加操作,事前必须做好一切组织工作,各有专责,协力完成,主要方法步骤如下。

(1)天气的选择　为操作方便、保证质量,青贮工作应选择在晴天进行。

(2)原料的运输　原料要保证供应,保持干净,为此,运载工具、加工场地均应事先清扫,清除粪渣、煤屑、碎石、竹木片以及其他污物,以免污染原料,损伤机器。

(3)切碎　对牛、羊等反刍动物,一般把禾本科牧草和豆科牧草及叶菜类等原料,切成 2～3 cm,玉米和向日葵等粗茎植物,切成 0.5～2 cm,原料的含水量越低,切得越短。

(4)水分调节　常规青贮法一般要求水分在 65%～75%。如果制作半干青贮料可将水分缩小至 45%～55%。原料水分过高的(如在雨天或早晨露水未干时收割的)应设法调整:最简单的方法是将原料摊开晾去水分,先晾后切或先切后晾都可以,待原料表面凋萎挤茎叶不滴水,仅微呈潮湿,即算水分基本合适。如遇天气等因素无法晾干缩小,则用掺入其他干料法加以调整,其法可按下式计算:

$$D = \frac{A - B}{B - C} \times 100\%$$

式中:A 为高水分的青贮原料含水量,%;B 为调节后理想含水量,%;C 为调节用的干料含水量,%;D 为所用干料的质量,kg/100 kg 原料。

为了保证青贮质量,原料还应含有一定的糖分。对含糖低的原料(如豆科作物)可与含糖量高的原料(如玉米茎叶、甘薯藤等)混贮,或者添加糖浆、淀粉等以补其糖分的不足。

(5)原料的装填、压实　水分适宜的原料,可装入窖中。在装窖前,先在窖底铺一层干净的稻草约 10 cm,然后填入原料,摊匀,每摊一层(厚 15～20 cm)压实一次,可用人力或畜力踩压,尤须注意压实边角,如为大型青贮壕,可在卸料后用履带拖拉机边摊平边压土,这样可省工。

如果要添加尿素、食盐等,应在装填原料的同时分层加入,注意掌握用量,一般尿素、食盐不超过原料质量的 0.5%,而且由下至上逐层均匀施放。

原料的装填和压实工作,必须在当天完成或在 1～2 d 完成,以便及时封窖,保持质量。

(6)密封　原料装填完毕,应立即密封和覆盖。先盖一层秸秆或秕壳糠(不加也可以),厚约 5 cm,然后再盖塑料薄膜,再覆上鲜土(大型青贮壕可用推土机铲土),薄膜上面加盖二层新鲜土或细沙,厚约 10 cm,压实。尤须注意填好四周边缘部分,勿透气。最后在上面加几块石头或木板,压紧薄膜,使日后能随原料下沉而自然下压,避免薄膜下出现空隙,造成霉烂。

(7)管理　密封后,要注意管理,及时检查,每日至少 1 次,青贮下陷开裂部分要及时填补好,排汁孔也要及时填塞,青贮窖防止牲畜践踏,窖顶应设遮盖物,以避风雨,在多雨的南方,尤应注意在窖上建瓦棚,四周开排水沟。

三、青贮饲料品质的鉴定

1. 实训条件

(1)仪器设备　烧杯,吸管,玻璃棒,试管,白瓷比色盘,小漏斗,滤纸等。

(2)混合指示剂配制　0.04%甲基红和 0.04%溴甲酚绿按 1∶1.5 混合。0.04%甲基红配制:称 0.1 g 甲基红,放入研钵内,加 0.02 mol/L 的氢氧化钠溶液 10.6 mL,细心研磨,使之完全溶解,再用蒸馏水稀释至 250 mL。0.04%溴甲酚绿配制:称 0.1 溴甲酚绿,放入研钵内,加 0.02 mol/L 的氢氧化钠溶液 18.6 mL,细心研磨,使之完全溶解,再用蒸馏水稀释至250 mL。

2. 方法步骤

(1)鉴定　在青贮料中部,取青贮料约 50 g,于烧杯中进行鉴定。

(2)评定　青贮料放入瓷盘中,进行气味、颜色、结构和湿润度的感官评定,评定标准见表 1-35、表 1-36。

表 1-35　青贮料颜色评定标准

颜色	评分
绿色	3分
黄绿色	2分
暗绿、深褐色、黑色	1分

表 1-36　气味评分标准

气味	评分
芬芳酒香味	3分
醋酸味	2分
臭味、腐败味及强烈丁酸味	1分

(3)测定酸碱度　将待测样品切短,装入烧杯中至 1/2 处,以蒸馏水或凉开水约 100 mL 浸没青贮饲料,用玻璃棒充分搅拌 5 min,静置 15～20 min 后,将水浸物用滤纸过滤。吸取滤液 2 mL 移入白瓷比色盘内,加 2～3 滴混合指示剂,用玻璃棒搅拌,观察盘内浸出液的颜色。按表 1-37 评分。

(4)总评　见表 1-38 评定标准。

表 1-37	颜色评分标准	
pH	颜色反应	评分
3.8~4.4	红-红紫	3分
4.6~5.2	紫-乌黑、深蓝、紫	2分
5.4~6.0	蓝紫-绿	1分

表 1-38	综合评定标准
青贮等级	总评分
上等	8~9分
中等	5~7分
下等	1~4分

四、考核评价

1. 简答

(1)简述青贮饲料的制作原理。

(2)叙述常规青贮饲料生产步骤。

2. 技能操作

根据学生对青贮饲料的调制过程和品质鉴定结果,写出实验报告。

◆讨论与思考

1. 在现代畜牧业生产中,粗饲料、青绿饲料、青贮饲料主要用于什么动物?为什么?

2. 青绿饲料与青贮饲料营养成分有何变化?

项目二 饲料实验室检验

任务一 饲料原料样本的采集与制备

◈**知识目标**

1. 掌握样本的概念；
2. 掌握样本采集原则与采集方法；
3. 掌握样本制备原则与制备方法；
4. 掌握样本保存方法。

◈**能力目标**

1. 能科学采集原始饲料样本；
2. 能合理制备化验样本；
3. 能正确保存饲料化验样本和留样观察样本。

◈**相关知识**

饲料样品的采集与制备是饲料检测技术中极为重要的步骤，决定分析结果的准确性，从而影响饲料企业的各种决策。采样的根本原则是样品必须有代表性。保证采样准确的方法有"四分法"和"几何法"。样本采集与制备时，必须明确以下几个概念。

(1)半干样品 将含水量高的新鲜样品在 $60\sim70℃$ 烘箱烘干制备而成，一般含水量占样品质量的 $70\%\sim90\%$。

(2)风干样品 用含水量低(一般含水量在 15% 以下)饲料样品制备而成的。一般样品的粉碎粒度为通过 $1.00\sim0.25\ mm$ 孔筛，而用于测定氨基酸和微量元素等项目样品的粉碎粒度为通过 $0.171\sim0.149\ mm$ 孔筛。

(3)采样 指从待测饲料原料或产品中按规定抽取一定数量、具有代表性样品的过程。

(4)样品 指按一定方法和要求，从待测饲料原料或产品抽取的供分析用的少量饲料。

(5)样品的制备 指将样品经过干燥、磨碎和混合处理，以便进行理化分析的过程。

(6)初级样品 也称为原始样品，是从生产现场如田间、牧地、仓库、青贮窖、试验场等的一批受检的饲料或原料中最初采取的样品。原始样品应尽量从大批(或大数量)饲料或大面积牧地上，按照待检测饲料或饲料原料不同部位、深度来分别采取一部分，然后混合而成。原始样品一般不得少于 $2\ kg$。

(7)次级样品 也称为平均样品，是将原始样品混合均匀或剪碎混匀从中取出的样品。平均样品一般不少于 $1\ kg$。

(8)分析样品 也称为试验样品。次级样品经过粉碎、混匀等处理后，从中取出的一部分用做分析的样品称为分析样品。分析样品的数量根据分析指标和测定方法要求而定。

（9）几何法　是指把整个一堆物品看成一种具有规则的几何体，如立方体、圆柱体、圆锥体等。取样时先把这个立体分成若干体积相等的部分（虽然不便于实际去做，可以在想象中将其分开），这些部分必须在全体中分布均匀，即不只是在表面或只是在一面。从这些部分中取出体积相等的样品，这些部分的样品称为支样，再把这些支样混合即得样品。几何法常用于采集原始样品和大批量的饲料。

（10）四分法　是指均匀性的饲料（搅拌均匀的籽实、粉末状饲料）或混合完全后的原始样本放置在一张方形纸、帆布、塑料布等上面，提起一角，使籽实或粉末饲料流向对角，随后，提起对角使饲料回流，依照此法将四角反复提起，使粉末反复移动混合均匀。然后将样料堆成圆锥形或铺平，用刀或其他适当的器具从当中划一个十字，将样品分成四等份，任意除去对角两份，将剩余两份如前法混合后再分成四份。重复以上操作，直到剩余量与测定需要量接近为止。如果饲料样品数量比较大，可以在洁净的地板上堆成圆锥形，用铲子将堆移到另一处，移动时将每铲倒到另一铲上形成圆堆以后每铲倒到锥顶，样料由顶向下流至周围，这样，反复将堆移动数次，可以达到饲料混合均匀的目的。四分法常用于小批量样品和均匀样品的采集或从原始样品中获取次级样品和分析样品。

◈ 相关技能

饲料样品的采集与制备

一、目的要求

通过实训，了解饲料样品的采集与制备的概念、原理及注意事项，并在规定时间内，完成某饲料样本的采集与制备。

二、实训条件

各种饲料、样品粉碎机一台、探针采样器、秤、多样筛（孔径 1～0.45 mm）、广口瓶、标签、天平（0.01 g）、刀或料铲、剪刀、方形塑料布（150 cm×150 cm）、小铡刀、搪瓷盘（20 cm×15 cm×3 cm）、坩埚钳、鼓风烘箱（60～70℃）、普通天平（0.001 g 感量）等。

三、方法步骤

（一）样品的采集

分析饲料成分，取有代表性的样品是关键的步骤之一。无论采取多么先进的化验设备，采用严格的分析标准，执行严格的操作规程。分析的结果只能代表所取的样品本身。样品能否代表分析的饲料总体，取样是十分关键的。取样的关键有三点：一是否从分析的饲料中取出足够的样品；二是取样的角度、位置和数量是否能够代表整批饲料；三是取出的样品是否搅拌均匀。

不同饲料样品的采集因饲料原料或产品的性质、状态、颗粒大小或包装方式不同而不同。

1. 原始样本的采集

对于不均匀的饲料(粗饲料、块根、块茎饲料、家畜屠体等)或成大批量的饲料。为使取样有代表性,应尽可能取到被检饲料的各个部分,最常采用的方法是"几何法"。

(1)粉状和颗粒饲料

①散装。散装的原料应在机械运输过程中的不同场所(如滑运道、传送带等处)取样。如果在机械运输过程中未能取样,则可用探管取样,但应避免因饲料原料不匀而造成的错误取样。

取样时,用探针从距边缘 0.5 m 的不同部位分别取样,然后混合即得原始样品。取样点的分布和数目取决于装载的数量,也可在卸车时用长柄勺、自动选样器或机器选样器等,间隔相等时间,截断落下的料流取样,然后混合得原始样品。

②袋装。用抽样锥随意从不同袋中分别取样,然后混合得原始样品。每批采样的袋数取决于总袋数、颗粒大小和均匀度,有不同的方案,取样袋数至少为总袋数的 10%。中小颗粒饲料如玉米、大麦等取样的袋数不少于总袋数的 5%。粉状饲料取样袋数不少于总袋数的 3%。总袋数在 100 袋以下,取样不少于 10 袋,每增加 100 袋需增加 1 袋。

取样时,用口袋探针从口袋的上下两个部位采样,或将袋平放,将探针的槽口向下,从袋口的一角按对角线方向插入袋中,然后转动器柄使槽口向上,抽出探针,取出样品。

③仓装。原始样品在饲料进入包装车间或成品库的流水线或传送带上、贮塔下、料斗下、秤上或工艺设备上采集。具体方法:用长柄勺、自动或机械式选样器,间隔时间相同,截断落下的饲料流。间隔时间应根据产品移动的速度来确定,同时要考虑到每批选取的原始样品的总量。对于饲料级磷酸盐、动物性饲料粉和鱼粉应不少于 2 kg,而其他饲料产品则不低于 4 kg。

圆仓可按高度分层,每层分内(中心)、中(半径的一半处)、外(距仓边 30 cm 左右)3 圈,圆仓直径在 8 m 以下时,每层按内、中、外分别采 1,2,4 个点,共 7 个点;直径在 8 m 以上时,每层按内、中、外分别采 1,4,8 个点,共 13 个点。将各点样品混匀即得原始样品。

(2)液体或半固体饲料

①液体饲料。桶或瓶装的植物油等液体饲料应从不同的包装单位(桶或瓶)中分别取样,然后混合。取样的桶数如下:7 桶以下,取样桶数不少于 5 桶;10 桶以下,取样桶数不少于 7桶;10~50 桶,取样桶数不少于 10 桶;51~100 桶,取样桶数不少于 15 桶;101 桶以上,按不少于总桶数的 15%抽取。

取样时,将桶内饲料搅拌均匀(或摇匀),然后将空心探针缓慢地自桶口插至桶底,然后堵压上口提出探针,将液体饲料注入样品瓶内混匀。

对散装(大池或大桶)的液体饲料按散装液体高度分上、中、下 3 层分层布点取样。上层距液面约 40 cm 处,中层设在液体中间,下层距池底 40 cm 处,3 层采样数量的比例为 1∶3∶1(卧式液池、车槽为 1∶8∶1)。采样时,用液体取样器在不同部位采样,并将各部位采集的样品进行混合,即得原始样品。原始样品的数量取决于总量,总量为 500 t 以下,应不少于1.5 kg;501~1 000 t,不少于 2.0 kg;1 001 t 以上,不少于 4.0 kg。原始样品混匀后,再采集1 kg 作次级样品备用。

②固体油脂。对在常温下呈固体的动物性油脂的采样,可参照固体饲料采样方法,但原始样品应通过加热熔化混匀后,才能采集次级样品。

③黏性液体。黏性浓稠饲料如糖蜜,可在卸料过程中采用抓取法,即定时用勺等器具随机

采样。原始样品数量应为总量 1 t 至少采集 1 L。原始样品充分混匀后，即可采集次级样品。

（3）块饼类　块饼类饲料的采样依块饼的大小而异。

大块状饲料从不同的堆积部位选取不少于 5 大块，然后从每块中切取对角的小三角形，将全部小三角形块捶碎混合后得原始样品，然后再用四分法取分析样品 200 g 左右。

小块的油粕，要选取具有代表性者数十片（25～30 片），粉碎后充分混合得原始样品，再用四分法取分析样品约 200 g。

（4）副食及酿造加工副产品　此类饲料包括酒糟、醋糟、粉渣和豆渣等。取样方法是：在贮藏池、木桶或贮堆中分上、中、下 3 层取样。视池、桶或堆的大小每层取 5～10 个点，每点取 100 g 放大瓷桶内充分混合得原始样品，然后从中随机取分析样品约 1 500 g，用 200 g 测定其初水分，其余放入大瓷盘中，在 60～65℃恒温干燥箱中干燥供制风干样品用。

对豆渣和粉渣等含水较多的样品，在采样过程中应注意避免汁液损失。

（5）块根、块茎和瓜类　这类饲料的特点是含水量大，由不均匀的大体积单位组成。采样时，通过采集多个单独样品来消除个体间的差异。样品个数的多少，根据样品的种类和成熟的均匀与否，以及所需测定的营养成分而定，一般块根、块茎 10～20 个，马铃薯 50 个，胡萝卜 20 个，南瓜 10 个。

采样时，从田间或贮藏窖内随机分点采取原始样品 15 kg，按大、中、小分堆称重求出比例，按比例取 5 kg 次级样品。先用水洗干净，洗涤时注意勿损伤样品的外皮，洗涤后用布拭去表面的水分。然后，从各个块根的顶端至根部纵切具有代表性的对角 1/4，1/8 或 1/16…，直至适量的分析样品，迅速切碎后混合均匀，取 300 g 左右测定初水分，其余样品平铺于洁净的瓷盘内或用线串联置于阴凉通风处风干 2～3 d，然后在 60～65℃的恒温干燥箱中烘干备用。

（6）新鲜青绿饲料及水生饲料　新鲜青绿饲料包括天然牧草、蔬菜类、作物的茎叶和藤蔓等。一般取样是在天然牧地或田间，在大面积的牧地上应根据牧地类型划区分点采样。每区选 5 个以上的点，每点为 1 m² 的范围，在此范围内离地面 3～4 cm 处割取牧草，除去不可食草，将各点原始样品剪碎，混合均匀得原始样品。然后，按四分法取分析样品 500～1 000 g，取 300～500 g 用于测定初水，一部分立即用于测定胡萝卜素等，其余在 60～65℃的恒温干燥箱中烘干备用。

栽培的青绿饲料应视田块的大小，按上述方法等距离分点，每点采 1 株至数株，切碎混合后取分析样品。该方法也适用于水生饲料，但注意采样后应晾干样品外表游离水分，然后切碎取分析样品。

（7）青贮饲料　青贮饲料的样品一般在圆形窖、青贮塔或长形壕内采样。取样前应除去覆盖的泥土、秸秆以及发霉变质的青贮饲料。原始样品质量为 500～1 000 g，长形青贮壕的采样点视青贮壕长度大小分为若干段，每段设采样点分层取样。

（8）粗饲料　这类饲料包括秸秆及干草类。取样方法为在存放秸秆或干草的堆垛中选取 5 个以上不同部位的点采样（即采用几何法取样），每点采样 200 g 左右，采样时应注意由于干草的叶子极易脱落，影响其营养成分的含量，故应尽量避免叶子的脱落，采取完整或具有代表性的样品，保持原料中茎叶的比例。然后将采取的原始样品放在纸或塑料布上，剪成 1～2 cm长度，充分混合后取分析样品约 300 g，粉碎过筛。少量难粉碎的秸秆渣应尽量捶碎弄细，并混入全部分析样品中，充分混合均匀后装入样品瓶中，切记不能丢弃。

2. 分析样品的采集

原始样品充分混匀后,通常再按"四分法"缩小原始样品的数量,直到样品数量剩余 1 kg 左右。

(二)样品的制备

样品的制备指将原始样品或次级样品经过一定的处理成为分析样品的过程。样品制备方法包括烘干、粉碎和混匀,制备成的样品可分为半干样品和风干样品。

1. 风干样品的制备

风干饲料是指自然含水量不高的饲料,一般含水在 15% 以下,如玉米、小麦等作物籽实、糠麸、青干草、配合饲料等。

对不均匀的原始样品如干草、秸秆等,可应经过一定处理如剪碎或捶碎等混匀,按"四分法"采得次级样品和对均匀的样品如玉米、粉料等,可直接用"四分法"采得次级样品用饲料样品粉碎机粉碎,通过孔径为 1.00~0.25 mm 孔筛即得分析样品。主要分析指标样品粉碎粒度的要求见表 2-1。注意的是:不易粉碎的粗饲料如秸秆渣等在粉碎机中会剩留极少量难以通过筛孔,这部分决不可抛弃,应尽力弄碎如用剪刀仔细剪碎后一并均匀混入样品中,避免引起分析误差。将粉碎完毕的样品 200~500 g 装入磨口广口瓶内保存备用,并注明样品名称、制样日期和制样人等。

表 2-1　主要分析指标样品粉碎粒度的要求

指标	分析筛规格/目	筛孔直径/mm
水、粗蛋白质、粗脂肪、粗灰分、钙、磷、盐	40	0.42
粗纤维、体外胃蛋白酶消化率	18	1.10
氨基酸,微量元素,维生素,脲酶活性,蛋白质溶解度	60	0.25

2. 半干样品的制备(附:初水分测定)

半干样品是由新鲜的青饲料、青贮饲料等制备而成的。这些新鲜样品含水分高,占样品质量的 70%~90%,不易粉碎和保存。除少数指标如胡萝卜素的测定可直接使用新鲜样品外,一般在测定饲料的初水含量后制成半干样品,以便保存,供其余指标分析备用。

初水是指新鲜样品在 60~65℃ 的恒温干燥箱中烘 8~12 h,除去部分水分,然后回潮使其与周围环境条件的空气湿度保持平衡,在这种条件下所失去的水分称为初水分。去掉初水分之后的样品为半干样品。

半干样品的制备包括烘干、回潮和称恒重 3 个过程。最后,半干样品经粉碎机磨细,通过 1.00~0.25 mm 孔筛,即得分析样品。将分析样品装入磨口广口瓶中,在瓶上贴上标签,注明样品名称、采样地点、采样日期、制样日期、分析日期和制样人,然后保存备用。

3. 初水分的测定步骤

(1)瓷盘称重　在普通天平上称取瓷盘的质量。

(2)称样品重　用已知质量的瓷盘在普通天平上称取新鲜样品 200~300 g。

(3)灭酶　将装有新鲜样品的瓷盘放入 120℃ 烘箱中烘 10~15 min。目的是使新鲜饲料中存在的各种酶失活,以减少对饲料养分分解造成的损失。

(4)烘干　将瓷盘迅速放在 60~70℃ 烘箱中烘一定时间,直到样品干燥容易磨碎为止。

烘干时间一般为 8～12 h,取决于样品含水量和样品数量。含水低、数量少的样品也可能只需 5～6 h 即可烘干。

(5)回潮和称重　取出瓷盘,放置在室内自然条件下冷却 24 h,然后用普通天平称重。

(6)再烘干　将瓷盘再次放入 60～70℃烘箱中烘 2 h。

(7)再回潮和称重　取出瓷盘,同样在室内自然条件下冷却 24 h,然后用普通天平称重。

如果两次质量之差超过 0.5 g,则将瓷盘再放入烘箱,重复(6)和(7)步骤,直至两次称重之差不超过 0.5 g 为止。以最低的质量即为半干样品的质量。将半干样品粉碎至一定细度即为分析样品。

(8)计算公式与结果表示

$$初水分 = \frac{m_1 - m_2}{m_1} \times 100\%$$

式中:m_1 为新鲜样品,m_2 为半干样品,m_1、m_2 单位都为 g。

(三)样品的登记与保管

1. 样品的登记

制备好的风干样品或半干样品均应装在洁净、干燥的磨口广口瓶内作为分析样品备用。瓶外贴有标签,标明样品名称、采样和制样时间、采样和制样人等。此外,分析实验室应有专门的样品登记本,系统的详细记录与样品相关的资料,要求登记的内容如下。

①样品名称(一般名称、学名和俗名)和种类(必要时需注明品种、质量等级)。

②生长期(成熟程度)、收获期、茬次。

③调制和加工方法及贮存条件。

④外观性状及混杂度。

⑤采样地点和采集部位。

⑥生产厂家、批次和出厂日期。

⑦等级、重量。

⑧采样人、制样人和分析人的姓名。

2. 样品的保管

样品应避光保存,并尽可能低温保存,并做好防虫措施。

样品保存时间的长短应有严格规定,这主要取决于原料更换的快慢及买卖饲料分析,以及双方谈判情况(如水分含量过高,蛋白质含量是否合乎要求)。此外,对某些饲料在饲喂后能出现问题,故该饲料样品应长期保存,备做复检用。但一般条件下原料样品应保留 2 周,成品样品应保留 1 个月(与对客户的保险期相同)。有时为了特殊目的饲料样品需保管 1～2 年。对需长期保存的样品可用锡铝纸软包装,经抽真空充氮气后(高纯氮气)密封,在冷库中保存备用。专门从事饲料质量检验监督机构的样品保存期一般为 3～6 个月。

饲料样品应由专人采集、登记、粉碎与保管。

四、考核评定

1. 简答

(1)采样的重要性及采样过程中应注意的问题是什么?

(2)什么是半干样品？什么是风干样品？

(3)样品如何登记和保管？

2.技能操作

根据提供的条件和教师确定的原料或产品进行采样或制样,写出实验报告。

任务二　饲料常规养分含量测定

◈**知识目标**

1.熟悉饲料原料常规养分含量测定的意义;

2.掌握饲料原料常规养分含量测定原理;

3.掌握饲料原料常规养分含量测定方法与步骤。

◈**能力目标**

1.能正确检测饲料中常规养分(水分、粗蛋白质、粗脂肪、粗纤维、粗灰分、钙、总磷、水溶性氯物)含量;

2.能计算饲料中无氮浸出物含量;

3.能对照饲料质量标准对饲料合格性进行评判。

◈**相关知识**

饲料常规养分含量测定是饲料工业生产中的重要环节,是保证饲料原料和各种产品质量的重要手段,同时饲料原料常规养分含量测定也是设计配合饲料配方的重要依据。其主要任务是采取化学手段,对饲料原料及产品各种常规养分进行定量测定,从而对检验对象进行正确的品质评定。

◈**相关技能**

技能训练一　饲料中水分和其他挥发性物质含量的测定(GB/T 6435—2006)

一、范围

本标准规定了饲料中水分和其他挥发性物质含量的测定方法,适用于各种动物饲料,但不适用于用作的奶制品、矿物质、动植物油脂、含有保湿剂(如丙二醇)的动物饲料、油料籽实。

引用标准有:饲料采样(GB/T 14699.1—2005)、动物饲料试样的制备(GB/T 20195—2006)。

二、测定原理

根据样品性质的不同,在特定条件下对试样进行干燥所损失的质量在试样中所占的比例。

三、仪器和材料

实验室常用及以下仪器、材料。

(1)分析天平 感量 1 mg。

(2)称量瓶 由耐腐蚀金属或玻璃制成,带盖。其表面积能使样品铺开约 0.3 g/cm²。

(3)电热鼓风干燥箱 温度可控制在(103±2)℃。

(4)电热真空干燥箱 温度可控制在(80±2)℃,真空度可达 13 kPa。

应备有通入干燥空气导入装置或以氧化钙(CaO)为干燥剂的装置(20 个样品需 300 g 氧化钙)。

(5)干燥器 具有干燥剂。

(6)砂 经酸洗。

四、采样与试样制备

按 GB/T 14699.1 采样。样品应具有代表性,在运输和贮存过程中避免发生损坏和变质。
按 GB/T 20195 制备试样。

五、分析步骤

1. 试样

(1)液体、黏稠饲料和以油脂为主要成分的饲料 称量瓶内放一薄层砂和一根玻璃棒。将称量瓶及内容物和盖一并放入 103℃ 的干燥箱内干燥(30±1)min。盖好称量瓶盖,从干燥箱中取出,放在干燥器中冷却至室温。称量其质量,准确至 1 mg。

称取 10 g 试样于称量瓶中,准确至 1 mg。用玻璃棒将试样与砂充分混合,玻璃棒留在称量瓶中,按"测定"步骤操作。

(2)其他饲料 将称量瓶放入 103℃ 干燥箱中干燥(30±1)min 后取出,放在干燥器中冷却至室温。称量其质量,准确至 1 mg。

称取 5 g 试样于称量瓶中,准确至 1 mg,并摊匀。

2. 测定

将称量瓶盖放在下面或边上与称量瓶一同放入 103℃ 干燥箱中,建议平均每升干燥箱空间最多放一个称量瓶。

当干燥箱温度达 103℃ 后,干燥 4 h±0.1 h。将盖盖上,从干燥箱中取出,在干燥器中冷却至室温。称量,准确至 1 mg。

以油脂为主要成分的饲料应在 103℃ 干燥箱中再干燥(30±1)min。两次称量的结果相差不应大于试样质量的 0.1%,如果大于 0.1%,按"检查试验"步骤操作。

3. 检查试验

为了检查在干燥过程中是否有因化学反应[如美拉德(Maillard)反应]而造成不可接受的质量变化,作如下检查。

在干燥箱中于 103℃ 再次干燥称量瓶和试样,时间为(2±0.1)h。在干燥器中冷却至室温。称量,准确至 1 mg。如果经第 2 次干燥后质量变化大于试样质量的 0.2%,就可能发生了化学反应。在这种情况下按"发生不可接受质量变化的样品"所述步骤操作。

4. 发生不可接受质量变化的样品

按"试样"取试样。将称量瓶盖放在下面或边上与称量瓶一同放入 80℃的真空干燥箱中,减压至 13 kPa。通入干燥空气或放置干燥剂干燥试样。在放置干燥剂的情况下,当达到设定的压力后断开 真空泵。在干燥过程中保持所设定的压力。当干燥箱温度达到 80℃后,加热(4±0.1)h。小心地将干燥箱恢复至常压。打开干燥箱,立即将称量瓶盖盖上,从干燥箱中取出,放入干燥器中冷却至室温称量,准确至 1 mg。

将试样再次放入 80℃的真空干燥箱中干燥(30±1)min,直至连续两次干燥质量变化之差小于其质量的 0.2%。

5. 测定次数

同一试样进行两个平行测定。

六、计算

1. 未作预处理的样品

未作预处理的样品,其水分和其他挥发性物质的含量 ω_1 以质量分数表示,数值以%计,按式①计算:

$$\omega_1 = \frac{m_3 - (m_5 - m_4)}{m_3} \times 100\% \qquad ①$$

式中:m_3 为试样的质量,单位为 g;m_4 为称量瓶(包括盖)的质量,如使用砂和玻璃棒,也包括砂和玻璃棒的质量,单位为 g;m_5 为称量瓶(包括盖)和干燥后试样的质量,如使用砂和玻璃棒,也包括砂和玻璃棒的质量,单位为 g。

2. 经过预处理的样品

样品水分含量高于 17%,脂肪含量低于 120 g/kg,只需预干燥的样品,其水分和其他挥发性物质的含量 ω_2 以质量分数表示,数值以%计,按式②计算:

$$\omega_2 = \left\{ \frac{m_0 - m_1}{m_0} + \left[\frac{m_3 - (m_5 - m_4)}{m_3} \times \frac{m_1}{m_0} \right] \right\} \times 100\% \qquad ②$$

式中:m_0 为试样经提取和/或空气风干前的质量,单位为 g;m_1 为试样经提取和/或空气风干后的质量,单位为 g;m_3 为试样的质量,单位为 g;m_4 为称量瓶(包括盖)的质量,如使用砂和玻璃棒,也包括砂和玻璃棒的质量,单位为 g;m_5 为称量瓶(包括盖)和干燥后试样的质量,如使用砂和玻璃棒,也包括砂和玻璃棒的质量,单位为 g。

3. 经脱脂的高脂肪低水分试样

经脱脂的高脂肪低水分试样及经脱脂和预干燥的高脂肪高水分试样,其水分和其他挥发性物质的含量 ω_3 以质量分数表示,数值以%计,按式③计算:

$$\omega_3 = \left\{ \frac{m_0 - m_1 - m_2}{m_0} + \left[\frac{m_3 - (m_5 - m_4)}{m_3} \times \frac{m_1}{m_0} \right] \right\} \times 100\% \qquad ③$$

式中:m_2 为从试样中提取脂肪的质量,单位为 g;其他符号含义同②式。

4. 结果表示

取两次平行测定的算术平均值作为结果,两个平行测定结果的绝对差值不大于 0.2%,超过 0.2%,重新测定。

结果精确至 0.1%。

七、精密度

1. 重复性

在同一实验室,由同一操作者使用相同设备,按相同的测定方法,在短时间内,对同一被测试样相互 独立进行测定获得的两个测定结果的绝对差值,超过表 2-2 所给出的重复性限 r 值的情况不大于 5%。

表 2-2 重复性限(r)和再现性限(R)　　　　　　　　　　　　　　　%

样品	水分和其他挥发性物质的含量	重复性限	再现性限
配合饲料	11.43	0.71	1.99
浓缩饲料	10.20	0.55	1.57
糖蜜饲料	7.92	1.49	2.46
干牧草	11.77	0.78	3.00
甜菜渣	86.05	0.95	3.50
苜蓿(紫花苜蓿)	80.30	1.27	2.91

2. 再现性

在不同实验室,由不同的操作者使用不同的设备,按相同的测定方法,对同一被测试样相互独立进 行测定获得的两个测试结果的绝对差值,超过表 2-2 所给出的再现性限 R 的情况不大于 5%。

八、考核评定

1. 简答

(1)叙述饲料中水分和其他挥发性物质含量测定的方法及其原理。

(2)简述饲料中水分和其他挥发性物质含量测定就注意的事项。

2. 技能操作

根据所提供的条件,测定某饲料中水分和其他挥发性物质含量,写出实训报告。

技能训练二　饲料中粗蛋白含量测定
(GB/T 6432—1994)

一、主题内容与适用范围

本标准规定了饲料中粗蛋白含量的测定方法。

本标准适用于配合饲料、浓缩饲料和单一饲料。

二、原理

凯氏法测定试样中的含氮量，即在催化剂作用下，用硫酸破坏有机物，使含氮物转化成硫酸铵。加入强碱进行蒸馏使氨逸出，用硼酸吸收后，再用酸滴定，测出氮含量，将结果乘以换算系数 6.25，计算出粗蛋白质含量。

三、试剂

（1）硫酸（GB 625）　化学纯，含量为 98%，无氮。

（2）混合催化剂　0.4 g 硫酸铜，5 个结晶水（GB 665），6 g 硫酸钾（HG 3—920）或硫酸钠（HG 3—908），均为化学纯，磨碎混匀。

（3）氢氧化钠（GB 629）　化学纯，40% 水溶液（m/v）。

（4）硼酸（GB 628）　化学纯，2% 水溶液（m/v）。

（5）混合指示剂　甲基红（HG 3—958）0.1% 乙醇溶液，溴甲酚绿（HG 3—1220）0.5% 乙醇溶液，两溶液等体积混合，在阴凉处保存期为 3 个月。

（6）盐酸标准溶液　邻苯二甲酸氢钾法标定，按 GB 601 制备。

①0.1 mol/L 盐酸（HCl）标准溶液：8.3 mL 盐酸（GB 622，分析纯），注入 1 000 mL 蒸馏水中。

②0.02 mol/L 盐酸（HCl）标准溶液：1.67 mL 盐酸（GB 622，分析纯），注入 1 000 mL 蒸馏水中。

（7）蔗糖（HG3—1001）　分析纯。

（8）硫酸铵（GB 1396）　分析纯，干燥。

（9）硼酸吸收液　1% 硼酸水溶液 1 000 mL，加入 0.1% 溴甲酚绿乙醇溶液 10 mL，0.1% 甲基红乙醇溶液 7 mL，4% 氢氧化钠水溶液 0.5 mL，混合，置阴凉处保存期为 1 个月（全自动程序用）。

四、仪器设备

（1）粉碎机　实验室用样品粉碎机或研钵。

（2）分样筛　孔径 0.45 mm（40 目）。

（3）分析天平　感量 0.000 1 g。

（4）炉　消煮炉或电炉。

（5）滴定管　酸式，10 mL、25 mL。

（6）凯氏烧瓶　250 mL。

（7）凯氏蒸馏装置　常量直接蒸馏式或半微量水蒸气蒸馏式。

（8）锥形瓶　150 mL、250 mL。

（9）容量瓶　100 mL。

（10）消煮管　250 mL。

（11）定氮仪　以凯氏原理制造的各类型半自动，全自动蛋白质测定仪。

五、试样的选取和制备

选取具有代表性的试样用四分法缩减至 200 g,粉碎后全部通过 40 目筛,装于密封容器中,防止试样成分的变化。

六、分析步骤

1. 仲裁法

(1)试样的消煮　称取试样 0.5～1 g(含氮量 5～80 mg)准确至 0.000 2 g,放入凯氏烧瓶中,加入 6.4 g 混合催化剂,与试样混合均匀,再加入 12 mL 硫酸和 2 粒玻璃珠,将凯氏烧瓶置于电炉上加热,开始小火,待样品焦化,泡沫消失后,再加强火力(360～410℃)直至呈透明的蓝绿色,然后再继续加热,至少 2 h。

(2)氨的蒸馏

①常量蒸馏法。将试样消煮液冷却,加入 60～100 mL 蒸馏水,摇匀,冷却。将蒸馏装置的冷凝管末端浸入装有 25 mL 硼酸吸收液和 2 滴混合指示剂的锥形瓶内。然后小心地向凯氏烧瓶中加入 50 mL 氢氧化钠溶液,轻轻摇动凯氏烧瓶,使溶液混匀后再加热蒸馏,直至流出液体积为 100 mL。降下锥形瓶,使冷凝管末端离开液面,继续蒸馏 1～2 min,并用蒸馏水冲洗冷凝管末端,洗液均需流入锥形瓶内,然后停止蒸馏。

②半微量蒸馏法。将试样消煮液冷却,加入 20 mL 蒸馏水,转入 100 mL 容量瓶中,冷却后用水稀释至刻度,摇匀,作为试样分解液。将半微量蒸馏装置的冷凝管末端浸入装有 20 mL 硼酸吸收液和 2 滴混合指示剂的锥形瓶内。蒸汽发生器的水中应加入甲基红指示剂数滴,硫酸数滴,在蒸馏过程中保持此液为橙红色,否则需补加硫酸。准确移取试样分解液 10～20 mL注入蒸馏装置的反应室中,用少量蒸馏水冲洗进样入口,塞好入口玻璃塞,再加 10 mL 氢氧化钠溶液,小心提起玻璃塞使之流入反应室,将玻璃塞塞好,且在入口处加水密封,防止漏气。蒸馏 4 min 降下锥形瓶使冷凝管末端离开吸收液面,再蒸馏 1 min,用蒸馏水冲洗冷凝管末端,洗液均流入锥形瓶内,然后停止蒸馏。

注:常量蒸馏法和半微量蒸馏法测定结果相近,可任选 1 种。

③蒸馏步骤的检验。精确称取 0.2 g 硫酸铵,代替试样,按氨的蒸馏步骤进行操作,测得硫酸铵含氮量为(21.19±0.2)%,否则应检查加碱、蒸馏和滴定各步骤是否正确。

(3)滴定　用常量蒸馏法或半微量蒸馏法蒸馏后的吸收液立即用 0.1 mol/L 盐酸标准溶液或 0.02 mol/L 盐酸标准溶液滴定,溶液由蓝绿色变成灰红色为终点。

2. 推荐法

(1)试样的消煮　称取 0.5～1 g 试样(含氮量 5～80 mg)准确至 0.000 2 g,放入消化管中,加 2 片消化片(仪器自备)或 6.4 g 混合催化剂,12 mL 硫酸,于 420℃下在消煮炉上消化1 h。取出放凉后加入 30 mL 蒸馏水。

(2)氨的蒸馏　采用全自动定氮仪时,按仪器本身常量程序进行测定。采用半自动定氮仪时,将带消化液的管子插在蒸馏装置上,以 25 mL 硼酸为吸收液,加 2 滴混合指示剂,蒸馏装置的冷凝管末端要浸入装有吸收液的锥形瓶内,然后向消煮管中加入 50 mL 氢氧化钠溶液进行蒸馏。蒸馏时间以吸收液体积达到 100 mL 时为宜。降下锥形瓶,用蒸馏水冲洗冷凝管末端,洗液均需流入锥形瓶内。

(3)滴定 用 0.1 mol/L 的标准盐酸溶液滴定吸收液,溶液由蓝绿色变成灰红色为终点。

七、空白测定

称取蔗糖 0.5 g,代替试样,按第 6 步进行空白测定,消耗 0.1 mol/L 盐酸标准溶液的体积不得超过 0.2 mL。消耗 0.02 mol/L 盐酸标准溶液体积不得超过 0.3 mL。

八、分析结果的表述

1. 计算见下式

$$粗蛋白质 = \frac{(V_2 - V_1) \times c \times 0.014\ 0 \times 6.25}{m \times \dfrac{V'}{V}} \times 100\%$$

式中:V_2 为滴定试样时所需标准酸溶液体积,mL;V_1 为滴定空白时所需标准酸溶液体积,mL;c 为盐酸标准溶液浓度,mol/L;m 为试样质量,g;V 为试样分解液总体积,mL;V' 为试样分解液蒸馏用体积,mL;0.014 0 为每毫克当量氮的克数;6.25 为氮换算成蛋白质的平均系数。

2. 测定结果

每个试样取两个平行样进行测定,以其算术平均值为结果。

当粗蛋白质含量在 25% 以上时,允许相对偏差为 1%。

当粗蛋白含量在 10%～25% 时,允许相对偏差为 2%。

当粗蛋白质含量在 10% 以下时,允许相对偏差为 3%。

九、考核评定

1. 简答

(1)叙述凯氏定氮法测定粗蛋白质的原理和方法步骤。

(2)简述凯氏定氮法测定粗蛋白质应注意的事项。

2. 技能操作

(1)在安装凯氏蒸馏装置、试样的消煮、蒸馏、滴定中任选择一项操作。

(2)称取苜蓿草粉样品 0.100 g,消化后稀释到 100 mL。取 10 mL 消化液进行蒸馏。然后用 0.010 0 mol/L 的标准盐酸溶液进行滴定,试剂空白滴定用去盐酸量是 0.120 mL,样品滴定用去盐酸量是 2.920 mL,计算豆粕中粗蛋白质的含量。

技能训练三 饲料中粗脂肪含量测定
(GB/T 6433—2006)

一、范围

本标准规定了动物饲料脂肪含量的测定方法,本方法适用于油籽和油籽残渣以外的动物饲料。为了本方法的测定效果,将动物饲料分为下列两类;B 类产品的样品提取前需要水解。

B 类:纯动物性饲料,包括乳制品;脂肪不经预先水解不能提取的纯植物性饲料,如谷蛋白、酵母、大豆及马铃薯蛋白以及加热处理的饲料;含有一定数量加工产品的配合饲料,其脂肪含量至少有 20% 来自这些加工产品。样品提取前需要水解。

A 类:B 类以外的动物饲料。

二、原理

①脂肪含量较高的样品(至少 200 g/kg)预先用石油醚提取。

②B 类样品用盐酸加热水解,水解溶液冷却、过滤,洗涤残渣并干燥后用石油醚提取,蒸馏、干燥除去溶剂,残渣称量。

③A 类样品用石油醚提取,通过蒸馏和干燥除去溶剂,残渣称量。

三、试剂和材料

本标准所用试剂,未注明要求时,均指分析纯试剂。

①水至少应为 GB/T 6682 规定的 3 级。

②硫酸钠,无水。

③石油醚,主要由具有 6 个碳原子的碳氢化合物组成,沸点范围为 40~60℃。溴值应低于 1,挥发残渣应小于 20 mg/L。也可使用挥发残渣低于 20 mg/L 的工业乙烷。

④金刚砂或玻璃细珠。

⑤丙酮。

⑥盐酸:$c(HCl)=3$ mol/L。

⑦滤器辅料:如硅藻土(kieselguhr),在盐酸[$c(HCl)=6$ mol/L]中消煮 30 min,用水洗至中性,然后在 130℃下干燥。

四、仪器设备

实验室常用仪器设备,特别是下列各件。

①提取套管,无脂肪和油,用乙醚洗涤。

②索氏提取器,虹吸容积约 100 mL,或用其他循环提取器。

③加热装置,有温度控制装置,不作为火源。

④干燥箱,温度能保持在 103℃±2℃。

⑤电热真空箱,温度能保持在 80℃±2℃,并减压至 13.3 kPa 以下,配有引入干燥空气的装置,或内盛干燥剂,例如氧化钙。

⑥干燥器,内装有效的干燥剂。

五、分析步骤

1. 分析步骤的选择

如果试样不易粉碎,或因脂肪含量高(超过 200 g/kg)而不易获得均质的缩减的试样,需进行"预先提取"。在所有其他情况下,则可不进行"预进提取"。

2. 预先提取

称取至少 20 g 制备的试样(m_0),准确至 1 mg,与 10 g 无水硫酸钠混合,转移至一提取套管并用一小块脱脂棉覆盖。

将一些金刚砂转移至一干燥烧瓶,如果随后将对脂肪定性,则使用玻璃细珠取代金刚砂。将烧瓶与提取器连接,收集石油醚提取物。

将套管置于提取器中,用石油醚提取 2 h。如果使用索氏提取器,则调节加热装置使每小时至少循环 10 次,如果使用一个相当设备,则控制回流速度每秒至少 5 滴(约 10 mL/min)。

用 500 mL 石油醚稀释烧瓶中的石油醚提取物,充分混合。对一个盛有金刚砂或玻璃细珠的干燥烧瓶进行称量(m_1),准确至 1 mg,吸取 50 mL 石油醚溶液移入此烧瓶中。

蒸馏除去溶剂,直至烧瓶中几无溶剂,加 2 mL 丙酮至烧瓶中,转动烧瓶并在加热装置上缓慢加温以除去丙酮,吹去痕量丙酮。残渣在 103℃ 干燥箱内干燥(10 ± 0.1)min,在干燥器中冷却,称量 m_2,准确至 0.1 mg。

也可采取下列步骤:蒸馏除去溶剂,烧瓶中残渣在 80℃ 电热真空箱中干燥 1.5 h,在干燥器中冷却,称量 m_2 准确至 0.1 mg。

取出套管中提取的残渣在空气中干燥,除去残余的溶剂,干燥残渣称量(m_3),准确至 0.1 mg。

将残渣粉碎成 1 mm 大小的颗粒。

3. 试料

称取 5 g(m_4)制备的试样,准确至 1 mg。

对 B 类样品按水解处理。

对 A 类样品,将试料移至提取套管并用一小块脱脂棉覆盖,进行提取。

4. 水解

将试料转移至一个 400 mL 烧杯或一个 300 mL 锥形瓶中,加 100 mL 盐酸和金刚砂,用表面皿覆盖,或将锥形瓶与回流冷凝器连接,在火焰上或电热板上加热混合物至微沸,保持 1 h,每 10 min 旋转摇动一次,防止产物黏附于容器壁上。

在环境温度下冷却,加一定量的滤器辅料,防止过滤时脂肪丢失,在布氏漏斗中通过湿润的无脂的双层滤纸抽吸过滤,残渣用冷水洗涤至中性。

注:如果在滤液表面出现油或脂,则可能得出错误结果,一种可能的解决办法是减少测定试料或提高酸的浓度重复进行水解。

小心取出滤器并将含有残渣的双层滤纸放入一个提取套管中,在 80℃ 电热真空箱中于真空条件下干燥 60 min,从电热真空箱中取出套管并用一小块脱脂棉覆盖。

5. 提取

将一些金刚砂转移至一干燥烧瓶,称量 m_5,准确至 1 mg。如果随后将要对脂肪定性,则使用玻璃细珠取代金刚砂。将烧瓶与提取器连接,收集石油醚提取物。

将套管置于提取器中,用石油醚提取 6 h。如果使用索氏提取器,则调节加热装置使每小时至少循环 10 次,如果使用一个相当设备,则控制回流速度每秒至少 5 滴(约 10 mL/min)。

蒸馏除去溶剂,直至烧瓶中几无溶剂,加 2 mL 丙酮至烧瓶中,转动烧瓶并在加热装置上缓慢加温以除去丙酮,吹去痕量丙酮。残渣在 103℃ 干燥箱内干燥(10 ± 0.1) min,在干燥器中冷却,称量(m_6),准确至 0.1 mg。

也可采取下列步骤:蒸馏除去溶剂,烧瓶中残渣在 80℃ 电热真空箱中真空干燥 1.5 h,在干燥器中冷却,称量(m_6),准确至 0.1 mg。

六、计算

1. 预先提取测定法

试样的脂肪含量 W_1 按式①计算,以克每千克表示:

$$W_1 = \left[\frac{10(m_2 - m_1)}{m_0} + \frac{(m_6 - m_5)}{m_4} \times \frac{m_3}{m_0} \right] \times f \tag{①}$$

式中:m_0 为在预先提取中称取的试样质量,单位为 g;m_1 为在预先提取中装有金刚砂的烧瓶的质量,单位为 g;m_2 为在预先提取中带有金刚砂的烧瓶和干燥的石油醚提取物残渣的质量,单位为 g;m_3 为在预先提取中获得的干燥提取残渣的质量,单位为 g;m_4 为试料的质量,单位为 g;m_5 为在提取中使用的盛有金刚砂的烧瓶的质量,单位为 g;m_6 为在提取中盛有金刚砂的烧瓶和获得的干燥石油醚提取残渣的质量,单位为 g;f 为校正因子单位,单位为(g/kg)($f = 1\,000$ g/kg)。

结果表示准确至 1 g/kg。

2. 无预先提取的测定法

试样的脂肪含量 W_2 按式②计算,以克每千克表示:

$$W_2 = \frac{(m_6 - m_5)}{m_4} \times f \tag{②}$$

式中:m_4 为试料的质量,单位为 g;m_5 为在提取中使用的盛有金刚砂的烧瓶的质量,单位为 g;m_6 为在提取中盛有金刚砂的烧瓶和获得的干燥石油醚提取残渣的质量,单位为 g;f 为校正因子单位,单位为(g/kg)($f = 1\,000$ g/kg)。

结果表示准确至 1 g/kg。

七、精密度

1. 实验室间实验

附录 A 详细列出了本方法精密度实验室间的实验结果,从这些实验得出的数值可能不适用于附录 A 中规定以外的含量范围和基质。

2. 重复性

用同一方法,对相同的实验材料,在同一实验室内,由同一操作人员使用同一设备,在短时间内获得 的两个独立的实验结果之间的绝对差值超过表 2-3 中列出的或由表 2-3 得出的重复性限 r 的情况不大于 5%。

表 2-3　重复性限(r)和再现性限(R)　　　　　　　　　　　　　　g/kg

样品	重复性限(r)	再现性限(R)	样品	重复性限(r)	再现性限(R)
B 类(需要水解)	5.0	12.0[a]	A 类(不需要水解)	2.5	7.7[b]

3. 再现性

用同一方法,对相同的实验材料,在不同实验室,由不同操作人员使用不同设备获得的两个独立实 验结果之间的绝对差值超过表 2-3 中列出的或从表 2-3 得出的再现性限 R 的情况不大于 5%。

八、注意事项

①乙醚易挥发,易燃、易爆,整个过程要注意安全,特别是烘干含有乙酶的样品时,在开始要打开烘箱门以防止积累过多乙醚而发生爆炸。整个操作过程室内不能有明火。

②样品必须烘干,乙醚应无水状态,否则,影响测定和准确性。

③烘干时防止脂肪氧化而不溶于乙醚中,最好在惰性气体条件下烘干。

④整个操作过程应戴橡胶或白纱手套进行。

⑤估计样本中含脂肪超过 20% 时浸提时间需 16 h、5%~20% 需 12 h、5% 以下需 8 h。

九、考核评价

1. 简答

(1)叙述饲料粗脂肪的测定原理及注意事项。

(2)脂肪包的长度为什么不能超过脂肪提取器的虹吸管的高度?

2. 技能操作

根据提供的条件,测定某饲料粗脂肪的含量,并写实验报告。

技能训练四　饲料中粗纤维含量测定
(过滤法 GB/T 6434—2006)

一、范围

本标准规定了粗纤维含量测定的过滤法,描述了手工操作和半自动操作的测定步骤。

本方法适用于粗纤维含量大于 10 g/kg 的饲料。

二、原理

用固定量的酸和碱,在特定条件下消煮样品,再用醚、丙酮除去醚溶物,经高温灼烧扣除矿物质的量,所余量称为粗纤维(试样用沸腾的稀释硫酸处理,过滤分离残渣,洗涤,然后用沸腾的氢氧化钾溶液处理,过滤分离残渣,洗涤,干燥,称量,然后灰化。因灰化而失去的质量相当于试料中粗纤维质量。)。它不是一个确切的化学实体,只是在公认强制规定的条件下,测出的概略养分。其中以纤维素为主,还有少量半纤维素和木质素。

三、试剂和材料

除非另有规定,只用分析纯试剂。

①水至少应为 GB/T 6682 规定的三级水。

②盐酸溶液:$c(HCl) = 0.5$ mol/L。

③硫酸溶液:$c(H_2SO_4) = (0.13 \pm 0.005)$ moL/L。

④氢氧化钾溶液:$c(KOH) = (0.23 \pm 0.005)$ moL/L。

⑤丙酮。

⑥滤器辅料:海沙或硅藻土或质量相当的其他材料。使用前,海沙用沸腾盐酸[$c(HCl)=4\ mol/L$]处理,用水洗至中性,在500℃±25℃下至少加热1 h。

⑦防泡剂:如正辛醇。

⑧石油醚:沸点范围40~60℃。

四、仪器设备

①粉碎设备:能将样品粉碎,使其能完全通过筛孔为1 mm的筛。

②分析天平:感量0.1 mg。

③滤坩:石英的、陶瓷的或硬质玻璃的,带有烧结的滤板,滤板孔径40~100 μm。

在初次使用前,将新滤坩小心地逐步加温,温度不超过525℃,并在(500±25)℃下保持数分钟。也可使用具有同样性能特性的不锈钢坩埚,其不锈钢筛板的孔径为90 μm。

④陶瓷筛板。

⑤灰化皿。

⑥烧杯或锥形瓶:容量500 mL,带有一个适当的冷却装置,如冷凝器或一个盘。

⑦干燥箱:用电加热,能通风,能保持温度(130±2)℃。

⑧干燥器:盛有蓝色硅胶干燥剂,内有厚度为2~3 mm的多孔板,最好由铝或不锈钢制成。

⑨马弗炉:用电加热,可以通风,温度可调控,在475~525℃条件下,保持滤坩周围温度准至±25℃。马弗炉的高温表读数不总是可信的,可能发生误差,因此对高温炉中的温度要定期检查。

因高温炉的大小及类型不同,炉内不同位置的温度可能不同。当炉门关闭时,必须有充足的空气供应。空气体积流速不宜过大,以免带走滤坩中物质。

⑩冷提取装置,附有一个滤坩支架;一个装有至真空和液体排出孔旋塞的排放管;连接滤坩的连接环。

⑪加热装置(手工操作方法),带有一个适当的冷却装置,在沸腾时能保持体积恒定。

⑫加热装置(半自动操作方法),用于酸和碱消煮,附有一个滤坩支架;一个装有至真空和液体排出孔旋塞的排放管;一个容积至少270 mL的圆筒,供消煮用,带有回流冷凝器;将加热装置与滤坩及消煮圆筒连接的连接环;可选择性地提供压缩空气;使用前,设备用沸水预热5 min。

五、试样制备

将样品有四分法缩减至200 g,粉碎,全部通过筛孔为1 mm的筛,充分混合。

六、手工操作法分析步骤

(1)试料 称取约1 g制备的试样,准确至0.1 mg(m_1)。如果试样脂肪含量超过100 g/kg,或试样中脂肪不能用石油醚直接提取,则将试样装移至一滤坩,并按"预先脱脂"步骤处理;如果试样脂肪含量不超过100 g/kg,则将试样装移至一烧杯;如果其碳酸盐(碳酸钙形式)超过50 g/kg,按"除去碳酸盐"步骤处理;如果碳酸盐不超过50 g/kg,则按"酸消煮"步骤处理。

（2）预先脱脂　在冷提取装置中，在真空条件下，试样用石油醚脱脂3次，每次用石油醚30 mL，每次洗涤后抽吸干燥残渣，将残渣装移至一烧杯。

（3）除去碳酸盐　将100 mL盐酸倾注在试样上，连续振摇5 min，小心将此混合物倾入一滤埚，滤埚底部覆盖一薄层滤器辅料。用水洗涤两次，每次用水100 mL，细心操作最终使尽可能少的物质留在滤器上。将滤埚内容物转移至原来的烧杯中并按处理。

（4）酸消煮　将150 mL硫酸倾注在试样上。尽快使其沸腾，并保持沸腾状态（30±1）min。在沸腾开始时，转动烧杯一段时间。如果产生泡沫，则加数滴防泡剂。在沸腾期间使用一个适当的冷却装置保持体积恒定。

（5）第一次过滤　在滤埚中铺一层滤器辅料，其厚度约为滤埚高度的1/5，滤器辅料上面可盖一筛板以防溅起。当消煮结束时，将液体通过一个搅拌棒滤至滤埚中，用弱真空抽滤，使150 mL几乎全部通过。如果滤器堵塞，则用一个搅拌棒小心地移去覆盖在滤器辅料上的粗纤维。残渣用热水洗涤5次，每次约用10 mL水，要注意使滤埚的过滤板始终有滤器辅料覆盖，使粗纤维不接触滤板。停止抽真空，加一定体积的丙酮，刚好能覆盖残渣，静置数分钟后，慢慢抽滤排出丙酮，继续抽真空，使空气通过残渣，使之干燥。

（6）脱脂　在冷提取装置中，在真空条件下，试样用石油醚脱脂3次，每次用石油醚30 mL，每次洗涤后抽吸干燥。

（7）碱消煮　将残渣定量转移至酸消煮用的同一烧杯中。加150 mL氢氧化钾溶液，尽快使其沸腾，保持沸腾状态（30±1）min，在沸腾期间用一适当的冷却装置（烧杯或锥形瓶）使溶液体积保持恒定。

（8）第二次过滤　烧杯内容物通过滤埚过滤，滤埚内铺有一层滤器辅料，其厚度约为滤埚高度的1/5，上盖一筛板以防溅起。残渣用热水洗至中性。残渣在真空条件下用丙酮洗涤3次，每次用丙酮30 mL，每次洗涤后抽吸干燥残渣。

（9）干燥　将滤埚置于灰化皿中，灰化皿及其内容物在130℃干燥箱中至少干燥2 h。在灰化或冷却过程中，滤埚的烧结滤板可能有些部分变得松散，从而可能导致分析结果错误，因此将滤埚置于灰化皿中。滤埚和灰化皿在干燥器中冷却，从干燥器中取出后，立即对滤埚和灰化皿进行称量（m_2），准确至0.1 mg。

（10）灰化　将滤埚和灰化皿置于马弗炉中，其内容物在（500±25）℃下灰化，直至冷却后连续两次称量的差值不超过2 mg。每次灰化后，让滤埚和灰化皿初步冷却，在尚温热时置于干燥器中，使其完全冷却，然后称量（m_3），准确至0.1 mg。

（11）空白测定　用大约相同数量的滤器辅料，按以上步骤进行空白测定，但不加试样。灰化引起的质量损失不应超过2 mg。

七、半自动操作方法的分析步骤

（1）试料　称取约1 g制备的试样m_1准确至0.1 mg，转移至一带有约2 g滤器辅料的滤埚中。

如果样品脂肪含量超过100 g/kg，或样品所含脂肪不能用石油醚直接提取，则按"预先脱脂"步骤进行；如果样品脂肪含量不超过100 g/kg，其碳酸盐（碳酸钙形式）含量超过50 g/kg，按"除去碳酸盐"步骤进行，如果碳酸盐不超过50 g/kg，则按"酸消煮"步骤进行。

（2）预先脱脂　将滤埚与冷提取装置连接，试样在真空条件下用石油醚洗涤3次，每次用石油醚 30 mL,每次洗涤后抽吸干燥残渣。

(3)除去碳酸盐 将滤坩与加热装置连接,试样用盐酸洗涤 3 次,每次用盐酸 30 mL,在每次加盐酸后在过滤之前停留约 1 min。约用 30 mL 水洗涤一次,按"酸消煮"步骤进行。

(4)酸消煮 将消煮圆筒与滤坩连接,将 150 mL 沸硫酸转移至带有滤坩的圆筒中,如果出现泡沫,则加数滴防泡剂,使硫酸尽快沸腾,并保持剧烈沸腾(30±1)min。

(5)第一次过滤 停止加热,打开排放管旋塞,在真空条件下通过滤坩将硫酸滤出,残渣用热水至少洗涤 3 次,每次用水 30 mL,洗涤至中性,每次洗涤后抽吸干燥残渣。如果过滤发生问题,建议小心吹气排出滤器堵塞。如果样品所含脂肪不能直接用石油醚提取,按"脱脂"步骤进行,否则,按"碱消煮"步骤进行。

(6)脱脂 将滤坩与冷提取装置连接,残渣在真空条件下用丙酮洗涤 3 次,每次用丙酮 30 mL。然后,残渣在真空条件下用石油醚洗涤 3 次,每次用石油醚 30 mL,每次洗涤后抽吸干燥残渣。

(7)碱消煮 关闭排出孔旋塞,将 150 mL 沸腾的氢氧化钾溶液转移至带有滤坩的圆筒,加数滴防泡剂,使溶液尽快沸腾,并保持剧烈沸腾(30±1)min。

(8)第二次过滤 停止加热,打开排放管旋塞,在真空条件下通过滤坩将氢氧化钾溶液滤去,用热水至少洗涤 3 次,每次用水约 30 mL,洗至中性,每次洗涤后抽吸干燥残渣。如果过滤发生问题,建议小心吹气排出滤器堵塞。将滤坩与冷提取装置连接,残渣在真空条件下用丙酮洗涤 3 次,每次用丙酮 30 mL。每次洗涤后抽吸干燥残渣。

(9)干燥 将滤坩置于灰化皿中,灰化皿及其内容物在130℃干燥箱中至少干燥 2 h。在灰化或冷却过程中,滤坩的烧结滤板可能有些部分变得松散,从而可能导致分析结果错误,因此需将滤坩置于灰化皿中。滤坩和灰化皿在干燥器中冷却,从干燥器中取出后,立即对滤坩和灰化皿进行称量 m_2,准确至 0.1 mg。

(10)灰化 将滤坩和灰化盘置于马弗炉中,其内容物在(500±25)℃下灰化,直至冷却后连续 2 次称量的差值不超过 2 mg。每次灰化后,让滤坩和灰化皿初步冷却,在尚温热时置于干燥箱中,使其完全冷却,然后称量 m_3,准确至 0.1 mg。

(11)空白测定 用大约相同数量的滤器辅料,按上述步骤进行空白测定,但不加试样。灰化引起的质量损失不应超过 2 mg。

八、计算

试样中粗纤维的含量(X)以 g/kg 表示,计算公式如下:

$$X = \frac{m_2 - m_3}{m_1}$$

式中:m_1 为试料的质量,g;m_2 为灰化盘、滤坩以及在130℃干燥后获得的残渣的质量,mg;m_3 为灰化盘、滤坩以及在(500±25)℃灰化后获得的残渣的质量,mg。

结果四舍五入,准确至 1 g/kg。

注:结果亦可用质量分数(%)表示。

九、精密度

(1)重复性 用同一方法,对相同的试验材料,在同一实验室内,由同一操作人员使用同一设备,在短时间内获得的两个独立试验结果之间的绝对差值超过表 2-4 中列出的或由表 2-4 得出重复性限 r 的情况不大于 5%。

表 2-4 重复性限(r)和再现性限(R) g/kg

样品	粗纤维含量	重复性限(r)	再现性限(R)
向日葵饼(粕)粉	223.3	8.4	16.1
棕榈仁饼(粕)	190.3	19.4	42.5
牛颗粒饲料	115.8	5.3	13.8
玉米谷蛋白饲料	73.3	5.8	9.1
木薯	60.2	5.6	8.8
狗粮	30.0	3.2	8.9
猫粮	22.8	2.7	6.4

(2)再现性 使用同一方法,对相同的试验材料,在不同实验室,由不同操作人员使用不同设备获得的两个独立试验结果之间的绝对差值超过表 2-4 中列出的或从表 2-4 得出的再现性限 R 的情况不大于 5%。

十、注意事项

①粗纤维的测定进行酸或碱消煮时需加热蒸馏水保持原来的浓度。
②清洗滤布时要用玻璃棒清去残渣,不要动手。
③用真空抽气机抽滤时控制好压力,压力过大易造成样损测定失败。

十一、考核评价

1. 简答
(1)叙述饲料粗纤维的测定原理及注意事项。
(2)测定粗纤维过程中最关键技术环节是什么?
2. 技能操作
根据提供的条件,测定某饲料粗纤维的含量,写出实验报告。

技能训练五 饲料中粗灰分含量测定
(GB/T 6438—2007)

一、范围

本标准规定了动物饲料中粗灰分的测定方法。

二、原理

在本规定的条件下,试样中的有机质经灼烧[(550 ± 20)℃]分解,对所得的灰分称量,用质量分数表示。

三、仪器设备

除常用实验室设备外,其他仪器设备如下。

①分析天平:感量为 0.001 g。

②马弗炉:电加热,可控制温度,带高温计。马弗炉中摆放煅烧盘的地方,在 550℃时温差不超过 20℃。

③干燥箱:温度控制在(103 ± 2)℃。

④电热板或煤气喷灯。

⑤煅烧盘:铂或铂合金(如 10%铂,90%金)或在实验条件下不受影响的其他物质(如瓷质材料),最好是表面积约为 20 cm²、高约为 2.5 cm 的长方形容器,对易于膨胀的碳水化合物样品,灰化盘的表面积约为 30 cm²、高为 3.0 m 的容器。

⑥干燥器:盛有有效的干燥剂。

四、采样

取具有代表性试样,粉碎至 40 目。用四分法缩减至 200 g,装于密封容器。防止试样的成分变化或变质

五、分析步骤

将煅烧盘放入马弗炉中,于 550℃,灼烧至少 30 min,移入干燥器中冷却至室温,称量,准确至 0.001 g。称取约 5 g 试样(精确至 0.001 g)于煅烧盘中。

将盛有试样的煅烧盘放在电热板或煤气喷灯上小心加热至试样炭化,转入预先加热到550℃的马弗炉中灼烧 3 h,观察是否有炭粒,如无炭粒,继续于马弗炉中灼烧 1 h,如果有炭粒或怀疑有炭粒,将煅烧盘冷却并用蒸馏水润湿,在(103 ± 2)℃的干燥箱中仔细蒸发至干,再将煅烧盘置于马弗炉中灼烧 1 h,取出于干燥器中,冷至室温迅速称量,准确至 0.001 g。

对同一试样取两份试料进行平行测定。

六、分析结果计算

粗灰分 W,用质量分数(%)表示,计算如下:

$$W = \frac{m_2 - m_0}{m_1 - m_0} \times 100\%$$

式中:m_2 为灰化后粗灰分加煅烧盘的质量,单位为 g;m_0 为空煅烧盘的质量,单位为 g;m_1 为装有试样的煅烧盘质量,单位为 g。

取两次测定的算术平均值作为测定结果,重复性限满足要求,结果表示至 0.1%(质量分数)。

七、精密度

1. 重复性

用同一方法,对相同试验材料,在同一实验室内,由同一操作人员使用同一设备获得的两个独立试验结果之间的绝对差值超过表 2-5 中列出的或由表 2-5 得出的重复性限 r 的情况不大于 5%。

表 2-5　重复性限(r)和再现性限(R) g/kg

样品	粗灰分	重复性限(r)	再现性限(R)
鱼粉	179.8	2.7	4.4
木薯	59.1	2.4	3.6
肉粉	175.6	2.4	5.6
仔猪饲料	50.2	2.1	3.3
仔鸡饲料	42.7	0.9	2.2
大麦	20.0	1.0	1.9
糖浆	119.9	3.6	9.1
挤压棕榈粕	35.8	0.7	1.6

2. 再现性

用相同的方法,对同一试样,在不同的实验室内,由不同的操作人员,用不同的设备得到的两个独立的试验结果之差的绝对值超过表 2-5 列出的或由表 2-5 导出的再现性限 R 的情况不大于 5%。

八、注意事项

①取坩埚时必须用坩埚钳。

②坩埚烧热后必须用烧热的坩埚钳才能夹取。

③高温灼烧时取坩埚要待炉温降到 200℃以后再夹取。

④用电炉炭化时应小心,以防止炭化过快,试料飞溅。

⑤灼烧残渣颜色与试样中各元素含量有关,含铁高时为红棕色,含锰高时为淡蓝色。灰化后如果还能观察到炭粒,需加蒸馏水或过氧化氢进行处理。

九、考核评价

1. 简答

(1)叙述饲料粗灰分的测定原理及注意事项。

(2)为什么坩埚高温加热后,坩埚钳也需要烧热后才可夹取?

2. 技能操作

根据提供的条件,测定某饲料粗灰分的含量,写出实验报告。

技能训练六 饲料中钙含量测定
（GB/T 6436—2002）

一、范围

本标准规定了用高锰酸钾法和乙二胺四乙酸二钠络合物滴定测定饲料中钙含量的方法。

本标准适用于饲料原料和饲料产品。本方法钙的最低检测限为 150 mg/kg（取试样 1 g 时）。

二、测定方法

（一）高锰酸钾法（仲裁法）

1. 原理

将试样中有机物破坏，钙变成溶于水的离子，用草酸铵定量沉淀，用高锰酸钾法间接测定钙含量。

2. 试剂

实验用水应符合 GB/T 6682 中三级用水规格，使用试剂除特殊规定外均为分析纯。

①硝酸。

②高氯酸：70%～72%。

③盐酸溶液：1+3。

④硫酸溶液：1+3。

⑤氨水溶液：1+1。

⑥草酸铵水溶液（42 g/L）：称取 4.2 g 草酸铵溶于 100 mL 水中。

⑦高锰酸钾标准溶液[$c(1/5\ KMnO_4)=0.05\ mol/L$]的配制按 GB/T 60 规定。

⑧甲基红指示剂（1g/L）：称取 0.01 g 甲基红溶于 100 mL 95% 乙醇中。

3. 仪器和设备

①实验室用样品粉碎机或研钵。

②分样筛：孔径 0.42 mm（40 目）。

③分析天平：感量 0.000 1 g。

④高温炉：电加热，可控温度在（550±20）℃。

⑤坩埚：瓷质。

⑥容量瓶：100 mL。

⑦滴定管：酸式，25 mL 或 50 mL。

⑧玻璃漏斗：直径 6 cm。

⑨定量滤纸：中速，7～9 cm。

⑩移液管：10 mL、20 mL。

⑪烧杯：200 mL。

⑫凯氏烧瓶:250 mL 或 500 mL。

4. 试样制备

取具有代表性试样至少 2 kg,用四分法缩分至 250 g,粉碎过 0.42 mm 孔筛,混匀,装入样品瓶中,密闭,保存备用。

5. 测定步骤

(1)试样的分解

①干法。称取试样 2～5 g 于坩埚中,精确至 0.000 2 g,在电炉上小心炭化,再放入高温炉于 550℃下灼烧 3h(或测定粗灰分后连续进行),在盛灰坩埚中加入盐酸溶液 10 mL 和浓硝酸数滴,小心煮沸,将此溶液转入 100 mL 容量瓶中,冷却至室温,用蒸馏水稀释至刻度,摇匀,为试样分解液。

②湿法。称取试样 2～5 g 于 250 mL 凯氏烧瓶中,精确至 0.000 2 g,加入浓硝酸 10 mL,加热煮沸,至二氧化氮黄烟逸尽,冷却后加入高氯酸 10 mL,小心煮沸至溶液无色,不得蒸干(危险),冷却后加蒸馏水 50 mL,且煮沸驱逐二氧化氮,冷却后移入 100 mL 容量瓶中,用蒸馏水稀释至刻度,摇匀,为试样分解液。

(2)试样的测定　准确移取试样分解液 10～20 mL(含钙量 20 mg 左右)于 200 mL 烧杯中,加蒸馏水 100 mL,甲基红指示剂 2 滴,滴加氨水溶液至溶液呈橙色,若滴加过量,可加盐酸溶液调至橙色,再多加 2 滴使其呈粉红色(pH 为 2.5～3.0),小心煮沸,慢慢滴加热草酸铵溶液 10 mL,且不断搅拌,如溶液变橙色,则应补加盐酸溶液使其呈红色,煮沸数分钟,放置过夜使沉淀陈化(或在水浴上加热 2 h)。

用定量滤纸过滤,用 1+50 的氨水溶液洗沉淀 6～8 次,至无草酸根离子(接滤液数毫升加硫酸溶液数滴,加热至 80℃,再加高锰酸钾溶液 1 滴,呈微红色,且 0.5 min 不褪色)。

将沉淀和滤纸转入原烧杯中,加硫酸溶液 10 mL、蒸馏水 50 mL,加热至 75～80℃,用高锰酸钾标准溶液滴定,溶液呈粉红色且半分钟不褪色为终点。

同时进行空白溶液的测定。

(3)测定结果的计算与表述

①结果计算。测定结果按下面公式①计算:

$$X = \frac{(V-V_0) \times c \times 0.02}{m \times \dfrac{V'}{100}} \times 100\% = \frac{(V-V_0) \times c \times 200}{m \times V'} \qquad ①$$

式中:X 为以质量分数表示的钙含量,%;V 为试样消耗高锰酸钾标准溶液的体积,mL;V_0 为空白消耗高锰酸钾标准溶液的体积,mL;c 为高锰酸钾标准溶液的浓度,mol/L;V' 为滴定时移取试样分解液体积,mL;m 为试样的质量,g;0.02 为与 1.00 mL 高锰酸钾标准溶液 $[c(1/5\ KMnO_4)=1.00\ mol/L]$ 相当的以克表示的钙的质量。

②结果表示。每个试样取两个平行样进行测定,以其算术平均值为结果,所得结果应表示至小数点后两位。

6. 允许差

含钙量 10% 以上,允许相对偏差 2%;含钙量在 5%～10% 时,允许相对偏差 3%;含钙量 1%～5% 时,允许相对偏差 5%;含钙量 1% 以下,允许相对偏差 10%。

(二)乙二胺四乙酸二钠络合滴定法

1. 原理

将试样中有机物破坏,钙变成溶于水的离子,用三乙醇胺、乙二胺、盐酸羟胺和淀粉溶液消除干扰离子的影响,在碱性溶液中以钙黄绿素为指示剂,用 EDTA 标准溶液络合滴定钙,可快速测定钙的含量。

2. 试剂和溶液

实验用水应符合 GB/T 6682 中三级用水规格,使用试剂除特殊要求外均为分析纯。

①盐酸羟胺。

②三乙醇胺。

③乙二胺。

④盐酸水溶液:1+3。

⑤氢氧化钾溶液 200 g/L:称取 20 g 氢氧化钾溶于 100 mL 水中。

⑥淀粉溶液(10 g/L):称取 1 g 可溶性淀粉入 200 mL 烧杯中,加 5 mL 水润湿。加 95 mL 沸水搅拌,煮沸,冷却备用(现配现用)。

⑦孔雀石绿水溶液(1 g/L)。

⑧钙黄绿素-甲基百里香酚蓝指示剂:0.1 g 钙黄绿素与 0.10 g 甲基麝香草酚蓝与 0.03 g 百里香酚酞、5 g 氯化钾研细混匀,贮存于磨口瓶中备用。

⑨钙标准溶液 0.0010 g/mL:称取 2.497 g 于 105～110℃ 干燥 3 h 的基准碳酸钙,溶于 40 mL 盐酸中,加热赶除二氧化碳,冷却,用水转移至 1 000 mL 容量瓶中,稀释至刻度。

⑩乙二胺四乙酸二钠(EDTA)标准滴定溶液:称取 3.8 g EDTA 放入 200 mL 烧杯中,加 200 mL 水,加热溶解冷却后转至 1 000 mL 容量瓶中,用水稀释至刻度。

EDTA 标准滴定溶液的标定:准确吸取钙标准溶液 10.0 mL 按试样测定法进行滴定。

EDTA 滴定溶液对钙的滴定度按公式②计算:

$$T = \frac{\rho \times V}{V_0} \qquad ②$$

式中:T 为 EDTA 标准滴的滴定度,g/mL;ρ 为钙标准溶液的浓度,g/mL;V 为所取钙标准溶液的体积,mL;V_0 为 EDTA 标准滴定溶液的消耗体积,mL。

所得结果应表示至 0.000 1 g/mL。

3. 仪器和设备

仪器和设备同第一篇。

4. 测定步骤

(1)试样分解

①干法。称取试样 2～5 g 于坩埚中,精确至 0.000 2 g,在电炉上小心炭化,再放入高温炉于 550℃ 下灼烧 3 h(或测定粗灰分后连续进行),在盛灰坩埚中加入盐酸溶液 10 mL 和浓硝酸数滴,小心煮沸,将此溶液转入 100 mL 容量瓶中,冷却至室温,用蒸馏水稀释至刻度,摇匀,为试样分解液。

②湿法。称取试样 2～5 g 于 250 mL 凯氏烧瓶中,精确至 0.000 2 g,加入浓硝酸 10 mL,加热煮沸,至二氧化氮黄烟逸尽,冷却后加入高氯酸 10 mL,小心煮沸至溶液无色,

不得蒸干(危险),冷却后加蒸馏水 50 mL,且煮沸驱逐二氧化氮,冷却后移入 100 mL 容量瓶中,用蒸馏水稀释至刻度,摇匀,为试样分解液。

(2)测定　准确移取试样分解液 5~25 mL(含钙量 2~25 mg)。加水 50 mL,加淀粉溶液 10 mL、三乙醇胺 2 mL、乙二胺 1 mL、1 滴孔雀石绿,滴加氢氧化钾溶液至无色,再过量 10 mL,加 0.1 g 盐酸羟胺(每加一种试剂都须摇匀),加钙黄绿素少许,在黑色背景下立即用 EDTA 标准滴定溶液滴定至绿色荧光消失呈现紫红色为滴定终点。同时做空白实验。

5. 滴定结果的表示与计算

(1)测定结果按公式③计算

$$X = \frac{T \times V_2}{m \times \dfrac{V_1}{V_0}} \times 100\% = \frac{T \times V_2 \times V_0}{m \times V_1} \times 100\% \qquad ③$$

式中:X 为以质量分数表示的钙含量,%;T 为 EDTA 标准滴定溶液对钙的滴定度,g/mL;V_0 为试样分解液的总体积,mL;V_1 为分取试样分解液的体积,mL;V_2 为试样实际消耗 EDTA 标准滴定溶液的体积,mL;m 为试样的质量,g。

(2)结果表示　每个试样取两个平行样进行测定,以其算术平均值为结果,所得结果应表示至小数点后两位。

6. 允许差

含钙量 10% 以上,允许相对偏差 2%;含钙量在 5%~10% 时,允许相对偏差 3%;含钙量 1%~5% 时,允许相对偏差 5%;含钙量 1% 以下,允许相对偏差 10%。

三、注意事项

(1)高锰酸钾溶液浓度不稳定,应至少每月标定一次。

(2)每种滤纸的空白值不同,消耗高锰酸钾的体积也不同,所以,至少每盒滤纸应做一次空白测定。

四、考核评价

1. 简答

(1)叙述饲料中钙的测定原理及注意事项。

(2)试分析导致高锰酸钾法测定钙结果偏高的原因有哪些?

2. 技能操作

根据提供的条件,测定某饲料钙的含量,写出实验报告。

技能训练七　饲料中总磷含量测定
(分光光度计 GB/T 6437—2002)

一、范围

本标准规定了用钼黄显色光度法测定饲料中总磷量的方法。

本标准适用于饲料原料(除磷酸盐外)及饲料产品中磷的测定。

二、原理

将试样中的有机物破坏,使磷元素游离出来,在酸性溶液中,用钒钼酸铵处理,生成黄色$[(NH_4)_3PO_4NH_4VO_3 \cdot 16MoO_3]$络合物,在波长 420 nm 下进行比色测定。

三、试剂

实验室用水应符合 GB/T 6682 中三级水的规格,本标准中所用试剂,除特殊说明外,均为分析纯。

①盐酸:1+1 水溶液。

②硝酸。

③高氯酸。

④钒钼酸铵显色剂:称取偏钒酸铵 1.25 g,加水 200 mL 加热溶解,冷却后再加入 250 mL 硝酸,另称取钼酸铵 25 g,加水 400 mL 加热溶解,在冷却的条件下,将两种溶液混合,用水定容 1 000 mL。避光保存,若生成沉淀,则不能继续使用。

⑤磷标准液:将磷酸二氢钾在 105℃ 干燥 1 h,在干燥器中冷却后称取 0.219 5 g 溶解于水,定量转入 1 000 mL 容量瓶中,加硝酸 3 mL,用水稀释至刻度,摇匀,即为 50 μg/mL 的磷标准液。

四、仪器和设备

①实验室用样品粉碎机或研钵。

②分样筛:孔径 0.42 mm(40 目)。

③分析天平:感量 0.000 1 g。

④分光光度计:可在 400 nm 下测定吸光度。

⑤比色皿:1.0 cm。

⑥高温炉:可控温度在(550±20)℃。

⑦瓷坩埚:50 mL。

⑧容量瓶:50 mL、100 mL、1 000 mL。

⑨移液管:1.0 mL、2.0 mL、3.0 mL、5.0 mL、10.0 mL。

⑩三角瓶:250 mL。

⑪凯氏烧瓶:125 mL、250 mL。

⑫可调温电炉:1 000 W。

五、试样制备

取有代表性试样 2 kg,用四分法将试样缩分至 200 g,粉碎过 0.42 mm 孔筛,装入样品瓶中,密封保存备用。

六、测定步骤

1. 试样的分解

(1)干法(不适用于含磷酸氢钙[$Ca(H_2PO_4)_2$]的饲料) 称取试样 2～5 g(精确至

0.002 g)于坩埚中,在电炉上小心炭化,再放入高温炉,在550℃灼烧3 h(或测粗灰分后继续进行),取出冷却,加入10 mL盐酸溶液和硝酸数滴,小心煮沸约10 min,冷却后转入100 mL容量瓶中,用水稀释至刻度,摇匀,为试样分解液。

(2)湿法 称取试样0.5～5 g(精确至0.000 2 g)于凯氏烧瓶中,加入硝酸30 mL,小心加热煮沸至黄烟逸尽,稍冷,加入高氯酸10 mL,继续加热至高氯酸冒白烟(不得蒸干),溶液基本无色,冷却,加水30 mL,加热煮沸,冷却后,用水转移至100 mL容量瓶中,并稀释至刻度,摇匀,为试样分解液。

(3)盐酸溶解法(适用于微量元素预混料) 称取试样0.2～1 g(精确至0.000 2 g)于100 mL烧杯中。缓缓加入盐酸10 mL,使其全部溶解,冷却后转入100 mL容量瓶中,用水稀释至刻度,摇匀,为试样分解液。

2. 工作曲线绘制

准确移取磷标准溶液0.0 mL、1.0 mL、2.0 mL、4.0 mL、8.0 mL、16.0 mL于50 mL容量瓶中,各加钒钼酸铵显色剂10 mL,用水稀释至刻度,摇匀,常温下放置10 min以上,以0.0 mL溶液为参比,用1 cm比色皿,在400 nm波长下,用分光光度计测定各溶液的吸光度。以磷含量为横坐标,吸光度为纵坐标,绘制工作曲线。

3. 试样的测定

准确移取试样分解液1.0～10.0 mL(含磷量50～750 μg)于50 mL容量瓶中,加入钒钼酸铵显色剂10 mL,用水稀释至刻度,摇匀,常温下放置10 min以上,用1 cm比色皿在400 nm波长下测定试样分解液的吸光度,在工作曲线上查得试样分解液的含磷量。

七、测定结果的计算

1. 结果计算

测定结果按下面公式计算:

$$X = \frac{m_1 \times V}{m \times V_1 \times 10^6} \times 100\% = \frac{m_1 \times V}{m \times V_1 \times 10^4}$$

式中:X为以质量分数表示的磷含量,%;m_1为由工作曲线查得试样分解液磷含量,μg;V为试样分解液的总体积,mL;m为试样的质量,g;V_1为试样测定时移取试样分解液体积,mL。

2. 结果表示

每个试样称取两个平行样进行测定,以其算术平均值为测定结果。所得的结果应表示至小数点后两位。

八、允许差

含磷量0.5%以下,允许相对偏差10%;含磷量0.5%以上,允许相对偏差3%。

九、考核评价

1. 简答

(1)叙述饲料总磷的测定原理。

(2)如果制作工作曲线时,高浓度点与其他点不在同一直线上,如何处理?

123

2. 技能操作

根据提供的条件,测定某饲料中总磷的含量,写出实验报告。

技能训练八　饲料中水溶性氯化物含量测定
(GB/T 6439—2007)

一、范围

本标准规定了以氯化钠表示的饲料中水溶性氯化物含量的测定,适用于饲料中水溶性氯化物的测定。

二、原理

试样中的氯离子溶解于水溶液中,如果试样含有有机物质,需将溶液澄清,然后用硝酸稍加酸化,并加入硝酸银标准溶液使氯化物生成氯化银沉淀,过量的硝酸银溶液用硫氰酸铵或硫氰酸钾标准溶液滴定。

三、试剂和溶液

所使用试剂为分析纯。

①水:应至少符合 GB/T 6682 中 3 级用水的要求。

②丙酮。

③正己烷。

④硝酸:$\rho_{20}(HNO_3) = 1.38$ g/mL。

⑤活性炭:不含有氯离子也不能吸收氯离子。

⑥硫酸铁铵饱和溶液:用硫酸铁铵[$NH_4Fe(SO_4)_2 \cdot 12H_2O$]制备。

⑦Carrez Ⅰ:称取 10.6 g 亚铁氰化钾[$K_4Fe(CN)_6 \cdot 3H_2O$],溶解并用水定容至 100 mL。

⑧Carrez Ⅱ:称取 21.9 g 乙酸锌[$Zn(CH_3COO)_2 \cdot 2H_2O$],加 3 mL 冰乙酸,溶解并用水定容至 100 mL。

⑨硫氰酸钾标准溶液:$c(KSCN) = 0.1$ mol/L。硫氰酸铵标准溶液:$c(NH_4SCN) = 0.1$ mol/L。

⑩硝酸银标准滴定溶液 $K(AgNO_3) = 0.1$ mol/L。

四、仪器、设备

除常用实验室仪器设备外,其他如下。

①回旋振荡器:35~40 r/min。

②容量瓶:250 mL、500 mL。

③移液管。

④滴定管。

⑤分析天平:感量 0.000 1 g。

⑥中速定量滤纸。

五、样品的选取与制备

选取具代表性的样品,粉碎至 40 目,用四分法缩减至 200 g,密封保存,以防止样品组分的变化或变质。如样品是固体,则粉碎试样(通常 500 g),使之全部通过 1 mm 筛孔的样品筛。

六、方法步骤

1. 不同样品的制备

(1)不含有机物试样试液的制备　称取不超过 10 g 试样,精确至 0.001 g,试样所含氯化物含量不超过 3 g,转移至 500 mL 容量瓶中,加入 400 mL 温度约 20℃ 的水,混匀,在回旋振荡器中振荡 30 min,用水稀释至刻度(V_1),混匀,过滤,滤液供滴定用。

(2)含有机物试样试液的制备　称取 5 g 试样(质量 m),精确至 0.001 g,转移至 500 mL 容量瓶中,加入 1 g 活性炭,加入 400 mL 温度约 20℃ 的水和 5 mL Carrez Ⅰ 溶液搅拌,然后加入 5 mL Carrez Ⅱ 溶液混合,在振荡器中摇 30 min,用水稀释至刻度(V_1),混匀,过滤,滤液供滴定用。

(3)熟化饲料、亚麻饼粉或富含亚麻粉的产品和富含黏液或胶体物质(如糊化淀粉)试样试液的制备　称取 5 g 试样,精确至 0.001 g,转移至 500 mL 容量瓶中,加入 1 g 活性炭,加入 400 mL 温度约 20℃ 的水和 5 mL Carrez Ⅰ 溶液,搅拌,然后加入 5 mL Carrez Ⅱ 溶液混合,在振荡器中摇 30 min,用水稀释至刻度(V_1),混合。

轻轻倒出(必要时离心),用移液管吸移 100 mL 上清液至 200 mL 容量瓶中,加丙酮混合,稀释至刻度,混匀并过滤,滤液供滴定用。

2. 滴定

用移液管移取一定体积滤液至三角瓶中,25~100 mL(V_a),其中氯化物含量不超过 150 mg。

必要时(移取的滤液少于 50 mL),用水稀释到 50 mL 以上,加 5 mL 硝酸,2 mL 硫酸铁铵饱和溶液,并从加满硫氰酸铵或硫氰酸钾标准滴定溶液至 0 刻度的滴定管中滴加 2 滴硫氰酸铵或硫氰酸钾溶液。

注:剩下的硫氰酸铵或硫氰酸钾标准滴定溶液用于滴定过量的硝酸银溶液。

用硝酸银标准溶液滴定直至红棕色消失,再加入 5 mL 过量的硝酸银溶液(V_{s1}),剧烈摇动使沉淀凝聚,必要时加入 5 mL 正己烷,以助沉淀凝聚。

用硫氰酸钾或硫氰酸铵溶液滴定过量硝酸银溶液,直至产生红棕色能保持 30 s 不褪色,滴定体积为(V_{t1})。

3. 空白试验

空白试验需与测定平行进行,用同样的方法和试剂,但不加试料。

七、结果的表述

试样中水溶性氯化物的含量 W_{wc}(以氯化钠计),数值以 % 表示,按式① 进行计算:

$$W_{wc} = \frac{M \times \left[(V_{S1} - V_{S0}) \times C_s - (V_{t1} - V_{t0}) \right]}{m} \times \frac{V_1}{V_a} \times f \times 100\% \qquad ①$$

式中:M 为氯化钠的摩尔质量,$M=58.44$ g/mol;V_{s1} 为测试溶液滴加硝酸银溶液体积,单位为 mL。V_{s0} 为空白溶液滴加硝酸银溶液体积,单位为 mL。c_s 为硝酸银标准溶液浓度,单位为 mol/L。V_{t1} 为测试溶液滴加硫氰酸铵或硫氰酸钾溶液体积,单位为 mL。V_{t0} 为空白溶液滴加硫氰酸铵或硫氰酸钾溶液体积,单位为 mL。c_t 为硫氰酸钾或硫氰酸铵溶液浓度,单位为 mol/L。m 为试样的质量,单位为 g。V_1 为试液的体积,单位为 mL。V_a 为移出液的体积,单位为 mL。f 为稀释因子:$f=2$,用于熟化饲料、亚麻饼粉或富含亚麻粉的产品和富含黏液或胶体物质的试样;$f=1$,用于其他饲料。

结果表示为质量分数(%),报告的结果如下:

水溶性氯化物含量小于 1.5% 时,精确到 0.05%;水溶性氯化物含量大于或等于 1.5% 时,精确到 0.10%。

八、精密度

1. 重复性

在同一实验室由同一操作人员,用同样的方法和仪器设备,在很短的时间间隔内对同一样品测定获得的两次独立测试结果的绝对差值,大于式②计算得到的重复性限(r)的概率不超过 5%。

$$r = 0.314(\overline{W_{wc}})^{0.521} \qquad ②$$

式中:r 为重复性限,%;$\overline{W_{wc}}$ 为二次测定结果的平均值,%。

2. 再现性

在不同实验室由不同操作人员,用同样的方法和不同的仪器设备,对同一样品测定获得的两次独立测试结果的绝对差值,大于式③计算得到的再现性限(R)的概率不超过 5%。

$$R = 0.552\% + 0.135 \overline{W_{wc}} \qquad ③$$

式中:R 为再现性限,%;$\overline{W_{wc}}$ 为二次测定结果的平均值,%。

九、考核评价

1. 简答

(1)叙述饲料中水溶性氯化物含量测定的原理。

(2)如何提高饲料中水溶性氯化物含量测定的精密度?

2. 技能操作

根据提供的条件,测定某饲料中水溶性氯化物的含量,写出实验报告。

技能训练九　饲料中水分、粗蛋白质、粗纤维、粗脂肪、赖氨酸、蛋氨酸快速测定
(近红外光谱法 GB/T 18868—2002)

一、范围

本标准规定了以近红外光谱仪快速测定饲料中水分、粗蛋白质、粗纤维、粗脂肪、赖氨酸和

蛋氨酸的方法,适用于各种饲料原料和配合饲料中水分、粗蛋白质、粗纤维、粗脂肪、赖氨酸和蛋氨酸的测定,最低检出量为 0.001%。

二、原理

近红外光谱方法(NIR)利用有机物中含有 C—H、N—H、O—H、C—C 等化学键的泛频振动或转动,以漫反射方式获得在近红外区的吸收光谱,通过主成分分析、偏最小二乘法、人工神经网等现代化学和计量学的手段,建立物质光谱与待测成分含量间的线形或非线形模型,从而实现用物质近红外光谱信息对待测成分含量的快速计量。

三、仪器

1. 近红外光谱仪

带可连续扫描单色器的漫反射型近红外光谱仪或其他类产品,光源为 100 W 钨卤灯,检测器为硫化铅,扫描范围为 1 100~2 500 nm,分辨率为 0.79 nm,带宽为 10 nm,信号的线形为 0.3,波长准确度 0.5 nm,波长的重现性为 0.03 nm,在 2 500 nm 处杂散光为 0.08%,在 1 100 nm 处杂散光为 0.01%。

2. 软件

为 DOS 或 WINDOWS 版本,该软件由 C 语言编写,具有 NIR 光谱数据的收集、存储、加工等功能。

3. 样品磨

旋风磨,筛片孔径为 0.42 mm 或同类产品。

4. 样品皿

长方形样品槽,10 cm×4 cm×1 cm,窗口为能透过红外线的石英玻璃,盖子为白色泡沫塑料,可容纳样品为 5~15 g。

四、试样处理

将样品粉碎,使之全部通过 0.42 mm 孔筛(内径),并混合均匀。

五、分析步骤

1. 一般要求

每次测定前应对仪器进行以下诊断。

(1)仪器噪声 32 次或更多扫描仪器内部陶瓷参比,以多次扫描光谱吸光度残差的标准差来反映仪器的噪声。残差的标准差应控制在 $30 \lg(1/R)10^{-6}$ 以下。

(2)波长准确度和重现性 用加盖的聚苯乙烯皿来测定仪器的波长准确度和重现性。以陶瓷参比做对照。测定聚苯乙烯皿中聚苯乙烯的 3 个吸收峰的位置,即 1 680.3 nm、2 164.9 nm、2 304.2 nm,该 3 个吸收峰的位置的漂移应小于 0.5 nm,每个波长处漂移的标准差应小于 0.05 nm。

(3)仪器外用检验样品测定 将一个饲料样品(通常为豆粕)密封在样品槽中作为仪器外用检验样品,测定该样品中粗蛋白质、粗纤维、粗脂肪和水分含量并做 T 检验,应无显著差异。

2. 定标

NIR 分析的准确性在一定程度上取决于定标工作,定标的总则和程序见附录 A。

(1)定标模型的选择　　定标模型的选择原则为定标样品的 NIR 光谱能代表被测定样品的 NIR 光谱。操作上是比较它们光谱间的 H 值,如果待测样品 H 值≤0.6,则可选用该定标模型;如果待测样品 H 值＞0.6,则不能选用该定标模型;如果没有现有的定标模型,则需要对现有模型进行升级。

(2)定标模型的升级　　定标模型升级的目的是为了使该模型在 NIR 光谱上能适应于待测样品。操作上是选择 25～45 个当地样品,扫描其 NIR 光谱,并用经典方法测定水分、粗蛋白质、粗纤维、粗脂肪或赖氨酸和蛋氨酸含量,然后将这些样品加入到定标样品中,用原有的定标方法进行计算,即获得升级的定标模型。

(3)已建立的定标模型

①饲料中水分的测定。定标样品数为 101 个,以改进的偏最小二乘法(MPLS)建立定标模型,模型的参数为:SEP＝0.24%、Bias＝0.17%、MPLS 独立向量(Term)＝3,光谱的数学处理为:一阶导数、每隔 8 nm 进行平滑运算,光谱的波长范围为 1 308～2 392 nm。

②饲料中粗蛋白质的测定。定标样品数为 110 个,以改进的偏最小二乘法(MPLS)建立定标模型,模型的参数为:SEP＝0.34%、Bias＝0.29%、MPLS 独立向量(Term)＝7,光谱的数学处理为:一阶导数、每隔 8 nm 进行平滑运算,光谱的波长范围为 1 108～2 500 nm。

③饲料中粗脂肪的测定。定标样品数为 95 个,以改进的偏最小二乘法(MPLS)建立定标模型,模型的参数为:SEP＝0.14%, Bias＝0.07%、MPLS 独立向量(Term)＝8,光谱的数学处理为:一阶导数、每隔 16 nm 进行平滑运算,光谱的波长范围为 1 308～2 392 nm。

④饲料中粗纤维的测定。定标样品数为 106 个,以改进的偏最小二乘法(MPLS)建立定标模型,模型的参数为:SEP＝0.41%、Bias＝0.19%、MPLS 独立向量(Term)＝6,光谱的数学处理为:一阶导数、每隔 8 nm 进行平滑运算,光谱的波长范围为 1 108～2 392 nm。

⑤植物性蛋白类饲料中赖氨酸的测定。定标样品数为 93 个,以改进的偏最小二乘法(MPLS)建立定标模型,模型的参数为:SEP＝0.14%、Bias＝0.07%、MPLS 独立向量(Term)＝7,光谱的数学处理为:一阶导数、每隔 4 nm 进行平滑运算,光谱的波长范围为 1 108～2 392 nm。

⑥植物性蛋白类饲料中蛋氨酸的测定。定标样品数为 87 个,以改进的偏最小二乘法(MPLS)建立定标模型,模型的参数为:SEP＝0.09%、Bias＝0.06%、MPLS 独立向量(Term)＝5,光谱的数学处理为:一阶导数、每隔 4 nm 进行平滑运算,光谱的波长范围为 1 108～2 392 nm。

3. 对未知样品的测定

根据待测样品 NIR 光谱选用对应的定标模型,对样品进行扫描,然后进行待测样品 NIR 光谱与定标样品间的比较。如果待测样品 H 值≤0.6,则仪器将直接给出样品的水分、粗蛋白质、粗纤维、粗脂肪或赖氨酸和蛋氨酸含量;如果待测样品 H 值＞0.6,则说明该样品已超出了该定标模型的分析能力,对于该定标模型,该样品被称为异常样品。

(1)异常样品的分类　　异常样品可为"好"、"坏"两类,"好"的异常样品加入定标模型后可增加该模型的分析能力,而"坏"的异常样品加入定标模型后,只能降低分析的准确度。"好"、"坏"异常样品的甄别标准有二:一是 H 值,通常"好"的异常样品 H 值为＞0.6 或 H 值≤5,通常"坏"的异常样品 H 值＞5；二是 SEC，通常"好"的异常样品加入定标模型后，SEC 不会显著增加，而"坏"的异常样品加入定标模型后，SEC 将显著增加。

（2）异常样品的处理 NIR 分析中发现异常样品后，要用经典方法对该样品进行分析，同时对该异常样品类型进行确定，属于"好"异常样品则保留，并加入到定标模型中，对定标模型进行升级；属于"坏"异常样品则放弃。

六、分析的允许误差

分析的允许误差见表 2-6。

表 2-6 分析的允许误差 %

样品中组分	含量	平行样间相对偏差小于	测定值与经典方法测定值之间的偏差小于
水分	＞20	5	0.40
	＞10，≤20	7	0.35
	≤10	8	0.30
粗蛋白质	＞40	2	0.50
	＞25，≤40	3	0.45
	＞10，≤25	4	0.40
	≤10	5	0.30
粗脂肪	＞10	3	0.35
	≤10	5	0.30
粗纤维	＞18	2	0.45
	＞10，≤18	3	0.35
	≤10	4	0.30
蛋氨酸	≥0.5	4	0.10
	＜0.5	3	0.08
赖氨酸		6	0.15

附录 A

（规范性附录）
定标的总则和程序

A.1 样品的选择

参与定标的样品应具有代表性，即需涵盖将来所要分析样品的特性。创建一个新的校正模型，至少需要收集 50 个样品。通常以 70～150 个样品为宜。样品过少，将导致定标模型的欠拟合性；样品过多，将导致模型的过拟合性。

A.2 稳定样品组

为了使定标模型具有较好的稳定性，即其预测性性能不受仪器本身波动和样品的温度发生变化的影响，在定标中应加上温度发生变化的样品和仪器发生变化的样品。

A.3 定标样品选择的方法

对定标样品的选择应使用主成分分析法 PCA(principal component analysis)和聚类分析 (cluster analysis)。根据某样品 NIR 光谱与其他样品光谱的相似性,仅选择其 NIR 光谱有代表性的样品,去除光谱非常接近的样品。

对于 PCA 方法,通常是选用前 12 个目标值(score value)用于选择定标样品组,或者从每一 PCA 中选择具有最大和最小目标值的样品(min/max);或者将每一 PCA 种的样品分为等同两组,从每一组中选择等同数目的代表性样品参与定标。两种方法中以 min/max 法是最通常采用的方法。

对于聚类分析方法,使用马哈拉诺比斯距离(或 H 值)等度量样品光谱间的相似性。通常选择有代表性样品的边界 H 值为 0.6,即如果某样品 NIR 光谱与其他样品的 H 统计值大于或等于 0.6,则将其选择进入定标样品;如果某样品 NIR 光谱与其他样品的 H 统计值小于 0.6,则不将其选择进入定标。

A.4 定标样品真实值的测定

对于定标样品需要知道其水分、粗蛋白质、粗纤维、粗脂肪、赖氨酸和蛋氨酸等含量的"真值",在实际操作中,通常以 GB/T 6432、GB/T 6433、GB/T 6434、GB 6435、GB/T 15399 和 GB/T 18246 的测定值来代替。

A.5 定标方法

A.5.1 逐步回归

选择回归变量,产生最优回归方程的一种常用数学方法。它首先通过单波长点的回归校正,误差最小的波长点的光谱读数就为多线性回归模型中的第一独立变量;以此为第一变量,进行二元回归模型的比较,误差最小的波长所对应的光谱读数则为第二独立变量;以此类推获得第三……独立变量。但是独立变量的总数量不应超过 $[(N/10)+3]$,N 为定标系中样品数量,否则将产生模型的过适应性。

A.5.2 主成分回归法

如果在回归中应用所有的 100 个(NIT)或 700 个(NIR)波长点光谱的信息,这样在建立回归模型时,至少需要 101 个或 701 个样品建立 101 个或 701 个线性方程组。主成分分析可用于压缩所需要的样品数量,同时又应用光谱所有的信息。它将高度相关的波长点归于一个独立变量中,进而就以为数不多的独立变量建立回归方程,独立变量内高度相关的波长点可用主成分得分将其联系起来。内部的检验用于防止过模型现象。

A.5.3 偏最小二乘法回归法

部分最小偏差回归法是 20 世纪 80 年代末应用到近红外光谱分析上的。该法与 PCR 很相似,仅是在确定独立变量时,不仅考虑光谱的信息(x 变量),还考虑化学分析值(y 变量)。该法是目前近红外光谱分析上应用最多的回归方法,在制定饲料中水分、粗蛋白质、粗纤维、粗脂肪、赖氨酸和蛋氨酸测定的定标模型时使用此方法。

A.6 定标模型的更新

定标是一个由小样本估计整体的计量过程,因此定标模型预测能力的高低取决于定标样品的代表性。由于预测样品的不确定性,因此,很难一下选择到合适的定标样品。所以,在实际分析工作中,通常用动态定标模型办法来解决这个问题。所谓动态定标模型办法就是在日常分析中边分析边选择异常样品,定期进行定标模型的升级,可概括为以下步骤:

定标设计、分析测定、定标运算、实际预测、异常数据检查、再定标设计、再分析测定、再定标运算。

A.7 对定标模型的检验和选取

检验定标模型的检验，其简单的方法是直接比较一个有代表样品群的预测值(y_i)和真实值(Y_i)，以预测误差平方的加权平均值(MSE)来表示；$MSE = \sum(Y_i - y_i)^2 / N$。

七、考核评价

1. 简答

(1)叙述运用近红外光谱法快速测定饲料中水分、粗蛋白质、粗纤维、粗脂肪、赖氨酸、蛋氨酸含量的原理。

(2)如何提高运用近红外光谱法快速测定饲料中水分、粗蛋白质、粗纤维、粗脂肪、赖氨酸、蛋氨酸含量的准确性和精密度？

2. 技能操作

根据提供的条件，测定某饲料中水分、粗蛋白质、粗纤维、粗脂肪、赖氨酸、蛋氨酸含量，写出实验报告。

任务三 饲料卫生指标检测

◈ **知识目标**

1. 掌握饲料卫生质量指标种类；

2. 熟悉饲料卫生质量指标检测的意义；

3. 了解饲料卫生质量指标检测基本原理；

4. 了解饲料卫生质量指标检测的方法与步骤。

◈ **能力目标**

能对饲料主要卫生质量指标进行检测。

◈ **相关知识**

饲料的卫生质量是衡量饲料产品质量的主要组成部分，在饲料原料生产、饲料加工、贮存运输及饲喂畜禽过程中，都必须把好饲料卫生质量这一关。

一、影响饲料卫生的因素

影响饲料卫生质量的因素主要有三个方面：一是饲料自身因素，如毒物和抗营养因子的存在；二是环境污染，如工业三废的污染，农药污染；三是人为因素，如饲料添加剂和药物的不合理使用甚至滥用。

饲料毒物是影响饲料卫生的重要因素，它作为饲料的天然成分，产生于饲料生产的各个环节，如棉籽中含有棉酚色素及其衍生物，菜籽饼(粕)中含有硫氰酸酯和噁唑烷硫酮等，当动物采食并吸收达一定量时，即可发生机体的机能性和器质性病理变化，导致生产性能下降，表现为某些中毒症状，严重时造成部分或大批动物死亡。

抗营养因子是降低或破坏饲料中营养物质,影响机体对营养物质的吸收和利用,甚至能导致动物中毒性疾病的一类物质。如植酸、蛋白酶抑制因子、单宁等。

随着工业化的迅速发展,工业三废(废水、废气和废渣)处理不当而污染环境和饲料,导致畜禽发生中毒性疾病的事件与日俱增(如多氯化联二苯和二噁英事件)。近年来,饲料添加剂的品种和产量增加,对改善饲料品质、提高饲料报酬、预防或治疗畜禽疾病、促进畜禽生长、提高畜产品质量起了极大作用,但如果配比不当、添加过量、无标准使用等,就会导致畜禽中毒、药物残留、动物机体产生耐药性等恶果。

二、加强饲料卫生管理的措施

1. 加强作物育种,降低或消除天然饲料中的毒物

通过作物育种法,把天然饲料毒物或其前体物的含量降低到最低水平,虽然需要高科技手段和较长的培育时间,但可以从根本上除去饲料中的有毒有害因子。如我国引进和选育出"双低"油菜新品种(低硫葡萄糖苷和低芥酸)、无色素腺体棉花新品种(低棉酚)等,有效去除了毒物,提高了饼粕的品质和利用率。

2. 加强环境治理,控制工业三废、农药等对饲料污染

环境污染以工业三废、农药和土壤中金属元素含量过多为重要因素。因此,认真贯彻执行国家《环境保护法》,开展环境治理工作是防止环境污染、确保饲料卫生质量的根本措施。应严格控制工业三废的排放,禁止农药和添加剂滥用,加强饲料中有毒物质残留量的检测。

3. 进行脱毒或灭活处理,降低饲料毒物对动物的毒害作用

脱毒与灭活处理是消除有毒有害因子的最直接手段。如利用现代酶技术,能使饲料中的毒素与抗营养因子失去活性或破坏。在饲料脱毒的同时,还应兼顾保护饲料中营养物质(特别是蛋白质)的含量和降低饲料成本。如我国采用微生物脱毒技术,有效地降低了棉籽饼中棉酚的含量,同时提高了蛋白质、氨基酸和维生素的含量。

4. 加强饲料收获、运输、存贮过程管理,谨防饲料生物性污染

饲料生物性污染主要包括细菌、霉菌等微生物的污染和饲料虫害等污染。

(1)防止饲料微生物污染　在饲料原料方面,应注意饲料收贮,及时晒干并在干燥环境中保藏。一般饲料原料贮存温度为13℃左右,谷物的水分含量在13%以下。即使如此,原料在仓库中亦不应久存,以不超过3个月为宜。饲料加工、运输和营销过程中,要把好原料质量关,控制好饲料加工过程中水分和温度,并改善饲料加工工艺和流程等,产品生产要严格执行以销定产制度,生产后在7~10 d内出库,按季节、品种严格执行产品保质期制度。防止饲料吸潮、雨淋。通过采取辐射灭菌、添加防霉剂、使用防霉包装袋、化学消毒、控制霉菌遗传密码等技术预防饲料霉变。

(2)防治饲料虫害污染　饲料虫害包括谷物害虫、植株害虫、螨类及鼠类等。饲料发生虫害可以造成多种危害,主要有饲料损失、养分破坏、水分增加、易霉变、适口性和饲料利用率降低、患病及中毒等。要防除饲料害虫,应采取以下综合治理措施:

①加强防护管理,采取有效措施保持饲料包装物、仓库环境、器械等的清洁卫生。

②保持饲料干燥低湿贮藏条件,有条件可进行脱氧处理。

③化学药剂防治。用于防除害虫的化学药剂主要有杀虫剂(如马拉硫磷、虫螨磷等)和熏蒸剂(如磷化铝和溴甲烷等)两种。

④生物物理防治。主要是辐射处理和微波处理,使螨类等生物的体组织受到很大破坏而死亡。

⑤定期消毒和灭虫。

5. 加强饲料卫生检测监控,禁止不符合饲料卫生标准的饲料进入饲养场

国家从保证饲料的饲用安全性、维护畜禽的健康与生产性能出发,对饲料中的各种有毒有害物质以法律形式规定的限量要求,即饲料卫生标准,现行的饲料卫生标准是 2001 年制订的,并于同年 10 月 1 日实施。《饲料卫生标准》(GB 13078—2001)不仅规定了饲料中各种有毒有害物质的限量,还明确了相关指标的检测方法,是饲料法规体系的重要组成部分。

三、饲料卫生标准的指标

饲料卫生标准对饲料的卫生质量要求体现在各项指标上。饲料卫生标准质量指标包括以下 3 类:

1. 感官指标

感官指标是指人们感觉器官所辨认的饲料性质,包括饲料的色、香、味、组织构型等。饲料的某种污染和轻微变质常可反应在它的感官指标上,如霉菌污染时可使饲料出现异味、异常的颜色和结块。因此,对感官指标要有所规定,通常规定要求是色泽一致,无异臭、无异味、无结块和无霉变外观等。

2. 毒理学指标

毒理学指标是根据毒理学原理和检测结果规定的饲料中有毒有害物质的限量标准,主要包括饲料中的天然有毒物质或在某种情况下由饲料正常成分形成的有毒物质、霉菌毒素、各种残留农药、有毒金属元素及其他化学性污染物等,对这些有毒有害成分规定一定的允许含量。

3. 生物学指标

生物学指标包括各种生物性污染,其中主要是霉菌和细菌的数量。判定饲料是否发霉变质,不能仅凭感官鉴定,还应对污染饲料的霉菌和细菌有明确的定量规定,如霉菌总数,细菌菌落总数,大肠菌群、沙门氏菌、金色葡萄球菌的数量等。这些指标可表明饲料的清洁程度、饲料变质可能性的大小、饲料被动物粪便污染的程度和肠道致病菌存在的可能性。

◈ 相关技能

技能训练一　饲料用大豆制品中尿素酶
活性的测定(GB/T 8622—2006)

一、范围

本标准规定了大豆制品及其副产品中尿素酶活性的测定,适用于大豆、由大豆制得的产品和副产品中尿素酶活性的测定。此方法可了解大豆制品的湿热处理程度。

大豆制品中尿素酶活性是指在 (30 ± 0.5)℃和 pH 7 的情况下,每克大豆制品每分钟分解尿素所释放的氨基氮的质量,以 U/g 表示。

二、原理

将粉碎的大豆制品与中性尿素缓冲溶液混合,在(30±0.5)℃下精确保温 30 min,尿素酶催化尿素水解产生氨的反应。用过量盐酸中和所产生的氨,再用氢氧化钠标准溶液回滴。

三、仪器设备

(1)粉碎机 粉碎时应不生强热。

(2)样品筛 孔径 20 μm。

(3)分析天平 感量 0.1 mg。

(4)恒温水浴 可控温(30±0.5)℃。

(5)计时 计时器。

(6)酸度计 精度 0.02,附有磁力搅拌器和滴定装置。

(7)玻璃仪器 实验室常用玻璃仪器。

四、试剂和溶液

试剂为分析纯,水应符合 GB/T 6682 的规定。

1. 尿素缓冲溶液(pH 7.0±0.1)

称取 8.95 g 磷酸氢二钠($Na_2HPO_4 \cdot 12H_2O$),3.40 g 磷酸二氢钾(KH_2PO_4)溶于水并稀释至 1 000 mL,再将 30 g 尿素溶在此缓冲液中,有效期 1 个月。

2. 盐酸溶液[$c(HCl)=0.1$ mol/L]

移取 8.3 mL 盐酸,用水稀释至 1 000 mL。

3. 氢氧化钠溶液[$c(NaOH)=0.1$ mol/L]

称取 4 g 氢氧化钠溶于水并稀释至 1 000 mL,按 GB/T 601 规定的方法配制和标定。

4. 甲基红-溴甲酚绿混合乙醇溶液

称取 0.1 g 甲基红,溶于 95%乙醇并稀释至 100 mL,再称取 0.5 g 溴甲酚绿,溶于 95%乙醇并稀释至 100 mL,两种溶液等体积混合,储存于棕色瓶中。

五、试样的制备

用粉碎机将具有代表性的样品粉碎,使之全部通过样品筛。对特殊样品(水分或挥发物含量较高而无法粉碎的样品)应先在实验室温度下进行预干燥,再进行粉碎,当计算结果时应将干燥失重计算在内。

六、测定步骤

称取约 0.2 g 制备好的试样,精确至 0.1 mg,于玻璃试管中(如活性很高可称 0.05 g 试样),加入 10 mL 尿素缓冲液,立即盖好试管盖剧烈振摇后,将试管马上置于(30±0.5)℃恒温水浴中,计时保持 30 min±10 s。要求每个试样加入尿素缓冲液的时间间隔保持一致。停止反应时再以相同的时间间隔加入 10 mL 盐酸溶液,振摇后迅速冷却至20℃。将试管内容物全部转入小烧杯中,用 20 mL 水冲洗试管数次,以氢氧化钠标准溶液用酸度计滴定至 pH 4.70。如果选择用指示剂,则将试管内容物全部转入 250 mL 锥形瓶中加入 8~10 滴混合指示剂甲基红-溴甲酚绿混合乙醇溶液,以氢氧化钠溶液滴定至溶液呈蓝绿色。

另取试管作空白试验。称取约 0.2 g 制备好的试样精确至 0.1 mg,于玻璃试管中(如活性很高可称 0.05 g 试样),加入 10 mL 盐酸溶液,振摇后再加入 10 mL 尿素缓冲液,立即盖好试管盖剧烈振摇后,将试管马上置于(30±0.5)℃恒温水浴中,计时保持 30 min±10 s。停止反应时将试管迅速冷却至 20℃。将试管内容物全部转入小烧杯中,用 20 mL 水冲洗试管数次,以氢氧化钠标准溶液用酸度计滴定至 pH 4.70。如果选择用指示剂,则将试管内容物全部转入 250 mL 锥形瓶中加入 8~10 滴混合指示剂甲基红-溴甲酚绿混合乙醇溶液,以氢氧化钠溶液滴定至溶液呈蓝绿色。

七、结果计算

(1)尿素酶活性 大豆制品中尿素酶活性 X,以尿素酶活性单位每克(U/g)表示,按式①计算。若试样经粉碎前的预干燥处理后,则按式②计算。

$$X = \frac{14 \times c(V_0 - V)}{30 \times m} \qquad ①$$

$$X = \frac{14 \times c(V_0 - V)}{30 \times m} \times (1 - s) \qquad ②$$

式中:X 为试样的尿素酶活性,U/g;c 为氢氧化钠标准滴定溶液浓度,moL/L;V_0 为空白消耗氢氧化钠标准滴定溶液体积,mL;V 为试样消耗氢氧化钠标准滴定溶液体积,mL;14 为氮的摩尔质量,$M(N_2)=14$ g/mol;30 为反应时间,min;m 为试样质量,g;s 为预干燥时试样失重的质量分数,%。

注:计算结果表示到小数点后两位。

(2)重复性 同一分析人员用相同分析方法,同时或连续两次测定活性≤0.2 时结果之差不超过平均值的 20%,活性>0.2 时结果之差不超过平均值的 10%。结果以算术平均值表示。

八、考核评价

1. 简答

(1)叙述测定饲料用大豆制品中尿素酶活性的原理。

(2)为什么在测定过程中要保持控制试管恒温?

2. 技能操作

根据提供的条件,测定大豆粕中尿素酶活性含量,写出实验报告。

技能训练二 饲料中黄曲霉毒素 B₁ 的测定
(薄层色谱法 GB/T 8381—2008)

一、范围

本标准规定了饲料中黄曲霉毒素 B₁ 的两种测定方法,并只能用于半定量测定。方法 A

适用于油籽和油籽粕、花生、椰子仁、亚麻仁、大豆、棕榈仁、木薯淀粉、玉米粕、谷类和谷类制品、豌豆粉、土豆渣和土豆粉等单一饲料产品。当使用方法 A 测定上述某个单一饲料受干扰时，建议使用方法 B。方法 B 适用于配合饲料以及上述未提及的单一饲料。本方法不适用于含柑橘渣的饲料。

二、原理

试样中黄曲霉毒素 B_1 经三氯甲烷提取、过滤，硅胶柱纯化，浓缩，用一定体积三氯甲烷或苯－乙腈混合液溶解残渣。用单向薄层色谱法或双向薄层色谱法进行试液层析分离。在紫外灯下检查色谱荧光斑点，在同一板上，试液与已知量标准黄曲霉毒素 B_1 比较，用目测法或薄层扫描仪荧光法测定黄曲霉毒素 B_1 含量。以形成半缩醛衍生物来确证黄曲霉毒素 B_1。

三、试剂

在分析中使用确认为分析纯的试剂和蒸馏水或去离子水或相当纯度的水。

(1)三氯甲烷　用 0.5％～1.0％的 95％乙醇稳定。

(2)正己烷

(3)无水乙醚　无过氧化物。

(4)苯-乙腈(98＋2)混合液　98 mL 苯与 2 mL 乙腈混合。

(5)三氯甲烷-甲醇(97＋3)混合液　97 mL 三氯甲烷与 3 mL 甲醇混合。

(6)展开剂　使用带盖展开槽，展开槽内壁衬上吸水纸，使展开槽被展开剂饱和。

①三氯甲烷-丙酮(90＋10)混合液：在未饱和展开槽内，90 mL 三氯甲烷和 10 mL 丙酮混合。

②乙醚-甲醇-水(96＋3＋1)混合液：在未饱和展开槽内，96 mL 乙醚、3 mL 甲醇和 1 mL 水混合。

③乙醚-甲醇-水(94＋4.5＋1.5)混合液：在饱和展开槽内，94 mL 乙醚、4.5 mL 甲醇和 1.5 mL 水混合。

④三氯甲烷-甲醇(94＋6)混合液：在饱和展开槽内，94 mL 三氯甲烷和 6 mL 甲醇混合。

⑤三氯甲烷-甲醇(97＋3)混合液：在饱和展开槽内，97 mL 三氯甲烷和 3 mL 甲醇混合。

(7)硅胶　柱层析用，0.05～0.20 mm 粒径。

(8)硅胶 G　薄层色谱用。

(9)酸洗硅藻土

(10)无水硫酸钠

(11)三氟乙酸

(12)惰性气体　如氮气。

(13)50％硫酸溶液(体积分数)

(14)0.1 μg/mL 黄曲霉毒素 B_1 标准溶液　用三氯甲烷或苯-乙腈混合液配制。

警告——黄曲霉毒素是高致癌性物质，应十分小心处理。

依下列各项制备和核对黄曲霉毒素 B_1 溶液。

①储备液的制备与浓度测定。用三氯甲烷或苯-乙腈混合液配制的黄曲霉毒素 B_1 标准溶液,其浓度在 $8\sim10$ μg/mL,用紫外分光光度计,在 330 nm 和 370 nm 之间测定吸收光谱。

对黄曲霉毒素 B_1 三氯甲烷溶液,在 363 nm 处测定吸光度值(A)。或对黄曲霉毒素 B_1 苯-乙腈混合溶液,在 348 nm 处测吸光度值(A)。黄曲霉毒素 B_1 的浓度数值以微克每毫升(μg/mL)表示,按式①或式②计算。

黄曲霉毒素 μg/mL 三氯甲烷溶液:

$$黄曲霉毒素\ B_1\ 三氯四烷溶液=\frac{312\times A\times1\,000}{22\,300} \qquad ①$$

黄曲霉毒素 B_1 苯-乙腈混合溶液:

$$黄曲霉毒素\ B_1\ 苯\text{-}乙腈混合溶液=\frac{312\times A\times1\,000}{19\,800} \qquad ②$$

②稀释。在避光条件下,将储备液适当稀释至 0.1 μg/mL 黄曲霉毒素 B_1 标准溶液。如果在 4℃冰箱贮存,此溶液两周内是稳定的。

③储备液色谱纯度试验。取 5 μL[$(8\sim10)$μg/mL]黄曲霉毒素 B_1 标准溶液点加于薄层板上,按目测法层析,在紫外灯下色谱只显一斑点,在原点处无明显荧光。

(15)用于定性试验的黄曲霉毒素 B_1 和 B_2(见上面警告)溶液为约含 0.1 μg/mL 黄曲霉毒素 B_1 和黄曲霉毒素 B_2 的三氯甲烷或苯-乙腈混合溶液。

所给出的浓度为指导性浓度,应调节两种黄曲霉毒素浓度以获得相同的荧光强度。

四、仪器

①研磨机/混合机。

②分样筛:孔径 1.0 mm。详见 ISO 565。

③振荡器或磁力搅拌机。

④色谱玻璃柱:内径 22 mm,长 300 mm,下带聚四氟乙烯活塞,上有 250 mL 贮液器。

⑤旋转真空浓缩器:带 500 mL 圆底烧瓶。

⑥薄层色谱设备:薄层板,点样器(毛细管或微量移液器),展开槽,用于硫酸溶液显色的喷雾器。

⑦玻璃薄层板:200 mm×200 mm,按以下方法制备,可铺 5 块板。

置 30 g 硅胶于三角瓶中,加 60 mL 水,加瓶塞振摇 1 min,涂布于板上,0.25 mm 厚,空气中干燥,然后贮存于含硅胶的干燥器中,用时 110℃活化 1 h。也可用具有相同性能的预制板。

⑧紫外光灯:波长 360 nm。

警告——紫外光对眼睛有害,应戴防护镜。

⑨紫外分光光度计。

⑩薄层扫描仪:可荧光检测(可选)。

⑪槽状滤纸。

⑫10.0 mL 带聚乙烯塞试管。

⑬500 mL 三角瓶:具磨口玻璃塞。

⑭50 mL 移液管。

⑮分析天平。

五、分析步骤

1. 试样制备

如果样品脂肪含量超过 5%,在粉碎之前用石油醚脱脂。如果经脱脂,分析结果以未脱脂样品计。

粉碎实验室样品,全部通过分样筛,充分混合,详见 GB/T 20195。

2. 试料

称量制备试样 50 g,精确至 0.01 g,置于锥形瓶中。

3. 提取

加 25 g 硅藻土,用量筒准确量取 25 mL 水、250 mL 三氯甲烷至试料中,加瓶塞,用振荡设备振摇或搅拌 30 min,通过槽状滤纸过滤,弃 10 mL 初滤液,随后至少收集 50 mL 滤液。

4. 柱纯化

(1)柱的制备　加 2/3 柱体积的三氯甲烷到层析柱中,加 5 g 硫酸钠,使硫酸钠层表面平整,分次加入 10 g 硅胶,如有气泡时,小心搅动,静置 15 min,再小心地加 10 g 硫酸钠,打开活塞,让液体流出,直至液体恰在硫酸钠层的上表面,关闭活塞。

(2)纯化　用移液管吸取 50 mL 收集的滤液至 250 mL 锥形瓶中,加 100 mL 正己烷,混合,把混合液定量地转移至层析柱中,用正己烷洗涤锥形瓶,并倒入柱中,打开活塞,使液体以 8~12 mL/min 流速流出,直至液体在硫酸钠层的上表面,关闭活塞。加 100 mL 乙醚到柱中,再打开活塞,直到液体流出至硫酸钠层上表面。弃去流出液体。在整个操作过程中,保证柱不干。

用 150 mL 三氯甲烷-甲醇混合液洗脱柱子,收集全部洗脱液到 500 mL 旋转蒸发瓶内,用旋转蒸发器在惰性气体保护下,50℃ 以下减压蒸馏至干。

如果旋转蒸发器不适用,可加助沸剂,在水浴中蒸发至干。

用三氯甲烷或苯-乙腈混合液转移残留物至 10 mL 试管中,置于水浴中,通惰性气体,再蒸发此溶液。用三氯甲烷或苯-乙腈混合液定容至 2.0 mL。

5. 薄层色谱

(1)方法 A——单向薄层色谱法

①选择展开剂。预先配制选择的溶剂(三氯甲烷-丙酮(90+10)混合液,乙醚-甲醇-水(96+3+1)混合液,乙醚-甲醇-水(94+4.5+1.5)混合液,三氯甲烷-甲醇(94+6)混合液,或三氯甲烷-甲醇(97+3)混合液,保证黄曲霉毒素 B_1 与黄曲霉毒素 B_2 在薄层板上展开后完全分离,其结果也取决于所用薄层板的批号。点 25 μL 定性溶液在一薄层板上,按下面操作步骤展开,挥发,照射。用合适的溶剂会产生 2 个明显点。

②操作步骤。取 TLC 板,在距薄层板下端 30 mm 的基线上用毛细管或微量注射器点样,每点间隔20 mm,黄曲霉毒素 B_1 标准溶液和试液的点样体积如下:10 μL,15 μL,20 μL,30 μL,40 μL 黄曲霉毒素 B_1 标准溶液;10 μL 试液纯化,在同一点,加 20 μL 黄曲霉毒素 B_1 标准液;10 μL,20 μL 试液纯化。

在暗处用所选择的展开剂展开。从展开槽中取出板,置暗处蒸发溶剂,然后在紫外灯下检查,板置于灯 10 cm 处,黄曲霉毒素 B_1 斑点显蓝色荧光。

(2)方法 B——双向薄层色谱法

①点样(见图 2-1)。在板上画两条直线平行于两个毗邻的边,分别距每边 50 mm 和 60 mm,建立溶剂前沿迁移限线,用毛细管或微量注射器点下列溶液:在 A 点,20 μL 试液纯化;在 B 点,20 μL 黄曲霉毒素 B_1 标准溶液;在 C 点,10 μL 黄曲霉毒素 B_1 标准溶液;在 D 点,20 μL 黄曲霉毒素 B_1 标准溶液;在 E 点,40 μL 黄曲霉毒素 B_1 标准溶液。

用空气或惰性气体慢慢吹干,斑点的直径约 5 mm。

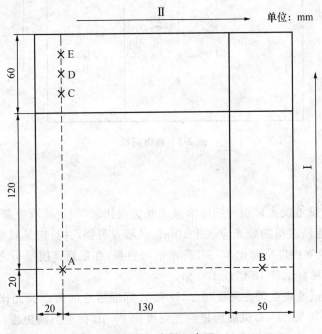

图 2-1 点样示意图

②展开(见图 2-1)。在暗处,用展开剂(在饱和展开槽中约 1 cm 厚)按方向 I 展开至溶剂前沿限线,取出展开槽中板,挥干,室温放置在暗处至少 15 min。

然后在暗处用展开剂(在非饱和展开槽中约 1 cm 厚)沿方向 II 展开至溶剂前沿限线,从展开槽中取出板,在室温、暗处挥干。

③色谱解析(见图 2-2)。将薄层板置于紫外灯 10 cm 处检查色谱,标记 B、C、D、E 标准溶液中黄曲霉毒素 B_1 的蓝色荧光斑点。

通过 E、D、C 和 B 画两条分别平行于两个展开方向的假想线,相互垂直并相交于 P 点,P 点为点样 A 中黄曲霉毒素 B_1 荧光斑点的理论位置,但是实际上点样 A 中黄曲霉毒素 B_1 的荧光斑点可能位于 Q 点,使得 Q 点分别与 C 点、B 点连成的直线呈 100°角。

④附助色谱。在一新板上,画两条直线平行于两个毗邻边,如图 2-1 所示,在 A 点,点 20 μL 纯化试液,叠加点 20 μL 黄曲霉毒素 B_1 标准溶液,按上面步骤展开,在紫外灯下检查色谱并核查:试液中的黄曲霉毒素 B_1 斑点与标准溶液中的黄曲霉毒素 B_1 斑点叠加;此点的荧光强度比第一块板 Q 点处的黄曲霉毒素 B_1 斑点荧光强度更强。

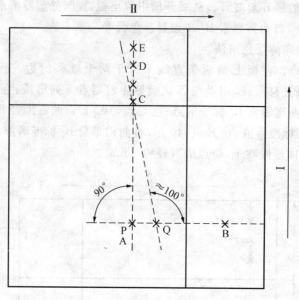

图 2-2　色谱解析

6．检测

（1）目测法

①方法 A：通过试液荧光斑点与标准溶液荧光斑点比较，测定试液中黄曲霉毒素 B_1 的量。试液加标准溶液的点所获得的荧光应该比 10 μL 试液点更强，并且应是只显示一个斑点，如果 10 μL 试液给出的荧光强度反而比 40 μL 标准溶液更强，在重新薄层层析之前，应该用三氯甲烷或苯-乙腈混合液稀释试液 10 倍或 100 倍。

②方法 B：通过试液斑点荧光强度与 C、D 和 E 标准溶液的斑点荧光比较，测定试液中黄曲霉毒素 B_1 的量。如果 20 μL 试液所显荧光强度比 40 μL 标准溶液更强，在重新进行薄层层析之前，用三氯甲烷或苯-乙腈混合液稀释试液 10 倍或 100 倍。

（2）薄层扫描仪荧光法　在 365 nm 激发波长，443 nm 发射波长下，用薄层扫描仪检测黄曲霉毒素 B_1 斑点的荧光强度。在用方法 A 的情况下，通过比较标准溶液的斑点荧光强度，测定试液斑点中黄曲霉毒素 B_1 的量。在用方法 B 的情况下，通过比较标准溶液 C、D 和 E 的斑点荧光强度，测定试液斑点中黄曲霉毒素 B_1 的量。

7．黄曲霉毒素 B_1 确证试验

（1）通则　用硫酸推测试验验证鉴定试液中的黄曲霉毒素 B_1，如果测试结果为阳性，用有效的确证试验。如果硫酸推测试验结果为阴性，这种情况提示黄曲霉毒素 B_1 不存在，不需要实施有效的确证试验。

（2）硫酸推测试验　喷硫酸溶液在单向薄层色谱法或双向薄层色谱法获得的色谱上，在紫外灯下，黄曲霉毒素 B_1 荧光斑点应由蓝色转为黄色。

（3）确证试验

①半乙酰化黄曲霉毒素 B_1 的形成（黄曲霉毒素 B_{2a}）。对单一或有轻微颜色的饲料，用单向薄层色谱方法。对单一颜色饲料、配合饲料或有疑问情况下，用双向薄层色谱方法。

②单向薄层色谱法。在板上划一直线将板分成两个均等份，在每一份上，距底边缘 20 mm

处点样,点距 15 mm,黄曲霉毒素 B_1 标准溶液和试液点样体积如下:25 μL 黄曲霉毒素 B_1 标准溶液;纯化试液的体积含约 2.5 ng 黄曲霉毒素 B_1;25 μL 黄曲霉毒素 B_1 标准溶液,在此点上叠加点纯化试液,相当于 2.5 ng 黄曲霉毒素 B_1 的体积。

在其中一个 1/2 板上,在先前点的斑点上叠加点 1 μL 或 2 μL 三氟乙酸,在室温下用空气流干燥。

在暗处,用一种展开剂展开层析,事先选择好此展开剂,溶剂系统应保证半乙酰化黄曲霉毒素 B_1 与干扰物清晰分离,溶剂前沿应达 120 mm 处。

在暗处挥发溶剂,然后将硫酸溶液喷在没有用三氟乙酸处理的板部分,在紫外灯下检查薄层板。

黄曲霉毒素 B_1 鉴别确证,如果试液中黄曲霉毒素 B_1 衍生物的 R_f 值与标准溶液的 R_f 值相当;标准溶液加试液中黄曲霉毒素 B_1 衍生物荧光,比试液中黄曲霉毒素 B_1 衍生物的荧光更强。

由于试液荧光斑点与半乙酰化黄曲霉毒素 B_1 荧光斑点有相同 R_f 值,可能导致色谱的假阳性干扰,这些现象用硫酸处理的板部分检查。

如果有疑问,应该用双向薄层色谱法确证。

③双向薄层色谱法(图 2-3)。

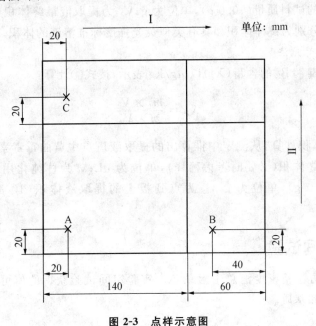

图 2-3　点样示意图

a. 点样。在板上划两条直线,平行于两边边缘(距每边 60 mm),建立溶剂前沿迁移限线,用毛细管或微量注射器点下列溶液:在 A 点上点纯化试液,其体积中相当于含 2.5 ng 黄曲霉毒素 B_1,滴加 1～2 μL 三氟乙酸;在 B 点和 C 点上点 25 μL 黄曲霉毒素 B_1 标准溶液,滴加三氟乙酸。室温空气流干燥。

b. 展开。如图 3 所示,在暗处用展开剂(在非饱和槽 1 cm 厚处)按方向 I 展开至溶剂前沿限线,从槽中取出板,在暗处室温干燥 5 min。在暗处用展开剂(在非饱和槽 1 cm 厚处)按方向 II 展开至前沿限线,取出板,在室温下干燥。

c. 色谱解析。在紫外灯下检查色谱,核查下列特征:

(a)显示来自点在 C 处(方向 I 移动)和点在 B 处(方向 II 移动)的标准溶液中半乙酰化黄曲霉毒素 B_1 蓝色荧光斑点,同时显示有未与三氟乙酸反应的黄曲霉毒素 B_1 弱的蓝色荧光斑点。

(b)显示点在 A 处试液中类似于(a)描述的斑点,这些点的位置通过点在 B 和 C 处的标准溶液产生的斑点鉴别,来自试液中的半乙酰化黄曲霉毒素 B_1 斑点荧光强度与点在 B 和 C 处标准溶液中的应该是可比较的。

8. 检测数量

相同试验样品进行重复检验。

六、计算和结果表示

1. 目测法

试样中黄曲霉毒素 B_1 的含量(X_1)以微克每千克($\mu g/kg$)表示,按式③计算:

$$X_1 = \frac{m_1 \times V_1 \times V_3}{m \times V_2} \qquad ③$$

式中:m_1 为黄曲霉毒素 B_1 标准溶液的浓度(约 0.1 $\mu g/mL$),单位为 $\mu g/mL$;m 为柱纯化用提取液的体积所相当的试料质量(10.0 g),单位为 g;V_1 为提取液最终体积(必要时进行稀释),单位为 μL;V_2,V_3 分别为试样体积和具有类似荧光强度标准溶液的体积,单位为 μL。

2. 薄层扫描仪荧光法

试样中黄曲霉毒素 B_1 的含量(X_2)以 $\mu g/kg$ 表示,按式④计算:

$$X_2 = \frac{m_1 \times V_1}{m \times V_2} \qquad ④$$

式中:m_1 为以 V_2 体积计算,从测定中推算出的提取液斑点中黄曲霉毒素 B_1 的质量,单位为 μg;V_1 为提取液最终体积(必要时考虑稀释),单位为 μL;m 为柱纯化用提取液的体积所相当的试料质量(10.0 g),单位为 g;V_2 为点到板上的提取液体积(10 μL 或 20 μL),单位为 μL。

七、实验室间试验

实验室间试验方法精密度汇总于附录 A。实验室间试验获得的值可以不适用于附录 A 未列出的浓度范围和基质。

附录 A

(资料性附录)
实验室间试验结果

配合饲料(方法 B)的三组实验室间试验,其中两组完成在国际水平(No.1 和 No.2),其结果如表 2-7 所示。

试验 2 中 11 个实验室也按方法 A 分析了样品,其饲料组成适合于方法 A,用目测或薄层扫描荧光法所获得的数据与方法 B 类似。

表 2-7　实验室间试验结果统计

参数	试验		
	1	2	3
参加实验室的数目/个	23	11	13
平均值/(μg/kg)	162.7	25.4	13.4
重复性标准差(S_r)/(μg/kg)	16.9	2.7	1.7
重复性变异系数/%	10	11	13
重复性限(2.83S_r)/(μg/kg)	47.8	7.6	4.8
再现性标准差(S_R)/(μg/kg)	45.2	6.8	4.0
再现性变异系数/%	28	27	30
再现性限(2.83S_R)/(μg/kg)	128.0	19.2	11.3

技能训练三　饲料中黄曲霉毒素 B_1 测定 （酶联免疫吸附法 GB/T 17480—2008）

一、范围

本标准规定了饲料中黄曲霉毒素 B_1 的酶联免疫吸附测定(ELISA)方法,适用于各种饲料原料、配合饲料及浓缩饲料中黄曲霉毒素 B_1 的测定,检出限为 0.1 μg/kg。

二、原理

试样中黄曲霉毒素 B_1、酶标黄曲霉毒素 B_1 抗原与包被于微量反应板中的黄曲霉毒素 B_1 特异性抗体进行免疫竞争性反应,加入酶底物后显色,试样中黄曲霉毒素 B_1 的含量与颜色成反比。用目测法或仪器法通过与黄曲霉毒素 B_1 标准溶液比较判断或计算试样中黄曲霉毒素 B_1 的含量。

三、试剂和材料

除非另有说明,在分析中仅使用确认为分析纯的试剂和蒸馏水或去离子水或相当纯度的水。

1. 黄曲霉毒素 B_1 酶联免疫测试盒中的试剂

注意:不同测试盒制造商间的产品组成和操作会有细微的差别,应严格按说明书要求规范操作。

(1)包被抗黄曲霉毒素 B_1 抗体的聚苯乙烯微量反应板

(2)样品稀释液　甲醇-蒸馏水(7+93)。

(3)黄曲霉毒素 B_1 标准溶液　1.00 μg/L、50.00 μg/L。

警告:凡接触黄曲霉毒素 B_1 的容器,需浸入 1% 次氯酸钠($NaClO_2$)溶液,12 h 后清洗备用。为分析人员安全,操作时要戴上医用乳胶手套。

(4)酶标黄曲霉毒素 B_1 抗原 黄曲霉毒素 B_1-辣根过氧化物酶交联物。

(5)0.01 mol/L、pH 7.5 磷酸盐缓冲液的配制 称取 3.01 g 磷酸氢二钠($Na_2HPO_4 \cdot 12H_2O$)、2.5 g 磷酸二氢钠($NaH_2PO_4 \cdot 2H_2O$)、8.76 g 氯化钠($NaCl$),加水溶解至 1 L。

(6)酶标黄曲霉毒素 B_1 抗原稀释液 称取 0.1 g 牛血清白蛋白(BSA)溶于 100 mL、pH 7.5 磷酸盐缓冲液。

(7)0.1 mol/L、pH 7.5 磷酸盐缓冲液 称取 30.1 g 磷酸氢二钠($Na_2HPO_4 \cdot 12H_2O$)、2.5 g 磷酸二氢钠($NaH_2PO_4 \cdot 2H_2O$)、87.6 g 氯化钠($NaCl$),加水溶解至 1 L。

(8)洗涤母液 吸取 0.5 mL 吐温-20 于 1 000 mL 0.1 mol/L pH 7.5 磷酸盐缓冲液。

(9)pH 5.0 乙酸钠-柠檬酸缓冲液 称取 15.09 g 乙酸钠($CH_3COONa \cdot 3H_2O$)、1.56 g 柠檬酸($C_6H_8O_7 \cdot H_2O$),加水溶解至 1 L。

(10)底物溶液 a 称取四甲基联苯胺(TMB)0.2 g 溶于 1 L pH 5.0 乙酸钠-柠檬酸缓冲液。

(11)底物溶液 b 1 L、pH 5.0 乙酸钠-柠檬酸缓冲液中加入 0.3% 过氧化氢溶液 28 mL。

(12)终止液 硫酸溶液,$c(H_2SO_4) = 2$ mol/L。

2. 甲醇水溶液

5 mL 甲醇加 5 mL 水混合。

3. 测试盒中试剂的配制

(1)酶标黄曲霉毒素 B_1 抗原溶液 在酶标黄曲霉毒素 B_1 抗原中加入 1.5 mL 酶标黄曲霉毒素 B_1 抗原稀释液,配成试验用酶标黄曲霉毒素 B_1 抗原溶液,冰箱中保存。

(2)洗涤液 洗涤母液中加 300 mL 蒸馏水配成试验用洗涤液。

四、仪器和设备

①小型粉碎机。

②分样筛:孔径 1.00 mm。

③分析天平:感量 0.01 g。

④滤纸:快速定性滤纸,直径 9~10 cm。

⑤具塞三角瓶:100 mL。

⑥电动振荡器。

⑦微量连续可调取液器及配套吸头:10~100 μL。

⑧恒温培养箱。

⑨酶标测定仪:内置 450 nm 滤光片。

五、分析步骤

1. 试样制备

将试样按四分法缩减至 200 g,粉碎,全部通过孔径 1.00 mm 的分样筛。如果样品脂肪含量超过 10%,在粉碎之前用石油醚脱脂,分析结果以未脱脂样品质量计。

2. 试样提取

称取 5 g 试样，精确至 0.01 g，置于 100 mL 具塞三角瓶中，加入甲醇水溶液 25 mL，加塞振荡 10 min，过滤，弃去 1/4 初滤液，再收集适量试样液。如果样品中离子浓度高，建议按照附录 A 的规定对试样滤液进行萃取。

根据各种饲料中黄曲霉毒素 B_1 的限量规定和黄曲霉毒素 B_1 标准溶液浓度，用样品稀释液将试样液适当稀释，制成待测试样稀释液。如果黄曲霉毒素 B_1 标准溶液浓度为 1.0 $\mu g/L$ 时，建议按照附录 B 的规定稀释试样。

3. 限量测定

(1)试剂平衡　将测试盒于室温中放置约 15 min，平衡至室温。

(2)测定　在微量反应板上选一孔，加入 50 μL 样品稀释液、50 μL 酶标黄曲霉毒素 B_1 抗原稀释液，作为空白孔；根据需要，在微量反应板上选取适量的孔，每孔依次加入 50 μL 黄曲霉毒素 B_1 标准溶液或试样液。再每孔加入 50 μL 酶标黄曲霉毒素 B_1 抗原溶液。在振荡器上混合均匀。放在 37℃ 恒温培养箱中反应 30 min。将反应板从培养箱中取出，用力甩干，加 250 μL 洗涤液洗板 4 次，洗涤液不得溢出，每次间隔 2 min，甩掉洗涤液，在吸水纸上拍干。每孔各加入 50 μL 底物溶液 a 和 50 μL 底物溶液 b，摇匀。在 37℃ 恒温培养箱中反应 15 min。每孔加 50 μL 终止液，在显色后 30 min 内测定。

结果判定

①目测法：比较试样液孔与标准溶液孔的颜色，若试样液孔颜色比标准溶液孔浅者，为黄曲霉毒素 B_1 含量超标；若相当或深者为合格。

②仪器法：用酶标测定仪，在 450 nm 处用空白孔调零点，测定标准溶液孔及试样液孔吸光度 A 值，若 $A_{试样液孔} < A_{标准溶液孔}$，为黄曲霉毒素 B_1 含量超标；若 $A_{试样液孔} \geq A_{标准溶液孔}$，为合格。

③若试样液中黄曲霉毒素 B_1 含量超标，则根据试样液的稀释倍数，计算黄曲霉毒素 B_1 的含量。

4. 定量测定

若试样中黄曲霉毒素 B_1 的含量超标，则用酶标测定仪在 450 nm 波长处进行定量测定，通过绘制黄曲霉毒素 B_1 的标准曲线来确定试样中黄曲霉毒素 B_1 的含量。用样品稀释液将 50.0 $\mu g/L$ 黄曲霉毒素 B_1 标准溶液稀释成 0.0 $\mu g/L$、0.1 $\mu g/L$、1.0 $\mu g/L$、10.0 $\mu g/L$、20.0 $\mu g/L$、50.0 $\mu g/L$ 的标准工作溶液，按限量法测定步骤测得相应的吸光度值 A。以 0.0 $\mu g/L$ 黄曲霉毒素 B_1 标准工作溶液的吸光度值 A_0 为分母，其他浓度标准工作溶液的吸光度值 A 为分子的比值，再乘以 100 为纵坐标，对应的黄曲霉毒素 B_1 标准工作溶液浓度的常用对数值为横坐标绘制标准曲线。根据试样 $A/A_0 \times 100$ 的值在标准曲线上查得对应的黄曲霉毒素 B_1 的含量。

试样中黄曲霉毒素 B_1 的含量以质量分数 X 计，单位以微克每千克（$\mu g/kg$）表示，按下面式计算。

$$X = \frac{\rho \times V \times n}{m}$$

式中：ρ 为从标准曲线上查得的试样提取液中黄曲霉毒素 B_1 含量，单位为 $\mu g/L$；V 为试样提取液体积，单位为 mL；N 为试样稀释倍数；M 为试样的质量，单位为 g。

计算结果保留 2 位有效数字。

六、精密度

重复测定结果的相对偏差不得超过 10%。

附录 A

（资料性附录）
浓缩饲料的提取方法

称取 10 g 试样，精确至 0.01 g，置于 100 mL 具塞三角瓶中，加入甲醇水溶液 50 mL，加塞振荡 15 min，过滤，弃去 1/4 初滤液后收集滤液。准确吸取 10.0 mL 滤液（相当于 2.00 g 样品）于 125 mL 分液漏斗中，加入 20 mL 三氯甲烷，加塞轻轻振摇 3 min，静置分层。放出三氯甲烷层，经盛有 5 g 预先用三氯甲烷湿润的无水硫酸钠的快速定性滤纸过滤至 100 mL 蒸发皿中，再加 5 mL 三氯甲烷于分液漏斗中，重复提取，三氯甲烷层一并滤于蒸发皿中，最后用少量三氯甲烷洗涤滤纸，洗液并入蒸发皿中，65℃水浴挥干。准确加入 10.0 mL 甲醇水溶液，充分溶解蒸发皿中残渣，得到试样液。

附录 B

（资料性附录）
试样液的稀释

如果黄曲霉毒素 B_1 标准溶液浓度为 1.00 $\mu g/L$ 时，按表 2-8 用样品稀释液将试样滤液稀释，制成待测试样稀释液。若试样液中黄曲霉毒素 B_1 含量超标，则根据表 2-9 中试样液的稀释倍数，计算黄曲霉毒素 B_1 的含量。

表 2-8　样品溶液的稀释

饲料中黄曲霉毒素 B_1 限量/($\mu g/kg$)	试样滤液量/mL	样品稀释液量/mL	稀释倍数
≤10	0.10	0.10	2
≤15	0.10	0.20	3
≤20	0.05	0.15	4
≤30	0.05	0.25	6
≤50	0.05	0.45	10

表 2-9　稀释倍数与结果计算　　　　　　　　　　　　　　　　$\mu g/kg$

稀释倍数	试样中黄曲霉毒素 B_1 含量	稀释倍数	试样中黄曲霉毒素 B_1 含量
2	>10	6	>30
3	>15	10	>50
4	>20		

七、考核评价

1. 简答

(1)叙述测定饲料中黄曲霉毒素 B_1 含量的原理及注意事项。

(2)比较酶联免疫吸附法、薄层色谱法两种方法测定饲料中黄曲霉毒素 B_1 含量应用范围有什么不同？

2. 技能操作

根据提供的条件，测定某饲料中黄曲霉毒素 B_1 含量，写出实验报告。

技能训练四　饲料中游离棉酚的测定方法
(GB 13086—1991)

一、主要内容与适用范围

本标准规定了饲料中游离棉酚的测定方法，适用于棉籽粉、棉籽饼(粕)和含有这些物质的配合饲料(包括混合饲料)中游离棉酚的测定。

二、原理

在 3-氨基-1-丙醇存在下用异丙醇与正己烷的混合溶剂提取游离棉酚，用苯胺使棉酚转化为苯胺棉酚，在最大吸收波长 440 nm 处进行比色测定。

三、试剂和溶液

除特殊规定外，本标准所用试剂均为分析纯，水为蒸馏水或相应纯度的水。

①异丙醇〔$(CH_3)_2CHOH$〕。

②正己烷。

③冰乙酸(GB 676)。

④苯胺($C_6H_5NH_2$, GB 691)：如果测定的空白试验吸收值超过 0.022 时，在苯胺中加入锌粉进行蒸馏，弃去开始和最后的 10% 蒸馏部分，放入棕色的玻璃瓶内贮存在(0～4℃)冰箱中，该试剂可稳定几个月。

⑤3-氨基-1-丙醇($H_2NCH_2CH_2CH_2OH$)。

⑥异丙醇-正己烷混合溶剂：6：4(V/V)。

⑦溶剂 A：量取约 500 mL 异丙醇、正己烷混合溶剂、2 mL 3-氨基-1-丙醇、8 mL 冰乙酸和 50 mL 水于 1 000 mL 的容量瓶中，再用异丙醇-正己烷混合溶剂定容至刻度。

四、仪器、设备

①分光光度计：有 10 mm 比色池，可在 440 nm 处测量吸光度。

②振荡器：振荡频率 120～130 次/min(往复)。

③恒温水浴。

④具塞三角烧瓶:100 mL、250 mL。

⑤容量瓶:25 mL(棕色)。

⑥吸量管:1 mL、3 mL、10 mL。

⑦移液管:10 mL、50 mL。

⑧漏斗:直径 50 mm。

⑨表玻璃:直径 60 mm。

五、试样制备

采集具有代表性的棉籽饼样品,至少 2 kg,四分法缩分至约 250 g,磨碎,过 2.8 mm 孔筛,混匀,装入密闭容器,防止试样变质,低温保存备用。

六、测定步骤

①称取 1~2 g 试样(精确到 0.001 g),置于 250 mL 具塞三角烧瓶中,加入 20 粒玻璃珠,用移液管准确加入 50 mL 溶剂 A,塞紧瓶塞,放入振荡器内振荡 1 h(每分钟 120 次左右)。用干燥的定量滤纸过滤,过滤时在漏斗上加盖一表玻璃以减少溶剂挥发,弃去最初几滴滤液,收集滤液于 100 mL 具塞三角烧瓶中。

②用吸量管吸取等量双份滤液 5~10 mL(每份含 50~100 μg 的棉酚)分别至 2 个 25 mL 棕色容量瓶 a 和 b 中,如果需要,用溶剂 A 补充至 10 mL。

③用异丙醇-正己烷混合溶剂稀释瓶 a 至刻度,摇匀,该溶液用作试样测定液的参比溶液。

④用移液管吸取 2 份 10 mL 的溶剂 A 分别至 2 个 25 mL 棕色容量瓶 a_0 和 b_0 中。

⑤用异丙醇-正己烷混合溶剂补充瓶 a_0 至刻度,摇匀,该溶液用作空白测定液的参比溶液。

⑥加 2.0 mL 苯胺于容量瓶 b 和 b_0 中,在沸水浴上加热 30 min 显色。

⑦冷却至室温,用异丙醇—正己烷混合溶剂定容,摇匀并静置 1 h。

⑧用 10 mm 比色池,在波长 440 nm 处,用分光光度计以 a_0 为参比溶液测定空白测定液 b_0 的吸光度,以 a 为参比溶液测定试样测定液 b 的吸光度,从试样测定液的吸光度值中减去空白测定液的吸光度值,得到校正吸光度 A。

七、测定结果

1. 计算公式

$$X = \frac{A \times 1\,250 \times 1\,000}{a \times m \times V} = \frac{A \times 1.25}{amV} \times 10^6$$

式中:X 为游离棉酚含量,单位为 mg/kg;A 为校正吸光度;m 为试样质量,单位为 g;V 为测定用滤液的体积,单位为 mL;a 为质量吸收系数,游离棉酚为 62.5 L/(cm·g)。

2. 结果表示

每个试样取 2 个平行样进行测定,以其算术平均值为结果。

结果表示到 20 mg/kg。

3. 重复性

同一分析者对同一试样同时或快速连续地进行两次测定,所得结果之间的差值:在游离棉酚含量小于 500 mg/kg 时,不得超过平均值的 15％;在游离棉酚含量大于 500 mg/kg 而小于 750 mg/kg 时,不得超过 75 mg/kg;在游离棉酚含量超过 750 mg/kg 时,不得超过平均值的 10％。

八、考核评价

1. 简答

(1)叙述测定饲料中游离棉酚含量的原理。

(2)简述测定饲料中游离棉酚含量的步骤?

2. 技能操作

根据提供的条件,测定棉粕中游离棉酚含量,写出实验报告。

技能训练五　饲料中氰化物的测定方法
(GB/T 13084—2006)

一、范围

本标准规定了饲料中氰化物的定性和定量测定方法,适用于饲料原料、配合饲料中氰化物的测定。

二、试样的制备

选取饲料样品至少 500 g,四分法缩减至 100 g,磨碎,通过 1 mm 孔筛,混匀,装入密闭容器中,保存备用。

三、定性法

1. 原理

氰化物遇酸产生氢氰酸,氢氰酸与苦味酸钠作用,生成红色异氰紫酸钠。定性测定方法的最低检出量为 0.15 mg(取样 10 g 时,最低检测限为 15 mg/kg)。

2. 试剂和材料

除特殊规定外,本标准所用试剂均为分析纯,水为 GB/T 6682 中二级纯度的水。

①无水乙醇。

②酒石酸。

③碳酸钠溶液(100 g/L)。

④苦味酸试纸:取定性滤纸剪成长 7 cm、宽 0.3～0.5 cm 的纸条,浸入饱和苦味酸-乙醇溶液中,数分钟后取出,在空气中阴干,贮存备用。

3. 分析步骤

取 200～300 mL 锥形瓶,配备一适宜的单孔软木塞或橡皮塞,孔内塞以内径 0.4～0.5 cm,长 5 cm 的玻璃管,管内悬一条苦味酸试纸,临用时,试纸条以碳酸钠溶液(100 g/L)湿润。

迅速称取 5 g 试样，置于 100 mL 锥形瓶中，加 20 mL 水及 0.5 g 酒石酸，立即塞上悬有苦味酸并以碳酸钠湿润的试纸条的木塞，置 40～50℃水浴中，加热 30 min，观察试纸颜色变化。如试纸不变色，表示氰化物为负反应或未超过规定；如试纸变色，需再做定量试验。

四、比色法(仲裁法)

1. 原理

以氰甙形式存在于植物体内的氰化物经水浸泡水解后，在酸性溶液中进行水蒸气蒸馏，蒸出的氢氰酸被碱液吸收。在 pH 7.0 溶液中，用氯胺 T 将氰化物转变为氯化氰，再与异烟酸-吡唑酮作用，生成蓝色染料，与标准系列比较定量。

比色测定方法的最终蒸馏收集液中氢氰酸检出限为 0.01 μg/mL。

2. 试剂和材料

①氢氧化钠溶液(20 g/L)。

②乙酸锌溶液(100 g/L)。

③酒石酸。

④氢氧化钠溶液(10 g/L)。

⑤氢氧化钠溶液(1 g/L)。

⑥酚酞-乙醇指示液(10 g/L)。

⑦乙酸溶液：乙酸＋水＝1＋24。

⑧磷酸盐缓冲溶液(pH 7.0)：称取 34.0 g 无水磷酸二氢钾和 35.5 g 无水磷酸氢二钠，溶于水并稀释至 1 000 mL。

⑨氯胺 T 溶液：称取 1 g 氯胺 T(有效氯含量应在 11％以上)，溶于 100 mL 水中，临用时现配。

⑩异烟酸-吡唑酮溶液：称取 1.5 g 异烟酸溶于 24 mL 氢氧化钠溶液(20 g/L)中，加水至 100 mL，另称取 0.25 g 吡唑酮，溶于 20 mL N,N-二甲基甲酰胺中，合并上述 2 种溶液，混匀。

⑪试银灵(对二甲氨基亚苄基罗丹宁)溶液：称取 0.02 g 试银灵，溶于 100 mL 丙酮中。

⑫硝酸银标准滴定溶液：c (AgNO$_3$)＝0.020 mol/L，按 GB/T 601 规定配制和标定。

⑬氰化钾标准贮备溶液：称取 0.25 g 氰化钾，溶于水中，并稀释至 1 000 mL，此溶液每毫升约相当于 0.1 mg 氰化物，其准确度可在使用前用下法标定。

取上述溶液 10.0 mL，置于锥形瓶中，加 1 mL 氢氧化钠溶液(20 g/L)，使溶液 pH 大于 11，加 0.1 mL 试银灵溶液，用硝酸银标准溶液滴定至橙红色。

⑭氰化钾标准工作液：根据氰化钾标准溶液的浓度吸取适量，用氢氧化钠溶液(1 g/L)稀释成每毫升相当于 1 μg 氢氰酸。

警告：氰化钾属剧毒危险物，配制和使用该试剂时，请戴上保护眼镜和乳胶手套，实验时一旦皮肤或眼睛接触了氰化钾，应及时用大量的水冲洗。接触过氰化钾的容器和废液可用碱液调至 pH＞10，再加入 200 g/L 的硫酸亚铁溶液 50 mL，搅拌，充分反应后排放。

3. 仪器、设备

①250 mL 玻璃水蒸气蒸馏装置。

②分光光度计。

4. 分析步骤

称取 10～20 g 试样于 250 mL 蒸馏瓶中,精确到 0.001 g,加水约 200 mL,塞严瓶口,在室温下放置 2～4 h,使其水解。加 20 mL 乙酸锌溶液,加 1～2 g 酒石酸,迅速连接好全部蒸馏装置,将冷凝管下端插入盛有 5 mL 氢氧化钠溶液(10 g/L)的 100 mL 容量瓶的液面下,缓缓加热,通水蒸气进行蒸馏,收集蒸馏液近 100 mL,取下容量瓶,加水至刻度,混匀,取 10 mL 蒸馏液(V_2)置于 25 mL 比色管中。

吸取 0 mL、0.3 mL、0.6 mL、0.9 mL、1.2 mL、1.5 mL 氰化钾标准工作液(相当于 0 μg、0.3 μg、0.6 μg、0.9 μg、1.2 μg、1.5 μg 氢氰酸),分别置于 25 mL 比色管中,各加水至 10 mL。于试样溶液及标准溶液中各加 1 mL 氢氧化钠溶液(10 g/L)和 1 滴酚酞指示液,用乙酸调至红色刚刚消失,加 5 mL 磷酸盐缓冲溶液,加温至 37℃ 左右,再加入 0.25 mL 氯胺 T 溶液,加塞混合,放置 5 min,然后加入 5 mL 异烟酸-吡唑酮溶液,加水至 25 mL,混匀,于 25～40℃ 放置 40 min,用 2 cm 比色杯,以零管调节零点,于波长 638 nm 处测吸光度。

5. 结果计算

试样中氰化物(以氢氰酸计)的含量 X,以质量分数(mg/kg)表示,按式①进行计算。

$$X = \frac{A \times 1\,000}{m \times V_2/V_1 \times 1\,000} \qquad ①$$

式中:A 为测定试样溶液氢氰酸的质量,单位为 μg[1 mL 浓度 $c(AgNO_3) = 0.020$ mol/L 硝酸银标准溶液相当于 1.08 mg 氢氰酸];m 为试样质量,单位为 g;V_1 为试样蒸馏液总体积,单位为 mL;V_2 测定用蒸馏液体积,单位为 mL。

6. 结果表示

每个试样取 2 份试料进行平行测定,以其算术平均值为测定结果,结果表示到 3 位有效数。

7. 重复性

同一分析者,同一实验室,使用同一台仪器,对同一试样同时或快速连续地进行两次测定,所得结果之间的差值:在氰化物含量 ≤50 mg/kg 时,不得超过平均值的 20%;在氰化物含量大于 50 mg/kg 时,不得超过平均值的 10%。

五、滴定法

1. 原理

以氰甙形式存在于植物体内的氰化物经水浸泡水解后,进行水蒸气蒸馏,蒸出的氢氰酸被碱液吸收。在碱性条件下,以碘化钾为指示剂,用硝酸银标准溶液滴定定量。

2. 试剂和材料

①氢氧化钠溶液:0.5 g/L。

②硝酸铅溶液:0.05 g/L。

③氨水:浓氨水＋水＝400 mL＋600 mL。

④碘化钾溶液 5 g/L。

⑤铬酸钾溶液:0.5 g/L。

⑥硝酸银标准贮备液:$c(AgNO_3)=0.1$ mol/L,按 GB/T 601 规定配制和标定。

⑦硝酸银标准滴定液:$c(AgNO_3)=0.01$ mol/L,于临用前将 0.1 mol/L 硝酸银标准贮备液用煮沸并冷却的水稀释 10 倍,必要时应重新标定。

3. 仪器、设备

①水蒸气蒸馏装置:蒸馏烧瓶 2 500～3 000 mL。

②微量滴定管:2 mL。

③分析天平:感量 0.000 1 g。

④凯氏烧瓶:500 mL。

⑤容量瓶:250 mL(棕色)。

⑥锥形瓶:250 mL。

⑦吸量管:2 mL、10 mL。

⑧移液管:100 mL。

4. 测定步骤

称取 10～20 g 试样于凯氏烧瓶中,精确到 0.001 g,加水约 200 mL,塞严瓶口,在室温下放置 2～4 h,使其水解。将盛有水解试样的凯氏烧瓶迅速连接于水蒸气蒸馏装置,使冷凝管下端浸入盛有 20 mL 氢氧化钠溶液锥形瓶的液面下,通水蒸气进行蒸馏,收集蒸馏液 150～160 mL,取下锥形瓶,加入 10 mL 硝酸铅溶液,混匀,静置 15 min,经滤纸过滤于 250 mL 容量瓶中,用水洗涤沉淀物和锥形瓶 3 次,每次 10 mL,并入滤液中,加水稀释至刻度,混匀。

准确移取 100 mL 上述滤液,置另一锥形瓶中,加入 8 mL 氨水和 2 mL 碘化钾溶液,混匀,在黑色背景衬托下,用微量滴定管以硝酸银标准滴定液滴定至出现混浊时为终点,记录硝酸银标准滴定液消耗体积(V)。

在和试样测定相同的条件下,做试剂空白试验,即以蒸馏水代替蒸馏液,用硝酸银标准滴定液滴定,记录其消耗体积(V_0)。

5. 结果计算

试样中氰化物(以氢氰酸计)的含量 X,以质量分数(mg/kg)表示,按式②进行计算。

$$X = c \times (V - V_0) \times 54 \times \frac{250}{100} \times \frac{1\,000}{m} = \frac{c(V - V_0)}{m} \times 135\,000 \qquad ②$$

式中:m 为试样质量,单位为 g;c 为硝酸银标准工作滴定液浓度,单位为 mol/L;V 为试样测定硝酸银标准工作滴定液消耗体积,单位为 mL;V_0 为空白试验硝酸银标准工作滴定液消耗体积,单位为 mL;54 为氢氰酸的摩尔质量数,$M(2HCN)=54$ g/mol。

6. 结果表示

每个试样取两份试料进行平行测定,以其算术平均值为测定结果,结果表示到 3 位有效数。

7. 重复性

同一分析者,同一实验室,使用同一台仪器,对同一试样同时或快速连续地进行两次测定,所得结果之间的差值:在氰化物含量小于或等于 50 mg/kg 时,不得超过平均值的 20%;在氰化物含量大于 50 mg/kg 时,不得超过平均值的 10%。

六、考核评价

1. 简答

(1)叙述测定饲料中氰化物含量的原理。

(2)比较用比色法、滴定法测定饲料中氰化物含量的优缺点。

2. 技能操作

根据提供的条件,测定某饲料中氰化物含量,写出实验报告。

技能训练六　饲料中亚硝酸盐的测定
(比色法 GB/T 13085—2005)

一、范围

本标准规定了以重氮偶合比色法测定饲料中亚硝酸盐的方法,适用于饲料原料、配合饲料、浓缩饲料及精料补充料中亚硝酸盐的测定。方法的检出限为 0.64 mg/kg。

二、原理

样品在弱碱性条件下除去蛋白质,在弱酸性条件下试样中的亚硝酸盐与对氨基苯磺酸反应,生成重氮化合物,再与 N-1-萘基乙二胺偶合形成紫红色化合物,进行比色测定。

三、试剂

试剂不加说明者,均为分析纯试剂,水应符合 GB/T 6682 三级用水。

①氯化铵缓冲液:1 000 mL 容量瓶中加入 500 mL 水,加入 20 mL 盐酸,混匀,加入 50 mL 氢氧化铵,用水稀释至刻度。用稀盐酸和稀氢氧化铵调节 pH 9.6～9.7。

②硫酸锌溶液(0.42 mol/L):称取 120 g 硫酸锌($ZnSO_4 \cdot 7H_2O$),用水溶解,并稀释至 1 000 mL。

③氢氧化钠溶液(20 g/L):称取 20 g 氢氧化钠,用水溶解,并稀释至 1 000 mL。

④乙酸溶液(60%):量取 600 mL 乙酸于 1 000 mL 容量瓶中用水稀释至刻度。

⑤对氨基苯磺酸溶液:称取 5 g 对氨基苯磺酸,溶于 700 mL 水和 300 mL 冰乙酸中,置棕色瓶保存,1 周内有效。

⑥N-1-萘基乙二胺溶液(1 g/L):称取 0.1 g N-1-萘基乙二胺,加乙酸溶解并稀释至 100 mL,混匀后置棕色瓶中,在冰箱内保存,1 周内有效。

⑦显色剂:临用前将 N-1-萘基乙二胺溶液和对氨基苯磺酸溶液等体积混合。

⑧亚硝酸钠标准溶液:称取 250.0 mg 经(115±5)℃烘至恒重的亚硝酸钠,加水溶解,移入 500 mL 容量瓶中,加 100 mL 氯化铵缓冲液,加水稀释至刻度,混匀,在 4℃避光保存。此溶液每毫升相当于 500 μg 亚硝酸钠。

⑨亚硝酸钠标工作液:临用前,吸取亚硝酸钠标准溶液 1.00 mL,置于 100 mL 容量瓶中,加水稀释至刻度,此溶液每毫升相当于 5.0 μg 亚硝酸钠。

四、仪器与设备

①分光光度计:有 1 cm 比色杯,可在 550 nm 处测量。

②小型粉碎机。

③分析天平:感量0.000 1 g。

④恒温水浴锅。

⑤容量瓶:100 mL,200 mL,500 mL,1 000 mL。

⑥烧杯:100 mL,200 mL,500 mL。

⑦吸量管:1 mL,2 mL,5 mL,10 mL。

⑧移液管:10 mL。

⑨容量瓶:25 mL。

⑩长颈漏斗:直径 75～90 mm。

五、试样的制备

采集有代表性的样品,四分法缩分至约 250 g,粉碎,过 1 mm 孔筛,混匀,装入密闭容器中,低温保存备用。

六、测定步骤

1. 试液制备

称取约 5 g 试样,精确到 0.001 g,置于 200 mL 烧杯中,加 70 mL 水和 1.2 mL 氢氧化钠溶液,混匀,用氢氧化钠溶液调至 pH 为 8～9,全部转移至 200 mL 容量瓶中,加 10 mL 硫酸锌溶液,混匀,如不产生白色沉淀,再补滴氢氧化钠溶液,直至产生沉淀为止,混匀,置 60℃ 水浴中加热 10 min,取出后冷却至室温,加水至刻度,混匀。放置 0.5 h,用滤纸过滤,弃去初滤液 20 mL,收集滤液备用。

2. 亚硝酸盐标准曲线的制备

吸取 0 mL,0.5 mL,1.0 mL,2.0 mL,3.0 mL,4.0 mL,5.0 mL 亚硝酸钠标准工作液(相当于 0 μg,2.5 μg,5 μg,10 μg,15 μg,20 μg,25 μg 亚硝酸钠),分别置于 25 mL 容量瓶中。于各瓶中分别加入 4.5 mL 氯化铵缓冲液,加 2.5 mL 乙酸后立即加入 5.0 mL 显色剂,加水至刻度,混匀,在避光处静置 25 min,用 1 cm 比色杯(灵敏度低时可换 2 cm 比色杯),以零管调节零点,于波长 538 nm 处测吸光度,以吸光度为纵坐标,各溶液中所含亚硝酸钠质量为横坐标,绘制标准曲线或计算回归方程。

含亚硝酸盐低的试样以制备低含量标准曲线计算,标准系列为:吸取 0 mL,0.4 mL,0.8 mL,1.2 mL,1.6 mL,2.0 mL 亚硝酸钠标准工作液(相当于 0 μg,2 μg,4 μg,6 μg,8 μg,10 μg 亚硝酸钠)。

3. 测定

吸取 10.0 mL 上述试液于 25 mL 容量瓶中,按"分别加入 4.5 mL 氯化铵缓冲液"起,进行显色和测量试液的吸光度(A_1)。

另取 10.0 mL 试液于 25 mL 容量瓶中,用水定容至刻度,以水调节零点,测定其吸光度(A_0)。从试液吸光度值 A_1 中扣除吸光度值 A_0,后得吸光度值 A,即 $A = A_1 - A_0$,再将 A 代入回归方程进行计算。

七、测定结果

1. 计算公式

$$X = \frac{m_2 \times V_1 \times 1\,000}{m_1 \times V_2 \times 1\,000}$$

式中:X 为试样中亚硝酸盐(以亚硝酸钠计)的含量,单位为 mg/kg;m_1 为试样质量,单位为 g;m_2 为测定用样液中亚硝酸盐(以亚硝酸钠计)的质量,单位为 μg;V_1 为试样处理液总体积,单位为 mL;V_2 为测定用样液体积,单位为 mL;1 000 为单位换算系数。

2. 结果表示

每个试样取 2 个平行样进行测定,以其算术平均值为结果。

结果表示到 0.1 mg/kg。

3. 重复性

同一分析者对同一试样同时或快速连续地进行两次测定,所得结果之间的相对偏差:在亚硝酸盐(以亚硝酸钠计)含量小于或等于 20 mg/kg 时,不得大于 10%;在亚硝酸盐(以亚硝酸钠计)含量大于 20 mg/kg 时,不得大于 5%。

八、考核评价

1. 简答

(1)叙述测定饲料中亚硝酸盐含量的原理。

(2)简述测定饲料中亚硝酸盐含量的步骤。

2. 技能操作

根据提供的条件,测定某饲料中亚硝酸盐含量,写出实验报告。

技能训练七　饲料中细菌总数的测定
(GB/T 13093—2006)

一、范围

本标准规定了饲料中细菌总数的测定方法,适用于配合饲料、浓缩饲料、饲料原料(鱼粉等)、牛精料补充料中细菌总数的测定。

二、术语和定义

下列术语和定义适用于本标准。

细菌总数就是饲料试样经过处理,在一定条件下(如培养成分、培养温度和时间等)培养后,所得 1 g(mL)试样中含细菌总数。

注:主要作为判定饲料被污染程度的标志,也可以应用这一方法观察细菌在饲料中繁殖的动态,以便对被检样品进行卫生学评价时提供依据。

三、原理

试样经过处理,稀释至适当浓度,在一定条件(如用特定的培养基,在温度(30 ± 1)℃培养(72 ± 3)h 等下培养后,所得 1 g(mL)试样中所含细菌总数。

四、设备及材料

①分析天平:感量 0.1 g。
②振荡器:往复式。
③粉碎机:非旋风磨,密闭要好。
④高压灭菌器:灭菌压力 0～3 kg/cm²。
⑤冰箱:普通冰箱。
⑥恒温水浴锅:(46 ± 1)℃。
⑦恒温培养箱:(30 ± 1)℃。
⑧微型混合器。
⑨灭菌三角瓶:100 mL、250 mL、500 mL。
⑩灭菌移液管 1 mL、10 mL。
⑪灭菌试管:16 mm×160 mm。
⑫灭菌玻璃珠:直径 5 mm。
⑬灭菌培养皿:直径 90 mm。
⑭灭菌金属勺、刀等。

五、培养基和试剂

①营养琼脂培养基:见附录 A。
②磷酸盐缓冲液(稀释液):见附录 A。
③0.85%生理盐水:见附录 A。
④水琼脂培养基:见附录 A。
⑤实验室常见消毒药品。

六、试样的制备

采样具有代表性的样品,避免采样时的污染,按四分法缩减至 100 g,磨碎,全部过 0.45 mm 孔径筛。样品应尽快检验。

七、测定程序

细菌总数测定程序见图1。

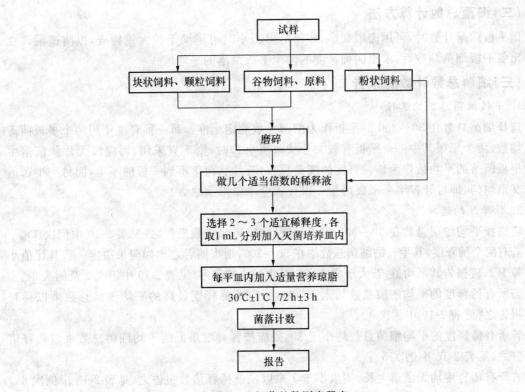

图 2-4　细菌总数测定程序

八、测定步骤

(一)试样稀释及培养

以无菌操作称取试样 25 g(或 10 g),放于含有 225 mL(或 90 mL)稀释液或生理盐水的灭菌三角瓶中(瓶内预置适当数量的玻璃珠)。置振荡器上,振荡 30 min。经充分振荡后,制成 1∶10 的均匀稀释液。最好置均质器中 8 000~10 000 r/min 的速度处理 1 min。

用 1 mL 灭菌吸管吸取 1∶10 稀释液 1 mL,沿管壁慢慢注入含有 9 mL 灭菌稀释液或生理盐水的试管中(注意吸管尖端不要触及管内稀释液),振摇试管,或放微型混合器上,混合 30 s,混合均匀,制成 1∶100 的稀释液。另取一只 1 mL 灭菌吸管,按上述操作方法,作 10 倍递增稀释,如此每递增稀释一次,即更换一支灭菌吸管。根据饲料卫生标准要求或对试样污染程度的估计,选择 2~3 个适宜稀释度,分别在作 10 倍递增稀释的同时,即以吸取该稀释的吸管移 1 mL 稀释液于灭菌平皿内,每个稀释度作两个培养皿。

稀释液移入培养皿后,应及时将凉至(46±1)℃的培养基(可放置(46±1)℃水浴锅内保温)注入培养皿约 15 mL,小心转动培养皿使试样与培养基充分混匀。从稀释试样到倾注培养基之间,时间不能超过 30 min。如估计试样中所含微生物可能在培养基平皿表面生长时,待培养基完全凝固后,可在培养基表面倾注凉至(46±1)℃的水琼脂培养基 4 mL。待琼脂凝固后,倒置平皿于(30±1)℃恒温培养箱内培养(72±3) h 取出,计算平板内细菌总数目,细菌总数乘以稀释倍数,即得每克试样所含细菌总数。

(二)细菌总数计算方法

做平板菌落计数时,可用肉眼观察,如菌落形态小时可借助于放大镜检查,以防遗漏。在计算出各平板细菌总数后,求出同稀释度的两个平板菌落的平均值。

(三)细菌总数计数的报告

1. 平板细菌总数的选择

选择细菌总数在30～300的平板作为细菌总数测定标准。每一稀释度使用两个平板菌落的平均数,两个平板其中一个平板有较大片状菌落生长时,则不宜采用,而应以无片状菌落生长的平板菌落的平均数作为该稀释度的细菌总数,若片状菌落不到平板的一半,而另一半菌落分布又很均匀,即可计算半个平板后乘2以代表全平皿细菌总数。

2. 稀释度的选择

应选择平均细菌总数在30～300的稀释度,乘以稀释倍数报告之(见表2-10中例次1)。

若有两个稀释度,其生长的细菌总数均在30～300,则视两者之比如何来决定。若其比值小于或等于2,应报告其平均值;若大于2则报告其中较小的数字(见表2-10中例次2及例次3)。

若所有稀释度的平均细菌总数均大于300,则应按稀释度最高的平均细菌总数乘以稀释倍数报告之(见表2-10中例次4)。

若所有稀释度的平均细菌总数均小于30,则应按稀释度最低的平均细菌总数乘以稀释倍数报告之(见表2-10中例次5)。

若所有稀释度均无菌落生长,则以小于1乘以最低稀释倍数报告之(见表2-10中例次6)。

若所有稀释度的平均细菌总数均不在30～300,其中一部分大于300或小于30时,则以最接近30或300的平均细菌总数乘以稀释倍数报告之,见表2-10中例次7。

(四)细菌总数的报告

细菌总数在100以内时,按其实有数报告,大于100时,采用两位有效数字,在两位有效数字后面的数值,以四舍五入方法修约。为了缩短数字后面的零数,也可用10的指数表示(见表2-10)。

表2-10　稀释度选择及细菌总数报告方式

例次	稀释液及细菌总数			稀释液之比	细菌总数 CFU/(g/mL)	报告方式 CFU/(g/mL)
	10^{-1}	10^{-2}	10^{-3}			
1	多不可计	164	20	—	16 400	16 000或1.6×10^4
2	多不可计	295	46	1.	37 750	38 000或3.8×10^4
3	多不可计	271	60	2.2	27 100	27 000或2.7×10^4
4	多不可计	多不可计	313	—	313 000	310 000或3.1×10^5
5	27	11	5	—	270	270或2.7×10^2
6	0	0	0	—	$<1\times10$	<10
7	多不可计	305	12	—	30 500	31 000或3.1×10^4

附录 A

(规范性附录)
培养基和试剂

除非特殊注明,所用试剂均为分析纯;水符合 GB/T 6682 三级水规格。

A.1　养琼脂培养基

A.1.1　成分

蛋白胨	10 g
牛肉膏	3 g
氯化钠	5 g
琼脂	15～20 g
蒸馏水	1 000 mL

A.1.2　制法

将除琼脂以外的各成分溶于蒸馏水中,加入15%氢氧化钠溶液约2 mL校正pH为7.2～7.4。加入琼脂,加热煮沸,使琼脂溶化。分装三角瓶,121℃高压灭菌20 min。

注:此培养基供一般细菌培养之用,可倾注平板或制成斜面。如菌落计数,琼脂量为1.5%;如做成平板或斜面,则应为2%。

A.2　磷酸盐缓冲液(稀释液)

A.2.1　储存液

磷酸二氢钾	34 g
1 mol/L 氢氧化钠溶液	175 mL
蒸馏水	1 000 mL

A.2.2　制法

先将磷酸盐溶解于500 mL蒸馏水中,用1 mol/L氢氧化钠溶液校正pH 7.0～7.2后,再用蒸馏水稀释至1 000 mL。

A.2.3　稀释液

取储存液1.25 mL,用蒸馏水稀释至1 000 mL。分装每瓶或每管9 mL,121℃高压灭菌20 min。

A.3　0.85%生理盐水

称取氯化钠(分析纯)8.5 g,溶于1 000 mL蒸馏水中。分装三角瓶中,121℃高压灭菌20 min。

A.4　水琼脂培养基

A.4.1　成分

琼脂	9～18 g
蒸馏水	1 000 mL

A.4.2　制法

加热使琼脂溶化,校正pH 6.8～7.2。分装三角瓶中,121℃高压灭菌20 min。

九、考核评价

1. 简答

(1)叙述测定饲料细菌总数的原理。

(2)简述测定饲料细菌总数的程序。

2. 技能操作

根据提供的条件,测定某饲料细菌总数,写出实验报告。

技能训练八　饲料中霉菌总数的测定
（GB/T 13092—2006）

一、范围

本标准规定了饲料中霉菌总数的测定方法,适用于饲料中霉菌总数的测定。

二、术语和定义

霉菌总数:饲料检样经处理并在一定条件下培养后,所得 1 g 检样中所含霉菌的总数。

三、原理

根据霉菌生理特性,选择适宜于霉菌生长而不适宜于细菌生长的培养基,采用平皿计数方法,测定霉菌数。

四、设备及材料

①分析天平:感量 0.001 g。

②恒温培养箱:[(25～28)±1]℃。

③冰箱:普通冰箱。

④高压灭菌器:2.5 kg。

⑤水浴锅:[(45～77)±1]℃。

⑥振荡器:往复式。

⑦微型混合器:2 900 r/min。

⑧灭菌玻璃三角瓶:250 mL,500 mL。

⑨灭菌试管:15 mm×150 mm。

⑩灭菌平皿:直径 90 mm。

⑪灭菌吸管 1 mL,10 mL。

⑫灭菌玻璃珠:直径 5 mm。

⑬灭菌广口瓶:100 mL,500 mL。

⑭灭菌金属勺、刀等。

五、培养基和试剂

除特殊注明,所用试剂均为分析纯;水符合 GB/T 6682—1992 三级水规格。

①高盐察氏培养基:制备方法见附录 A。

②稀释液:称取氯化钠 8.5 g,溶于1 000 mL 蒸馏水中,分装后,121℃高压灭菌 30 min。

③试验室常用消毒药品。

六、测定程序

霉菌测定程序见图 2-5。

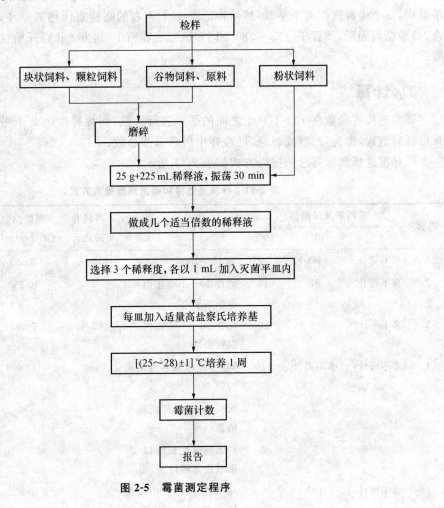

图 2-5　霉菌测定程序

七、试样的制备

采取具有代表性的样品,同时避免采样时的污染。首先准备好灭菌容器和采样工具,如灭菌牛皮纸袋或广口瓶,金属勺和刀,在卫生学调查基础上,采取有代表性的样品,粉碎过 0.45 mm 孔径筛,用四分法缩减至 250 g。样品应尽快检验,否则应将样品放在低温干燥处。

八、分析步骤

以无菌操作称取检样 25 g 或 25 mL,放入含有 225 mL 灭菌稀释液的玻璃三角瓶中,置振荡器上,振摇 30 min,即为 1∶10 的稀释液。

用灭菌吸管吸取 1∶10 稀释液 10 mL,注入带玻璃珠的试管中,置微型混合器上混合 3 min 或注入试管中,另用带橡皮乳头的 1 mL 灭菌吸管反复吹吸 50 次,使霉菌孢子分散开。

取 1 mL 1∶10 稀释液,注入含有 9 mL 灭菌稀释液试管中,另换一支吸管吹吸 5 次,此液为 1∶100 稀释液。

按上述操作顺序作 10 倍递增稀释液,每稀释一次,换用一支 1 mL 灭菌吸管,根据对样品污染情况的估计,选择 3 个合适稀释度,分别在作 10 倍稀释的同时,吸取 1 mL 稀释液于灭菌平皿中,每个稀释度作两个平皿,然后将凉至 45℃ 左右的高盐察氏培养基注入平皿中,充分混合,待琼脂凝固后,倒置于[(25~28)±1]℃ 恒温培养箱中,培养 3 d 后开始观察,应培养观察 1 周。

九、计算

通常选择霉菌数在 10~100 个之间的平皿进行计数,同稀释度的 2 个平皿的霉菌平均数乘以稀释倍数,即为每克(或每毫升)检样中所含霉菌总数。

稀释度选择和霉菌总数报告方式如表 2-11 所示。

表 2-11　稀释度选择和霉菌总数报告方式

| 例次 | 稀释液及霉菌数 | | | 稀释度选择 | 两稀释液之比 | 霉菌总数 [CFU/g(mL)] | 报告方式/ [CFU/g(mL)] |
	10^{-1}	10^{-2}	10^{-3}				
1	多不可计	80	18	选 10~100	—	8 000	$8.0×10^3$
2	多不可计	87	12	均在 10~100 比值≤2 取平均数	1.4	10 350	$1.0×10^4$
3	多不可计	95	20	均在 10~100 比值>2 取较小数	2.1	9 500	$9.5×10^3$
4	多不可计	多不可计	110	均>100 取稀释度最高的数	—	110 000	$1.1×10^5$
5	9	2	0	均<10 取稀释度最低的数	—	90	90
6	0	0	0	均无菌落生长则以<1 乘以最低稀释度	—	<1×10	<10
7	多不可计	102	3	均不在 10~100 取最接近 10 或 100 的数	—	10 200	$1.0×10^4$

注:cfu/g(mL)与个/g(mL)相当。

附录 A

(规范性附录)
高盐察氏培养基

A.1　成分

硝酸钠　　　　　　　　　　　　2 g

磷酸二氢钾　　　　　　　　　　1 g

硫酸镁($MgSO_4 \cdot 7H_2O$)　　　0.5 g

氯化钾　　　　　　　　　　　　0.5 g

硫酸亚铁　　　　　　　　　　　0.01 g

氯化钠　　　　　　　　　　　　60 g

蔗糖	30 g
琼脂	20 g
蒸馏水	1 000 mL

A.2　制法

加热溶解,分装后,121℃高压灭菌 30 min。必要时,可酌量增加琼脂。

十、考核评价

1. 简答

(1)叙述测定饲料霉菌总数的原理。

(2)简述测定饲料霉菌总数的程序。

2. 技能操作

根据提供的条件,测定某饲料霉菌总数,写出实验报告。

任务四　饲料显微镜检查(GB/T 14698—2002)

◆**知识目标**

1. 熟悉饲料显微镜检查的意义;

2. 了解饲料显微镜方法。

◆**能力目标**

能根据饲料显微镜检查结果判断饲料种类及其掺杂状况。

◆**相关知识**

饲料显微镜检测是以动植物形态学、组织细胞学为基础,将显微镜下所见物质的形态特征、物化特点、物理性状与实际使用的饲料原料应有的特征进行对比分析的一种鉴别方法。常用的显微镜检技术包括体视显微镜检技术和生物显微镜检技术,前者以被检样品的外部形态特征为依据,如表面形状、色泽、粒度、硬度、破碎面形状等;后者以被检样品的组织细胞学特征为依据。由于动植物形态学在整体与局部的特征上具有相对的独立性,各部位组织细胞学上具有特异性,因而,不论饲料加工工艺如何处理,都或多或少地保留一些用于区别诸种饲料的典型特征,这就使饲料显微镜检测结果具有稳定性与准确性。显微镜检的准确程度取决于对原料特征的熟悉程度及应用显微技术的熟练程度。

◆**相关技能**

饲料显微镜检查(GB/T 14698—2002)

一、范围

本标准规定了饲料原料及配合饲料的显微镜检查方法,适用于饲料原料及配合饲料的显微镜定性检查。

引用标准:GB/T 14699《饲料采样方法》,SB/T 10274《饲料显微镜检查图谱》。

二、测定原理

借助显微镜扩展检查者的视觉功能,参照各饲料原料标准样品和杂质样品的外形、色泽、硬度、组织结构、细胞形态及染色特征等,对样品的种类、品质进行鉴别和评价。

三、仪器

①立体显微镜:放大 7~40 倍,可变倍。

②生物显微镜:三位以上换镜旋座,放大 10~500 倍。

③放大镜:3 倍。

④标准筛:可套在一起的孔径 0.42 mm、0.25 mm、0.177 mm 的筛及底盘。

⑤研钵。

⑥点滴板:黑色和白色。

⑦培养皿、载玻片、盖玻片。

⑧尖头镊子、尖头探针等。

⑨电热干燥箱、电炉、酒精灯及实验室常用仪器。

四、试剂及溶液

除特殊规定外,本标准所用的试剂均为化学纯,水为蒸馏水。

①四氯化碳:ρ(相对密度)为 1.589 g/mL。

②丙酮(3+1):3 体积的丙酮(ρ 为 0.788 g/mL)与 1 体积的水混合。

③盐酸溶液(1+1):1 体积盐酸(ρ 为 1.18 g/mL)与 1 体积的水混合。

④硫酸溶液(1+1):1 体积硫酸(ρ 为 1.84 g/mL)与 1 体积的水混合。

⑤碘溶液:0.75 g 碘化钾和 0.1 g 碘溶于 30 mL 水中,贮存于棕色瓶内。

⑥茚三酮溶液:溶解 5 g 茚三酮于 100 mL 水中。

⑦硝酸铵溶液:10 g 硝酸铵溶于 100 mL 水中。

⑧钼酸盐溶液:20 g 三氧化钼溶入 30 mL 氨水与 50 mL 水的混合液中,将此液缓慢倒入 100 mL 硝酸(ρ 为 1.46 g/mL)与 250 mL 水的混合液中,微热溶解,冷却后与 100 mL 硝酸铵溶液混合。

⑨悬浮剂Ⅰ:溶解 10 g 水合氯醛于 10 mL 水中,加入 10 mL 甘油,混匀,贮存在棕色瓶中。

⑩浮剂Ⅱ:溶解 160 g 水合氯醛于 100 mL 水中,并加入 10 mL 盐酸溶液。

⑪硝酸银溶液:溶解 10 g 硝酸银于 100 mL 水中。

⑫间苯三酚溶液:溶解 2 g 间苯三酚于 100 mL95％的乙醇中。

五、比照样品

(1)饲料原料样品　按国家有关实物标准执行。

(2)掺杂物样品　搜集木屑、稻谷壳粉、花生荚壳粉等可能的掺杂物。

（3）杂草种子 搜集常与谷物混杂的杂草种子,大多可在谷物加工厂清理工序下脚料中找到。储于编号的玻璃瓶中。

六、直接感官检查

首先以检查者的视、嗅、触觉直接检查试样。

将试样摊放于白纸上,在充足的自然光或灯光下对试样进行观察。可利用放大镜。必要时以比照样品在同一光源下对比。观察目的在于识别试样标示物质的特征,注意掺杂物、热损、虫蚀、活昆虫等。检查有无杂草种子及有害微生物感染。

嗅气味时应避免环境中其他气味干扰。嗅觉检查目的在于判断被测试样标示物质的固有气味。并检查有无腐败、氨臭、焦糊等其他不良气味。

手捻试样目的在于判断试样硬度等手感特征。

七、试样制备

1. 分样

混匀试样,用四分法分取到检查所需量,一般 10～15 g 即可。

2. 筛分

根据试样粒度情况,选用适当组筛,将最大孔径筛置最上面,最小孔径筛置下面,最下面是筛底盘。将四分法分取的试样置于套筛上充分振摇后,用小勺从每层筛面及筛底各取部分试样,分别平摊于培养皿中(必要时试样可先经四氯化碳处理再筛分)。

3. 四氯化碳处理

油脂含量高或黏附有大量细颗粒的试样可先用四氯化碳处理(鱼粉、肉骨粉及大多数家禽饲料和未知饲料最好用此方法处理)。

取约 10 g 试样置 100 mL 高型烧杯中,加入约 90 mL 四氯化碳(在通风柜内),搅拌约 10 s,静置 2 min,待上下分层清楚后,用勺捞出漂浮物过滤,稍挥干后置 70℃ 干燥箱中 20 min,取出冷却至室温后将试样过筛。必要时也可将沉淀物过滤、干燥、筛分。

4. 丙酮处理

因有糖蜜而形成团块结构或水分偏高模糊不清的试样,可先用此法处理。取约 10 g 试样置 100 mL 高型烧杯中,加入约 70 mL 丙酮搅拌数分钟以溶解糖蜜,静置沉降。小心倾析,用丙酮重复洗涤、沉降、倾析两次。稍挥干后置 60℃ 干燥箱中 20 min,取出于室温下冷却。

5. 颗粒或团粒试样处理

置几粒于研钵中,用研杆碾压使其分散成各组分,但不要再将组分本身研碎。初步研磨后过孔径为 0.42 mm 筛。根据研磨后饲料试样的特征,依照筛分,进行四氯化碳处理,丙酮处理。

八、立体显微镜检查

将上述摊有试样的培养皿置立体显微镜下观察,光源可采用充足的散射自然光或用阅读台灯(要注意用比照样品在同一光源下对比观察),用台灯时入照光与试样平面以 45°角度为好。

立体显微镜上载台的衬板选择要考虑试样色泽,一般检查深色颗粒时用白色衬板;检查浅色颗粒时用黑色衬板。检查一个试样可先用白色衬板看一遍,再用黑色衬板看。

检查时先看粗颗粒,再看细颗粒。先用较低放大倍数,再用较高放大倍数。观察时用尖镊子拨动、翻转,并用探针触探试样颗粒。系统地检查培养皿中的每一组分。为便于观察可对试样进行木质素染色、淀粉质染色等。在检查过程中以比照样品在相同条件下,与被检试样进行对比观察。

记录观察到的各种成分,对不是试样所标示的物质,若量小称为杂质(参考相应国家标准规定的有关饲料含杂质允许量),若量大,则称为掺杂物。要特别注意有害物质。

九、生物显微镜检查

将立体显微镜下不能确切鉴定的试样颗粒及试样制备时筛面上及筛底盘中的试样分别取少许,置于载玻片上,加两滴悬浮剂Ⅰ,用探针搅拌分散,浸透均匀,加盖玻片,在生物显微镜下观察,先在较低倍数镜下搜索观察,然后对各目标进一步加大倍数观察。与比照样品进行比较。取下载玻片,揭开盖玻片,加一滴碘溶液,搅匀,再加盖玻片,置镜下观察。此时淀粉被染成蓝色到黑色,酵母及其他蛋白质细胞呈黄色至棕色。如试样粒透明度低不易观察时,可取少量试样,加入约 5 mL 悬浮液Ⅱ,煮沸 1 min 冷却,取 1~2 滴底部沉淀物置载玻片上,加盖玻片镜检。

十、主要无机组分的鉴别

将干燥后的沉淀物置于孔径 0.42 mm、0.25 mm、0.177 mm 筛及底盘之组筛上筛分,将筛出的 4 部分分别置于培养皿中,用立体显微镜检查,动物和鱼类的骨、鱼鳞、软体动物的外壳一般是易于识别的。盐通常呈立方体;石灰石中的方解石呈菱形六面体。

十一、鉴别试验

用镊子将未知颗粒放在点滴板上,轻轻压碎,以下工作均在立体显微镜下进行,将颗粒彼此分开,使之相距 2.5 cm,每颗周围滴一滴有关试剂,用细玻棒推入液体,并观察界面处的变化。

1. 硝酸银试验

将未知颗粒推入硝酸银溶液中,观察现象。如果生成白色晶体,并慢慢变大,说明未知颗粒是氯化物;如果生成黄色结晶,并生成黄色针状,说明未知颗粒为磷酸氢二盐或磷酸二氢盐;如果生成能略为溶解的白色针状,说明是硫酸盐;如果颗粒慢慢变暗,说明未知颗粒是骨。

2. 盐酸试验

将未知颗粒推入盐酸溶液中,观察现象。如果剧烈起泡,说明未知颗粒为碳酸盐;如果慢慢起泡或不起泡,则该试样还需进行钼酸盐试验、硫酸试验。

3. 钼酸盐试验

将未知颗粒推入钼酸盐溶液中,观察现象。如果在接近未知颗粒的地方生成微小黄色结晶,说明未知颗粒为磷酸三钙或磷酸盐、磷矿石或骨(所有磷酸盐均有此反应,但磷酸二氢盐和磷酸氢二盐均已用硝酸银鉴别)。

4. 硫酸试验

将未知颗粒上滴加盐酸溶液后,再滴入硫酸溶液,如慢慢形成细长的白色针状物,说明未知颗粒为钙盐。

5. 茚三酮试验

将茚三酮溶液浸润未知颗粒,加热到约 8℃,如未知颗粒显蓝紫色,说明是蛋白质。

6. 间苯三酚试验

将间苯三酚溶液浸润试样,放置 5 min,滴加入盐酸溶液,如试样含有木质素,则显深红色。

7. 碘试验

在未知颗粒上滴加碘溶液,如试样中含有淀粉,则显蓝紫色。

十二、结果表示

结果表示应包括试样的外观、色泽及显微镜下所见到的物质,并给出所检试样是否与送检名称相符合的判定意见。

十三、考核评价

1. 简答

(1)叙述测定饲料霉菌总数的原理。

(2)简述测定饲料霉菌总数的程序。

2. 技能操作

根据提供的条件,测定某饲料霉菌总数,写出实验报告。

项目三　配合饲料配方设计

任务一　配合饲料特点及饲养标准的应用

◈**知识目标**
1. 掌握配合饲料基本概念与种类；
2. 掌握各种畜禽配合饲料特点及原料选择原则；
3. 掌握配合饲料配方设计原则；
4. 熟悉饲料标准内容；
5. 掌握饲养标准应用的基本原则。

◈**能力目标**
1. 能合理选择配合饲料原料；
2. 能运用配合饲料特点初步判断配合饲料配方的合理性；
3. 能科学使用动物饲养标准，并结合生产实际情况，科学确定动物营养需要量。

◈**相关知识**

一、配合饲料概念与分类

(一)配合饲料的概念

配合饲料是指根据动物饲养标准及饲料原料的营养特点，结合实际生产情况，按照科学的饲料配方生产出来的由多种饲料原料(包括添加剂)组成的均匀混合物。若其中营养物质的种类、数量及比例符合动物的营养需要时，称为平衡日粮或全价日粮。

(二)配合饲料分类

1. 按营养成分和用途分类

(1)全价配合饲料　简称配合饲料，是将饲料添加剂(生产上往往预先配制成添加剂预混合饲料)、能量饲料、蛋白质饲料、钙、磷、食盐等矿物质饲料按照一定比例配制而成的均匀混合物。除水分外，能满足畜禽所需的能量、蛋白质、矿物质、维生素等营养物质全面需要，是可用以直接饲喂单胃动物的营养平衡饲料。

(2)反刍动物精料补充饲料　简称精料补充料，是为满足反刍家畜因青粗饲料等养分不足，将添加剂预混合饲料、能量饲料、蛋白质饲料、钙、磷、食盐等矿物质饲料按照一定比例配制而成的均匀混合物。饲喂时，需按照一定比例的精料补充料和青粗饲料一起饲喂。

2. 按饲料形状分类

根据饲料形状不同，配合饲料又可分5种主要类型。生产实践中，配合饲料的形状取决于配合饲料的营养特性、饲喂对象及饲喂环境等。

（1）粉料　粉料是配合饲料最常用的形式,各种配合饲料都可为粉料形式。粉料生产加工工艺简单,加工成本较低,易与其他饲料种类搭配使用,应用广泛;但生产粉料粉尘大,损失较大,加工、贮藏和运输等过程中养分易受外界环境的干扰而失活,易引起动物挑食,造成饲料浪费。不同动物对粉料粒度要求不同,国标规定:

猪配合饲料:99%通过 2.80 mm 编织筛,但不得有整粒谷物,1.40 mm 编织筛筛上物不得大于 15%。

鸡配合饲料:肉用仔鸡前期、产蛋后备鸡(前期)99%通过 2.80 mm 编织筛,但不得有整粒谷物,1.40 mm 编织筛筛上物不得大于 15%;肉用仔鸡中后期、产蛋后备鸡中后期 99%通过 3.35 mm 编织筛,但不得有整粒谷物,1.70 mm 编织筛筛上物不得大于 15%;产蛋鸡全部通过 4.00 mm 编织筛,但不得有整粒谷物,2.00 mm 编织筛筛上物不得大于 15%。

预混合饲料:微量矿质元素预混料全部通过 40 目分析筛,80 目分析筛筛上物不得大于 20%;维生素预混料、复合预混料全部通过 16 目分析筛,30 目分析筛筛上物不得大于 10%。

浓缩饲料:全部通过 8 目分析筛,16 目分析筛筛上物不得大于 10%。

反刍动物精料补充饲料的粒度目前尚存争议,有人主张哺乳牛<1.0 mm,幼牛和乳牛<2.0 mm。但近期研究发现反刍动物精料补充饲料粒度对饲养效果、饲料转化率影响不甚明显,相反适当增大粒度反而会提高饲养效果和饲料转化率。

（2）颗粒饲料　颗粒饲料是指以粉料为基础经过蒸汽调质加压处理而制成的颗粒状配合饲料,多为圆柱状,也有角状。这种饲料容重大,适口性好,可提高动物采食量,避免动物挑食,保证了饲料营养的全价性,饲料报酬高。但加工过程中由于加热加压处理,部分维生素、酶等的活性受到影响。主要适用于作为幼龄动物、肉用型动物饲料和鱼的饵料。

颗粒饲料的直径与动物种类和年龄有关。我国一般采用的饲料直径范围为:肉鸡和产蛋后备鸡 1~2.5 mm,成鸡 4.5 mm;仔猪 4~6 mm,育肥猪 8 mm,成年母猪 12 mm;小牛 6 mm;成牛 15 mm;鱼生长前期 4 mm,后期 6 mm。

颗粒饲料的长度一般为其直径的 1~1.5 倍(鱼为 2~2.5 倍)。

（3）碎粒料　碎粒料是颗粒饲料的一种特殊形式,即将生产好的颗粒饲料经过磨辊式破碎机破碎成 2~4 mm 大小的碎粒。这类饲料主要是为了解决生产小动物颗粒饲料时费工、费时、费电、产量低等问题,它具有颗粒饲料的各种优点。

（4）压扁饲料　压扁饲料是指将籽实饲料去皮(反刍动物可不去皮),加入 16%的水,通过蒸汽加热到时 120℃左右,然后压成扁片状,经冷却干燥处理,再加入各种所需的饲料添加剂制成的扁片状饲料。压扁饲料能提高饲料的消化率和能量利用效率,可单独饲喂动物,应用广泛,使用方便,效果良好。

（5）膨化饲料　膨化饲料是指把混合好的粉状配合饲料加水、加温变成糊状,同时在 10~20 s 内加热到 120~180℃,通过高压喷嘴挤压干燥,饲料膨胀,发泡成饼干状,然后切成适当大小的饲料。膨化饲料适口性好,易于消化吸收,是幼龄动物的良好开食饲料;同时膨化饲料比重轻,多孔,保水性好,是水产养殖上的最佳浮饵。

另外,还有液体饲料、块状饲料等。

3. 按饲喂对象分类

如猪用配合饲料、鸡用配合饲料、鸭用配合饲料、牛用配合饲料等。

二、畜禽配合饲料配方特点及原料选择

（一）猪配合饲料配方特点及原料选择

1. 乳猪、仔猪配合饲料配方特点及原料选择

（1）乳猪、仔猪配合饲料原料选择　由于乳猪、仔猪消化生理特点，特别是乳猪、早期断奶仔猪，其消化道内消化酶分泌系统发育不全，要求饲料原料品质优良，易于消化吸收，适口性好。在配合饲料原料选择时，尤其应注意以下几点：

①蛋白质饲料选择　应尽量使用一定量的易消化的动物性蛋白质饲料，如鱼粉、血浆蛋白粉等，控制使用植物性饲料或者使用去除了抗原性的植物蛋白质饲料原料，如膨化大豆粉、膨化大豆粕等；脱脂奶粉既是乳猪配合饲料的优质蛋白质饲料，又能提高配合饲料适口性和消化性，还能补充配合饲料能量；特别要注意配合饲料中氨基酸平衡。

②能量饲料选择　在选用适量的优质玉米外，还应选用纯度高、添有抗氧化剂的大豆油、玉米油、椰籽油、棕榈油、棉籽油、菜籽油等植物油脂补充能量，其中大豆油、椰子油效果更好，此外，乳清粉、乳糖等能提高配合饲料适口性和消化性，亦能提高配合饲料能量。

③补充促消化添加剂　配合饲料中添加一定的酶制剂、酸化剂，可提高仔猪的生长速度及饲料利用率。

④补充食欲促进剂　仔猪味觉和嗅觉较灵敏，喜食甜味和乳香味的饲料，加入一定香型的香味素和甜味剂，可显著提高采食量。

⑤添加药物添加剂　乳猪、仔猪对疾病的抵抗力差，尤其易感染黄痢、白痢和赤痢等，所以还应按规定在预混料中添加药物添加剂，主要是防治仔猪黄痢、白痢和赤痢等药物。

（2）乳猪、仔猪配合饲料配方特点

①3周龄前乳猪　配合饲料中玉米、糙米等植物性能量饲料原料一般为15％～50％；大豆粕为13％～27％，一般不用其他植物性蛋白质饲料原料；脱脂奶粉为15％～40％；乳清粉为0～20％；鱼膏为2.5％左右；蔗糖为5％～10％；稳定脂肪为0～2.5％；矿物质、复合预混料（含药物添加剂）为1％～4％。

②3周龄后仔猪　配合饲料中玉米、糙米、麸皮等植物性能量饲料原料一般为30％～65％，其中麸皮用量一般不超过5％；植物性蛋白质饲料原料一般只选用豆粕，用量为15％～30％；进口鱼粉用量为1％～5％；乳清粉为0～20％；矿物质、复合预混料（含药物添加剂）1％～4％；有条件的可补充酸化剂1％～2％，油脂1％～3％，以及复合酶制剂等。

2. 生长育肥猪配合饲料的配方特点及原料选择

我国一般将生长育肥猪分为育肥前期和育肥后期两个阶段：即体重20～60 kg阶段和体重60～90 kg阶段。

（1）生长育肥猪配合饲料原料选择　生长育肥猪消化机能渐趋成熟，前期在全面考虑日粮营养平衡时，特别要注意满足粗蛋白质、赖氨酸、钙、磷、维生素A、维生素D、铁、锌和胆碱等营养指标，适当注意饲料适口性和可消化性。后期日粮侧重满足消化能、赖氨酸、钙、磷、维生素A、维生素D、锌和铜等养分供应，并注意饲料成本，选用饲料原料时应注意以下几点：

①饲料原料选择范围广，除使用玉米、豆粕外，可选择非常规能量饲料原料如大麦等麦类谷物、稻谷、高粱及其加工副产品。可以不使用或少使用动物性饲料原料，适当增加杂粮类饲料原料如棉籽粕、菜籽粕等，还可少量补充优质粗饲料，饲喂时也可搭配少量的青饲料。

②注意所选饲料原料的适口性、抗营养因子或有毒有害物质的含量,尤其要注意水溶性非淀粉多糖及植酸等抗营养因子较高的非常规能量饲料及其加工副产品的用量,使用前可通过原料的适当加工处理或在配方中限制用量的方法消除或降低抗营养因子量。

③生长肥育后期还应特别注意配合饲料对肉质的影响,由于生长育肥猪后期沉积脂肪的能力很强,其饲粮中应控制含植物性油脂高的饲料原料,以免造成猪胴体脂肪变软,导致肉质下降。

(2)生长育肥猪配合饲料的配方特点 生长育肥猪配合饲料中能量饲料原料一般占配合饲料的65%～75%,可广泛使用谷物籽实,如玉米用量可用到20%～75%、糙米0～75%、大麦0～50%、高粱0～10%、麸皮0～30%(前期一般不超过10%)等;蛋白质饲料原料用量一般占配合饲料的15%～25%,且以植物性蛋白质饲料为主,豆粕占配合饲料的10%～25%,棉籽粕、菜籽粕总用量可控制在10%以下(前期以不超过8%为宜),其他饼粕一般为5%以下;动物性蛋白质饲料原料一般不超过5%;此外配合饲料中可补充适量的优质粗饲料,如干草粉、树叶粉等,用量不宜超过5%;矿物质、复合预混料(一般不含药物添加剂)占1%～4%。

3.种猪配合饲料的配方特点及原料选择

(1)种猪配合饲料原料选择 种猪配合饲料配制以保证良好的繁殖性能为根本出发点,注意防止种猪生长过快、体况过肥,在饲料原料选择上要适当考虑粗饲料或营养浓度较低的饲料原料。主要选择以下原料:

①选择含有一定量粗纤维的饲料,不仅可使种猪保持良好的何况,维持较高的繁殖性能,同时可以减少便秘的发生,一般糠麸类、草粉和树叶粉类饲料常常被用做种猪的饲料原料。

②种猪配合饲料应适当增加矿物质和维生素的供给量,除了以添加剂形式补充外,可使用富含微量元素和维生素的天然饲料原料。促生长类饲料添加剂不宜用于种猪配合饲料中。

③妊娠母猪配合饲料中,要求饲料品质优良、适口性好并具有调养性。饲料组成要多样化,按母猪妊娠不同阶段调整日粮中精料、粗料及多汁饲料的比例。妊娠前期可适当增加糠麸及青、粗饲料用量;妊娠后期则因胎儿生长发育迅速,加之哺乳阶段又分泌大量乳汁,为保证繁殖性能的提高,要求饲料中蛋白质品质要好,而且必需氨基酸平衡;钙、磷比例应为(1.2～1.5)∶1,粗纤维含量为4%～5%,供给充足的维生素和微量元素。

(2)种猪配合饲料的配方特点

①后备母猪:配合饲料中玉米、糙米等谷物籽实类能量饲料占20%～45%;麸皮占20%～30%;统糠等粗饲料占10%～20%;饼粕类等植物性饲料占15%～25%;矿物质、复合预混料占1%～3%。

②妊娠母猪:配合饲料中玉米、大麦、糙米等谷物籽实类能量饲料占45%～75%;麸皮占20%～30%;饼粕类等植物性蛋白质饲料占10%～20%;鱼粉等动物性蛋白质饲料占0～5%;优质牧草类饲料占0～10%;矿物质、复合预混料等占2%～4%。

③哺乳母猪:配合饲料中玉米、糙米等谷物籽实类饲料占45%～65%;麸皮等糠麸类饲料占5%～30%;饼粕类饲料占15%～30%;优质牧草类占0～10%;矿物质、复合预混料占1%～4%。

④种公猪:可参照妊娠母猪饲料。

(二)家禽配合饲料的配方特点及原料选择

1.家禽配合饲料原料选择

(1)肉用仔鸡配合饲料原料选择 肉用仔鸡的生产目的是提供人们肉食产品。肉用仔鸡具有生长速度快、饲料转化效率高等特点,在设计配合饲料配方时,除遵循"高能量高蛋白"原则外,还应考虑肉用仔鸡营养的特殊性和人们对禽肉产品要求的特殊性,在配合饲料原料选择时应注意如下几点。

①选用能量、粗蛋白质含量较高的优质原料,如黄玉米、大豆粕、进口鱼粉、饲料酵母等,不用或少用粗纤维含量较高的原料,如糠麸等。为了满足肉用仔鸡对能量的需要,还需添加5%以下的动植物油脂,牛、羊等动物油脂中饱和脂肪酸含量高,雏鸡不能很好地吸收利用,如果同时用1%大豆油或4%全脂大豆粉作为替代物,可提高脂肪的消化率。

②注意饲料对肉用仔鸡肉品质的影响。有研究表明:添加高水平维生素E可改善鸡肉的品质。配合饲料中加入一定量的饲料色素或玉米蛋白粉、苜蓿草粉,可改善商品鸡皮肤颜色,提高商品鸡品质。

(2)蛋鸡配合饲料原料选择　在设计蛋鸡配合饲料配方时,一般按蛋用鸡饲养阶段划分为雏鸡料(0～8周龄)、育成鸡料(9～18周龄)、开产至高峰期鸡料(产蛋率85%以上)、产蛋后期鸡料(产蛋率<85%)。设计产蛋鸡的饲料配方,除考虑鸡的生产性能外,还要考虑鸡的品种、体重、蛋的大小、蛋壳的质量、蛋黄的质量、蛋黄的色泽、每天采食量以及鸡舍的温度、湿度、鸡的饲养管理条件等。配合饲料原料选择上,能量饲料以玉米、糙米为主,有时也使用小麦、高粱等;大麦主要用于育成鸡配合饲料;常需添加动植物油脂,以增加饲粮代谢能含量,并补充家禽所需的必需脂肪酸(亚油酸)。蛋白质饲料以饼粕类为主,尤其是豆粕,也可适量用些其他饼粕类。鱼粉用量一般控制在5%以下。血粉常用作肉用仔鸡皮肤和鸡蛋蛋黄增色剂使用。其他原料在鸡配合饲料中也有所使用。产蛋鸡配合饲料中注意添加蛋氨酸,肉仔鸡及蛋雏鸡常需补充赖氨酸。矿物质、复合预混料在鸡饲料中用量变化大,比例在3%～15%。

2. 禽类配合饲料的配方特点(表3-1)

表3-1　鸡配合饲料中常用原料的通常用量　　　　　　　　　　　　　　%

原料名称	肉用仔鸡	蛋　　鸡	
		生长蛋鸡	产蛋鸡
玉米	35～75	30～70	35～65
糙米	0～35	0～35	0～35
高粱	0～50	0～50	0～50
小麦	0～75	0～70	0～70
麸皮	0～10	0～30	0～5
米糠	0～5	0～5	0～5
鱼粉	0～10	0～5	0～5
血粉	0～5	0～5	0～5
肉骨粉	0～15	0～15	0～15
豆粕	15～30	15～30	15～30
棉粕、菜粕	0～5	0～5	0～5
花生粕	0～8	0～8	0～8
动物植油脂	0～5	—	0～5
优质牧草	0～5	0～5	0～5
矿物质	1.5～3.0	1.5～3.0	10～15
复合预混料	0.5～2.0	0.5～2.0	0.5～2.0

(三)牛配合饲料的配方特点与原料选择

1. 哺乳犊牛配合饲料(人工乳)配方特点

初生犊牛瘤胃容积很小,其对养分的消化吸收主要靠真胃及其下部消化道来完成。随着年龄的增长,牛瘤胃逐渐发达,大约在 6 周龄时可达到类似成年牛的状态,依靠瘤胃内微生物发酵饲料;约在 3 月龄时,能达到成年牛的水平。因此,哺乳牛的配合饲料一般可按日龄分为前期、后期两个阶段,分别饲喂两种不同饲料。同时,随着日龄增长和采食的增加,后期所用饲料的养分应较前期低。

犊牛人工乳配方可供选用的原料,主要有脱脂奶粉或乳品加工副产品、乳糖或单糖、油脂及饲料添加剂等。优质鱼粉与大豆也可使用一部分。据研究,鱼粉最多只能代换乳蛋白的35%,即使是这一比例也有一定程度降低幼牛生长的作用。初生牛犊对大豆蛋白的利用能力也是较低的,比例过高还可导致腹泻。幼牛对动物脂肪的利用能力高于植物脂肪。另外,早期代乳料中添加一定比例的乳化剂往往是非常重要的。

2. 育成牛配合饲料的配方特点

3 月龄以上的育成母牛、公牛,其饲喂方法不同。对于育成母牛,在饲喂质量较好的粗饲料时,能够满足育成母牛的营养需要,且达到培育标准,如果饲喂一般的粗饲料,则仍需要补充一些精饲料。而对于育成公牛,为了促进其瘤胃发育,防止育肥后期采食不足,应以精饲料为主,也要尽可能地多饲喂一些粗饲料。

对于 6~12 月龄生长奶牛,应以优质牧草、干草、多汁饲料为主,辅助少量精料。12~18月龄时,粗料可占饲粮干物质的 75%。18~24 月龄时,一般粗料可占饲粮干物质的 70%~75%,精料占饲粮干物质的 25%~30%。

3. 泌乳奶牛配合饲料的配方特点

泌乳奶牛的配合饲料所用原料种类多,应含有高质量的青绿多法饲料及豆科干草,所有青粗饲料应占饲粮干物质的 60%左右,而精料补充量以产奶量高低来确定。较多的粗饲料品质变动大,而且奶牛的体重、泌乳量、乳质、个体差异也很大,因此其配方没有统一的标准。必须因地制宜,根据实际情况进行配方设计。为保持瘤胃内正常发酵,维持正常的产奶量和乳脂率,粗饲料的质量和数量非常重要。许多研究认为,根据产奶阶段的不同和产奶量的高低,粗饲料与精饲料的比例有变化,一般年产奶量为 5 000~6 000 kg 的奶牛饲粮中精料比例为 40%~50%,高产奶牛的泌乳高峰期精粗料比例可达 60:40,饲粮干物质中的粗纤维应该在 15%以上,为提高奶品质特别是乳脂率,可添加乙酸钠等物质。另外,饲粮中可添加小苏打,以缓冲瘤胃酸碱度。泌乳奶牛饲粮配方中尽量不使用尿素等非蛋白氮饲料。高产奶牛精料补充料,各种饲料原料所占比例为:高能量饲料 50%,蛋白质饲料 25%~30%,矿物质饲料等 2%~3%。

除大豆粕外,在奶牛饲料中可以利用其他各种植物性饼粕类。对于奶牛,使用亚麻籽粕有使乳脂变软的性质,过多使用不利于制作黄油。椰子粕对奶牛适口性好,也有吸附糖蜜的特性,可生产出良好的硬质黄油。在选择精原料时,要考虑原料对乳品质的影响,如菜籽粕、糟渣、鱼粉和蚕蛹粉等饲料应严格限制用量,否则,可能使牛乳产生异味,而影响奶的品质。

反刍动物可以利用非蛋白氮化合物合成微生物蛋白质,因而尿素是有效的蛋白质源;但必须注意使用方法,以防发生氨中毒。

生长奶牛饲料配方设计的目标是通过控制营养水平，在适宜时间（约 2 周岁）达到适宜体重，为以后的配种、繁殖、产奶打下良好基础。

配方设计时首先搞清生长奶牛的种类、年龄、体重，估计在规定时间内达到规定体重所要求的日增重；其次认真研究饲料间的组合效应，确定精粗饲料的比例，一般粗饲料应占日粮干物质的 40%～60%；再次调查粗饲料的来源、种类、质量和一般用量，估算出平均每天能提供生长奶牛的主要营养成分的数量；最后根据生长奶牛的日采食量及饲养标准，确定达到规定日增重必须由精料补充料提供的营养成分的数量，拟定出生长奶牛精料补充料的配方。

4. 肉牛育肥用配合饲料的配方特点

为了达到肥育肉牛最大的日增重，出生 6 个月以上的肥育肉牛，所用的饲料以高能高精料为主。一般肉牛饲粮中粗饲料占 45%～55%，精料中粗纤维含量大于 10%，可采用含尿素的精料补充料配方，在允许情况下，肉牛可使用一定量的催肥剂。

肥育肉牛饲粮的主要组成原料为：糟渣、糖渣、粉渣、氨化秸秆、玉米青贮、精料，冬季加一定的胡萝卜。肉牛饲喂大量精饲料时，以加工处理的谷物类最为理想。饲喂高粱、大麦，均可获得优质脂肪，尽可能多用大麦，少用玉米、小麦。除以谷类作为能量来源外，也可利用玉米面筋饲料、玉米胚芽粉、淀粉、糠麸类、糟渣类饲料等。如大量饲喂玉米面筋饲料，会降低其适口性，应限制在 10%左右比例。由于玉米胚芽粉的成分接近玉米面筋饲料，且适口性好，可大量使用，还容易制成颗粒。

在国外，肉牛料中广泛添加油脂，以提高饲料的能量浓度。常用的油脂有牛羊脂、黄油等动物性油脂。大量饲喂时，会影响瘤胃内发酵，降低纤维素消化率和非蛋白氮饲料利用率，其添加量必须限制在 5%以下，而以 2%～3%为宜。

为了防止肉牛脂肪变黄，在肥育末期不能过多地使用苜蓿草粉。为了达到肥育料干物质中的粗纤维最低需要量 6%的水平，需要饲喂 5%～10%的粗饲料。

为降低饲料成本，充分利用各种资源，可利用各种植物饼粕替代部分大豆粕。芝麻粕大量饲喂时体脂容易变软，配合比例最好控制在 5%。亚麻籽粕对毛皮光泽有良好作用，还具有整肠、通便的特性，所以用做肥育牛的饲料原料价值较高，最好与大豆粕并用。棉籽粕容易引起便秘，以与亚麻籽粕和糖蜜并用为宜。椰籽粕适口性好，具有很好吸附糖蜜和特性，因其品质变动幅度大，不适于单独作为蛋白质来源使用。在肉牛精料混合料中可以添加少量的尿素，以减少蛋白质饲料用量，节约饲料成本。

三、配合饲料配方的设计原则

（一）营养性原则

营养性原则是配合饲料配方设计的基本原则。它包括：

1. 合理地设计饲料配方的营养水平

设计饲料配方的水平，必须以饲养标准为基础，同时要根据动物生产性能、饲养技术水平与饲养设备、饲养环境条件、市场行情等及时调整饲粮的营养水平，特别要考虑外界环境与加工条件等对饲料原料中活性成分的影响。

设计配方时要特别注意诸养分之间的平衡，也就是全价性。有时即使各种养分的供给量都满足甚至超过需要量，但由于没有保证有拮抗作用的营养素之间的平衡，反而出现营养缺乏症或生产性能下降。设计配方时应重点考虑能量与蛋白质、氨基酸之间、矿物元素之间、抗生素与维生素之间的相互平衡。诸养分之间的相对比例比单种养分的绝对含量更重要。

2. 合理选择饲料原料,正确评估和决定饲料原料营养成分含量

饲料配方平衡与否,很大程度上取决于设计时所采用的原料营养成分值。条件允许的情况下,应尽可能多的选择原料种类。原料营养成分值尽量有代表性,避免极端数字,要注意原料的规格、等级和品质特性。对重要原料的重要指标最好进行实际测定,以提供准确参考依据。选择饲料原料时除要考虑其营养成分含量和营养价值,还要考虑原料的适口性、原料对畜产品风味及外观的影响、饲料的消化性等。

3. 正确处理配合饲料配方设计值与配合饲料保证值的关系

配合饲料中的某一养分往往由多种原料共同提供,且各种原料中养分的含量与其真实值之间存在一定的差异,加之饲料加工过程中的偏差,同时生产的配合饲料产品往往有一个合理的贮藏期,贮藏过程中某些营养成分还要因受外界各种因素的影响而损失,所以配合饲料的营养成分设计值通常应略大于配合饲料保证值,以保证商品配合饲料营养成分在有效期内不低于产品标签中的标示值。

(二)安全性原则

配合饲料对动物自身必须是安全的。对含有毒成分的饲料如菜籽粕、棉籽粕等要注意限制用量,要保证选用的饲料品质良好,无毒、无害、不含异物、不发霉、无污染等,所选用的饲料原料要符合我国饲料质量标准和卫生标准。

动物采食配合饲料而生产的动物产品对人类必须既富营养又安全。设计配方时,要严格遵守饲料法规,严禁使用有害有毒的成分,严禁使用各种违禁饲料添加剂、药物和生长促进剂等,严禁使用受微生物污染的原料,严禁使用未经科学试验验证的非常规饲料原料。

(三)经济性原则

配方设计时既要考虑饲料的经济性,同时也要考虑饲料的社会效益。设计饲料配方时,必须因地因时制宜,精打细算,巧用饲料原料,尽量选用营养丰富、质量稳定、价格低廉、资源充足、运输方便的饲料原料,增加农副产品比例。如利用玉米胚芽饼、粮食酒糟等廉价能量饲料替代部分玉米等能量饲料;利用脱毒棉仁饼(粕)、菜籽饼(粕)、花生饼(粕)、苜蓿粉等替代部分大豆饼(粕)和鱼粉等价格较贵的蛋白质饲料,以充分利用饲料资源,降低饲养成本,提高经济效益。在饲料原料品种数量确定时,要做到配方的质量与成本之间的平衡,饲料原料品种越多,越能起到饲料原料营养成分的互补作用,有利于配合饲料的营养平衡,保证配方质量,但原料品种过多,会增加加工成本。因此,饲料原料品种数确定既要符合营养标准的要求,又要尽可能地降低成本。除此之外,还应综合考虑动物产品、排弃物以及废弃物等对环境的不利影响。

(四)市场性原则

设计的饲料配方要具有良好的市场认同性。配方设计人员必须熟悉市场,及时了解市场动态,准确确定产品在市场中的定位(如高、中、低档等),明确用户的特殊要求(如外观、颜色、风味等),设计出各种不同档次的产品,以满足不同用户的需要。同时还要预测产品的市场前景,不断开发新产品,以增强产品的市场竞争力。

四、配合饲料配方设计的基本依据

配合饲料配方设计的基本依据是畜禽饲养标准。饲养标准是根据畜禽的不同种类、性别、

年龄、体重、生理状态、生产目的与生产水平等，通过生产实践积累的经验，结合物质平衡试验与饲养试验结果，科学地规定每头每日应给予的能量和各种营养物质的最低数量。

（一）饲养标准的指标

不同的饲养标准和营养需要除了在制定能量、蛋白质和氨基酸定额时采用的指标体系有所不同外，其他指标采用的体系基本相同。在确定营养指标的种类上，不同国家和地区有明显差异。下面重点介绍我国饲养标准指标体系。

1. 干物质或风干物质

干物质（DM）或风干物质的采食量（DMI）是一个综合性指标，用千克（kg）表示。饲养标准中规定的采食量，是根据动物营养原理和大量试验结果，科学地规定了动物不同生理阶段的采食量。一般采食量占动物体重的 3％～5％。动物年龄越小，生产性能越高，采食量占体重的百分比越高。采食量所占比例越高，一般来说要求日粮的养分浓度也越高。若饲料条件太差，养分浓度较低，可能因受采食量的限制，而造成主要营养分摄食不足。因此，配制动物日粮时应正确协调采食量与养分浓度间的关系。饲养标准中给出的采食量仅仅是定额，它是根据动物营养原理和大量动物实验结果而确定的理论值，为动物不同生产阶段的平均采食量。

2. 能量

能量是动物的第一营养需要，没有能量就没有动物体的所有功能活动，甚至没有机体的维持，因此充分满足动物的能量需要具有十分重要的意义。净能可与产品直接相关，可以根据饲料净能的食入量准确预测畜产品的产量，因此，用净能衡量动物的能量需要是营养学发展的必然趋势。由于测定净能费时费工，目前我国饲养标准中奶牛常采用净能、猪采用消化能或代谢能、家禽采用代谢能表示其能量需要，单位是兆焦（MJ）。我国的奶牛饲养标准中为了突出实用性，也采用奶牛能量单位表示奶牛的能量需要（NND 或 DCEU），对肉牛采用肉牛能量单位（RND 或 BCEU）。

3. 蛋白质、氨基酸

猪、禽用粗蛋白质，牛用粗蛋白质或可消化粗蛋白质表示其蛋白质的需要，单位是克（g）。配制配合饲料时用百分数表示。粗蛋白质实质上是作为氨基酸的载体使用，非反刍动物（尤其是禽）对日粮中必需氨基酸有着特殊的需要。随着"理想蛋白质"概念的提出与应用，平衡供给氨基酸，可在降低动物日粮粗蛋白质浓度的情况下，提高动物的生产性能和经济效益。饲养标准中列出了必需氨基酸（EAA）的需要量，其表达方式有用动物每天每头（只）需要绝对量表示，也有用饲粮中必需氨基酸含量表示。对于单胃动物而言，蛋白质营养实际是氨基酸营养，用可利用氨基酸表示动物对蛋白质的需要量也将是今后发展的方向。必需氨基酸是猪、禽饲养标准中不可缺少的主要指标之一。用总可消化、表观可消化或真可消化氨基酸表示饲料蛋白质营养价值或动物的蛋白质需要量是总的发展趋势。当大量使用杂饼（粕）或非常规饲料时，利用有效氨基酸指标配合日粮的效果十分显著。随着反刍动物蛋白质营养研究的深入，为了更加准确地评定牛羊的蛋白质需要，预计不久将用降解蛋白（RDP）和非降解蛋白（UDP）来衡量牛羊的蛋白质需要，甚至可能用小肠可吸收有效氨基酸表示蛋白质需要。反刍动物蛋白质饲养新体系的不断完善，必将使反刍动物更加合理、有效地利用饲料蛋白质。

猪、鸡饲养标准中列出了必需氨基酸的需要量常以日粮的百分比或每天每头（只）需要多少克表示。要想获得最佳的生产性能，日粮中就必须提供数量足够的必需氨基酸。反刍动物由于瘤胃微生物可以合成微生物蛋白质，因此对必需氨基酸的需要不像猪、鸡那样重要。

4. 维生素

猪、禽所需的维生素全部应由饲料提供。年龄越小、生产性能越高,所需维生素的种类与数量越多。猪、鸡体内合成的维生素 C,一般可满足需要,只有在应激状况下才补充维生素 C,而维生素 A、维生素 D、维生素 E、维生素 K、维生素 B_1、核黄素、泛酸、胆碱、烟酸、维生素 B_6、生物素、叶酸、维生素 B_{12} 都要进行补充。

一般情况下,反刍动物仅需由饲料提供维生素 A,有时还需考虑维生素 D 和维生素 E。因为瘤胃微生物可以大量合成维生素 K 和 B 族维生素,因此除幼龄反刍家畜,一般不会缺乏这些维生素。如果反刍动物的日粮中有相当数量的优质牧草及干草,一般不会缺乏维生素 A、维生素 D、维生素 E。如果饲喂青贮饲料或缺乏阳光照射,就需要添加这类维生素。

5. 矿物质元素

钙、磷及钠是各类动物饲养标准中的必需营养素,用克(g)表示,对于猪、禽强调有效磷的需要量。我国饲养标准中,还规定了禽对铁、铜、锌、锰、硒、碘等微量元素的需要量。给动物补充各种微量元素已普遍应用于饲养实践,并产生了良好的效果和效益。随着微量元素营养的研究,发现过去认为非必需,甚至有毒或剧毒的元素(如砷、氟、铅等)也是动物生产所必需的,因此,动物所需的微量元素种类还将增加,但实际添加时应十分慎重,严格掌握用法和用量。

猪、鸡的饲养标准中列出了 12 种矿物质,包括钙、磷、钠、氯、钾、镁、铜、碘、铁、锰、硒和锌;反刍动物还有硫、钴和钼。日粮中钙过多会干扰磷、镁、锰、锌等元素的吸收利用,对于非产蛋鸡来说,钙和非植酸磷(有效磷)的比例在 2:1 左右较合适,但产蛋鸡对钙的需要量高,钙和非植酸磷的比例应达到 12:1。猪的玉米豆粕型日粮中,钙、磷的比例一般为(1~1.5):1。

6. 其他指标

亚油酸是家禽的必需脂肪酸,其单位是克(g)或一般占日粮的 1%,对种用家禽可能更高些。对猪一般要求亚油酸占日粮 0.1% 即可。

(二)饲养标准的表示方式

1. 按每头动物每天需要量表示

这是传统饲养标准表述营养定额所采用的表达方式,明确给出了每头动物每天对各种营养物质所需要的绝对数量,主要用于动物生产者估算饲料供给或对动物进行严格计量限饲等情况。现行反刍动物饲养标准一般以这种方式表达各种营养物质的确切需要量。非反刍动物,特别是猪的饲养标准也并列这种表示方法。

2. 按单位饲粮中营养物质浓度表示

这是一种用相对单位表示营养需要的方法,该表示法又可分为按风干饲粮基础表示或按全干饲粮基础表示。标准中一般给出按特定水分含量表示的风干饲粮基础浓度,如 NRC 标准是按 90% 的干物质浓度给出营养指标定额。按单位浓度表示营养需要,对自由采食的动物、饲粮配制、饲料工业生产全价配合饲料十分方便。猪、禽饲养标准一般都列出按这种方式表示的营养浓度。不同饲养标准,相对表示营养需要的方法基本相同,能量用 MJ 或 J/kg,粗蛋白质、氨基酸、常量元素用百分数表示。维生素用 IU 或 $\mu g/kg$ 或 mg/kg 表示,其中维生素 A、维生素 D、维生素 E 用 IU,维生素 B_{12} 用 $\mu g/kg$,其他 B 族维生素用 mg/kg 表示。矿物元素中,常量元素一般用 % 表示,微量元素一般用 mg/kg 表示。

3. 其他表达方式

(1)按单位能量浓度表示 这种表示法有利于衡量动物采食的营养物质是否平衡。我国

鸡的标准采用了这种表示方法。

（2）按体重或代谢体重表示　此表示法在析因法估计营养需要或动态调整营养需要或营养供给中比较常用。按维持加生长或生产制定营养定额的标准中也采用这种表达方式。标准中表达维持需要常用这种方式,例如产奶母牛维持的粗蛋白需要是 $4.6\,g/W^{0.75}$,钙、磷、食盐的维持需要分别是每 $100\,kg$ 体重 $6\,g$、$4.5\,g$、$3\,g$。

（3）按生产力表示　即动物生产单位产品(肉、奶、蛋等)所需要的营养物质数量,例如奶牛每产 $1\,kg$ 标准奶需要粗蛋白质 $58\,g$;母猪带仔 $10\sim12$ 头,每天需要消化能 $66.9\,MJ$ 等。

(三)饲养标准的应用原则

饲养标准是发展动物生产、制订生产计划、组织饲料供给、设计饲粮配方、生产平衡饲粮、对动物实行标准化饲养管理的技术指南和科学依据。但是,照搬"标准"中数据,把"标准"看成是解决有关问题的现成答案,忽视"标准"的条件性和局限性,则难以达到预期目的。因此,应用任何一个饲养标准,充分注意以下基本原则相当为重要。

1. 选用"标准"的适合性

"标准"都是有条件的"标准",是具体的"标准"。所选用的"标准"是否适合要被应用的对象,必须认真分析"标准"对应用对象的适合程度,重点把握"标准"所要求的条件与应用对象实际条件的差异,尽可能选择最适合应用对象的"标准"。选用任何一个"标准",首先应考虑"标准"所要求的动物与应用对象是否一致或比较近似,若品种之间差异太大则难使"标准"适合应用对象,例如 NRC 猪的营养需要则难适合用于我国地方猪种。除了动物遗传特性以外,绝大多数情况下均可以通过合理设定保险系数使"标准"规定的营养定额适合应用对象的实际情况。

2. 应用标准定额的灵活性

"标准"规定的营养定额一般只对具有广泛或比较广泛的共同基础的动物饲养有应用价值,对共同基础小的动物饲养则只有指导意义。要使"标准"规定的营养定额变得可行,必须根据不同的具体情况对营养定额进行适当调整。选用按营养需要原则制定的"标准",一般都要增加营养定额。选用按"营养供给量"原则制定的"标准",营养定额增加的幅度一般比较小,甚至不增加。选用按"营养推荐量"原则制定的"标准",营养定额可适当增加。

3."标准"与效益的统一性

应用"标准"规定的营养定额,不能只强调满足动物对营养物质的客观要求,而不考虑饲料生产成本。必须贯彻营养、效益(包括经济、社会和生态等效益)相统一的原则。

"标准"中规定的营养定额实际上显示了动物的营养平衡模式,按此模式向动物供给营养,可使动物有效利用饲料中的营养物质。在饲料或动物产品的市场价格变化的情况下,可以通过改变饲粮的营养浓度,不改变平衡,而达到既不浪费饲料中的营养物质又实现调节动物产品的量和质的目的,从而体现"标准"与效益统一性原则。

只有注意"标准"的适合性和应用定额的灵活性,才能做到"标准"与实际生产的统一,获得良好的结果。此外,效益也是一个重要问题。

◆相关技能

确定奶牛总营养需要量

一、目的要求

能正确使用畜禽饲养标准;能根据反刍动物饲养标准,较科学地确定不同生理阶段反刍动物总营养需要量。

二、实训条件

中华人民共和国农业行业标准(NY/T 34—2004)、奶牛场。

三、方法与步骤

现场调研,小组讨论,查询计算法。

1. 奶牛场参观考察,咨询奶牛生产状况并做好记录。

表 3-2　某奶牛场奶牛生产状况记录表

奶牛编号	年龄	体重 /kg	日增重 /g	日产奶量 /kg	牛奶乳脂率 /%	配种受妊日期	体况描述

2. 小组讨论,确定奶牛生长生理阶段。

3. 分组计算各生长生理阶段奶牛的平均体重、平均日增重、平均日产奶量、平均乳脂率等。

4. 查奶牛饲养标准,确定各生长生理阶段奶牛的维持营养需要量和生产需要量。

5. 根据实际情况,调整各生长生理阶段奶牛维持营养需要量和生产需要量。

6. 计算各生长生理阶段奶牛总营养需要量。

四、考核评定

1. 调研工作细致,记录全面,并能较科学确定奶牛总营养需要量者,为优秀。

2. 调研工作细致,记录全面,能根据奶牛饲养标准较科学地确定各生长生理阶段奶牛的维持营养需要量和生产需要量者,为良好。

3. 调研工作细致,记录较全面,并能根据奶牛饲养标准较科学地确定各生长生理阶段奶牛的维持营养需要量和生产需要量者,为及格。

4. 调研工作不够细致,记录不够全面,不能根据奶牛饲养标准确定各生长生理阶段奶牛的维持营养需要量和生产需要量者,为不及格。

◈讨论与思考

1. 不同畜禽不同生理阶段在原料选择上各有什么要求?

2. 根据畜禽配合饲料配方设计的营养性原则,举例说明在设计配合饲料配方时如何确定配合饲料营养供给量及如何选择饲料原料?

任务二　配合饲料配方设计

◈知识目标

1. 掌握配合饲料配方设计的基本原理;

2. 掌握畜禽配合饲料配方设计方法、步骤与技巧。

◈能力目标

能运用交叉法、试差法、线性规划法、配方设计专用软件设计以浓缩料、不同剂型的预混料为原料的猪、鸡配合饲料配方及反刍动物精料补充料配方。

◈相关知识

一、配合饲料配方设计的基本原理

各种配合饲料产品,都是由多种饲料原料根据畜禽营养需要及饲养特点按相应的比例组成的。这里所确定的各种饲料原料的搭配比例,就是配合饲料配方。配合饲料配方是生产配合饲料的必要前提和遵循依据,所以,设计科学合理的配合饲料配方是配合饲料生产的第一步,也是保证配合饲料产品质量的关键。设计配合饲料配方实质上就是运用运算的方法科学地调整各种原料在配合饲料中所占的比例,从而达到其产品中所含的各种养分量达到畜禽营养需要,同时成本最优化的过程。

二、配合饲料配方设计的基本步骤

1. 明确目标

不同的目标对配方要求有所差别。目标可以包括整个产业的目标、整个产业中养殖场的目标和养殖场中某批动物的目标等不同层次。

主要目标包含以下方面:单位面积收益最大;每头上市动物收益最大;使动物达到最佳生产性能;使整个集团收益最大;对环境的影响最小;生产含某种特定品质的畜产品。随着养殖目标的不同,配方设计也必须作相应的调整,只有这样才能实现各种层次的需求。

2. 确定动物的营养需要量

国内外的猪、鸡、牛的饲养标准可以作为营养需要量的基本参考。但由于养殖场的情况千差万别,动物的生产性能各异,加上环境条件的不同,因此在选择饲养标准时不应照搬,而是在参考标准的同时,根据当地的实际情况进行必要的调整,稳妥的方法是先进行试验,在有了一定把握的情况下再大面积推广。

动物采食量是决定营养供给量的重要因素,虽然对采食量的预测及控制难度较大,但季节的变化及饲料中能量水平、粗纤维含量、饲料适口性等是影响采食量的主要因素,供给量的确定不能忽略这些方面的影响。

3. 选择饲料原料

选择可利用的原料,并确定其养分含量和对动物的利用率。原料的选择应是适合动物的习性并考虑其生物学效价。

4. 计算饲料配方

将以上三步所获取的信息综合处理,形成配方配制饲粮,可以用手工计算,也可以采用专门的计算机优化配方软件。

5. 配方质量评定

饲料配制出来以后,要确定配制的饲粮质量必须取样进行化学分析,并将分析结果和预期值进行对比。如果所得结果在允许误差的范围内,说明达到饲料配方设计的目的。反之,如果结果在这个范围以外,说明存在问题,问题可能是在加工过程、取样或配方,也可能是在实验室。为此,送往实验室的样品应保存好,供以后参考用。

配方产品的实际饲养效果是评价配方质量的最好尺度,条件较好的企业均以实际饲养效果和生产的畜产品品质作为配方质量的最终评价手段。随着社会的进步,配方产品安全性、最终的环境和生态效应也将作为衡量配方质量的尺度之一。

三、配合饲料配方设计计算方法

配合饲料配方设计是一项繁琐的运算过程。在电子计算机尚未在畜牧业中的应用的年代,人们为了简化繁杂的运算而创立了各种简化配合饲料配方设计的方法,如试差法、四边形法、联立方程法、配料格与配料尺等。随着分析手段的进展及营养科学研究的深入,饲养标准中规定的指标也逐渐增多。有些饲养标准中规定的指标已由原来的6～7项增加到20多项甚至更多,传统配合饲料配方设计方法不能满足设计要求。随着电子计算机技术的进展与普及,运用线性规划、目标规划设计配合饲料配方应运而生。

(一)手工计算法

1. 代数法

代数法即用二元一次方程来计算饲料配方。一般适用于原料种类少、监测指标单一的情况,生产中最适合于以浓缩饲料、能量饲料为原料设计配合饲料配方。

2. 四边形法

四边形法又称对角线法、四角法、方形法。此法适用于饲料种类和监测指标少的情况,如将两种养分浓度不同的饲料混合,得到含有所需养分浓度的配合饲料时,用此法最为便捷。生产中主要用于以浓缩饲料、能量饲料为原料设计配合饲料配方。

3. 试差法

试差法又称凑数法,此法是根据饲养标准、饲料原料及饲养经验,先粗略地编制一个配方,然后通过计算按初拟配方配制的假想配合饲料各监测指标值,并与饲养标准对照,并计算出差值。若某种营养指标多余或不足时,按多去少补的原则,适当调整饲料原料配比,反复几次,直至所有营养指标都符合或接近饲养标准要求为止。其具体步骤包括:a. 查饲养标准,并确定需监测的营养指标值;b. 选择饲料原料,对照需监测的营养指标,确定相应养分含量;c. 根据设计者经验初拟配合饲料配方,并计算假想配合饲料的监测指标值;d. 对照预先确定好监测指标值,计算出两者间的差值;e.调整配方;f.列出最终配方,并附加说明,最终配方一般包括两部分,一是含量配方,一是生产配方;g.进行成本核算。

(二)计算机辅助设计法

运用电子计算机设计配合饲料配方,可克服手工法设计配方时指标的局限性,简化设计人员的计算过程,全面合理平衡饲料营养、成本和经济效益的关系,最大限度降低成本,大大地提高配方设计的工作效率和配方准确性。

1.优化运算法

以手工计算法为基础,运用计算机运算功能(如 Microsoft Office Excel 软件)进行计算,从而提高设计工作效率。

2.简易线性规划法

通过建立配合饲料配方设计线性规划模型,运用 Microsoft Office Excel 软件中规划求解工具进行配方设计。其具体步骤包括:a.确定配合饲料的应用对象和生产阶段;b.选择所用的饲料原料,并注意原料的搭配;c.准备有关的技术资料数据:饲料原料的营养成分数及其价格、动物对养分的需要量;d.规定对饲料原料用量的上、下限,以及要求配合饲料的养分达到饲养标准对各指标的要求;e.明确饲养者需要达到的生产经营目标(一般是成本最低);f.建设数学规划模型,确定配合饲料中各种原料的用量;g.检查配方结果并进行必要的分析判断;h.检验配方在生产实践中的有效性。

3.专用配方设计软件方法

通过适当的线性或非线性决策模型定量地对配合饲料配方设计加以表述和分析,由配方设计师、软件开发工程师联合建设决策模型,并开发出专用配方设计软件,生产者运用专用配方设计软件设计饲料配方。目前,用得最多的是线性决策模型。配方的线性决策模型主要有线性规划模型(LP 模型)和多目标规划模型(MGP 模型)2 类,后者是在前者基础上发展而来的。

◈ **相关技能**

技能训练一 以浓缩料、能量饲料为原料
设计单胃畜禽配合饲料配方

一、目的要求

1. 能正确评价浓缩料的质量。
2. 能科学确定畜禽营养需要量及其配合饲料中营养添加量。
3. 能正确选用饲料原料。
4. 能运用交叉法、代数法设计畜禽配合饲料配方。
5. 能初步评判配合饲料配方的科学性。

二、实训条件

中华人民共和国农业行业标准(NY/T 65—2004、NY/T 33—2004)。

三、方法与步骤

演示项目:用粗蛋白质含量为 30% 的生长肥育猪用浓缩饲料和玉米、麸皮为原料,设计体重为 35~60 kg 的生长肥育猪的配合饲料配方(批量生产量为 1 000 kg)。

训练项目:用粗蛋白质含量为 38% 的产蛋鸡浓缩饲料和玉米、高粱、麸皮为原料,设计产蛋率高于 85% 的产蛋鸡配合饲料配方(批量生产量为 500 kg)。

(一)交叉法(手工计算法)

1. 确定体重 35~60 kg 生长肥育猪日粮中粗蛋白质含量

查猪饲养标准,结合生产实际,确定体重 35~60 kg 生长肥育猪日粮中粗蛋白质含量为 16.4%。

2. 确定能量饲料原料中粗蛋白质含量

查《中国饲料营养成分及营养价值表》,结合本单位玉米、麸皮特点,确定玉米粗蛋白质含量为 8.7%;麸皮为 14.3%。

3. 确定能量饲料中各原料比例,并计算能量饲料中粗蛋白质含量

拟能量饲料中玉米占 70%,麸皮占 30%,则能量饲料混合物中粗蛋白质含量为:

$$70\% \times 8.7\% + 30\% \times 14.3\% = 10.38\%$$

4. 计算能量饲料与浓缩料在配合饲料中的比例

画方形图:图中央写上所要配合的配合料中粗蛋白质含量(16.4%),方形图的左上下角分别写上能量饲料混合物和浓缩饲料的粗蛋白质含量,并画出箭头,顺箭头以大数减小数得出的差分别除以两差值之和,得出饲料饲料混合物和浓缩料的百分比。

能量饲料 10.38 ┌─────┐ (30 − 16.4) = 13.6

　　　　　　　│16.4│

浓缩料 30 └─────┘ (16.4 − 10.38) = 6.02

能量饲料占的比例 $13.6 \div (13.6 + 6.02) \times 100\% = 69.32\%$

浓缩料占的比例 $6.02 \div (13.6 + 6.02) \times 100\% = 30.68\%$

5. 计算玉米、麸皮在配合饲料中的比例

玉米:$69.32\% \times 70\% = 48.52\%$

麸皮:$69.32\% \times 30 = 20.80\%$

6. 得到配合饲料配方

综上所述,配合饲料配方为:玉米 48.52%、麸皮 20.80%、浓缩料 30.68%。

1 000 kg 配合饲料中:

玉米:$48.52\% \times 1 000 = 485.2$

麸皮:$20.80\% \times 1 000 = 208.0$

浓缩料:$30.68\% \times 1 000 = 306.8$

即 1 000 kg 配合饲料中玉米 485.2 kg、麸皮 208.0 kg、浓缩料 306.8 kg。

(二)交叉法(优化运算法)

1. 确定体重 35~60 kg 生长肥育猪日粮中粗蛋白质含量

查猪饲养标准,结合生产实际,确定体重 35~60 kg 生长肥育猪日粮中粗蛋白质含量

为 16.4%。

2. 确定能量饲料原料中粗蛋白质含量

查《中国饲料营养成分及营养价值表》，结合本单位玉米、麸皮特点，确定玉米粗蛋白质含量为 8.7%；麸皮为 14.3%。

3. 确定能量饲料中各原料比例，并计算能量饲料中粗蛋白质含量

拟能量饲料中玉米占 70%，麸皮占 30%。

4. 计算机优化运算

第一步，打开计算机，运行 Microsoft Excel，完成新建。

第二步，建立优化运算表格。A1 单元格中填写"原料名称"、B1 单元格中填写"原料蛋白质含量"、C1 单元格中填写"比例"、D1 单元格中填写"蛋白质含量"、G1 单元格中填写"配比"，E4 单元格中填写"蛋白质需要量"，A7 单元中填写"配合饲料"，H1 单元中填写"重量(kg)"，并将已确定的数据值分别填写到相应单元格中，如图 3-1 所示。

	A	B	C	D	E	F	G	H
1	原料名称	原料蛋白质含量	比例	蛋白质含量			配比	重量（kg）
2	玉米	8.70%	70.00%					
3	麸皮	14.30%	30.00%					
4	合计				蛋白质需要量			
5					16.40%			
6	浓缩饲料	30.00%						
7	配合饲料							1000

图 3-1　交叉法优化运算模式图

第三步，建立函数。D2 单元格中填写函数"＝B2＊C2"，并将 D2 单元格函数复制到 D3 单元格；D4 单元格中填写函数"＝SUM(D2：D3)"；F4 单元格中填写函数"＝ABS(B6－E5)"，F6 单元格中填写函数"＝ABS(D4－E5)"；G4 单元格中填写函数"＝F4/(F4＋F6)"，G6 单元格中填写函数"＝F6/(F4＋F6)"；G2 单元格中填写"＝C2＊＄G＄4"，并将 G2 单元格函数复制到 G3 单元格；H2 单元格填写函数"＝G2＊＄H＄7"，并将 H2 单元格函数分别复制到 H3、H4、H6 单元格，即可计算中配合饲料中各饲料原料比例和重量(图 3-2)。

	A	B	C	D	E	F	G	H
1	原料名称	原料蛋白质含量	比例	蛋白质含量			配比	重量（kg）
2	玉米	8.70%	70.00%	6.0900%			48.52%	485.22
3	麸皮	14.30%	30.00%	4.2900%			20.80%	207.95
4	合计			10.38%	蛋白质需要量	13.60%	69.32%	693.17
5					16.40%			
6	浓缩饲料	30.00%				6.02%	30.68%	306.83
7	配合饲料							1000

图 3-2　交叉法计算机优化运算过程与结果

5. 得到配合饲料配方

配合饲料配方为：玉米 48.52%、麸皮 20.80%、浓缩料 30.68%；1 000 kg 配合饲料中玉米 485.22 kg、麸皮 207.95 kg、浓缩料 306.83 kg。

(三)代数法

1. 确定体重 35～60 kg 生长肥育猪日粮中粗蛋白质含量

查猪饲养标准,结合生产实际,确定体重 35～60 kg 生长肥育猪日粮中粗蛋白质含量为 16.4%。

2. 确定能量饲料原料中粗蛋白质含量

查《中国饲料营养成分及营养价值表》,结合本单位玉米、麸皮特点,确定玉米粗蛋白含量为 8.7%;麸皮为 14.3%。

3. 确定能量饲料中各原料比例,并计算能量饲料中粗蛋白质含量

拟能量饲料中玉米占 70%,麸皮占 30%,则能量饲料混合物中粗蛋白质含量为:

$$70\% \times 8.7\% + 30\% \times 14.3\% = 10.38\%$$

4. 假设配合饲料中能量饲料占 X%,浓缩料占 Y%,则建立二元一次方程组为

$$\begin{cases} 10.38\%X\% + 30\%Y\% = 16.4\% \\ X\% + Y\% = 100\% \end{cases}$$

解方程组得:

$$\begin{cases} X = 69.32 \\ Y = 30.68 \end{cases}$$

所以,配合饲料中能量饲料占 69.32%,浓缩料占 30.68%。

5. 计算玉米、麸皮在配合饲料中的比例

玉米:69.32% × 70% = 48.52%

麸皮:69.32% × 30 = 20.80%

6. 得到配合饲料配方

综上所述:配合饲料配方为:玉米 48.52%、麸皮 20.80%、浓缩料 30.68%。

1 000 kg 配合饲料中。

玉米:48.52% × 1 000 = 485.2

麸皮:20.80% × 1 000 = 208.0

浓缩:30.68% × 1 000 = 306.8

即 1 000 kg 配合饲料中玉米 485.2 kg、麸皮 208.0 kg、浓缩料 306.8 kg。

四、考核评定

1. 需要量、原料中粗蛋白质含量确定合理,并能正确计算出配合饲料配方者,为优秀;

2. 需要量、原料中粗蛋白质含量确定较合理,并能正确计算出配合饲料配方者,为良好;

3. 需要量、原料中粗蛋白质含量确定不甚合理,但能正确计算出配合饲料配方者,为及格;

4. 需要量、原料中粗蛋白质含量确定不甚合理,又不能正确计算出配合饲料配方者,为不及格。

技能训练二 以预混合饲料为原料 设计单胃畜禽配合饲料配方

一、目的要求

1. 能正确评价复合预混料的质量；
2. 能科学确定畜禽营养需要量及其配合饲料中营养添加量；
3. 能正确选用饲料原料；
4. 能运用试差法（手工）、简易线性规划法（电脑）设计畜禽配合饲料配方；
5. 能初步评判配合饲料配方的科学性。

二、实训条件

中华人民共和国农业行业标准（NY/T 65—2004、NY/T 33—2004）、计算机房、Office 2003 软件。

三、方法与步骤

生产中常见的复合预混料添加量有 1%、2%、4%、5% 等。1%、2% 的复合预混料主要有效成分为微量元素添加剂和维生素添加剂；而 4%、5% 的复合预混料主要有效成分包括矿物质饲料、氨基酸添加剂、微量元素添加剂、维生素添加剂及其他促生长、生产、保健等。所以用不同添加量的复合预混料作为原料，需被监测的营养指标也不同，选择原料种类也不相同。

（一）简易线性规划法

演示项目：某养猪场，现有 1% 的泌乳母猪专用预混合饲料、能量饲料、蛋白质饲料、食盐、磷酸氢钙粉、石粉、槐树叶粉、L-Lys 添加剂、DL-Met 添加剂、苏氨酸添加剂、大豆油等，请为该养猪场设计泌乳母猪全价配合饲料。

训练项目：某养鸡场，现有 2% 的肉鸡仔鸡专用预混合饲料、能量饲料、蛋白质饲料、食盐、磷酸氢钙粉、石粉、槐树叶粉、L-Lys 添加剂、DL-Met 添加剂、大豆油等，请为该养鸡场设计肉鸡仔鸡全价配合饲料。

1. 调查配合饲料的应用对象和生产阶段，确定配合饲料养分供应量

调查泌乳母猪分娩体重、哺乳窝仔数及预期泌乳期掉膘情况，查泌乳母猪饲养标准，并结合生产实际情况确定泌乳母猪饲粮中被监测的营养指标和相应指标值（表 3-3）。

表 3-3 体重约 200 kg 哺乳窝仔猪数为 10 头预期掉膘约 10 kg 泌乳母猪饲粮养分含量

养分	采食量/ (kg/d)	DE/ (MJ/kg)	CP/ %	Lys/ %	Met+Cys/ %	Thr/ %	Ca/ %	有效磷/ %	Na/ %	Cl/ %	胆碱/ %
含量	5.5	13.80	18.3	0.94	0.45	0.60	0.77	0.36	0.21	0.16	0.10

2. 选择饲料原料,并确定各饲料原料中各相关养分含量及原料价格(表3-4)

表3-4　各饲料原料中相关养分含量

原料名称	DE/(MJ/kg)	CP/%	Lys/%	Met+Cys/%	Thr/%	Ca/%	有效磷/%	Na/%	Cl/%	胆碱/%	价格/(元/kg)
玉米	14.27	8.7	0.24	0.38	0.30	0.02	0.12	0.02	0.04		2.40
次粉	13.43	13.6	0.52	0.49	0.50	0.08	0.14	0.60	0.04		2.20
小麦麸	9.33	14.3	0.53	0.36	0.39	0.10	0.24	0.07	0.07		1.42
大豆油	36.61										10.00
鱼粉	12.97	62.5	5.12	2.21	2.78	3.96	3.05	0.78	0.61		12.50
肉粉	11.30	54.0	3.07	1.40	1.97	7.69	3.88	0.80	0.97		5.00
大豆粕	14.26	44.2	2.68	1.24	1.71	0.33	0.21	0.03	0.05		3.95
花生仁粕	12.43	47.8	1.40	0.81	1.11	0.27	0.33	0.07	0.03		3.00
苜蓿草粉	6.11	17.2	0.81	0.36	0.69	1.52	0.22	0.17	0.46		1.00
石粉						35.84	0.01	0.06	0.02		0.16
磷酸氢钙粉						23.29	18.00				8.50
食盐						0.30		39.50	59.00		0.75
小苏打						0.01		27.00			1.6
L-Lys			78.80								16.4
DL-Met				88.00							50.00
Thr					98.00						16.0
氯化胆碱										50	95.00
1%预混料											7.50

3. 规定对饲料原料用量的上、下限

根据泌乳母猪消化生理特点及其配合饲料特点,结合生产实际情况,确定饲料原料用量的上、下限(表3-5)。

表3-5　饲料原料用量要求　　　　　　　　　　　　　　　　　　%

原料名称	玉米	次粉	小麦麸	大豆油	鱼粉	肉粉	大豆粕	花生仁粕	苜蓿草粉
上限值	60	15	20	5	5	3	20	8	5
下限值	20	5	10	1	2	0	10	5	3

原料名称	石粉	磷酸氢钙	食盐	小苏打	L-Lys	DL-Met	Thr	氯化胆碱	1%预混料
上限值	—	—	—	—	—	—	—	—	1
下限值	—	—	—	—	—	—	—	—	1

4. 明确饲养者需要达到的生产经营目标

饲养者要求达到的生产经营目标通常有两种,即生产效益最大化和饲料成本最小化。运用线性规划法设计配合饲料配方一般采取饲料成本最小化,也就是通过合理地调配配合饲料配方中各原料所占比例,在满足配合饲料营养水平达到预定目标的前提下,配合饲料成本价最小。

5. 建设数学规划模型,确定配合饲料中各种原料的用量

(1)数学规划模型原理　假定饲料配方中各原料用量为 $X_j(j=1,2,3,\cdots,m)$,各原料单价为 Z_j,配合饲料中各原料不同营养物质含量为 $A_{ij}(i=1,2,3,\cdots,n)$,建立数学规划模型如下

$X_1、X_2、X_3、\cdots、X_m$ 均 $\geqslant 0$

$X_1+X_2+X_3+\cdots+X_m=100\%$

$A_{11}X_1+A_{12}X_2+A_{13}X_3+\cdots+A_{1m}X_m\leqslant,=,\geqslant A_1$

$A_{21}X_1+A_{22}X_2+A_{23}X_3+\cdots+A_{2m}X_m\leqslant,=,\geqslant A_2$

$A_{31}X_1+A_{32}X_2+A_{33}X_3+\cdots+A_{3m}X_m\leqslant,=,\geqslant A_3$

...

$A_{n1}X_1+A_{n2}X_2+A_{n3}X_3+\cdots+A_{nm}X_m\leqslant,=,\geqslant A_n$

$Z_1X_1+Z_2X_2+Z_3X_3+\cdots+Z_mX_m\rightarrow$ 最小值

$A_1、A_2、A_3、\cdots、A_n$ 为配合饲料营养指标供给值的期望值。

通过规划求解,分别计算出 $X_1、X_2、X_3、\cdots、X_m$,即配合饲料配方。

(2)具体操作

第一步,打开电脑,运行 Microsoft Excel,完成新建。

第二步,建立表格模型,如图 3-3 所示,A1 单元格填写原料名称,A2～A19 分别填写各饲料原料名称,B1～L1 分别填写被监测营养指标名称及单位,B2～L19 区域内相应单元格中填写各饲料原料各营养指标含量。

	A	B	C	D	E	F	G	H	I	J	K	L
1	原料名称	DE /(MJ/kg)	CP /%	Lys /%	Met+Cys /%	Thr /%	Ca /%	有效磷 /%	Na /%	Cl /%	胆碱 /%	价格/ (元/kg)
2	玉米	14.27	8.7	0.24	0.38	0.3	0.02	0.12	0.02	0.04		2.4
3	次粉	13.43	13.6	0.52	0.49	0.5	0.08	0.14	0.06	0.04		2.2
4	小麦麸	9.33	14.3	0.53	0.36	0.39	0.1	0.24	0.07	0.07		1.42
5	大豆油	36.61										10
6	鱼粉	12.97	62.5	5.12	2.21	2.78	3.96	3.05	0.78	0.61		12.5
7	肉粉	11.3	54	3.07	1.4	1.97	7.69	3.88	0.8	0.97		5
8	大豆粕	14.26	44.2	2.68	1.24	1.71	0.33	0.21	0.03	0.05		3.95
9	花生仁粕	12.43	47.8	1.4	0.81	1.11	0.27	0.33	0.07	0.03		3
10	苜蓿草粉	6.11	17.2	0.81	0.36	0.69	1.52	0.22	0.17	0.46		1
11	石粉						35.84	0.01	0.06	0.02		0.16
12	磷酸氢钙粉						23.29	18				8.5
13	食盐						0.3		39.5	59		0.75
14	小苏打						0.01		27			1.6
15	L-Lys			78.8								16.4
16	DL-Met				88							50
17	Thr					98						16
18	氯化胆碱									50		95
19	1%预混料											7.5
20												

图 3-3　建立表格模型

第三步，M1、N1、O1 单元格中分别填写配比、最大量、最小量，并将 M2～O19 区域单元格设置为百分比格式，同时将各原料控制的上、下限值填写到相应单元格中，如图 3-4 所示。

	A	B	C	D	E	F	G	H	I	J	K	L	M	N	O	P
	原料名称	DE /MJ/kg	CP /%	Lys /%	Met+Cys /%	Thr /%	Ca /%	有效磷 /%	Na /%	Cl /%	胆碱 /%	价格 /(元/kg)	配比	最大量	最小量	
2	玉米	14.27	8.7	0.24	0.38	0.3	0.02	0.12	0.02	0.04		2.4		60.00%	20.00%	
3	次粉	13.43	13.6	0.52	0.49	0.5	0.08	0.14	0.6	0.04		2.2		15.00%	5.00%	
4	小麦麸	9.33	14.3	0.53	0.36	0.39	0.1	0.24	0.07	0.07		1.42		20.00%	10.00%	
5	大豆油	36.61										10		5.00%	1.00%	
6	鱼粉	12.97	62.5	5.12	2.21	2.78	3.96	3.05	0.78	0.61		12.5		5.00%	2.00%	
7	肉粉	11.3	54	3.07	1.4	1.97	7.69	3.88	0.8	0.97		5		3.00%	1.00%	
8	大豆粕	14.26	44.2	2.68	1.24	1.71	0.33	0.21	0.03	0.05		3.95		20.00%	10.00%	
9	花生仁粕	12.43	47.8	1.4	0.81	1.11	0.27	0.33	0.07	0.03		3		8.00%	5.00%	
10	苜蓿草粉	6.11	17.2	0.81	0.36	0.69	1.52	0.22	0.17	0.46		1		5.00%	3.00%	
11	石粉						35.84	0.01	0.06	0.02		0.16				
12	磷酸氢钙粉						23.29	18				8.5				
13	食盐						0.3		39.5	59		0.75				
14	小苏打						0.01		27			1.6				
15	L-Lys			78.8								16.4				
16	DL-Met				88							50				
17	Thr					98						16				
18	氧化胆碱										50	95				
19	1%预混料											7.5				
20																

图 3-4　确定原料用量限制

第四步，A20、A21、A22 单元格分别填写合计、最大值、最小值，并将指标控制值填写到相应单元格，如图 3-5 所示。

	A	B	C	D	E	F	G	H	I	J	K	L	M	N	O	P
	原料名称	DE /(MJ/kg)	CP /%	Lys /%	Met+Cys /%	Thr /%	Ca /%	有效磷 /%	Na /%	Cl /%	胆碱 /%	价格 /(元/kg)	配比	最大量	最小量	
2	玉米	14.27	8.7	0.24	0.38	0.3	0.02	0.12	0.02	0.04		2.4		60.00%	20.00%	
3	次粉	13.43	13.6	0.52	0.49	0.5	0.08	0.14	0.6	0.04		2.2		15.00%	5.00%	
4	小麦麸	9.33	14.3	0.53	0.36	0.39	0.1	0.24	0.07	0.07		1.42		20.00%	10.00%	
5	大豆油	36.61										10		5.00%	1.00%	
6	鱼粉	12.97	62.5	5.12	2.21	2.78	3.96	3.05	0.78	0.61		12.5		5.00%	2.00%	
7	肉粉	11.3	54	3.07	1.4	1.97	7.69	3.88	0.8	0.97		5		3.00%	1.00%	
8	大豆粕	14.26	44.2	2.68	1.24	1.71	0.33	0.21	0.03	0.05		3.95		20.00%	10.00%	
9	花生仁粕	12.43	47.8	1.4	0.81	1.11	0.27	0.33	0.07	0.03		3		8.00%	5.00%	
10	苜蓿草粉	6.11	17.2	0.81	0.36	0.69	1.52	0.22	0.17	0.46		1		5.00%	3.00%	
11	石粉						35.84	0.01	0.06	0.02		0.16				
12	磷酸氢钙粉						23.29	18				8.5				
13	食盐						0.3		39.5	59		0.75				
14	小苏打						0.01		27			1.6				
15	L-Lys			78.8								16.4				
16	DL-Met				88							50				
17	Thr					98						16				
18	氧化胆碱										50	95				
19	1%预混料											7.5				
20	合计															
21	最大值	14.08	18.67	1.00	0.46	0.6	0.79	0.37	0.21	0.16	0.1					
22	最小值	13.8	18.3	0.94	0.45	0.6	0.77	0.36	0.21	0.16	0.1					
23																

图 3-5　确定配合饲料中各养分含量限制

第五步,建立函数。选中 B20 单元格输入函数"＝B2＊＄M＄2＋B3＊＄M＄3＋B4＊＄M＄4＋"……"＋B19＊＄M＄19"或者"＝SUMPRODUCT(B2:B19,＄M＄2:＄M＄19)",并将 B20 单元格分别复制到 C20、D20、E20、F20、G20、H20、I20、J20、K20、L20 单元格;选中 M20 单元格输入函数"＝M2＋M3＋M4＋"……"＋M19"或者"＝SUM(M2:M19)",如图 3-6 所示。

M20 =SUM(M2:M19)

原料名称	DE /(MJ/kg)	CP /%	Lys /%	Met+Cys /%	Thr /%	Ca /%	有效磷 /%	Na /%	Cl /%	胆碱 /%	价格 /元/kg	配比	最小值	最大值
玉米	14.27	8.7	0.24	0.38	0.3	0.02	0.12	0.02	0.04		2.40		20.00%	60.00%
次粉	13.43	13.6	0.52	0.49	0.5	0.08	0.14	0.6	0.04		2.20		5.00%	15.00%
小麦麸	9.33	14.3	0.53	0.36	0.39	0.1	0.24	0.07	0.07		1.42		10.00%	20.00%
大豆油	36.61										10.00		1.00%	5.00%
鱼粉	12.97	62.5	5.12	2.21	2.78	3.96	3.05	0.78	0.61		12.50		3.00%	5.00%
肉粉	11.3	54	3.07	1.4	1.97	7.69	3.88	0.8	0.97		5.00		3.00%	5.00%
大豆粕	14.26	44.2	2.68	1.24	1.71	0.33	0.21	0.03	0.05		3.95		10.00%	20.00%
花生仁粕	12.43	47.8	1.4	0.81	1.11	0.27	0.33	0.07	0.03		3.00		5.00%	8.00%
苜蓿草粉	6.11	17.2	0.81	0.36	0.69	1.52	0.22	0.17	0.46		1.00		3.00%	5.00%
石粉						35.84	0.01	0.06	0.02		0.16			
磷酸氢钙粉						23.29	18				8.50			
食盐								0.3	39.5	59		0.75		
小苏打							0.01		27		1.60		
L-Lys			78.8								16.40			
DL-Met				88							50.00			
Thr											16.00			
氯化胆碱										50	95.00			
1%预混料											7.50		1.00%	1.00%
含量（%）	0.00	0.00	0.00	0.00	0.00	0.00	0.00	0.00	0.00	0.00		0.00%		
最小值（%）	13.8	18.3	0.94	0.45	0.6	0.77	0.36	0.21	0.16	0.1				
最大值（%）	14.08	18.67	0.96	0.46	0.61	0.79	0.37	0.21	0.16	0.10				

=SUMPRODUCT(B2:B19,$M$2:$M$19)

图 3-6 建立函数

第六步,建立数学规划模型。选择菜单栏"工具"项,运行"规划求解",若没有"规划求解"项,运行"加载宏",弹出如下图对划框,如图 3-7 所示。

原料名称	DE /(MJ/kg)	CP /%	Lys /%	Met+Cys /%	Thr /%	Ca /%	有效磷 /%	Na /%	Cl /%	胆碱 /%	价格 /(元/kg)	配比	最大量	最小量
玉米	14.27	8.7	0.24	0.38	0.3	0.02	0.12	0.02	0.04		2.4		60.00%	20.00%
次粉	13.43	13.6	0.52								2.2		15.00%	5.00%
小麦麸	9.33	14.3	0.53								1.42		20.00%	10.00%
大豆油	36.61										10		5.00%	1.00%
鱼粉	12.97	62.5	5.12								12.5		5.00%	2.00%
肉粉	11.3	54	3.07								5		3.00%	5.00%
大豆粕	14.26	44.2	2.68								3.95		20.00%	10.00%
花生仁粕	12.43	47.8	1.4								3		8.00%	5.00%
苜蓿草粉	6.11	17.2	0.81								1		5.00%	3.00%
石粉											0.16			
磷酸氢钙粉											8.5			
食盐											0.75			
小苏打											1.6			
L-Lys			78.8								16.4			
DL-Met											50			
Thr											16			
氯化胆碱										50	95			
1%预混料											7.5			
合计	0	0										0	0.00%	
最大值	14.08	18.67	1.00									0.1		
最小值	13.8	18.3	0.94	0.45	0.6	0.77	0.36	0.21	0.16	0.1				

加载宏

可用加载宏(A):
□ Internet Assistant VBA
□ 查阅向导
□ 分析工具库
□ 分析工具库 - VBA 函数
□ 规划求解
□ 欧元工具
□ 条件求和向导

确定
取消
浏览(B)...
自动化(U)...

Internet Assistant VBA
提供 Internet Assistant VBA

图 3-7 加载"规划求解"工具

选择"规划求解",在规划求解前方框里出现"√"后,点击"确定"。再选择菜单栏"工具"项,运行"规划求解",弹出如下图对话框,设置目标单元格为＄L＄20单元格,值选择"最小值",如图3-8所示。

	A	B	C	D	E	F	G	H	I	J	K	L	M	N	O	P
1	原料名称	DE /(MJ/kg)	CP /%	Lys /%	Met+Cys /%	Thr /%	Ca /%	有效磷 /%	Na /%	Cl /%	胆碱 /%	价格 /(元/kg)	配比	最大量	最小量	
2	玉米	14.27	8.7	0.24	0.38	0.3	0.02	0.12	0.02	0.04		2.4		60.00%	20.00%	
3	次粉	13.43	13.6	0.52	0.49	0.5	0.08	0.14	0.6	0.04		2.2		15.00%	5.00%	
4	小麦麸	9.33	14.3	0.53	0.36	0.39	0.1	0.24	0.07	0.07		1.42		20.00%	10.00%	
5	大豆油	36.61												5.00%	1.00%	
6	鱼粉	12.97	62.									2.5		5.00%	2.00%	
7	肉粉	11.3	54.									5		3.00%	0.00%	
8	大豆粕	14.26	44.									.95		20.00%	10.00%	
9	花生仁粕	12.43	47.									3		8.00%	5.00%	
10	苜蓿草粉	6.11	17.									1		5.00%	3.00%	
11	石粉											.16				
12	磷酸氢钙粉											8.5				
13	食盐											.75				
14	小苏打											1.6				
15	L-Lys											6.4				
16	DL-Met											50				
17	Thr															
18	氧化胆碱											95				
19	1%预混料											7.5				
20	合计	0	0	0	0	0	0	0	0	0		0	0.00%			
21	最大值	14.08	18.67	1.00	0.46	0.6	0.79	0.37	0.21	0.16	0.1					
22	最小值	13.8	18.3	0.94	0.45	0.6	0.77	0.36	0.21	0.16	0.1					
23																

图3-8　设置目标单元格

可变单元格设为"＄M＄2:＄M＄19",如图3-9所示。

	A	B	C	D	E	F	G	H	I	J	K	L	M	N	O	P
1	原料名称	DE /(MJ/kg)	CP /%	Lys /%	Met+Cys /%	Thr /%	Ca /%	有效磷 /%	Na /%	Cl /%	胆碱 /%	价格 /(元/kg)	配比	最大量	最小量	
2	玉米	14.27	8.7	0.24	0.38	0.3	0.02	0.12	0.02	0.04		2.4		60.00%	20.00%	
3	次粉	13.43	13.6	0.52	0.49	0.5	0.08	0.14	0.6	0.04		2.2		15.00%	5.00%	
4	小麦麸	9.33	14.3	0.53	0.36	0.39	0.1	0.24	0.07	0.07		1.42		20.00%	10.00%	
5	大豆油	36.61										10		5.00%	1.00%	
6	鱼粉	12.97										12.5		5.00%	2.00%	
7	肉粉	11.3										5		3.00%	0.00%	
8	大豆粕	14.26										3.95		20.00%	10.00%	
9	花生仁粕	12.43										3		8.00%	5.00%	
10	苜蓿草粉	6.11										1		5.00%	3.00%	
11	石粉											0.16				
12	磷酸氢钙粉											8.5				
13	食盐											0.75				
14	小苏打											1.6				
15	L-Lys											16.4				
16	DL-Met											50				
17	Thr				98							16				
18	氧化胆碱										50	95				
19	1%预混料											7.5				
20	合计	0	0	0	0	0	0	0	0	0		0	0.00%			
21	最大值	14.08	18.67	1.00	0.46	0.6	0.79	0.37	0.21	0.16	0.1					
22	最小值	13.8	18.3	0.94	0.45	0.6	0.77	0.36	0.21	0.16	0.1					
23																

图3-9　设置可变单元格

191

　　填写约束条件,即各原料用量允许的最大量和最小量、配合饲料各营养指标允许的最大量和最小量、各原料用量之和为 100％等,如图 3-10 所示。

图 3-10 的电子表格（工具栏：文件、编辑、视图、插入、格式、工具、数据、窗口、帮助、宏病毒防护盾；单元格 L20 =SUMPRODUCT(L2:L19, $M$2:$M$19)）如下：

	原料名称	DE/(MJ/kg)	CP/%	Lys/%	Met+Cys/%	Thr/%	Ca/%	有效磷/%	Na/%	Cl/%	胆碱/%	价格/(元/kg)	配比	最大量	最小量
2	玉米	14.27	8.7	0.24	0.38	0.3	0.02	0.12	0.02	0.04		2.4		60.00%	20.00%
3	次粉	13.43	13.6	0.52	0.49	0.5	0.08	0.14	0.6	0.04		2.2		15.00%	5.00%
4	小麦麸	9.33										1.42		20.00%	10.00%
5	大豆油	36.61										10		5.00%	1.00%
6	鱼粉	12.97										12.5		5.00%	2.00%
7	肉粉	11.3										5		3.00%	2.00%
8	大豆粕	14.26										3.95		20.00%	10.00%
9	花生仁粕	12.43										3		8.00%	5.00%
10	苜蓿草粉	6.11										1		5.00%	3.00%
11	石粉											0.16			
12	磷酸氢钙粉											8.5			
13	食盐											0.75			
14	小苏打											1.6			
15	L-Lys											16.4			
16	DL-Met											50			
17	Thr					98						16			
18	氯化胆碱										50	95			
19	1%预混料											7.5		1.00%	1.00%
20	合计	0	0	0	0	0	0	0	0	0	0	0	0.00%		
21	最大值	14.08	18.67	1.00	0.46	0.6	0.79	0.37	0.21	0.16	0.1				
22	最小值	13.8	18.3	0.94	0.45	0.6	0.77	0.36	0.21	0.16	0.1				

规划求解参数对话框：
设置目标单元格(E)：$L$20
等于：○最大值(M) ●最小值(N) ○值为(V) 0
可变单元格(B)：$M$2:$M$19
约束：
$B$20:$K$20 <= $B$21:$K$21
$B$20:$K$20 >= $B$22:$K$22
$M$19 <= $N$19
$M$19 > $O$19
$M$20 = 100%
$M$2:$M$10 <= $N$2:$N$10
（按钮：求解、关闭、推测、选项、全部重设、添加、更改、删除、帮助）

图 3-10　设置约束条件

　　第七步,计算各饲料原料用量,点击"求解"即可,如图 3-11 所示。

	原料名称	DE/(MJ/kg)	CP/%	Lys/%	Met+Cys/%	Thr/%	Ca/%	有效磷/%	Na/%	Cl/%	胆碱/%	价格/(元/kg)	配比	最大量	最小量
2	玉米	14.27	8.7	0.24	0.38	0.3	0.02	0.12	0.02	0.04		2.4	42.71%	60.00%	20.00%
3	次粉	13.43	13.6	0.52	0.49	0.5	0.08	0.14	0.6	0.04		2.2	15.00%	15.00%	5.00%
4	小麦麸	9.33	14.3	0.53	0.36	0.39	0.1	0.24	0.07	0.07		1.42	10.00%	20.00%	10.00%
5	大豆油	36.61										10	4.13%	5.00%	1.00%
6	鱼粉	12.97	62.5	5.12	2.21	2.78	3.96	3.05	0.78	0.61		12.5	2.00%	5.00%	2.00%
7	肉粉	11.3	54									5	3.00%	3.00%	2.00%
8	大豆粕	14.26	44.									3.95	12.91%	20.00%	10.00%
9	花生仁粕	12.43	47.									3	5.00%	8.00%	5.00%
10	苜蓿草粉	6.11	17.									1	3.00%	5.00%	3.00%
11	石粉											0.16	0.75%		
12	磷酸氢钙粉											8.5	0.26%		
13	食盐											0.75	0.11%		
14	小苏打											1.6	0.03%		
15	L-Lys			78.8								16.4	0.09%		
16	DL-Met				88							50	-0.14%		
17	Thr					98						16	-0.05%		
18	氯化胆碱										50	95	0.20%		
19	1%预混料											7.5	1.00%	1.00%	1.00%
20	合计	13.80	18.67	0.94	0.45	0.60	0.77	0.37	0.21	0.16	0.10	3.2279	100.00%		
21	最大值	14.08	18.67	1.00	0.46	0.6	0.79	0.37	0.21	0.16	0.1				
22	最小值	13.8	18.3	0.94	0.45	0.6	0.77	0.36	0.21	0.16	0.1				

规划求解结果对话框：
规划求解找到一解,可满足所有的约束及最优状况。
○保存规划求解结果(K)
○恢复为原值(O)
报告(R)：运算结果报告、敏感性报告、极限值报告
（按钮：确定、取消、保存方案(S)、帮助(H)）

图 3-11　规划求解,得出配合配料原料配比

第八步,检查配方结果并进行必要的分析判断,合理地调整各原料在配方的含量。如图3-12 所示。

| 文件(F) | 编辑(E) | 视图(V) | 插入(I) | 格式(O) | 工具(T) | 数据(D) | 窗口(W) | 帮助(H) | 宏病毒防护盾 |

J33

	A	B	C	D	E	F	G	H	I	J	K	L	M	N	O	P
1	原料名称	DE /(MJ/kg)	CP /%	Lys /%	Met+Cys /%	Thr /%	Ca /%	有效磷 /%	Na /%	Cl /%	胆碱 /%	价格 /(元/kg)	配比	最大量	最小量	
2	玉米	14.27	8.7	0.24	0.38	0.3	0.02	0.12	0.02	0.04		2.4	42.52%	60.00%	20.00%	
3	次粉	13.43	13.6	0.52	0.49	0.5	0.08	0.14	0.6	0.04		2.2	15.00%	15.00%	5.00%	
4	小麦麸	9.33	14.3	0.53	0.36	0.39	0.1	0.24	0.07	0.07		1.42	10.00%	20.00%	10.00%	
5	大豆油	36.61										10	4.13%	5.00%	1.00%	
6	鱼粉	12.97	62.5	5.12	2.21	2.78	3.96	3.05	0.78	0.61		12.5	2.00%	5.00%	2.00%	
7	肉粉	11.3	54	3.07	1.4	1.97	7.69	3.88	0.8	0.97		5	3.00%	3.00%	0.00%	
8	大豆粕	14.26	44.2	2.68	1.24	1.71	0.33	0.21	0.03	0.05		3.95	12.91%	20.00%	5.00%	
9	花生仁粕	12.43	47.8	1.4	0.81	1.11	0.27	0.33	0.07	0.03		3	5.00%	8.00%	5.00%	
10	苜蓿草粉	6.11	17.2	0.81	0.36	0.69	1.52	0.22	0.17	0.46		1	5.00%	5.00%	3.00%	
11	石粉						35.84	0.01	0.06	0.02		0.16	0.75%			
12	磷酸氢钙粉						23.29	18				8.5	0.26%			
13	食盐						0.3		39.5	59		0.75	0.11%			
14	小苏打						0.01		27			1.6	0.03%			
15	L-Lys			78.8								16.4	0.09%			
16	DL-Met				88							50	0.00%			
17	Thr					98						16	0.00%			
18	氧化胆碱										50	95	0.20%			
19	1%预混料											7.5	1.00%	1.00%	1.00%	
20	合计	13.77	18.65	0.94	0.57	0.65	0.77	0.37	0.21	0.16	0.10	3.3001	100.00%			
21	最大值	14.08	18.67	1.00	0.46	0.6	0.79	0.37	0.21	0.16	0.1					
22	最小值	13.8	18.3	0.94	0.45	0.6	0.77	0.36	0.21	0.16	0.1					
23																

图 3-12 调整后的配合饲料各原料配比

第九步,检验配方在生产实践中的有效性。

(二)试差法

演示项目:某养殖要求帮助设计一个体重 35～60 kg 生长肥育猪的全价饲粮推荐配方,已有的原料包括添加量为 1%,35～60 kg 生长肥育猪专用复合预混料、能量饲料原料、蛋白质饲料、矿物质饲料等齐全。

训练项目:某养鸡场有 2% 的蛋鸡预混合饲料,请为该场设计一个产蛋率为 85% 的蛋鸡配合饲料配方,其他饲料原料任您选择。

1. 查饲养标准,结合生产实际,确定体重 35～60 kg 生长猪的营养需要量

表 3-6 35～60 kg 生长猪日粮养分含量

消化能/(MJ/kg)	粗蛋白质/%	钙/%	有效磷/%	钠/%	氯/%	赖氨酸/%	(蛋氨酸＋胱氨酸)/%
13.39	16.40	0.55	0.20	0.10	0.09	0.82	0.48

2. 查饲料营养成分表,列出所用各种饲料原料的营养成分含量

3. 根据设计者经验初拟配合饲料配方

生长猪配合饲料中各种饲料原料的比例一般为:能量饲料 65%～75%,蛋白质饲料 15%～25%,矿物质饲料与预混料共占 3%。据此先初步拟定蛋白质饲料原料的用量为 20%,其中由于棉籽粕适口性差并含有毒素,用量一般不宜超过 5%,故暂定为棉籽粕占 3%,花生仁粕为 5%,猪配合饲料中,鱼粉主要起着平衡氨基酸和补充未知生长因子的作用,暂定

为 1%，则豆粕可拟定为 11%（20%−3%−5%−1%）；能量饲料麸皮有轻度泻性，在饲料中暂定为 4%，糙米暂定为 20%，则玉米为 52%（100%−3%−20%−5%−20%）。

表 3-7　所用各种饲料原料的营养成分含量

原料名称	消化能 /(MJ/kg)	粗蛋白质 /%	钙 /%	有效磷 /%	钠 /%	氯 /%	赖氨酸 /%	（蛋氨酸＋胱氨酸） /%
玉米	14.27	8.7	0.02	0.10	0.02	0.04	0.24	0.38
糙米	14.39	8.8	0.03	0.15	0.04	0.06	0.32	0.34
麸皮	9.33	14.3	0.10	0.24	0.07	0.07	0.53	0.36
鱼粉	12.97	62.5	3.96	3.05	0.78	0.61	5.12	2.21
豆粕	14.26	44.2	0.33	0.21	0.03	0.05	2.45	1.30
花生仁粕	12.43	47.8	0.27	0.33	0.07	0.03	1.59	1.27
棉籽粕	10.59	43.5	0.28	0.36	0.04	0.04	1.30	1.50
石粉	—	—	35.84	0.01	0.06	0.02	—	—
磷酸氢钙			23.28	18.00				
食盐					35.9	59		
碳酸氢钠					27			

4. 计算初拟配方营养成分含量（不含矿物质与预混料）

表 3-8　初拟饲料配合配方及营养成分含量

饲料配方组分	比例/%	营养成分	含量/(MJ/kg)	与标准的差值
玉米	52	消化能	13.402 4	0.012 4
糙米	20	粗蛋白质	16.181	−0.219
麸皮	5	钙	0.119 2	−0.430 8
鱼粉	1	有效磷	0.174 9	−0.025 1
豆粕	11	钠	0.037 7	−0.062 3
花生仁粕	3	氯	0.050 6	−0.039 4
棉籽粕	5	赖氨酸	0.654 5	−0.165 5
		蛋氨酸＋胱氨酸	0.557 2	0.077 2

也可借助 Microsoft Excel 计算初拟配方营养成分含量及与标准相比差值：

第一步，填写电子表格，如图 3-13 所示。

第二步，填写函数。在 B13 单元格填入函数"＝SUM(B2：B12)"，如图 3-14 所示。

在 C13 单元格填入函数"＝SUMPRODUCT($B$2：$B$12,C2:C12)"，如图 3-15 所示。

将 C13 单元格函数分别复制到 D13、E13、F13、G13、H13、I13、J13 单元格，如图 3-16 所示。

在 B15 单元格内填入函数"＝B13−B14"，并分别复制到 C15、D15、E15、F15、G15、H15、I15、J15 单元格，如图 3-17 所示。

原料	初拟配方	消化能/MJ	粗蛋白/%	钙/%	有效磷/%	钠/%	氯/%	赖氨酸/%	蛋+胱/%
玉米	52.00%	14.27	8.7	0.02	0.1	0.02	0.04	0.24	0.38
糙米	20.00%	14.39	8.8	0.03	0.15	0.04	0.06	0.32	0.34
麸皮	5.00%	9.33	14.3	0.1	0.24	0.07	0.07	0.53	0.36
鱼粉	1.00%	12.97	62.5	3.96	3.05	0.78	0.61	5.12	2.21
豆粕	11.00%	14.26	44.2	0.33	0.21	0.03	0.05	2.45	1.3
花生仁粕	5.00%	12.43	47.8	0.27	0.33	0.07	0.03	1.59	1.27
棉籽粕	3.00%	10.59	43.5	0.28	0.36	0.04	0.04	1.3	1.5
石粉				35.84	0.01	0.06	0.02		
磷酸氢钙				23·28	18				
食盐						35.9	59		
碳酸氢钠						27			
合计									
标准	100.00%	13.39	16.4	0.55	0.2	0.1	0.09	0.82	0.48
相差									

图 3-13　饲料原料养分含量、初拟配方及营养成分需要量

原料	初拟配方	消化能/MJ	粗蛋白质/%	钙/%	有效磷/%	钠/%	氯	赖氨酸/%	蛋+胱/%
玉米	52.00%	14.27	8.7	0.02	0.1	0.02	0.04	0.24	0.38
糙米	20.00%	14.39	8.8	0.03	0.15	0.04	0.06	0.32	0.34
麸皮	5.00%	9.33	14.3	0.1	0.24	0.07	0.07	0.53	0.36
鱼粉	1.00%	12.97	62.5	3.96	3.05	0.78	0.61	5.12	2.21
豆粕	11.00%	14.26	44.2	0.33	0.21	0.03	0.05	2.45	1.3
花生仁粕	5.00%	12.43	47.8	0.27	0.33	0.07	0.03	1.59	1.27
棉籽粕	3.00%	10.59	43.5	0.28	0.36	0.04	0.04	1.3	1.5
石粉				35.84	0.01	0.06	0.02		
磷酸氢钙				23.28	18				
食盐						35.9	59		
碳酸氢钠						27			
	=SUM(B2:B12)								
标准	SUM(**number1**, [number2], ...)			0.55	0.2	0.1	0.09	0.82	0.48
相差									

图 3-14　建立初拟配方中原料配比和函数

5. 调整配合饲料配方

根据初拟配方营养成分含量与饲养标准要求之差额,适当调整部分原料配合比例,使配方中各种营养成分含量逐步符合饲养标准。方法是:用一定比例的某一原料替代同比例的另一原料。通常首先考虑调整能量和蛋白质的含量

由上图知,配方中粗蛋白质含量比饲养标准低 0.219 个百分点,消化能含量高 0.012 4 MJ/kg,

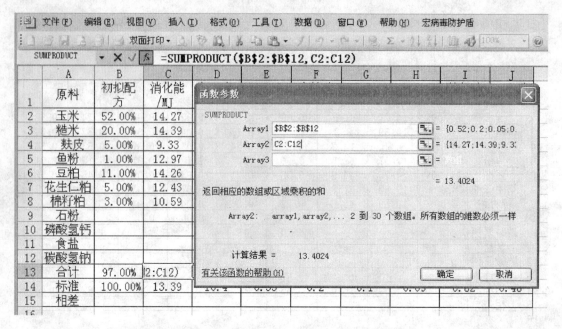

图 3-15　建立配合饲料中消化能含量计算函数

	A	B	C	D	E	F	G	H	I	J
1	原料	初拟配方	消化能/MJ	粗蛋白/%	钙/%	有效磷/%	钠/%	氯/%	赖氨酸/%	蛋氨酸+胱氨酸/%
2	玉米	52.00%	14.27	8.7	0.02	0.1	0.02	0.04	0.24	0.38
3	糙米	20.00%	14.39	8.8	0.03	0.15	0.04	0.06	0.32	0.34
4	麸皮	5.00%	9.33	14.3	0.1	0.24	0.07	0.07	0.53	0.36
5	鱼粉	1.00%	12.97	62.5	3.96	3.05	0.78	0.61	5.12	2.21
6	豆粕	11.00%	14.26	44.2	0.33	0.21	0.03	0.05	2.45	1.3
7	花生仁粕	5.00%	12.43	47.8	0.27	0.33	0.07	0.04	1.59	1.27
8	棉子粕	3.00%	10.59	43.5	0.28	0.36	0.04	0.04	1.3	1.5
9	石粉				35.84	0.01		0.06	0.02	
10	磷酸氢钙				23.28	18				
11	食盐						35.9	59		
12	碳酸氢钠						27			
13	合计	97.00%	13.4024	16.181	0.1192	0.1749	0.0377	0.0506	0.6545	0.5572
14	标准	100.00%	13.39	16.4	0.55	0.2	0.1	0.09	0.82	0.48
15	相差									
16										

图 3-16　建立计算配合饲料中其他营养成分含量计算函数

需要用蛋白质含量较高的饼粕类饲料替代能量含量较高的玉米,蛋白质饲料中棉籽粕的适口性差且含有毒素,不宜再增加它们的比例,可考虑用花生仁粕替代玉米。每使用 1% 的花生仁粕替代同比例的玉米可使能量含量降低 1.84 MJ/kg(12.43~14.27),而蛋白质含量提高 39.1%(47.8%~8.7%)。要使粗蛋白质含量达到标准中的 16.4%,需增加豆粕比例为 0.57%(0.219/39.1),玉米相应降低 0.57%。

	A	B	C	D	E	F	G	H	I	J

C15　=C13-C14

	A	B	C	D	E	F	G	H	I	J
1	原料	初拟配方	消化能/MJ	粗蛋白质/%	钙/%	有效磷/%	钠/%	氯/%	赖氨酸/%	蛋氨酸+胱氨酸/%
2	玉米	52.00%	14.27	8.7	0.02	0.1	0.02	0.04	0.24	0.38
3	糙米	20.00%	14.39	8.8	0.03	0.15	0.06	0.06	0.32	0.34
4	麸皮	5.00%	9.33	14.3	0.1	0.24	0.07	0.07	0.53	0.36
5	鱼粉	1.00%	12.97	62.5	3.96	3.05	0.78	0.61	5.12	2.21
6	豆粕	11.00%	14.26	44.4	0.33	0.21	0.03	0.05	2.45	1.3
7	花生仁粕	5.00%	12.43	47.8	0.27	0.33	0.07	0.03	1.59	1.27
8	棉子粕	3.00%	10.59	43.8	0.28	0.36	0.04	0.04	1.3	1.5
9	石粉				35.84	0.01	0.06	0.02		
10	磷酸氢钙				23.28	18				
11	食盐						35.9	59		
12	碳酸氢钠						27			
13	合计	97.00%	13.402 4	16.181	0.119 2	0.174 9	0.037 7	0.050 6	0.654 5	0.557 2
14	标准	100.00%	13.39	16.4	0.55	0.2	0.1	0.09	0.82	0.48
15	相差	-3.00%	0.012 4	-0.219	-0.430 8	-0.025 1	-0.062 3	-0.039 4	-0.165 5	0.077 2
16										

图 3-17　建立配合饲料配方中营养成分计算值与标准值间的差值函数

按此调整后,玉米用量为 51.43%（52%-0.57%）,花生仁粕为 5.57%（5%+0.57%）,其余饲料含量暂时不变,重新计算第一次调整后配方的营养成分含量及其与饲养标准之差额。

表 3-9　第一次调整后配方组成及各种营养成分的含量

饲料配方组分	比例/%	营养成分	含量/(MJ/kg)	与标准的差值
玉米	51.43	消化能	13.391 9	0.001 91
糙米	20.00	粗蛋白质	16.403 87	0.003 87
麸皮	5.00	钙	0.120 63	-0.429 4
鱼粉	1.00	有效磷	0.176 21	-0.023 8
豆粕	11.00	钠	0.037 99	-0.062
花生仁粕	5.57	氯	0.050 54	-0.039 5
菜籽粕	3.00	赖氨酸	0.662 2	-0.157 8
		蛋氨酸+胱氨酸	0.562 3	0.082 3

经第一次调整后粗蛋白质、消化能含量已达到饲养标准,钙、有效磷、钠、氯、赖氨酸等的含量低于饲养标准,用石粉、磷酸氢钙、食盐、碳酸氢钠和合成赖氨酸(效价按 78% 计)进行调整。磷酸氢钙用量为 0.13%（0.023 8/18）,则钙的含量增加了 0.030 3%（0.001 3×23.28）,仍需补钙 0.399 1%（0.429 4-0.030 3）,则石粉用量为 1.11%（0.399 1/35.84）,食盐用量 0.07%（0.039 5/59）,则钠的含量增加了 0.025%（0.07%×35.9）,仍需补钠 0.036%,则碳酸氢钠用量 0.13%（0.036/27）。赖氨酸用量为 0.21%（0.16/78）。蛋氨酸和胱氨酸的含量稍高于标准值,由于多余氨基酸不可能除去,且超量不高,故不作调整。添加 1% 复合预混料。

表 3-10　第二次调整后配方组成及各种养分含量

饲料配方组分	比例/%	营养成分	含量/(MJ/kg)	与标准的差值
玉米	51.43	消化能	13.39	0.00
糙米	20.00	粗蛋白质	16.40	0.00
麸皮	5.00	钙	0.55	0.00
鱼粉	1.00	有效磷	0.20	0.00
豆粕	11.00	钠	0.10	0.00
花生仁粕	5.57	氯	0.09	0.00
棉籽粕	3.00	赖氨酸	0.82	0.00
石粉	1.11	蛋氨酸＋胱氨酸	0.56	0.08
磷酸氢钙	0.13			
食盐	0.07			
碳酸氢钠	0.13			
赖氨酸	0.20			
预混料	1.00			
合计	99.64			

　　配方中各种养分含量均等于或略高于标准值,但各种组分总和(99.64%)却稍小于100%,可相应增加一种或多种常规饲料原料的比例,将玉米增加0.36%,调整到各组分总和为100%。

表 3-11　第三次调整后配方组成及各种养分含量

饲料配方组分	比例/%	营养成分	含量/(MJ/kg)	与标准的差值
玉米	51.79	消化能	13.44	0.05
糙米	20.00	粗蛋白质	16.43	0.04
麸皮	5.00	钙	0.55	0.00
鱼粉	1.00	有效磷	0.20	0.00
豆粕	11.00	钠	0.10	0.00
花生仁粕	5.57	氯	0.09	0.00
棉籽粕	3.00	赖氨酸	0.82	0.00
石粉	1.12	蛋氨酸＋胱氨酸	0.56	0.08
磷酸氢钙	0.11			
食盐	0.07			
碳酸氢钠	0.13			
赖氨酸	0.21			
预混料	1.00			
合计	100.00			

配方中各种养分含量均等于或略高于标准值,且都在允许范围内,同时各种组分总和为100%,达到了预期的目标,故设计出的体重 20～50 kg 生长育肥猪配合饲料配方如表 3-12 所示。

表 3-12　体重 35～60 kg 生长育肥猪配合饲料配方 %

饲料配方组分	比例	饲料配方组分	比例
玉米	51.79	石粉	1.12
糙米	20.00	磷酸氢钙	0.11
麸皮	5.00	食盐	0.07
鱼粉	1.00	碳酸氢钠	0.13
豆粕	11.00	赖氨酸	0.21
花生仁粕	5.57	预混料	1.00
棉籽粕	3.00		

用试差法设计配合饲料配方,也可运用电脑进行运算,可显著提高运算效率,但调整过程仍然非常耗费时间,尤其是对设计经验不足的设计人员,更是如此。

(三)考核评定

1. 需要量、原料合理,并能正确计算出配合饲料配方者,为优秀;
2. 需要量、原料选择较合理,并能正确计算出配合饲料配方者,为良好;
3. 需要量、原料选择不甚合理,但能正确计算出配合饲料配方者,为及格;
4. 需要量、原料选择不甚合理,又不能正确计算出配合饲料配方者,为不及格。

技能训练三　设计奶牛精料补充料配方

一、目的要求

1. 掌握奶牛总营养需要量的计算方法;
2. 能运用线性规划法、试差法设计奶牛精料补充料配方。

二、实训条件

中华人民共和国农业行业标准(NY/T 34—2004)、计算机房、Office 2003 软件。

三、方法与步骤

演示项目:某奶牛场成年奶牛平均体重为 500 kg,日均产乳 10 kg,乳脂率为 3.5%。该场用玉米秸秆、玉米青贮料和苜蓿干草为粗料,另有玉米、麸皮、豆粕和棉粕等精料原料,矿物质原料为磷酸氢钙、石粉和小苏打,补充微量元素、维生素等微量组分用的是 1% 的复合预混合饲料。试用上述各种原料,为该奶牛场设计平衡日粮配方。

第一步,依据《奶牛营养需要和饲养标准》,查得 500 kg 体重奶牛的维持营养需要及产乳脂率为 3.5% 的乳 10 kg 的营养需要总和,如表 3-13 的所示。

表 3-13　奶牛营养需要量

营养需要	干物质/kg	产乳净能/MJ	可消化粗蛋白质/g	钙/g	磷/g	食盐/g
体重 500 kg 维持需要	6.56	37.57	317	30	22	25
每千克乳脂率为 3.5% 的乳营养需要	0.4	2.93	53	4.2	2.8	2
10 kg 乳的营养需要	4	29.3	530	42	28	20
营养需要合计	10.56	66.87	847	72	50	45

注:每 100 kg 体重补食盐 3~5 g,每产 1 kg 乳补食盐 2 g;为了调节瘤胃 pH 值,精料补充料往往需要补充 1% 左右的小苏打。

第二步,查饲料原料中物质含量及其每千克干物质中相关养分含量(如有条件,自行分析),如表 3-14 所示。

表 3-14　饲料原料每千克干物质中养分量

原料	干物质/%	产乳净能/MJ	可消化粗蛋白质/g	钙/g	磷/g
玉米秸秆	90	4.22	20		
玉米青贮料	22.7	4.98	42	4.4	2.6
苜蓿干草	90.1	4.78	101	15.9	2.7
玉米	88.4	8.10	63	0.9	2.4
麸皮	89.3	6.66	101	1.6	6
豆粕	90.6	9.15	308	3.5	5.5
棉籽粕	84.4	5.56	159	9.2	7.5
大豆粕		19.04			
磷酸氢钙	99.8			218.5	186.4
石粉	99.1			325.4	

第三步,确定精、粗(青)饲料干物质用量,奶牛精、粗(青)饲料干物质比为 4∶6,则精料干物质为 $10.56×0.4=4.224$(kg);粗(青)饲料干物质为 $10.56-4.224=6.336$(kg)。

第四步,确定日粮中青饲料用量,奶牛每天青饲料用量可按体重的 2%~4%,本配方中拟用玉米青贮料 15 kg,则其干物质为 $15×22.7\%=3.405$(kg),那么粗饲料干物质总量为 $6.336-3.405=2.931$(kg)。

第五步,确定粗饲料组成,本配方选用的粗饲料有玉米秸秆和苜蓿干草,拟苜蓿干草干物质用 2 kg,则玉米秸秆干物质 $2.931-2=0.931$(kg)。

第六步,计算青粗饲料提供的各养分量及需要精料补充的各养分量,如表 3-15 所示。

表 3-15　饲粮中青粗饲料养分量及需要由精料补充的养分量

原料	干物质/kg	产乳净能/MJ	可消化粗蛋白质/g	钙/g	磷/g
玉米秸秆	0.931	3.929	18.620		
玉米青贮料	3.405	16.957	143.010	14.982	8.853
苜蓿干草	2.000	9.560	202.000	31.800	5.400
合计	6.336	30.446	363.63	46.782	14.253
需要精料补充	4.224	36.424	483.37	25.218	35.747

第七步，用简易线性规划法按干物质计算精料补充料配方，如表 3-16 所示。

表 3-16　计算出的精料补充料中各原料干物质用量

原料	产乳净能/MJ	可消化粗蛋白质/g	钙/g	磷/g	单价/（元/kg）	用量/kg	最大量/kg	最小量/kg
玉米	8.45	71	0.9	2.4	2.4	2.786	3	2
麸皮	6.66	101	1.6	6	1.42	0.500	1	0.5
豆粕	9.15	308	3.5	5.5	3.95	0.795	1	0.24
棉籽粕	5.56	159	9.2	7.5	2.45	0.000	1	0
大豆油	19.04				10	0.120	0.12	0
磷酸氢钙			218.5	186.4		0.116		
石粉			325.4			(0.019)		
预混料						0.042	0.042 24	0.042 24
合计	36.424	493.037	25.218	35.747	11.734	4.339		
标准	36.424	483.370	25.218	35.747				
最大值	37.152	493.037	25.722	36.462				

第八步，调整配方，由表 3-16 可以看出各营养指标达到要求，而石粉用量为负数，说明不添加石粉钙的含量也能满足要求，即可设石粉用量为 0，进行整理，如表 3-17 所示，再次判断配方的合理性，可见除钙含量偏高外，其他均符合要求。

表 3-17　调整后的精料补充料中各原料干物质用量

原料	产乳净能/MJ	可消化粗蛋白质/g	钙/g	磷/g	单价/（元/kg）	用量/kg	最大量/kg	最小量/kg
玉米	8.45	71	0.9	2.4	2.4	2.786	3	2
麸皮	6.66	101	1.6	6	1.42	0.500	1	0.5
豆粕	9.15	308	3.5	5.5	3.95	0.795	1	0.24
棉籽粕	5.56	159	9.2	7.5	2.45	0.000	1	0
大豆油	19.04				10	0.120	0.12	0
磷酸氢钙			218.5	186.4		0.116		
石粉			325.4					
预混料						0.042	0.042 24	0.042 24
合计	36.424	493.037	31.515	35.747	11.734	4.359		
标准	36.424	483.370	25.218	35.747				
最大值	37.152	493.037	25.722	36.462				

第九步，将饲料原料干物质量换算成原料量，如表 3-18 所示。

表 3-18　奶牛饲粮配方

原料	干物质/kg	干物质含量/%	原料量/kg		营养成分	含量
玉米秸秆	0.931	90	1.034		干物质/kg	10.698
玉米青贮料	3.405	22.7	15.000		产奶净能/MJ	66.870
苜蓿干草	2.000	90.1	2.220		可消化粗蛋白质/g	856.667
玉米	2.786	88.4	3.152		钙/g	79.987
麸皮	0.500	89.3	0.560		磷/g	50.000
豆粕	0.795	90.6	0.877		食盐/g	45.000
大豆粕	0.120		0.120			
磷酸氢钙	0.116	99.8	0.116			
食盐	0.045	100	0.045			
预混料	0.042	97	0.044			
合计	10.74		23.168			

第十步,将精料配方换算成生产配方,并调整,如表 3-19 所示。

表 3-19　奶牛精料补充料配方

原料	原料量/kg	配方/%	调整后配方/%
玉米	3.152	63.51	63.39
麸皮	0.560	11.28	11.04
豆粕	0.877	17.67	17.86
大豆油	0.120	2.42	2.44
磷酸氢钙	0.116	2.34	2.36
食盐	0.045	0.91	0.92
小苏打	0.049	0.99	0.99
预混料	0.044	0.89	1.00
合计	4.96	100.00	100.00

第十一步,检验配方在生产实践中的有效性。

四、考核评定

1. 需要量、原料合理,并能正确计算出配合饲料配方者,为优秀;

2. 需要量、原料选择较合理,并能正确计算出配合饲料配方者,为良好;

3. 需要量、原料选择不甚合理,但能正确计算出配合饲料配方者,为及格;

4. 需要量、原料选择不甚合理,又不能正确计算出配合饲料配方者,为不及格。

◈讨论与思考

反刍动物配合饲料配方设计与单胃动物配合饲料配方设计最主要区别表现在哪些方面?

任务三　浓缩饲料配方设计

◎**知识目标**

　　1. 掌握浓缩饲料配方设计的特点；

　　2. 掌握畜禽浓缩饲料配方设计方法、步骤与技巧。

◎**能力目标**

　　能设计单胃动物、反刍动物浓缩料配方。

◎**相关知识**

一、浓缩饲料的概念

　　浓缩饲料是全价配合饲料生产过程中间产品，它由 3 部分组成：添加剂预混料、常用矿物质饲料（包括钙、磷、食盐等）、蛋白质饲料。在不同的国家和地区，浓缩饲料的名称不同，如美国叫平衡用配合饲料，苏联和欧洲一些国家称为蛋白质-维生素补充饲料，泰国称为料精。

　　浓缩饲料是饲料厂生产的半成品，不能直接饲喂动物，必须与一定配比的能量饲料相混合，才可制成全价配合饲料或精料补充料。在生产实践中，由于生产需要的不同，浓缩饲料的概念也逐渐扩大，其配比可占全价配合饲料的 5％～50％，即浓缩饲料既可以不包括蛋白质饲料的全部，又可以把一部分能量饲料包括在内，因而，它所要求的基础饲料，不仅是能量饲料，有时还有蛋白质饲料等。

二、浓缩饲料的分类

　　根据浓缩饲料使用的对象可分为猪用浓缩饲料、鸡用浓缩饲料、鱼用浓缩饲料、奶牛用浓缩饲料等。按浓缩饲料使用对象的不同生理阶段再分，又可分为雏鸡用浓缩饲料、青年鸡用浓缩饲料、蛋鸡用浓缩饲料、生长猪用浓缩饲料、种猪用浓缩饲料等。

三、浓缩饲料的特点

（一）单胃动物用浓缩饲料的特点

　　单胃动物用浓缩饲料在与日粮的其他成分（一般是能量饲料）配成全价配合饲料后，即可直接饲喂单胃动物，发挥其实际的饲喂效果，因此，单胃动物用浓缩饲料具有以下特点：a. 单胃动物用浓缩饲料是全价饲料的精髓部分，必须先清楚所使用对象及目的，以便准确配制。b. 单胃动物用浓缩饲料与能量饲料混合后即成全价饲料，必须注意其有效磷及氨基酸含量。c. 浓缩饲料销售对象既有饲料厂，又有养殖场，在单胃动物用浓缩饲料营养指标的设计上要有较宽的适应性。

（二）反刍动物浓缩饲料的特点

　　与单胃动物浓缩饲料相比，反刍动物浓缩饲料制作中有以下特点：a. 与反刍动物浓缩饲料配伍制成的是精料混合料，它是半日粮，还必须考虑青饲料、粗饲料、多汁饲料等。b. 由于反刍动物的生理特点，在配制时应考虑干物质采食量，其营养需要为干物质中的含量，应注意干物质基础与风干基础的转换。c. 反刍动物浓缩饲料配制时不必考虑有效磷和氨基酸问题。d. 在配制中可以使用尿素类饲料。

四、浓缩饲料配制的原则

在设计浓缩饲料配方时,首先要考虑配合其他成分(主要是能量饲料)后的能量、蛋白质、氨基酸、维生素、矿物质和粗纤维等成分的含量。同时还要根据动物生理特点,注意矿物质、蛋白质的来源,注意保持各种营养物质之间的平衡关系,尤其是饲料中各种氨基酸之间的平衡关系,防止某一成分过高或过低,保持配方的科学合理。其次要根据当地饲料资源的特点,选用优质廉价的饲料资源,以求降低成本、保证饲喂效果。所生产的浓缩饲料产品最终要有清楚的使用说明书、注意事项等,以便用户准确、方便地使用。

五、发展浓缩饲料的意义

我国地域辽阔,饲料原料种类繁多,饲料条件差异较大,根据地区饲料资源,发展浓缩饲料具有以下优点:a. 可以集中人力、物力、财力生产优质、混合均匀度高的浓缩饲料,以供应条件较差的饲料加工厂或养殖场加工配合饲料,以提高经济效益,促进养殖业的发展。b. 可以就近利用当地蛋白质饲料资源,减少大量饲料往返运输的费用。c. 有利于促进地区性能量饲料和青粗饲料的有效利用。

◈ 相关技能

技能训练一　设计单胃畜禽浓缩饲料的配方

一、目的要求

能运用合适的方法设计单胃畜禽浓缩饲料配方。

二、实训条件

中华人民共和国农业行业标准(NY/T 65—2004、NY/T 33—2004)。

三、方法与步骤

单胃畜禽浓缩饲料配方设计有两种方法,一种是先根据使用对象和饲养标准,设计出相应配合饲料配方,然后将配方中能量饲料抽去,即成浓缩饲料配方。另一种是直接设计浓缩饲料配方。

1. 先设计配合饲料配方,然后算出浓缩饲料配方

演示项目:设计添加量分别为 30%、35%体重 35～60 kg 生长育肥猪两种浓缩饲料配方。

训练项目:设计添加量分别为 40%、35%产蛋率高于 85%的产蛋鸡浓缩饲料配方。

先设计出 35～60 kg 生长育肥猪配合饲料配方(参考任务二),配方为玉米 51.79%、糙米 20.00%、麸皮 5.00%、豆粕 11.00%、花生仁粕 5.57%、棉籽粕 3.00%、鱼粉 1.00%、石粉

1.12％、磷酸氢钙 0.11％、食盐 0.07％、碳酸氢钠 0.13％、赖氨酸 0.21％、预混料 1.00％。

(1)添加量为 30％的浓缩饲料配方　把全价饲粮中的能量饲料玉米去掉 50％、糙米去掉 20％,而将剩下的部分玉米及麸皮、豆粕、花生仁粕、棉籽粕、鱼粉、石粉、磷酸氢钙、食盐、碳酸氢钠、赖氨酸、预混料分别除以抽出后剩下的数量 30％,即得浓缩饲料配方为:玉米 5.97％、麸皮 16.67％、鱼粉 3.33％、豆粕 36.67％、花生仁粕 18.57％、棉籽粕 10.00％、石粉 3.73％、磷酸氢钙 0.37％、食盐 0.23％、碳酸氢钠 0.43％、赖氨酸 0.70％、预混料 3.33％。

采用此浓缩饲料配方,产品说明书上应注明每 30 份浓缩饲料加上 50 份的玉米、20 份的糙米混合均匀后即成为体重 35～60 kg 生长育肥猪全价配合饲料。

(2)添加量为 35％的浓缩饲料配方　把全价饲粮中的能量饲料玉米去掉 45％、糙米去掉 20％,而将剩下的部分玉米及麸皮、豆粕、花生仁粕、棉籽粕、鱼粉、石粉、磷酸氢钙、食盐、碳酸氢钠、赖氨酸、预混料分别除以抽出后剩下的数量 35％,即得浓缩饲料配方为:玉米 19.40％、糙米 0.00％、麸皮 14.29％、鱼粉 2.86％、豆粕 31.43％、花生仁粕 15.91％、棉籽粕 8.57％、石粉 3.20％、磷酸氢钙 0.31％、食盐 0.20％、碳酸氢钠 0.37％、赖氨酸 0.60％、预混料 2.86％。

采用此浓缩饲料配方,产品说明书上应注明每 35 份浓缩饲料加上 45 份的玉米、20 份的糙米混合均匀后即成为体重 35～60 kg 生长育肥猪全价配合饲料。

由以上可见,采用此种方法配制浓缩饲料,优点是比较直观、简捷,但不便于饲料原料种类的选用。

2. 直接设计浓缩饲料配方

对于专门从事浓缩饲料生产的厂家,可以采取直接设计浓缩饲料配方的方法。此种方法原料选择的余地较宽,有利于饲料资源的开发利用和饲料成本的降低,便于饲料厂规模化生产,但在设计时需要有一定的实践经验,对浓缩饲料的使用比例、方法有一定的了解。

演示项目:给 0～8 周龄蛋用雏鸡设计浓缩饲料配方。

训练项目:给配种体重 170 kg 妊娠前期母猪设计浓缩饲料配方。

①查找 0～8 周龄蛋用雏鸡饲养标准,以罗曼商品蛋鸡为例,饲养标准见表 3-20。

表 3-20　0～8 周龄雏鸡饲料营养水平

选择项目	营养水平	选择项目	营养水平
代谢能/(MJ/kg)	11.51	有效磷/％	0.45
粗蛋白质/％	18.5	蛋氨酸/％	0.38
钙/％	1.0	赖氨酸/％	0.95

注:其他氨基酸、各种维生素、微量元素、亚油酸等指标略。

②根据实际经验,确定全价饲粮中浓缩饲料与能量饲料的比例以及能量饲料的组成。假设浓缩饲料与能量饲料的比例为 35:65,其中能量饲料中玉米占 55,麸皮占 10。

③计算能量饲料已达到的营养水平。从②中知 65 份能量饲料中包括玉米 55 份、麸皮 10 份,玉米、麸皮营养成分含量及 65 份能量饲料各种营养指标所达到的水平见表 3-21。

④计算浓缩饲料各种营养成分应达到的水平。由表 3-21 已知能量饲料的粗蛋白质水平为 6.13％,从表 3-20 知配合后的全价饲料粗蛋白质应达到 18.5％,则全价饲料中浓缩饲料部分应含有的粗蛋白质为 18.5％－6.13％＝12.37％,折算成 100％浓缩饲料含量,则浓缩饲料粗蛋白质含量为 12.37％÷35％＝35.34％,其他营养指标依此类推,则得浓缩饲料应达到的

营养水平见表 3-22。

表 3-21　玉米、麸皮营养成分含量及 65 份能量饲料营养指标水平

品种	比例/%	粗蛋白质/%	代谢能/(MJ/kg)	钙/%	有效磷/%	蛋氨酸/%	赖氨酸/%
玉米		8.60	14.0	0.05	0.05	0.13	0.27
麸皮		14.0	7.9	0.10	0.20	0.20	0.50
玉米	55	4.73	7.70	0.03	0.03	0.07	0.15
麸皮	10	1.40	0.79	0.01	0.02	0.02	0.05
合计	65	6.13	8.49	0.04	0.05	0.09	0.20

表 3-22　浓缩饲料营养水平

指标	粗蛋白质/%	代谢能/(MJ/kg)	钙/%	有效磷/%	蛋氨酸/%	赖氨酸/%
浓缩饲料	35.34	8.62	2.74	1.14	0.83	2.14

⑤确定所使用的原料种类。如本配方中确定选用的原料有大豆粕、秘鲁鱼粉、槐叶粉、骨粉、食盐、添加剂预混料,查饲料营养成分表或化验得其成分含量见表 3-23。

表 3-23　原料种类及营养成分含量

营养成分	大豆粕	秘鲁鱼粉	槐叶粉	骨粉
粗蛋白质/%	43	62	18.1	
代谢能/(MJ/kg)	11.05	12.13	3.97	
钙/%	0.32	3.91	2.21	24
有效磷/%	0.15	2.90	—	12
蛋氨酸/%	0.48	1.65	0.22	
赖氨酸/%	2.45	4.35	0.84	

⑥浓缩饲料配方计算。按任务二所介绍的配合饲料配方计算技巧进行浓缩配方计算,采用表 3-23 原料计算所得配方见表 3-24。

表 3-24　试配浓缩饲料配方

饲料名称	配比	营养指标	水平	相差
大豆粕/%	58	粗蛋白质/%	35.82	0.48
秘鲁鱼粉/%	12	代谢能/(MJ/kg)	8.62	0
槐叶粉/%	19	钙/%	2.78	0.04
骨粉/%	7.1	有效磷/%	1.15	0.01
食盐/%	0.9	蛋氨酸/%	0.60*	−0.29
添加剂预混料/%	3	赖氨酸/%	2.12*	−0.02
合计	100			

* 仅为原料中含量,不包括添加剂预混料。

从计算出的配方可知,所得浓缩料营养水平与要求水平相差不多,赖氨酸、蛋氨酸不足部分及其他微量成分由添加剂预混料中参考补加。则此配方可以作为 0～8 周龄蛋用雏鸡浓缩饲料配方。在配制过程中,如试配配方与要求指标差异较大,则需进一步调整,直至接近为止。

四、考核评定

1. 需要量、原料合理,并能正确计算出浓缩饲料配方者,为优秀;
2. 需要量、原料选择较合理,并能正确计算出浓缩饲料配方者,为良好;
3. 需要量、原料选择不甚合理,但能正确计算出浓缩饲料配方者,为及格;
4. 需要量、原料选择不甚合理,又不能正确计算出浓缩饲料配方者,为不及格。

技能训练二 设计反刍动物浓缩饲料配方

一、目的要求

1. 掌握反刍动物总营养需要量的计算方法;
2. 能运用合适的方法设计反刍动物浓缩饲料配方。

二、实训条件

中华人民共和国农业行业标准(NY/T 34—2004)、计算机机房、Office 2003 软件。

三、方法与步骤

配制反刍动物浓缩饲料方法与单胃动物相似,先计算出精料混合料配方,再算出浓缩饲料配方。

演示项目:某奶牛场成年奶牛平均体重为 500 kg,日均产乳 10 kg,乳脂率为 3.5%,为该奶牛场设计浓缩饲料配方。

训练项目:给体重 600 kg 成年种公牛配制浓缩饲料配方。

(1)设计奶牛精料补充料配方 按任务二方法技巧设计出体重 500 kg 日产乳脂率为 3.5%乳 10 kg 的成年奶牛精料补充料配方:玉米 63.39%、麸皮 11.04%、豆粕 17.86%、大豆油 2.44%、磷酸氢钙 2.36%、食盐 0.92%、小苏打 0.99%、预混料 1.00%。

(2)确定浓缩饲料配方 由精料补充料配方中去掉 63 份玉米、10 份麸皮、2 份大豆油,剩余部分除以 25%即得 25%用量的、体重 500 kg 日产乳脂率为 3.5%乳 10 kg 的、成年奶牛浓缩饲料配方如下:玉米 1.56%、麸皮 4.16%、豆粕 71.44%、大豆油 1.76%、磷酸氢钙 9.44%、食盐 3.68%、小苏打 3.96%、预混料 4.00%。

在使用此浓缩料时需注明每 25 份浓缩料加上 63 份玉米、10 份麸皮、2 份大豆油混合均匀后即为体重 500 kg 日产乳脂率为 3.5%乳 10 kg 的成年奶牛精料补充料。

四、考核评定

1. 需要量、原料合理,并能正确计算出配合饲料配方者,为优秀;

2. 需要量、原料选择较合理，并能正确计算出配合饲料配方者，为良好；

3. 需要量、原料选择不甚合理，但能正确计算出配合饲料配方者，为及格；

4. 需要量、原料选择不甚合理，又不能正确计算出配合饲料配方者，为不及格。

◈**讨论与思考**

1. 生产中，为什么要配制浓缩饲料？

2. 设计浓缩饲料配方时重点应把握些什么？

任务四　预混合饲料配方设计

◈**知识目标**

1. 了解预混饲料的种类、预混合饲料中活性成分需要量与添加量确定的原则；

2. 了解预混饲料的非活性原料的选用；

3. 初步掌握维生素预混合饲料、微量元素预混合饲料和复合预混饲料配方设计方法。

◈**能力目标**

能初步设计维生素预混合饲料、微量元素预混合饲料和复合预混饲料配方。

◈**相关知识**

一、添加剂预混合饲料的概念

简称预混料，是一种或多种饲料添加剂在加入到配合饲料前与适当比例的载体或稀释剂按一定的比例配制而成的均匀混合物。预混合饲料是配合饲料的半成品，不能单独作为饲料直接饲喂动物，一般在配合饲料中占 0.01%～2%，只有通过与其他饲料原料配合，才能发挥作用。

二、添加剂预混合饲料的分类

1. 根据有效成分和浓度分类

（1）单项预混合饲料　指由一种饲料添加剂与适当比例的载体或稀释剂混合配制成的均匀混合物。属于此类添加剂预混合饲料有作为原料使用的有效成分含量不同的单品种维生素预混料，如 2% 的生物素；稀释的单品种微量矿物质元素预混料，如 1% 的亚硒酸钠；另外，有些不宜与其他成分混合存放，如氯化胆碱预混料。

（2）复合预混合饲料　指将各类饲料添加剂按动物营养需要全面补充后混合均匀的综合性产品。这种预混料除含有多种微量矿物质元素、维生素外，还含氨基酸添加剂及保健促生长剂等非营养性添加剂，甚至常量矿物质元素等成分，只需与适当比例的能量饲料和蛋白质饲料配合就能配制成全价配合饲料，一般在日粮中的配比为 1%～5%。

（3）维生素预混合饲料　指根据动物营养需要，按一定比例将多种维生素与适当比例的载体或稀释剂配制而成的均匀混合物，即复合多维。维生素预混合饲料在日粮中添加量多为 0.02%～0.5% 的产品。

（4）微量元素预混料　指由多种微量矿物质元素按一定比例与适当比例的载体或稀释剂配制而成的均匀混合物，即复合微量元素预混料，通常以 1%～5% 的比例添加到全价配合饲料中。

2. 根据使用对象分类

包括猪用预混料,禽用预混料,对虾、鱼类预混料及奶牛预混料等。根据动物生长阶段、生产目的、生理状态等分为若干种预混料如产蛋鸡预混料、泌乳母猪预混料等。

三、预混合饲料中活性成分需要量与添加量确定的原则

1. 需要量与添加量的概念

预混合饲料中活性成分主要是指维生素、微量元素和药物成分等。

(1)活性成分需要量　活性成分需要量主要是指动物对维生素、微量矿物质元素、氨基酸和药物成分的需要量,包含两层含义,即最低需要量和最适需要量。

最低需要量是指在试验条件下,为预防动物产生某种维生素或微量矿物质元素缺乏症而对维生素或微量矿物质元素的需要量。现行的饲养标准中推荐的维生素或微量矿物质元素需要量都是指最低需要量。最低需要量未包括实际生产情况下各种影响因素所致的需要量的提高,因而在生产实际条件下并不完全适应,尤其以维生素更为突出。

最适需要量是指能取得最佳的生产效益和饲料利用率时的活性成分供给量。最适需要量一般高于最低需要量。

动物对微量养分的需要量主要来源于两个方面:一方面是基础饲料,另一方面是微量养分添加剂。基础饲料中的含量可根据饲料配方和饲料微量养分含量来计算,后者通常来自于饲料营养价值表中的数据。饲料营养价值表中各种养分的含量是许多种同名饲料中养分含量的平均值,而准确含量因饲料产地、收获时间、加工条件的不同而异。因此,要知道饲料中微量养分的准确含量,必须对饲料原料进行直接测定。

(2)活性成分添加量　实际供给动物某种活性成分量称为活性成分总供给量。它包括两部分,即基础饲料中的含量和通过预混合饲料供给的部分,后者称为活性成分的添加量。

2. 影响活性成分添加量的主要因素

主要包括动物因素、基础饲料、饲养环境、配伍禁忌、贮存期、成本和产品档次等。

(1)动物因素　不同种类的动物对维生素、微量元素的需要量不同,动物的生理状况、年龄、健康状况、饲养水平和生产目的的不同,对维生素、微量元素的需要量也不同,因此其添加量不同。

(2)基础饲料　动物的基础饲料由多种多样的饲料原料构成,不同饲料原料中所含维生素、微量元素的数量不同,有的饲料原料中还含有抗营养因子,这些都会影响维生素、微量元素的添加量。

(3)饲养环境与饲养技术　现代养殖业正朝着高密度集约化封闭式饲养的方向发展,一方面使动物生产潜力得到充分发挥,降低了劳动成本,减少了动物的维持消耗,提高了饲料报酬和养殖业的经济效益。另一方面,给动物带来了一系列的应激反应,同时也减少了动物从自然环境中获取维生素、微量元素的机会。封闭、应激和高生产水平使得维生素和微量元素的需要量大大提高,特别是维生素需要量的提高尤其突出。在现代养殖生产中,提高维生素的供给量是保证动物健康、缓解应激、提高畜产品数量和质量、提高饲料报酬和养殖经济效益的重要措施。

(4)活性成分之间的相互影响　饲料中各种成分同时存在,它们之间存在着复杂的关系,

如氯化胆碱、微量元素添加剂对维生素 A、胡萝卜素、泛酸钙、维生素 B_1 等有破坏作用；矿物质元素之间存在着复杂的协同和拮抗作用；抗生素类添加剂间存在着配伍禁忌，影响着维生素和微量元素在预混料中的添加量。

(5)活性成分的稳定性和饲料的加工、贮存　选择稳定性强的添加剂作为原料非常重要，加工、贮存和运输过程中，活性成分的损失也应考虑。如制粒对维生素和酶制剂、益生素的破坏，贮存过程中维生素的破坏。因此，对商品饲料维生素的添加量要考虑贮存过程和制粒过程的损失。

(6)产品的档次和成本　饲料产品的档次是不同的，某些饲料添加剂是否添加、添加量的多少要考虑产品成本。如低档肉鸡预混料中维生素 E 的添加量与高档的肉鸡预混料差别很大，因前者不考虑鸡产品的货架保存时间。

3. 确定活性成分添加量的原则

总的原则是依据动物饲养标准，考虑动物品种、生长阶段、生理特点、生产水平、饲养条件等因素，结合各种活性成分的理化特性，参考国内外的研究成果而科学合理地确定预混合饲料中活性成分的添加量。

(1)营养性添加剂添加量的确定　营养性添加剂预混料配方设计要以饲养标准为依据。首先根据饲养标准确定动物对氨基酸、维生素和微量元素的需要量。饲养标准中规定的氨基酸、维生素、微量元素的需要量是动物的最低需要量，而实际生产条件下各种制约因素使动物对微量养分的实际需要量高于饲养标准的推荐量。因此，通常在饲养标准基础上增加一个安全系数或称为保险系数作为动物的实际需要量，安全系数为 $10\% \sim 100\%$，具体数值取决于实际条件。

①维生素添加量。维生素添加剂的稳定性相对较差，各种维生素的稳定性差别也较大，影响其添加量的因素多而复杂，而动物对维生素的耐受量与需要量相差甚大，因此，维生素的推荐供给量及实际添加量变化很大。总的趋势是忽略基础饲料中维生素的含量，而直接以饲养标准(如 NRC 标准)推荐的最低需要量作为添加量，更多的是在最低需要量基础上增加一定量(作为保险系数)来设计。另外，维生素在贮藏、运输过程中，活性很容易被破坏，所以预混合饲料通常都规定了有效期和在有效期内活性成分的分析保证值，确定添加量时还应考虑有效期内损失。

②微量矿物质元素添加量。其确定原则是严格遵守动物饲养标准，但允许根据基础饲料的情况、生产水平、应激因素等做适当调整。具体拟定其添加量时，理论上添加量应该是动物需要量与基础饲料中的含量的差值。但在生产中，往往将基础饲料的微量矿物质元素的含量作为安全量(即忽略不计)，这是因为基础饲料中的微量元素含量变化大，且动物对微量矿物质元素的最高耐受量与需要量间有一定的差值，忽略基础饲料中的微量矿物质元素含量，而直接以动物的需要量作为添加量一般不会超过安全限度。另外，在确定微量矿物质元素添加量时，还要考虑某些元素的特殊作用(如高铜的促生长作用、高锌预防仔猪断奶综合征等)，以及各元素间的相互关系。但确定毒性较大的微量元素(如硒、砷等)添加量时，需考虑基础饲料中的含量，尤其是富含这些元素的地区，更应如此。

③氨基酸的添加量。确定的原则是基础饲料缺什么补什么、缺多少补多少。因此，准确的添加量应等于动物的实际需要量与基础饲料含量之差，而不是饲养标准规定的需要量。但若无化验条件，一般生产条件下，蛋氨酸和赖氨酸的添加量可按配合饲料质量的 0.1% 左右

添加。

(2)非营养性添加剂添加量的确定　对抗生素、化学合成药、益生素、酶制剂、有机酸等非营养性添加剂，必须以药理学、药物学、病理学、毒理学、动物生理学、动物生物化学等学科的原理为指导，以国家的有关的法律法规为依据来确定其添加量，同时要注意药物的配伍禁忌。

饲料药物添加剂的添加量需要严格遵守《饲料药物添加剂使用规范》中的种类、适用动物、用法与用量、禁用与休药期等。

四、预混料非活性成分的选择与加工

为了保证活性成分的有效性、稳定性、均匀性和一致性，以及产品的可靠性和安全性，预混料的加工工艺对添加剂的载体及稀释剂等非活性原料的物理、化学性能都有了一定的要求。

1. 载体、稀释剂和吸附剂的特性和种类

(1)载体的特性和种类　载体是一种能够接受和承载粉状活性成分的可饲用饲料。它对微量添加剂可起到吸附作用和稀释作用，还可提高添加剂的流散性，使添加剂更易于均匀地分布到饲料中。

常用的载体有无机载体和有机载体两类。无机载体有碳酸钙、磷酸钙、硅酸盐、二氧化硅、食盐、陶土、滑石、蛭石、沸石粉、海泡石粉等，这类载体多用于微量元素预混料的制作。有机载体分为2种：一种是含粗纤维多的物质，如玉米粉、小麦麸、玉米麸、脱脂米糠、稻壳粉、大豆壳粉、玉米穗轴粉、大豆粕、次粉等；另一种是含粗纤维很少的物质，如淀粉、乳糖等，这类载体多用于维生素添加剂或药物性添加剂的制作。在制作添加剂预混料时，可根据需要选用有机载体或无机载体或二者兼有。

对载体的基本要求是：含水量低，一般应在10%以内；载体粒度要求在30～80目，其堆密度应与活性成分相近，对全价配合饲料中的主要原料有良好的混合性；其表面特性应为粗糙多孔，以达到载体承载的目的；化学稳定性，尽量选择与活性成分pH相近的载体，以免使活性成分受破坏而失效；价格低廉，来源方便。

(2)稀释剂的特性和种类　稀释剂是指混合于一种或多种微量添加剂并起稀释作用的饲料。它可将活性微量组分的浓度降低，并把它们的颗粒彼此分开，减少活性成分之间的相互反应，以增加活性成分稳定性。稀释剂也可分为有机物和无机物2大类。有机物类常用的有去胚玉米粉、葡萄糖、蔗糖、豆粕粉、次粉等，这类稀释剂要求在粉碎之前经干燥处理，含水量低于10%。无机物类主要有石粉、磷酸二钙、磷酸氢钙、碳酸钙、贝壳粉、高岭土、食盐等，这类稀释剂要求在无水状态下使用。

稀释剂的特性是：粒度、相对密度等物理特性与相应的微量组分尽可能接近，粒度大小要均匀；不能被活性微量组分所吸收、固定；不吸潮、不结块，水分含量低，流动性好；pH为中性，化学性质稳定；不带静电。

(3)吸附剂的特性和种类　吸附剂也称吸收剂，它可使活性成分附着在其颗粒表面，使液态微量化合物添加剂变为固态化合物，有利于添加剂均匀混合。其特性是吸附性强，化学性质稳定。吸附剂一般也分为有机物和无机物2类，有机物类如小麦胚粉、脱脂玉米胚粉、玉米芯片、粗麸皮、大豆细粉以及吸水强的谷物类等；无机物类则包括二氧化硅、蛭石、硅酸钙等。

实际上载体、吸附剂、稀释剂大多是相互混用的，而且许多成分可能同时起到承载、吸附和稀释有效活性成分的作用。但从制作预混料工艺的角度出发来区别它们，对于正确选用载体、稀释剂、吸附剂是有必要的。

2. 载体、稀释剂的选择

载体和稀释剂的选择是预混料生产工艺中最重要的条件之一。为了获得良好的混合效果，必须按照一定的品种以及质量要求，正确选择载体和稀释剂。对载体、稀释剂选择时的要求见表3-25。

表 3-25　对载体、稀释剂物料的要求

项目	含水率/%	粒度/目	堆密度	表面活性	吸湿结块	流动性	pH	静电
载体	<10	30~80	接近承载或	粗糙吸附好	不易吸湿、防结块	差	接近中性	低
稀释剂		20~200	被稀释物料	光滑流动好		好		

此外，载体的黏着性也在考虑之中，载体的黏着性越好，越容易把活性成分牢固黏结和承载，但黏着性好的载体用量要适中，用量过多会黏结成团。一般有机载体的黏着性较无机载体的黏着性强。对载体携带的微生物要求应越少越好，不能将发霉的原料用做载体，否则载体附着的微生物将直接损害添加剂预混料的品质。

因此，要生产优质的预混料，必须选择好相应的载体和稀释剂，首先要考虑粒度、堆密度、酸碱度等几个主要因素，同时注意因地制宜，以降低成本。生产维生素预混料时，考虑到维生素的稳定性差、堆密度偏低，为保持维生素的活性宜选用含水量低、pH 近中性、化学特性稳定、堆密度较小、表面粗糙、承载性能强的有机物料为载体，如淀粉、酱糠粉等。生产微量元素预混料时，宜采用堆密度较大的碳酸钙、石粉等无机载体。生产复合预混料时，可选用玉米粉为载体，还可选用优质肉骨粉作载体，以简化在混合过程中添加油脂的工艺。

◈ 相关技能

技能训练　设计单胃畜禽添加剂预混合饲料的配方

一、目的要求

能初步设计单胃畜禽添加剂预混合饲料配方。

二、实训条件

中华人民共和国农业行业标准（NY/T 65—2004、NY/T 33—2004）。

三、方法与步骤

1. 设计维生素预混合饲料配方

演示项目：体重为 15~30 kg 小猪维生素预混合饲料配方。

训练项目：设计产蛋率为 85% 产蛋鸡维生素预混合饲料配方。

①确定维生素预混合饲料在全价配合饲料中添加量为 0.5%。

②根据小猪生产特点,决定在饲料中补充维生素 A、维生素 D、维生素 E、维生素 K、维生素 B_2、维生素 B_6、维生素 B_{12}、烟酸、泛酸、叶酸及氯化胆碱,其中氯化胆碱不在维生素预混合饲料中添加,直接在全价配合饲料中补充。

表 3-26 体重 30～60 kg 小猪每千克全价饲料中维生素添加量

种类	添加量	种类	添加量	种类	添加量
维生素 A/IU	6 500.00	维生素 B_2/mg	4.50	烟酸/mg	26.00
维生素 D/IU	2 200.00	维生素 B_6/mg	1.20	泛酸/mg	13.00
维生素 E/IU	18.00	维生素 B_{12}/mg	0.02	叶酸/mg	0.35
维生素 K/mg	3.80	—	—	—	—

③选择维生素添加剂及其规格。

表 3-27 维生素添加剂及其规格

添加剂种类	规格	添加剂种类	规格	添加剂种类	规格
维生素 A/(IU/g)	500 000	维生素 B_2/%	96	烟酸/%	99
维生素 D_3/(IU/g)	500 000	维生素 B_6/%	98	泛酸/%	98
维生素 E/%	50	维生素 B_{12}/%	1	叶酸/%	2
维生素 K/%	95	—	—	—	—

④计算预混合饲料中维生素添加剂所占的比例(表 3-28)。

⑤选择载体并计算载体的用量。

选用尾粉作载体,在维生素预混合饲料中所占的比例等于 100 减去各项维生素原料所占比例总和,即维生素预混合饲料的配方。

表 3-28 预混合饲料中维生素添加剂用量的计算过程

项目	每千克饲料中添加量	每千克预混料中含量	添加剂规格	每千克预混料中添加剂含量	预混料中添加剂比例/%
列 号	(1)	(2)	(3)	(4)	(5)
计算方法	—	(1)÷0.005	—	$\frac{(2)}{(3)}÷1\,000$	$(4)×\frac{100}{1\,000}$
维生素 A	6 500 IU	1 300 000 IU	500 kIU/g	2.6^A	0.26
维生素 D_3	2 200 IU	4 400 000 IU	500 kIU/g	0.88A	0.088
维生素 E	18 IU	3 600 IU	50%	7.2^{BC}	0.72
维生素 K	3.80 mg	760 mg	95%	0.80^C	0.080
维生素 B_2	4.50 mg	900 mg	96%	0.938^C	0.093 8
维生素 B_6	1.20 mg	240 mg	98%	0.245^C	0.024 5
维生素 B_{12}	0.02 mg	4 mg	1%	0.400^C	0.040 0

续表 3-28

项目	每千克饲料中添加量	每千克预混料中含量	添加剂规格	每千克预混料中添加剂含量	预混料中添加剂比例/%
烟酸	26.00 mg	5 200 mg	99%	5.253c	0.525 3
泛酸	13.00 mg	2 600 mg	98%	2.653c	0.265 3
叶酸	0.35 mg	70 mg	2%	3.50c	0.350
小计	—	—	—	24.469	2.446 9
载体	—	—	—	975.531	97.531
合计	—	—	—	1 000	100

注:A:1 300 000 IU/kg÷500 kIU/g＝1 300 000 IU/kg÷1 000÷500 kIU/g＝1 300 000 IU/kg÷500 kIU/g÷1 000＝
1 300 kIU/kg÷500 kIU/g＝2.6 g/kg。

B:1 IU 维生素 E＝1 mg 维生素 E。

C:3 600 mg/kg÷0.5＝7 200 mg/kg＝7 200 mg/kg÷1 000＝7.2 g/kg。

2. 设计微量矿物质元素预混合饲料配方

演示项目:体重为 15～30 kg 小猪微量矿物质元素预混合饲料配方。

训练项目:设计产蛋率为 85% 产蛋鸡维生素预混合饲料配方。

①确定预混合饲料在全价饲料中的用量为 1%。

②确定微量元素在全价饲料中实际添加量(mg/kg):

铜为 10,铁为 110,锌为 115,锰为 4,碘为 0.2,硒为 0.3。

③选择添加剂原料,明确产品规格。

表 3-29　添加剂原料及规格　　　　　　　　　　　　　　　　　　　　　%

原料名称	主元素含量	原料名称	主元素含量
五水硫酸铜	25.0	一水硫酸锰	31.8
一水硫酸亚铁	30.0	碘化钾	1
一水硫酸锌	35.0	亚硒酸钠	1

④添加剂原料用量的计算方法。

表 3-30　微量矿物质元素预混合饲料配方的计算

元素名称	全价饲料中元素添加量/(mg/kg)	预混料中元素添加量/(mg/kg)	添加剂原料名称	产品规格/%	每千克预混料中添加剂用量/g	预混料中添加剂比例/%
列号	(1)	(2)	(3)	(4)	(5)	(6)
计算方法	—	(1)÷1%	—	—	$\frac{(2)}{(4)}÷1\,000$	$(5)×\frac{100}{1\,000}$
铜	10	1 000	硫酸铜	25.00%	4.00	0.40
铁	110	11 000	硫酸亚铁	30.00%	36.67	3.67

续表 3-30

元素名称	全价饲料中元素添加量 /mg/kg	预混料中元素添加量 /(mg/kg)	添加剂原料名称	产品规格 /%	每 kg 预混料中添加剂用量 /g	预混料中添加剂比例 /%
锌	115	11 500	硫酸锌	35.00%	32.86	3.29
锰	4	400	硫酸锰	31.80%	1.26	0.13
碘	0.2	20	碘化钾	1.00%	2.00	0.20
硒	0.3	30	亚硒酸钠	1.00%	3.00	0.30
小计	—	—	—	—	79.78	7.98
载体					920.22	92.02
合计					1 000.00	100.00

⑤选择载体，并计算载体的用量。

载体选用轻质碳酸钙，其用量等于 100 减去微量元素添加剂原料之总用量。即得到微量矿物质元素预混合饲料配方。如硫酸铜的用量：1 000(mg/kg)÷25%＝4 000(mg/kg)÷1 000＝4(g/kg)。

3. 复合预混合饲料配方设计

演示项目：体重为 15～30 kg 小猪复合预混合饲料配方。

训练项目：设计产蛋率为 85%产蛋鸡复合混合饲料配方。

首先根据前述方法分别设计出维生素、微量矿物质元素预混合饲料配方，生产出专用的相应预混合饲料；其次根据维生素预混合饲料、微量矿物质元素预混合饲料及其他组分在全价配合饲料中添加量，以及复合预混合饲料在全价配合饲料中用量，计算出各组分在复合预混合饲料中比例，即得复合预混合饲料的配方。

①设计体重为 15～30 kg 小猪维生素预混合饲料配方，并生产出产品。

按"1."生产出全价料中添加量为 0.05%（即 500 mg/kg）的体重为 15～30 kg 小猪维生素预混合饲料见表 3-31。

表 3-31 添加量为 0.05%小猪维生素预混合饲料配方的计算过程

维生素名称	饲料中添加量/每千克	预混料中含量/每千克	添加剂规格	预混料中添加剂含量/(g/kg)	预混料中添加剂比例/%
列号	(1)	(2)	(3)	(4)	(5)
计算方法	—	(1)÷0.05%	—	$\frac{(2)}{(3)}÷1000$	$(4)×\frac{100}{1000}$
维生素 A	6 500 IU	13 000 000 IU	500 kIU/g	26	2.60
维生素 D_3	2 200 IU	44 000 000 IU	500 kIU/g	8.8	0.88
维生素 E	18 IU	36 000 IU	50%	72	7.20
维生素 K	3.80 mg	7 600 mg	95%	8	0.80
维生素 B_2	4.50 mg	9 000 mg	96%	9.36	0.94

续表 3-31

维生素 名称	饲料中添 加量/(每千克)	预混料中 含量/(每千克)	添加剂 规格	预混料中添加剂 含量/(g/kg)	预混料中 添加剂比例/%
维生素 B$_6$	1.20 mg	2 400 mg	98%	2.45	0.25
维生素 B$_{12}$	0.02 mg	40 mg	1%	4	0.40
烟酸	26.00 mg	52 000 mg	99%	52.53	5.25
泛酸	13.00 mg	26 000 mg	98%	26.53	2.65
叶酸	0.35 mg	700 mg	2%	35	3.50
小计	—	—	—	244.67	24.47
载体	—	—	—	755.33	75.53
合计	—	—	—	1 000	100.00

②设计体重为 15～30 kg 小猪微量元素预混合饲料配方,并生产出产品。

按照"2."生产出全价中添加量为 0.5%(即 5 000 mg/kg)的体重为 15～30 kg 小猪微量元素预混合饲料。

表 3-32　添加量为 0.5% 小猪微量元素预混合饲料配方的计算过程

项目	全价饲料中 元素添加量 /(mg/kg)	预混料中 元素添加量 /(mg/kg)	添加剂原料 名称	产品规格 /%	每千克预混料 中添加剂 用量/g	预混料中 添加剂 比例/%
列号	(1)	(2)	(3)	(4)	(5)	(6)
计算方法	—	(1)÷0.5%	—	—	$\frac{(2)}{(4)}÷1000$	(5)×$\frac{100}{1000}$
铜	10	2 000	硫酸铜	25.00	8.00	0.80
铁	110	22 000	硫酸亚铁	30.00	73.33	7.33
锌	115	23 000	硫酸锌	35.00	65.71	6.57
锰	4	800	硫酸锰	31.80	2.52	0.25
碘	0.2	40	碘化钾	1.00	4.00	0.40
硒	0.3	60	亚硒酸钠	1.00	6.00	0.60
小计	—	—	—	—	159.56	15.96
载体	—	—	—	—	840.44	84.04
合计	—	—	—	—	1 000	100.00

③确定复合预混合饲料在全价饲料中的添加量,假定为 2%。

④确定胆碱在全价饲料中的添加量,并计算出氯化胆碱(50%)添加量。

确定胆碱在全价饲料中的添加量为 0.4 g/kg,则氯化胆碱量为 0.8 g/kg,即 800 mg/kg。

⑤选择保健促生长剂,并明确全价料中添加量。

先用杆菌肽锌(10%)为保健促生长剂,依据国家相关条例,在全价饲料中用量为 200 mg/kg。

⑥确定抗氧化剂,并明确全价料中添加量。

先用 BHT 为抗氧化剂,依据有关规定在全价饲料中用量为 150 mg/kg。

⑦以维生素、微量元素预混合饲料为基础设计复合预混合饲料配方,见表 3-33。

表 3-33　添加量为 2%小猪复合预混合饲料的计算过程

项目	全价饲料中添加量/(mg/kg)	预混料中添加量/(g/kg)	预混料中所占比例/%
列号	(1)	(2)	(3)
计算方法	—	(1)÷2%÷1 000	(2)÷1 000×100
维生素预混料	500	25	2.5
微量元素预混料	5 000	250	25
氯化胆碱(50%)	800	40	4
杆菌肽锌(10%)	200	10	1
BHT	150	7.5	0.75
小计	—	332.5	33.25
稀释剂		667.5	66.75
合计		1 000	100.00

四、考核评定

1. 需要量、原料合理,并能正确计算出配合饲料配方者,为优秀;

2. 需要量、原料选择较合理,并能正确计算出配合饲料配方者,为良好;

3. 需要量、原料选择不甚合理,但能正确计算出配合饲料配方者,为及格;

4. 需要量、原料选择不甚合理,又不能正确计算出配合饲料配方者,为不及格。

五、讨论与思考

1. 确定维生素添加量和确定微量元素添加量时,原则上有什么不同?

2. 如何确定非营养性饲料添加剂用量? 简述非营养性饲料添加剂使用时应注意事项。

项目四　配合饲料加工

任务一　预混合饲料加工

◈**知识目标**

  1. 掌握预混合饲料加工要求及控制措施；

  2. 掌握饲料添加剂、载体、稀释剂选择原则；

  3. 掌握影响预混合饲料混合均匀度的因素及改进措施。

◈**能力目标**

  能按生产要求独立或在老师及技术人员指导下完成预混合饲料生产岗位工作任务。

◈**相关知识**

  预混合饲料是由各种营养及非营养性添加剂等微量组分与载体、稀释剂均匀混合所得配合饲料中间产品，通常以百分之几的比例添加，是配合饲料生产的核心。预混合饲料生产不仅在配方设计中体现相当的技术含量，而且生产过程也具有较高的要求。

一、预混合饲料加工工艺

  预混合饲料生产工艺流程为：

  原料接收→载体预处理→配料→稀释混合→主混合→计量打包。

二、预混料的加工要求

  预混料的品质主要取决于两个方面：一是与动物营养有关的配方技术，二是与生产相关的加工技术。就加工而言，影响预混料质量的因素大体有以下几个方面。

  1. 配料的准确性

  科学的配方要靠精确的计量配料来实现，要保证严格按配方要求准确配料就要有先进的计量设备及合理的工艺。自动化的微量配料秤虽已逐步推广使用，但是，对于小品种采用人工称重添加，国内外仍在广泛使用，关键是科学的管理必须跟上。

  预混料生产对各类计量配料设备的准确与稳定性均有很高的要求，因此，对有关设备要加强监督定期校准，对操作必须严格管理。对于添加量小又会影响安全的药物，如硒、高铜等添加物，在计量与稀释上要特别小心。对于粒度极细比重又轻的维生素等组分则要防止吸风与静电吸附、残留等造成的损失从而影响产品的含量。

  2. 混合的均匀性

  选择好适当的混合机，要有保证均匀混合并防止分级的工艺，尽量减少因下落、振动、提升、风运等带来的影响。在管理方面，要正确地确定混合时间；选择合适的载体与稀释剂；严格

218

控制添加物的细度;规定加料顺序;添加油脂等。所有这些,均有助于均匀混合并防止出机后的分级。

3. 质量的稳定性

按配方所添加的各种组分在预混料中常因氧化吸湿返潮、相互作用等均有损失,其损失的程度和预混合饲料组成、配伍、储藏条件及储藏期有关。一般地说,在微量元素中以碘的氧化和升华、铁的氧化较为严重;在维生素中,以脂溶性维生素特别是维生素 A 及维生素 C 损失严重,含有结晶水的硫酸亚铁、硫酸锌、碘化钾及氯化胆碱等对维生素的影响最大,预混厂必须严格选择稳定的原料或进行必要的预处理,注意并防止组分间的配伍禁忌,选择适当的载体与稀释剂,添加抗氧化剂,采用适当的包装等,同时还要尽量改善储藏条件降低成品的温度,减少储存与周转的时间(一般不要超过 1 个月,最长 3 个月)以减少损失。最后,维生素 A、维生素 C 等还必须适当超量添加(高于保证值),以补偿保质期内可能发生的效价降低的问题。在生产厂容易发生的影响预混料质量的另一个方面就是设备残留所带来的污染与交叉污染问题,它不仅直接影响产品中有效成分的含量,而且某些药物等组分还会给安全带来问题。工厂必须千方百计改进设备减少残留。另外,在管理上则要建立科学的换批顺序与清洗制度,以减少污染、交叉污染及其影响。

4. 使用的方便性

为了方便使用并充分发挥预混料的功能,首先要尽量地使品种多样化、系列化以适应不同用户与水平的要求,加强与基础饲料的配套性。在我国,对各种系列与品种不仅要提出明确的有效成分的保证值,而且,最好也能推荐基础饲料的参考配方,这对于组分复杂的复合预混合饲料更有必要。在浓度与包装的设计上,要充分考虑配合饲料厂或饲养户加工设备与管理的特点及对预混料的特定要求,尽量做到与用户的混合机与计量设备匹配。

三、预混料原料的粒度要求

在饲料工业中,粉碎颗粒大小用粒度来表示,也称细度和粒径。作为饲料添加剂用的微量成分,都必须粉碎到一定的细度,以便均匀分布于饲料中。这种粒度的确定是以满足动物营养需要为依据的,它同动物每头每日的采食量,添加剂的添加量及其溶解性有关。

结合实际情况,通常铁、锌、锰等微量元素的粉碎细度应全通过 60 目,钴、硒、碘等极微量成分至少应粉碎至 200 目以下才好。而载体与稀释剂,考虑承载性和混合均匀性,载体一般在 30～80 目标准筛之间(通过 0.59～0.177 mm 孔筛),稀释剂细度一般在 30～200 目。维生素的粒度通常在 100～1 000 μm,其粒度一般均由维生素生产厂家控制、实现。

四、预混料原料选择

1. 添加剂原料的选择

预混料添加剂种类繁多,其选择应从这几方面考虑:良好的(生物学)效价;自身的稳定性。不仅要有稳定的化学特性,而且应尽量有稳定的物理特性,使其有利于预混料的加工;对预混料中其他成分的拮抗作用应尽量小,特别是对维生素的破坏作用要小;粒度要满足要求。

(1)维生素　许多维生素容易受到氧化作用与光化作用的破坏,在温度高,水分大,光照强的条件下损失更大。在所有的维生素中又以脂溶性的维生素 A、维生素 D 与水溶性维生素 C 最易损失。维生素 A 的有效成分视黄醇的双键极易氧化失效,用于饲料添加剂时除必需合成维生素 A 醋酸酯或棕榈酸酯外,还须进行微囊化处理,宜选用"微粒粉剂",以提高抗氧化与抵抗机械损伤。维生素 C 的有效成分为抗坏血酸,在不良的贮存条件或在受热时损失更为严重,宜选用稳定性较好的抗坏血酸磷酸酯或硫酸酯。

(2)微量元素　微量元素添加剂宜选用一水硫酸盐或氧化锌、碘酸钙等,条件允许的可选用微量元素络合物或氨基酸微量元素螯合物。

(3)氯化胆碱　宜选用经稳定化处理的干燥 50% 吸附型氯化胆大,最好直接加于配合饲料中。

(4)酶制剂　需选用耐热性好,经稳定化处理,且添加时采用后添加。

2. 载体与原料的选择

含水<10%(最好<7%)的石粉、沸石粉、贝壳粉、细玉米粉、玉米蛋白粉等均可用作稀释剂;而脱脂米糠粉、麸皮(粗麸、细麸)、次粉、DDG 等均可用作载体。生产上,生产维生素预混料及复合预混料时载体以脱脂米糠为最好,麸皮以及类似的次粉次之,玉米粉最差;生产微量元素预混料的稀释剂以沸石粉和细石粉为好。

五、影响预混合饲料混合均匀度的因素及改进措施

影响饲料混合均匀度的因素很多,成品混合均匀度差的原因可来自两个大的方面,一是本来就未混合好,二是在混合后又重新发生分级现象。

混合的均匀度首先取决于混合机的性能,优良的混合机混合强烈,混合速度快,搅拌器与机壳的间隙小,无死角,不漏料,不偏流。其次混合机使用时的操作管理,例如,最佳的混合时间,合适的装满系数,科学的加料次序等对混合效果也有很大的影响。混合时间最好采取实测值;装满度以超过混合搅龙高度 3~5 cm 为宜;加料次序一般为先大料后小料最后以部分载体进行清洗。

物料在出混合机后的输送、下落、振动的过程中会发生不同程度的分级现象,其中又以风运和进入料仓时的自由下落的影响为最大。为了减少分级,一般气力输送多用于原料而避免用在混合后的成品中,当落差较大的自流时,为避免分级常常在中途装上淌板,使物料沿淌板下滑以避免分级;最后在预混料中使用油脂增加物料间的黏附力也是防止分级的好办法。

六、油脂添加

在预混合饲料生产中添加油脂非常必要,一般认为其作用为减少粉尘、降低微量成分的损失、提高载体的黏附即承载能力、减少分级、消除静电以及使微量活性成分隔离空气起到某种包被作用等。油脂添加方法一般有两种,一种是先将载体与油脂均匀混合然后再加入微量成分再混合(先混合),另一种是将载体和微量组分混合均匀后再加油脂并混合,两者的共同特点是微量组分绝不能与油脂同时加入,以免形成高浓度微量组分的油团。

◆相关技能

技能训练一　混合机混合均匀度的测定
（GB/T 5918—2008）

一、目的要求

通过实训,掌握饲料混合机混合均匀度检测的基本原理及检测方法。

二、适用范围的限定

主要适用于混合机和饲料加工工艺中混合均匀度的测定。不适用于添加有苜蓿粉、槐叶粉等含色素组分的饲料产品混合均匀度的测定。

三、基本原理

本法以甲基紫色素作为示踪物,在大批饲料加入混合机后,再将甲基紫与添加剂一起加入混合机,混合规定时间,然后取样,以比色法测定样品中甲基紫的含量,以同一批次饲料的不同试样中甲基紫含量的差异来反映饲料的混合均匀度。

四、试剂

①甲基紫(生物染色剂)。
②无水乙醇。

五、仪器

①分光光度计:带 5 mm 比色皿。
②标准筛:筛孔净孔尺寸 100 mm。
③分析天平:感量 0.000 1 g。
④烧杯:100 mL,250 mL。

六、示踪物的制备与添加

将测定用的甲基紫混匀并充分研磨,使其全部通过净孔尺寸为 100 μm 的标准筛。按照混合机混一批饲料量的十万分之一的用量,在大批饲料加入混合机后,再将其与添加剂一起加入混合机,混合规定时间。

七、采样

①本法所需样品应单独采取。
②每一批抽取 10 个有代表性的原始样品,每个样品的采样量约 200 g。取样点的确定应考虑各方位的深度、袋数或料流的代表性,但每一个样品应由一点集中取样。取样时不允许有任何翻动或混合。

八、试样制备

将每个样品在实验室内充分混合。颗粒饲料样品需粉碎通过 1.40 mm 筛孔。

九、测定步骤

称取试料(10.00±0.05)g 放在 100 mL 的小烧杯中,加入 30 mL 无水乙醇,不时地加以搅动,烧杯上盖一表面皿,30 min 后用滤纸过滤(定性滤纸,中速)。以无水乙醇作空白调节零点,用分光光度计,以 5 mm 比色皿在 590 nm 的波长下测定滤液的吸光度。

以同一批次 10 个试样测得的吸光度值为 $x_1, x_2, x_3, \cdots, x_{10}$。

十、结果计算

按式①、式②和式③分别计算平均值 $\bar{x}$、标准差 S 和变异系数 CV 值。

$$\bar{x} = \frac{x_1 + x_2 + x_3 + \cdots + x_{10}}{10} \qquad ①$$

$$S = \sqrt{\frac{(x_1 - \bar{x})^2 + (x_2 - \bar{x})^2 + (x_3 - \bar{x})^2 + \cdots + (x_{10} - \bar{x})^2}{10 - 1}} \qquad ②$$

$$CV = \frac{S}{\bar{x}} \times 100\% \qquad ③$$

CV 为混合机混合到规定时间时混合均匀度。

十一、考核评定

1. 简答

(1)简述测定混合机混合均匀度的原理及注意事项。

(2)为什么用此法测定混合机混合均匀度时,饲料中不能添加有苜蓿粉、槐叶粉等含色素组分?

2. 技能操作

根据提供的条件,测定某混合机混合均匀度,写出实验报告。

技能训练二　配合饲料最佳混合时间的确定

一、目的要求

通过实训,掌握配合饲料最佳混合时间确定的基本原理及方法。

二、基本原理

本法以甲基紫色素作为示踪物,在大批饲料加入混合机后,再将甲基紫与添加剂一起加入混合机,混合规定时间,然后取样,以比色法测定样品中甲基紫的含量,以同一批次饲料的不同试样中甲基紫含量的差异来反映某一时间点饲料混合均匀度,均匀度最小时对应的时间点即为配合饲料最佳混合时间。

三、试剂

①甲基紫(生物染色剂)。

②无水乙醇。

四、仪器

①分光光度计:带 5 mm 比色皿。

②标准筛:筛孔净孔尺寸 100 mm。

③分析天平:感量 0.000 1 g。

④烧杯:100 mL,250 mL。

五、示踪物的制备与添加

将测定用的甲基紫混匀并充分研磨,使其全部通过净孔尺寸为 100 μm 的标准筛。按照混合机混一批饲料量的十万分之一的用量,在大批饲料加入混合机后,再将其与添加剂一起加入混合机。

六、混合时间设计

混合时间(min):1、2、3、4、5、6、7、8、9、10、11、12、13、14、15、16、17。

七、采样

混合 1 min,同批饲料中抽取 10 个有代表性的原始样品,每个样品的采样量约 200 g。取样点的确定应考虑各方位的深度、袋数或料流的代表性,但每一个样品应由一点集中取样。取样时不允许有任何翻动或混合。

八、试样制备

将每个样品在实验室内充分混合。颗粒饲料样品需粉碎通过 1.40 mm 筛孔。

九、测定步骤

称取试料(10.00±0.05) g 放在 100 mL 的小烧杯中,加入 30 mL 无水乙醇,不时地加以搅动,烧杯上盖一表面皿,30 min 后用滤纸过滤(定性滤纸,中速)。以无水乙醇作空白调节零点,用分光光度计,以 5 mm 比色皿在 590 nm 的波长下测定滤液的吸光度。

以同一批次 10 个试样测得的吸光度值为 $x_1,x_2,x_3,\cdots,x_{10}$。

十、计算混合均匀度

按式①、式②和式③分别计算平均值 $\overline{x}$,标准差 S 和变异系数 CV 值。

$$\overline{x} = \frac{x_1 + x_2 + x_3 + \cdots + x_{10}}{10} \qquad ①$$

$$S = \sqrt{\frac{(x_1 - \overline{x})^2 + (x_2 - \overline{x})^2 + (x_3 - \overline{x})^2 + \cdots + (x_{10} - \overline{x})^2}{10 - 1}} \quad ②$$

$$CV = \frac{S}{\overline{x}} \times 100\% \quad ③$$

CV 为混合机混合到规定时间时混合均匀度。

十一、重复8～11步,测出不同混合时间点的混合均匀度

十二、结果计算

1. 记录数据

混合时间/min	1	2	3	4	5	6	7	8	9	10	11	12	13	14	15	46	47
混合均匀度/%																	

2. 绘制曲线

以混合时间为横坐标,以混合均匀度为纵坐标,绘制曲线。

3. 确定最佳混合时间

曲线最低点对应的时间即为最佳混合时间。

十三、考核评定

1. 简答

简述确定最佳混合时间的原理及注意事项。

2. 技能操作

根据提供的条件,测定某混合机最佳混合时间,写出实验报告。

任务二　浓缩饲料、配合饲料加工

◆知识目标

1. 掌握浓缩饲料、全价配合饲料加工工艺;

2. 掌握配合饲料加工过程中应注意事项;

3. 熟悉配合饲料加工设备。

◆能力目标

能按生产要求独立或在老师及技术人员指导下完成浓缩饲料、全价配合饲料生产岗位工作任务。

◆相关知识

一、浓缩饲料加工工艺

浓缩饲料加工工艺传统上分为先粉碎后配合工艺和先配合后粉碎工艺。

224

(一)先配合后粉碎工艺

就是先将各种需要粉碎的原料,包括谷物籽实类饲料和饼粕类饲料等,按配方要求比例计量,稍加混合后一起粉碎;然后在粉碎后的混合料中按配方比例加入其他不需要粉碎的原料;再经混合机充分混合均匀,即成为浓缩饲料。其生产工艺流程为:

原料清理除杂→计量入仓→配料→粉碎→混合→计量包装。

此工艺的优点是:原料仓即是配料仓,节省了贮料仓的数量;工艺连续性好;工艺流程较简单。缺点是:粗细粉料不易搭配;易造成某些原料(主要是粉碎的饲料原料)粉碎过度现象;粒度、容重不同的物料,容易发生分级,配料误差大。产品质量不易保证。

(二)先粉碎后配合工艺

先将不同原料分别粉碎,贮入配料仓,然后按配方比例计量,进行充分混合均匀,即成为浓缩饲料。其生产工艺流程为:

原料清理除杂→计量进仓→粉碎→配料→混合→计量包装。

此工艺的优点:可按需要对不同原料种粉碎成不同粒度;充分发挥粉碎机的生产效率,减少能耗和设备磨损,提高产量,降低成本;配料准确;易保证产品质量。缺点:需要较多的配料仓;生产工艺较复杂;设备投资较大。

二、配合饲料(全价配合饲料)加工工艺

配合饲料加工工艺与浓缩饲料相比较,配合饲料生产的加工工序有的增加了制料工序,即增加了对粉状配合饲料经挤压后制成颗粒状饲料的过程,其基本工艺一般也分为先配合后粉碎工艺和先粉碎后配合工工艺。

先配合后粉碎工艺流程为:

原料清理除杂→计量入仓→配料→粉碎→混合→制粒→颗粒饲料计量包装

　　　　　　　　　　　　　　　　　　　　　↓

粉料计量包装

先粉碎后配合工艺流程为:

原料清理除杂→计量进仓→粉碎→配料→混合→制粒→颗粒饲料计量包装

　　　　　　　　　　　　　　　　　　　　　↓

粉料计量包装

由于饲料产品类型不同、原料品种多样、设备性能各异、规格繁多,所以,根据饲料品种要求及原料性状,可安排各种不同的设备排列组合形式,构成不同的生产工艺流程,图4-1至图4-4所示为配合饲料加工生产的基本工艺流程及各种规模饲料厂的工艺流程。

三、配合饲料加工的注意事项

随着市场经济体制的逐步完善和知识信息时代的到来,人们卫生保健意识的不断提高,这一切都要求要不断提高配合饲料生产水平。配合饲料生产过程基本上就是将各种原料生产为产品的过程,是保证产品加工质量的环节,也是保证产品营养质量、产品安全和饲养效果的重要保证。

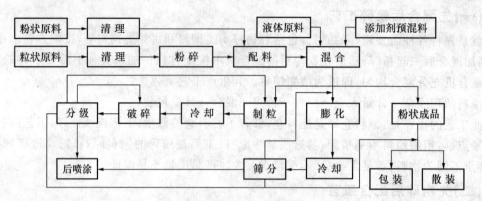

图 4-1　配合饲料加工工艺流程

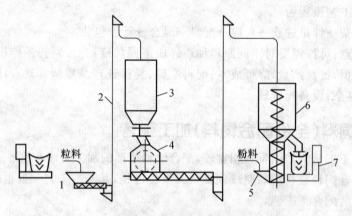

图 4-2　小型饲料厂工艺流程（先配料后粉碎）

1.粒料斗　2.提升机　3.粒料仓　4.粉碎机　5.粉料斗　6.立式混合机　7.台秤

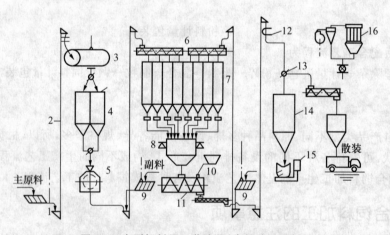

图 4-3　中型饲料厂工艺流程（先粉碎后配料）

1.粒料坑　2.提升机　3.初清筛　4.待粉碎仓　5.粉碎机　6.螺旋输送机　7.配合仓

8.配料秤　9.副料坑　10.添加剂进料斗　11.混合机　12.磁铁　13.拨斗

14.成品仓　15.台秤　16.除尘系统

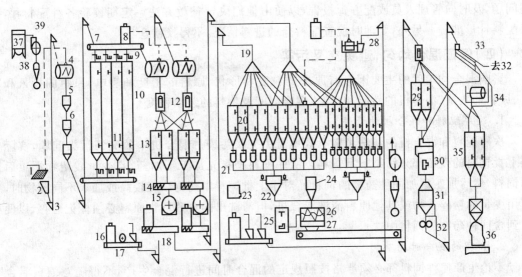

图 4-4　大型饲料厂工艺流程

1.卸料栅筛　2.粒料卸料口　3.斗式提升机　4.圆筒初清筛　5.缓冲仓 6.自动秤　7.分配输送器

8.袋式除尘器　9.料阀　10.立筒仓　11.料位器　12.永磁筒　13.粉碎仓　14.给料器

15.锤片式粉碎机　16.袋式除尘器　17.破饼机　18.粉料进料口　19.分配器　20.配料仓

21.给料器　22.配料秤　23.预混合机　24.人工投料口　25.预混合料进料口　26.混合机

27.刮板输送机　28.粉料筛　29.制粒仓　30.制粒机　31.冷却机　32.破碎机　33.分级筛

34.外涂机　35.成品仓　36.打包机　37.脉冲除尘器　38.离心除尘器　39.风机

(一)严格进行加工设备的维护管理

只有一流的设备,才能生产出一流的产品。加强设备管理对生产高质量的饲料极为重要。规范设备操作程序,做好设备的例行维护保养和润滑工作,并定期维护检修,将有助于减少各种问题的发生,使设备始终保持正常运行状态,确保生产正常进行。饲料企业应定期对设备的维护程序进行检查,对其中的关键点和孔径部更应频繁检查,每周对排料门、提升斗进行清扫,并检查磨损和渗漏情况。每周至少检查一次转动、刮板及原料清洁设备。

(二)合理的原料加工

粉碎是原料加工的主要方法。在投料前应对原料进行除杂处理和专人监控,同时粉碎机的工作状态和磨损也必须每天检查。每轮班还应检查粉碎的均匀度和粒度。此外还要注意粉碎后料的冷却过程,因为粉碎过程产热将导致水分漂移,造成局部水分偏高,使中间仓内物料发霉变质。粉碎粒度的大小取决于用途和饲喂畜禽种类。当加工粉料时,一般粉碎成较大的粒度。当加工颗粒饲料时,将原料粉碎成较小的粒度可以生产出优质的颗粒饲料。原料粒度均匀程度,影响着混合均匀度和粉料采食的均匀性。

(三)准确配料

配料控制是整个饲料加工过程中最重要的关键控制点,药物、微量元素、菜籽饼(粕)等添加过量都会带来严重污染,这就要求配料时必须在检查核对配方无误后,方可进行正常配料,并指定专人监督检查各种饲料添加剂及饲料配制是否正确。货物盘存,特别是药物和微量原料的盘存应每日进行,并通过与配方添加量相比较成为连续检验计量准确性的手段。一旦发现问题,及时向管理人员或配方师报告,以便由他们决定补救方法。定期校验各种配料秤,确保配料计量准确。另外,要随时检查配料仓的进料情况,不得换错仓。

(四)保证混合均匀,避免交叉污染

影响混合均匀度的主要因素有原来的粒度和形状、原料的密度和静电、原料的投入和顺序、原料的数量、混合机的性能和状况、混合时间及物料的装填程度。

1. 次序配料和混合机的清洗

次序配料和混合机的清洗可以有效地避免交叉污染。混合机中的交叉污染问题,实际上是上批饲料的残留部分污染下批饲料。次序配料是指先加工不加药、且少量残留物严重后果的饲料,然后加工添加同种药物的饲料。对于上批饲料中药物浓度较高或加入不同药物时,应该用少量的粉碎谷物或其他原料清洗混合机,但清洗出的含残留物原料必须标记贮存,以便加入到含同种药物的饲料中。

2. 合理的混合时间

不论生产何种饲料都必须严格按照规定的混合时间进行混合生产,不得随意缩短混合时间。确定混合机最佳混合时间的方法是定期进行混合机混合均匀度的测定,以确保混合质量。

3. 原料加入混合机的顺序

加料顺序一般是配比量大的组分先加入或大部分加入机内,再将少量及经预混的微量成分置于物料上面。在各种物料中,粒度大的先加入混合机,粒度小的后加入。物料的堆密度有较大差异时,堆密度小的先加入混合机,而堆密度大的后加入。

4. 尽量避免分级

物料散堆使粒度大的物料滚落到堆下面,物料被震动时,较小的和堆密度大的颗粒有移动到底部的趋向;当混合物被吹动或流动时,随着粒度和堆密度的不同,容易发生分级。为避免分级的发生,应力求混合物中各种组分的粒度相同;添加一定比例的油脂或糖蜜;掌握好混合时间,不要过度混合;混合后物料的输送尽量缩短,混合后的贮仓尽量小一点,装卸、运输尽量减少到最低程度;混合后立即压制成颗粒。

5. 加强制粒工的培训和管理,提高颗粒饲料的加工质量

颗粒饲料的加工质量取决于制粒机械的性能和操作人员的技术水平及责任心。制粒人员除严格执行操作程序外,还应注意以下几个问题:在制粒工作期间,应多次检验颗粒料和碎粒料的质量;检查调质温度和湿颗粒温度;定期检查蒸汽量;不断检查冷却器的冷却效率;取样测定颗粒饲料的含水量;持续检验液体添加量;每周一次清理调制器。

◈ 相关技能

技能训练 考察配合饲料加工厂

一、目的要求

通过参观配合饲料厂,初步了解配合饲料的原料组成,配合饲料的种类,配合饲料生产工艺,配合饲料质量管理措施及经营策略。

二、参观方法与内容

①厂区参观,了解配合饲料的厂区布局。

②原料仓库参观,熟悉配合饲料的原料种类及原料堆放原则与要求。

③生产车间参观,熟悉配合饲料生产工艺及配合饲料加工设备和生产过程中产品质量控制措施。

④饲料质量检测实验室参观,熟悉实验室的布局,各类饲料原料和产品的检测项目及检测方法。

⑤与厂领导、技术工作管理人员和销售管理人员一起开座谈会,了解产品质量管理、生产管理和销售管理的措施及经营策略。

三、实训作业

①分小组用书面形式就上述参观内容写出实训报告

②讨论会:各小组宣读专题实训报告,结合所学的专业理论知识探讨该配合饲料厂的成功经验与不足之处,并提出初步改进措施。

四、考核评定

简答

(1)简述浓缩饲料、配合饲料加工工艺,并比较二者的不同之处。

(2)简述配合饲料加工应注意的事项。

项目五 饲料质量管理与检测

任务一 配合饲料质量管理

◆**知识目标**

1. 熟悉配合饲料质量管理的意义；
2. 掌握配合饲料质量管理的基本措施；
3. 熟悉配合饲料质量标准与饲料法规；
4. 掌握配合饲料质量指标。

◆**能力目标**

能根据实际情况，拟定配合饲料质量管理方案。

◆**相关知识**

一、配合饲料质量管理的意义

配合饲料的质量是配合饲料生产厂家的生命，它直接反映了企业的技术水平、管理水平和整体素质。产品质量的优劣不仅关系到配合饲料生产厂家的信誉和市场中的竞争力，更主要的是将直接影响广大养殖者的生产效益，影响养殖业的发展。因此，保证和不断提高配合饲料产品的质量是饲料企业赖以生存和发展的原动力。质量管理是指为了经济、有效地制造出符合设计品质要求的产品而采用的一种方法体系，它是企业管理的中心，贯穿了原料验收、配方设计、生产、产品质量检测、产品包装和销售服务整个过程，其意义在于事先防止制造出不合格的产品。质量控制是质量管理工作中的重要部分，质量控制的好坏直接影响到饲料质量，影响到饲料企业的成败。

二、配合饲料质量的内容

(一)饲料安全性

安全性是评判饲料产品质量的一个重要指标。要保证饲料安全，就是要保证饲料产品(包括饲料和饲料添加剂)一般的卫生指标(铅、砷、氟、黄曲霉毒素 B_1 等)在国家标准范围内，以避免造成一系列直接或间接的危害。

(二)配方科学性

饲料配方包含了现代动物营养、饲养、原料特性与分析、保健药物的应用、抗应激、质量控制等先进知识。各营养指标必须建立在科学的标准基础之上，能够满足动物在不同阶段对各种营养的需要，指标之间具备合理的比例关系。科学的饲料配方设计是生产配合饲料的核心技术，优质的配合饲料产品配方应能满足营养全面均衡、适口性好、易消化吸收、提高动物抗病能力和促生长的要求。

(三)经济有效性

经济性即考虑经济效益与社会效益,从而实现既要符合营养方面的要求,又能尽可能少成本地实现目标。这就要求饲料产品不仅要有科学的配方,使用优质原料,而且还要通过先进合理的加工工艺提高饲料的利用率。

(四)加工质量

饲料的加工质量包括物理性质,如粒度、形状、长短、匀度、硬度、密度等。同时还包括物化和生化性质,如饲料在粉碎、混合、挤轧、升温、升压等加工过程中,常伴随着淀粉的糊化、大分子营养物质的改性、有害酶类的失活以及各营养物质间的互补等。良好的加工工艺可大幅度提高饲料质量,增强保形性和稳定性,既可减少营养成分损失,又使营养物质更容易被消化利用,增强其适口性和消化性。

三、配合饲料质量管理的过程

配合饲料质量管理大致可分为四个过程,即生产设计过程、生产过程、辅助生产和服务过程及使用过程。

(一)设计过程中的质量管理

设计过程包括试验、研制、产品设计、工艺设计、试制、使用验证、鉴定、设备安装等环节,也就是产品正式投产以前的全部技术准备过程。饲料产品的设计质量依赖于以下三个方面的标准。

(1)营养标准　在充分掌握营养学基础知识和研究进展,不同动物对营养的需求和对饲料的营养成分的利用能力,原料的适口性,添加剂的添加效应以及卫生安全、环境保护等方面知识的基础上,制定营养标准。

(2)原料标准　采购人员与技术服务部门协作,对原料的品质进行选择和检验,建立各种原料营养成分含量和添加剂有效成分含量的信息库,并对原料营养成分的生物利用率进行测定,在此基础上结合卫生安全指标制定饲料原料和添加剂的标准。

(3)加工标准　加工方面的标准制定包括对系统设计(包括避免交叉污染)以及在生产能力评价的基础上建立规范的操作程序。

(二)生产过程中的质量管理

生产质量是设计质量在产品中得以完全体现的具体保证。生产质量包括以下几方面。

(1)配方控制　是将营养标准准确地体现到饲料配方中,需要对原料的营养成分和产品标准有相当丰富的知识,并且还应考虑到可利用原料的种类和数量、原料的价格、原料中对动物营养吸收有害的成分、产品的特殊动能要求及其添加剂的使用效果、设备的加工能力、产品质量要求以及运输条件的限制等。

(2)原料控制　是指在原料购买中,通过对原料的化学分析,保证原料符合规定的标准,同时还应该建立原料供应商的筛选和批准程序。

(3)加工控制　通过执行设备运转标准、分段产品检查、分析,来确保生产质量。

(三)辅助生产过程中的质量管理

辅助生产过程中的质量管理包括物资供应、动力供应、工具供应、设备维修以及运输等部分。生产过程中的许多质量问题,都直接同辅助生产过程中的质量密切相关。因此,抓好辅助生产过程的质量管理十分重要。

(1)为生产过程提供优良的生产条件　如供应的物质符合质量标准,水、电、气等供应达到生产要求,设备维修达到规定的标准等。

(2)提高后勤服务质量　对后勤服务质量的要求是及时供应、及时维修、方便生产。

(3)抓好辅助生产部门的其他工作质量　包括减少设备故障,加速储备资金、成品资金的周转,降低损耗和消耗,提高维修工时利用率和降低维修费用,提高车辆完好率、工作日和实载率等。

(四)使用过程中的质量管理

产品的使用过程是考验产品实际质量的过程,它是企业质量管理的归宿点,又是企业质量管理的起点。产品质量好坏,主要看用户的评价。因此,企业管理工作必须从生产过程延伸到使用过程。要求做好四项工作:对用户开展技术服务工作;对用户进行使用效果和使用要求调查;分析用户投诉的原因;认真处理出厂产品的质量问题。

四、质量管理措施

为了不断提高配合饲料产品质量,适应动物养殖业的发展,必须对配合饲料质量进行全面管理。其基本措施包括以下几个方面。

(一)加强质量教育工作

配合饲料厂推行全面质量管理,提高企业的整体素质,首先要提高职工的素质,认真开展质量教育工作,使全体职工具有牢固的质量意识,树立"质量第一"的思想观念,明确饲料产品的质量与切身利益紧密相关,质量是企业生存、发展和兴旺发达的根本所在。企业要有计划地组织职工开展技术培训,不断提高职工的业务管理素质和操作技术水平,从而从思想上和业务能力上确保配合饲料的质量。

(二)建立健全质量管理制度体系

配合饲料质量管理工作要顺利开展,必须建立严格的质量管理制度,明确规定每一个职工在质量管理工作中的具体任务、职责和权限。配合饲料质量管理制度通常包括原料采购制度、生产管理制度、检验化验制度、安全卫生制度、计量管理制度、产品留样观察制度、标签与合格证管理制度等。同时,还应围绕相关制度明确各工作岗位职责和操作规程,如配料员岗位职责、检验员岗位职责等。

(三)加强原料质量管理

原料质量管理是保证产品质量的关键。原料采购人员必须掌握和了解原、辅料的产地和质量标准等,企业也可以根据自身的要求制订原料内控质量标准,作为采购和验收的依据,不符合质量要求的原料不得采购;原料进厂后,质量管理部门取大样检测,所有原料必须检测合格后才能入库;原料入库后,按类别、品种、批次分类存放,堆码整齐,并填好原料入库卡,标明品种、数量、规格、生产厂家、经营单位、生产日期和购货日期等,然后将入库卡挂在原料上,以免交叉污染;原料在原料库内要注意防漏、防潮、防晒、防虫、防霉等,对于特殊原料(如维生素、氨基酸、药物等),要专门保管;原料发放要按入库先后顺序发放,做到先购先用。

(四)优化配合饲料配方设计

科学合理的优化饲料是提高产品质量,降低成本,提高饲料报酬,增加养殖业经济效益的重要途径,要以最先进的营养理论指导配方设计,要及时地将最新的优质饲料资源应用到饲料配方中,要不断地改进饲料加工工艺,以保证配合饲料产品的质量。科学合理的配合饲料配方设计主要表现在:达到规定的营养指标和良好的适应性;符合饲料卫生标准;产品价格合理;充分利用当地饲料资源;符合生产工艺要求。

(五)加强配合饲料生产过程管理

配合饲料的质量与加工工艺和工艺参数的选择是密切相关的。生产过程中要做到原料粉碎或预处理合理;配料精确;科学合理地确定投料顺序和混合时间,保证混合均匀;产品包装计量准确;密封性能好;每个包装物上要有标签,且要与标签标示的品种、批号、生产日期等一致;配合饲料产品入库必须质检,不合格产品不准入库;产品出库要做到先入先出,并随时检查库存的产品,若发现有超过保质期或发霉变质的产品不准出库;生产记录贯穿于饲料生产的全过程。加强生产设备的保养和维护工作,保证生产设备始终处于最佳生产状态。

(六)严格质量检测化验管理

质量检测化验是判定和保证原料与产品质量的重要手段,对原料进厂检测化验是制定科学配方的主要依据,也是确定成本的依据。对产品的检测化验是确定产品是否合格,建立产品信誉和企业形象的重要保证。质量检测化验时严格按照饲料质量检测化验的内容与方法进行检测化验,要求检测化验结果准确,并具有代表性。对原料检验不合格的严禁入厂,对产品检验不合格的严禁入库、出厂。

(七)注重产品的跟踪与调查

配合饲料不同于一般商品,销售出去后,还应做好售后服务工作,一是指导客户合理使用;二是通过认真走访客户树立良好的企业形象;三是及时收集客户使用反馈信息,发现实际运用中的不足,及时调整配方、改进工艺、提高质量。

五、配合饲料的质量管理标准

(一)配合饲料质量标准与饲料法规

1. 饲料质量标准

饲料质量标准是饲料企业实施质量管理的基础和依据。按照我国的规定,各种饲料和饲料产品都要制定其相应的质量标准及检测方法标准。标准分为三级,即国家标准、行业标准和企业标准。国家标准是由国务院有关部门提出,全国饲料工业标准化技术委员会进行技术审查,国家标准化管理部门批准或委托国务院主管部门批准后,由国家标准化管理部门发布的,如饲料卫生标准、饲料标签标准、饲料检验化验方法标准、饲料产品标准、饲料原料标准、饲料添加剂质量标准等。行业标准是由科研单位、生产企业提出,全国饲料工业标准化技术委员会进行技术审查,国务院有关部门批准发布并报国家标准化管理部门发布的,如动物饲养标准等。企业标准、行业标准不得与国家标准相抵触,企业标准不得与行业标准抵触。而企业标准及行业标准应高于国家标准。

2. 饲料法规

饲料法规也称饲料法,具有法律效力,制定和实施饲料法规的目的在于通过法律手段确保饲料(包括饲料添加剂)的饲用品质和饲用安全(即有效性和安全性),使饲料的生产、加工、销售、运输、贮存和使用等环节都处于法律的监督之下,确保动物的健康和营养需要,确保饲料品质有利于动物养殖业的发展。同时,禁止使用某些超出规定期限或危及人类健康和安全的饲料,以保障动物免遭毒害,最终保障人类食用动物产品的安全,如《饲料和饲料添加剂管理条例》、《饲料添加剂和添加剂预混合饲料产品批准文号管理办法》、《饲料添加剂和添加剂混合饲料生产许可证管理办法》、《新饲料和新饲料添加剂管理办法》、《进口饲料和饲料添加剂登记管理办法》、《饲料添加剂安全使用规范》、《动物源性饲料产品安全卫生管理办法》、《饲料添加剂品种目录》和《禁止在饲料和动物饮用水中使用的药物品种目录》等。

(二)衡量配合饲料的质量的指标

衡量配合饲料质量的指标主要包括感官指标、水分指标、加工质量指标、营养指标和卫生指标等。

1. 感官指标

感官指标主要的指配合饲料的色泽、气味、滋味和手感等,通过这些指标可对某些原料或配合饲料产品进行初步的质量鉴定。

2. 水分指标

水分指标是判断配合饲料质量的重要指标之一。如果配合饲料水分太高,不仅会使配合饲料的营养成分浓度相对降低,更主要的是容易引起饲料发热霉变。配合饲料中水分含量一般要求北方不超过14%,南方不超过12.5%。

3. 加工质量指标

加工质量指标主要是指为了保证配合饲料质量,满足动物营养生理的需要,平衡供给养分,而确定的必须达到的质量要求。主要有配合饲料的粉碎粒度、混合均匀度、杂质含量以及颗粒饲料的硬度、粉化度、糊化度等。

4. 营养指标

营养指标是配合饲料质量的最主要指标,主要包括配合饲料中的能量、粗蛋白质、粗脂肪、粗纤维、钙、磷、必需氨基酸以及维生素、微量矿物质元素等。

5. 卫生质量指标

卫生指标主要指配合饲料中各自有毒有害物质及微生物等,如重金属元素砷、汞、铅等的含量,农药残留量,黄曲霉毒素、霉菌、游离棉酚、大肠杆菌等。

◈**讨论思考**

1. 加强配合饲料质量管理有何重要意义?如何对配合饲料进行质量管理?

2. 衡量配合饲料质量指标有哪些?

任务二　配合饲料质量检测

◈**知识目标**

掌握配合饲料质量检测的基本内容与方法。

◎ 能力目标

会检测配合饲料粉碎粒度、混合均匀度、颗粒配合料硬度、颗粒配合料粉化率。

◎ 相关知识

饲料质量检测是企业实施全面质量管理的重要环节,是保证配合饲料产品质量的必备手段。

一、饲料质量检测的基本内容

(一)原料检测化验

主要是判断原料的真伪,测定其有效成分的含量,判断原料质量是否合格,或作为饲料配方设计的依据。原料检测化验包括饲料原料营养指标、卫生指标及特殊原料有效成分含量等检测。饲料中的营养指标主要指六大营养物质、微量元素、能量等。在进行营养指标的判断时,不仅要考虑各个指标的高低,还应该考虑营养物质之间是否达到平衡,如氨基酸是否平衡和钙、磷比例等。饲料中的杂质过多会影响饲料的利用效率,甚至有时会出现人为的掺假现象;卫生指标检测主要指检测饲料中各种有害物质的含量及有害微生物是否超过限定标准。如黄曲霉毒素、霉菌数,重金属元素砷、汞,农药的残留量,饲料原料抗营养因子等;特殊原料有效成分检测主要是指饲料添加剂有效成分含量检测。

(二)加工质量检测化验

主要测定原料的粉碎粒度、配合饲料混合均匀度、颗粒饲料的硬度和粉化率等。

(三)配合饲料产品质量检测化验

主要是对配合饲料产品的感官性状、水分含量、有效成分含量及配合饲料卫生指标检测化验。其检测内容与原料检测化验基本相同。

二、饲料质量检测的基本方法

(一)感官鉴定

通过感官来鉴别原料和饲料产品的形状、色泽、味道、结块、杂质等。好的原料和产品应该色泽一致,无发霉变质、结块和异味。此指标的鉴定结果对于饲料原料的购入和产品入库很重要,如果出现问题则不能购入或者寻找方法尽快解决,以免对库存饲料产生影响。

(二)物理性检测

通过物理的方法对饲料的容重、密度、粒度、混合均匀度和颗粒饲料的硬度、粉化率等进行检测,以判断饲料原料或产品是否掺假,水分含量是否正常,产品加工质量是否达到要求。

(三)化学定性鉴定

利用饲料原料或产品的某些特性,通过化学试剂与其发生特定的反应,来鉴别饲料原料或产品的质量及真伪的方法。

(四)显微镜检测

借助显微镜对饲料的外部色泽和形态(用体视显微镜)以及内部结构(用生物显微镜)特征进行观察,并通过与正常样品进行比较从而判断饲料原料或产品的质量是否正常,特别是掺假情况。

(五)化学分析法

化学分析法是饲料检测的主要方法。主要用来检测饲料原料或产品的水分及有效成分含量的定量分析法。这种方法对饲料原料或产品进行定量分析,数据可以直接用于配方设计和判断原料或产品是否合格。

将上述方法结合起来运用,基本上能保证对饲料原料或产品进行综合评定,准确判断其质量的优劣。

三、饲料质量检测的必要条件

(一)质量检测人员

质量检测人员必须经过专门的技术培训和技术考核,具备和掌握饲料质量检测化验的基本知识、操作技能和素质,并有相关检验化验员证书后才能上岗。质量检验化验人员行使职权时,要坚持原则,秉公办事,不得玩忽职守,徇私舞弊。

(二)专门的化验室和必备的试剂、仪器设备

饲料产品检验主要依靠仪器来完成,应配备原料、产品检验必需的检验室和检验仪器。大型企业应建设检验楼,中小企业应有化验室,分设精密仪器室、高温室、操作室,布局合理,方便操作,配备的仪器要与检验项目相匹配。所有仪器要定期保养和认证,确保仪器使用的准确性。同时,应根据检测的内容与方法,配备相应的试剂和仪器设备。

(三)原料及饲料产品的质量标准和检验方法标准

原料及饲料产品的质量标准和检验方法标准是从事生产和商品流通的一种共同技术依据。我国先后制定了一系列的原料和配合饲料质量标准及检测化验方法的国家标准,进行原料和产品质量检测化验时必须严格遵守。

◈ 相关技能

技能训练一　配合饲料粉碎粒度测定
(两层筛筛分法 GB/T 5917.1—2008)

一、范围

本标准规定了饲料粉碎粒度测定的两层筛筛分法。

适用于配合饲料、浓缩饲料、精料补充料、添加剂预混合饲料、单一饲料的粉碎粒度测定,也可用于饲料添加剂粉碎粒度的测定。

引用标准有金属丝编织网试验筛(GB/T 6003.1)、试验筛金属丝编织网、穿孔板和电成型薄板筛孔的基本尺寸(GB/T 6005)、饲料采样(GB/T 14699.1—2005)。

二、原理

用规定的标准试验筛在振筛机上或人工对试料进行筛分,测定各层筛上留存物料质量,计

算其占试料总质量的百分数。

三、仪器

1. 标准试验筛

(1)采用金属丝编织的标准试验筛,筛框直径为 200 mm,高度为 50 mm。试验筛筛孔尺寸和金属丝选配等制作质量应符合 GBT 6005 和 GBT 6003.1 的规定。

(2)根据不同饲料产品、单一饲料等的质量要求,选用相应规格的两个标准试验筛、一个盲筛(底筛)及一个筛盖。

2. 振筛机

采用拍击式电动振筛机,筛体振幅(35±10) mm,振动频率为(220±20) 次/min,拍击次数(150±10) 次/min,筛体的运动方式为平面回转运动。

3. 天平

感量为 0.01 g 的天平。

四、采样

选取具有代表性的试样用四分法缩减至 1 000 g。

五、测定步骤

(1)将标准试验筛和盲筛按筛孔尺寸由大到小上下叠放。

(2)从试样中称取试料 100.0 g,放入叠放好的组合试验筛的顶层筛内。

(3)将装有试料的组合试验筛放入电动振筛机上,开动振筛机,连续筛 10 min。在无电振筛机的条件下,可用手工筛理 5 min。筛理时,应使试验筛做平面回转运动,振幅为 25～50 mm,振动频率为 120～180 次/min。

电动振筛机筛分法为仲裁法。

(4)筛分完后将各层筛上物分别收集、称重(精确到 0.1 g),并记录结果。

六、结果计算与表述

1. 结果计算

按下面公式计算各层筛上物的质量分数:

$$\rho_i = \frac{m_i}{m} \times 100\%$$

式中:ρ_i 为某层试验筛上留存物料质量占试料总质量的百分数($i=1,2,3$),%;m_i 为某层试验筛上留存的物料质量($i=1,2,3$),单位为克(g);m 为试料的总质量,单位为克(g)。

2. 结果表示

每个试样平行测定两次,以两次测定结果的算术平均值表示,保留至小数点后一位。

筛分时若发现有未经粉碎的谷粒、种子及其他大型杂质,应加以称重并记入实验报告。

七、允许误差

①试料过筛的总质量损失不得超过 1%。

②第二层筛筛下物质量的两个平行测定值的相对误差不超过2%。

八、考核评定

1. 简答

(1)叙述测定配合饲料粉碎粒度的原理和方法步骤。

(2)简述测定配合饲料粉碎粒度应注意的事项。

2. 技能操作

根据提供的条件,检测某配合饲料粉碎粒度,并写出实训报告。

技能训练二 配合饲料混合均匀度测定
(GB/T 5918—2008)

一、范围

本标准规定了饲料产品混合均匀度的两种测定方法,即氯离子选择电极法和甲基紫法,适用于配合饲料、浓缩饲料、精料补充料混合均匀度的检测,也适用于混合机混合性能的测试。

引用标准有分析实验室用水规格(GB/T 6682)和试验方法(GB/T 6682—1992)。

二、氯离子选择电极法(仲裁法)

1. 原理

通过氯离子选择电极的电极电位对溶液中氯离子的选择性响应来测定氯离子的含量,以同一批次饲料的不同试样中氯离子含量的差异来反映饲料的混合均匀度。

2. 试剂

以下试剂除特别注明外,均为分析纯。水为蒸馏水,符合GB/T 6682的三级用水规定。

(1)硝酸溶液:浓度约为0.5 mol/L,吸取浓硝酸35 mL用水稀释至1 000 mL。

(2)硝酸钾溶液:浓度约为2.5 mol/L,称取252.75 g硝酸钾于烧杯中,加水微热溶解,用水稀释至1 000 mL。

(3)氯离子标准溶液:称取经550℃灼烧1 h冷却后的氯化钠8.244 0 g于烧杯中,加水微热溶解,转入1 000 mL容量瓶中,用水稀释至刻度,摇匀,溶液中含氯离子5 mg/mL。

3. 仪器

①氯离子选择电极。

②双盐桥甘汞电极。

③酸度计或电位计:精度0.2 mV。

④磁力搅拌器。

⑤烧杯:100 mL,250 mL。

⑥移液管:1 mL,5 mL,10 mL。

⑦容量瓶:50 mL。

⑧分析天平:感量 0.000 1 g。

4. 采样

①本法所需样品应单独采取。

②每一批饲料产品抽取 10 个有代表性的原始样品,每个样品的采样量约 200 g。取样点的确定应考虑各方位的深度、袋数或料流的代表性,但每一个样品应由一点集中取样。取样时不允许有任何翻动或混合。

5. 试样制备

将每个样品在实验室内充分混合。颗粒饲料样品需粉碎通过 1.40 mm 筛孔。

6. 分析步骤

(1)标准曲线绘制　精确量取氯离子标准工作溶液 0.1 mL,0.2 mL,0.4 mL,0.6 mL,1.2 mL,2.0 mL,4.0 mL 和 6.0 mL 于 50 mL 量瓶中,加入 5 mL 硝酸溶液和 10 mL 硝酸钾溶液,用水稀释至刻度,摇匀,即可得到 0.50 mg,1.00 mg,2.00 mg,3.00 mg,6.00 mg,10.00 mg,20.00 mg 和 30.00 mg 的 50 mL 的氯离子标准系列,将它们倒入 100 mL 的干燥烧杯中,放入磁力搅拌子 1 粒,以氯离子选择电极为指示电极,甘汞电极为参比电极,搅拌 3 min。在酸度计或电位计上读取电位值(mV),以溶液的电位值为纵坐标,氯离子浓度为横坐标,在半对数坐标纸上绘制出标准曲线。

(2)试液制备　准确称取试料(10.00±0.05) g 置于 250 mL 烧杯中,准确加入 100 mL 水,搅拌 10 mm,静置澄清,用干燥的中速定性滤纸过滤,滤液作为试液备用。

(3)试液的测定　准确吸取试液 10 mL,置于 50 mL 容量瓶中,加入 5 mL 硝酸溶液和 10 mL 硝酸钾溶液,用水稀释至刻度,摇匀,然后倒入 100 mL 的干燥烧杯中,放入磁力搅拌子 1 粒,以氯离子选择电极为指示电极,甘汞电极为参比电极,搅拌 3 min。在酸度计或电位计上读取电位值(mV),从标准曲线 t 求得氯离子浓度的对应值 X_1。按此步骤依次测定出同一批次的 10 个试液中的氯离子浓度为 $x_1,x_2,x_3\cdots,x_{10}$。

7. 结果计算

(1)试液氯离子浓度平均值 $\bar{x}$　试液氯离子浓度平均值又按式①计算:

$$\bar{x} = \frac{x_1 + x_2 + x_3 + \cdots + x_{10}}{10} \qquad ①$$

(2)试液氯离子浓度的标准差 S　试液氯离子浓度的标准差 S 按式②计算:

$$S = \sqrt{\frac{(x_1 - \bar{x})^2 + (x_2 - \bar{x})^2 + (x_3 - \bar{x})^2 + \cdots + (x_{10} - \bar{x})^2}{10 - 1}} \qquad ②$$

(3)混合均匀度值　混合均匀度值以同一批次的 10 个试液中氯离子浓度的变异系数 CV 值表示,CV 值越大,混合均匀度越差。

10 个试液中氯离子浓度的变异系数 CV 值(%)按式③计算

$$CV = \frac{S}{\bar{x}} \times 100\% \qquad ③$$

计算结果精确到小数点后两位。

三、甲基紫法

1. 适用范围的限定

本法主要适用于混合机和饲料加工工艺中混合均匀度的测定。不适用于添加有苜蓿粉、槐叶粉等含色素组分的饲料产品混合均匀度的测定。

2. 方法原理

本法以甲基紫色素作为示踪物,在大批饲料加入混合机后,再将甲基紫与添加剂一起加入混合机,混合规定时间,然后取样,以比色法测定样品中甲基紫的含量,以同一批次饲料的不同试样中甲基紫含量的差异来反映饲料的混合均匀度。

3. 试剂

①甲基紫(生物染色剂)。

②无水乙醇。

4. 仪器

①分光光度计:带 5 mm 比色皿。

②标准筛:筛孔净尺寸 100 μm。

③分析天平:感量 0.000 1 g。

④烧杯:100 mL,250 mL。

5. 示踪物的制备与添加

将测定用的甲基紫混匀并充分研磨,使其全部通过净孔尺寸为 100 μm 的标准筛。按照混合机混一批饲料量的十万分之一的用量,在大批饲料加入混合机后,再将其与添加剂一起加入混合机,混合规定时间

6. 采样

①本法所需样品应单独采取。

②每一批饲料产品抽取 10 个有代表性的原始样品,每个样品的采样量约 200 g。取样点的确定应考虑各方位的深度、袋数或料流的代表性,但每一个样品应由一点集中取样。取样时不允许有任何翻动或混合。

7. 试样制备

将每个样品在实验室内充分混合。颗粒饲料样品需粉碎通过 1.40 mm 筛孔。

8. 测定步骤

称取试料(10.00±0.05) g 放在 100 mL 的小烧杯中,加入 30 mL 无水乙醇,不时地加以搅动,烧杯上盖一表面皿,30 min 后用滤纸过滤(定性滤纸,中速)。以无水乙醇作空白调节零点,用分光光度计,以 5 mm 比色皿在 590 nm 的波长下测定滤液的吸光度。

以同一批次 10 个试样测得的吸光度值为 X_1,X_2,X_3,$\cdots$,X_{10},按式①、式②和式③分别计算平均值 X、标准差 S 和变异系数 CV 值。

四、考核评定

1. 简答

(1)叙述测定配合饲料混合均匀的原理和方法步骤。

(2)比较两种方法测定配合饲料混合均匀度的优缺点。

2. 技能操作

根据提供的条件,检测某配合饲料混合均匀度,并写出实训报告。

技能训练三 颗粒饲料硬度测定

一、原理

颗粒饲料硬度是指颗粒对处压力所引起变形的抵挡能力。用对单颗粒径向加压的方法使其破碎。以此时的压力表示该颗粒的硬度。用多个颗粒的硬度的均匀值表示该样品的硬度。

二、仪器设备

饲料硬度计

三、样品制备

从每批颗粒饲料中掏出有代表性的样品约 20 g,用四分法从各部门选取长度 6 mm 以上,大体上同样大小、长度的颗粒(以颗粒两头最凹处计算)20 粒。

四、测定步骤

将硬度计的压力指针调整至零点,用镊子将颗粒横放到载物台上,正对压杆下方。滚动手轮,使压杆下降,速度中等、平均。颗粒破碎后读取压力数值(X_1)。清扫载物台上碎屑。将压力计指针重新调整至零点,开始下一样品的测定。

五、计算方法

$$\overline{X} = \frac{X_1 + X_2 + X_3 + \cdots + X_{20}}{20}$$

式中:$\overline{X}$ 为样品硬度(kg);X_1,X_2,X_3,$\cdots$,X_{20} 为各单粒样品的硬度。

假如颗粒长度不足 6 mm,则在硬度数值后注明均匀长度。

六、允许误差

2 份样品的绝对误差不大于 1.0 kg。

七、考核评定

1. 简答

(1)叙述测定颗粒饲料硬度的原理和方法步骤。

(2)比较两种方法测定配合饲料混合均匀度的优缺点。

2. 技能操作

根据提供的条件,检测某颗粒饲料的硬度,并写出实训报告。

◈讨论思考

1. 你认为作为一名合格的饲料检验化验员应具备哪些方面素质?

2. 配合饲料质量检测应包括哪些方面内容？

任务三　饲养试验与饲养效果评价

◆**知识目标**

1. 掌握进行动物饲养试验的目的与特点；
2. 熟悉影响配合饲料饲养效果的因素；
3. 掌握配合饲料饲养效果评价的内容与方法；
4. 掌握动物饲养试验方案设计的基本原则与要求；
5. 掌握试验动物选择的基本要求；
6. 初步掌握试验数据分析、处理方法

◆**能力目标**

能设计动物饲养试验方案。

◆**相关知识**

饲养效果好坏是评价配合饲料质量最有效的手段。新的配合饲料产品往往需要通过动物饲养试验，对其饲养效果进行检验，达到预期效果后才进行大量生产、销售、使用。

一、饲养试验的目的

饲料企业开展动物饲养试验的目的是通过试验的研究来揭示和掌握动物生长发育规律及这些规律与饲料营养、饲养管理和环境条件等的相互关系，从而筛选出最佳的饲料配方、饲养管理方法和技术措施，以进一步提高企业产品质量和销量，取得更大的经济和社会效益。

二、动物饲养试验的特点

(一)干扰因素多

试验动物本身存在差异，如在同一试验中应保持供试动物均匀一致，但生产中很难选择到遗传来源一致，年龄、体重、性别相同的动物进行试验；自然环境存在差异，如温度、湿度、光照、通风等很难完全控制一致；饲养管理条件存在差异，如在试验过程中的管理方法、饲养技术、畜舍笼位的安排等容易存在差异；操作技术上存在差异，如实验人员在对试验指标进行测量和记录时，因时间、人员和仪器等不完全一致而存在差异；另外一些偶然因素如疾病的侵袭，饲料的不稳定都会给试验带来干扰。

(二)试验具有复杂性

动物试验中所研究的试验对象都有自己的生长发育规律和遗传特性，并与环境、饲养管理等条件密切相关，这些因素之间又相互影响，相互制约，共同作用于供试对象，因而需要经过不同条件下的一系列试验才能获得比较正确的结果。

(三)试验周期长

动物完成一个生活世代的时间较长，特别是大动物、单胎动物、具有明显季节性繁殖的动物更为突出，即使是分段开展饲养试验，短则几个月，长则可能几年。例如，进行动物遗传育种试验，有的需要几年时间才能完成整个试验。

三、试验设计的基本原则

为了保证试验的质量，在试验中应尽可能地控制和排除非试验因素的干扰，合理地进行试验设计，提高试验的可靠程度，因此对试验设计有以下几点要求。

(一)试验要有代表性

1. 生物学代表性

要求研究对象的品种、个体具有代表性。如进行品种的比较试验时，所选择的个体必须能代表该品种，不选择性状特殊的个体，同时确定适当的试验动物数量。

2. 环境条件代表性

要求试验环境条件与将来推广试验成果地区的自然和生产条件基本一致。如气候、饲料、饲养管理水平及设备等。

代表性决定了试验结果的可利用性，一个试验如果没有充分的代表性，再好的试验结果也不能推广和应用，就失去了实用价值。

(二)试验要有正确性

试验的正确性包括试验的准确性和试验的精确性。在进行试验的过程中，应严格执行各项试验要求，将非试验因素的干扰控制在最低水平，以避免系统误差，降低试验误差，提高试验的正确性。

(三)试验要有重复性

重复性是指在相同条件下，重复进行同一试验，能够获得与原试验相类似的结果，即试验结果必须经受得起再试验的检验。

四、饲养试验的步骤与内容

(一)明确课题名称与试验目的

在确定课题名称前研究人员应明确为什么要进行这项科学研究，拟解决什么问题，以及在科研和生产中的作用、效果等。选题时应遵循实用性、先进性、创新性和可行性四点要求。

(二)确定研究依据、内容及预期达到的技术经济指标

课题确定后，阐明项目的研究意义、理论依据、国内外在该领域的研究概况。详细说明项目的具体研究内容和重点解决的问题，以及取得成果后的应用推广计划，预期达到的技术经济指标等。

(三)拟定试验方案和试验设计方法

试验方案是全部试验工作的核心，方案确定后，结合试验条件选择合适的试验设计方法。饲养试验方案一般包括选题背景及国内外研究进展，试验目的、依据及研究内容，试验研究方法和技术路线，具体的实施方案和步骤，预期的成果类型、推广应用前景、社会与经济效益及试验的组织机构、实施地点、进度安排、经费预算和人员分工等。

(四)实施试验

1. 试验动物的选择和分组

根据试验方案选择试验动物,并依需要进行分组、编号、去势、驱虫、防疫和消毒、观察与终选动物等处理。试验动物的选择和分组应注意以下几个方面。

(1)一致性 品种、年龄、体重和来源等尽可能相同或接近。

(2)对称性 如果个体数量较少,为避免组间差异对试验结果的影响,可以两两配对,然后将其随机分配在两个组。要记住配对要遵循一致性原则,如同胎、同性别、同体重的 2 头仔猪配对;如设更多个组,采用类似的方法。

(3)代表性 一般不应认为选择高产或低产个体,因为它们在全群中所占比例较小,缺乏代表性。

(4)数量 根据统计学原理,个体越多,统计结果越可靠。但个体太多。造成管理、操作上的麻烦及费用增加。一般每个组以大家畜不少于 3 头、猪和禽类分别为 10 头和 30 羽为宜。对某些畜禽如肉用仔鸡,有条件时可选用现成的平行饲养群。

2. 试验设备的准备

准备试验用的所有器具(圈舍、隔栅、料槽和水槽等),备齐和备足试验期所需的各种饲料,在试验前按各组饲粮配方进行配制、分装和存放。

3. 划分预试期和正试期。

(1)预试期 正式试验开始前,一般应有 7～10 d 预试期。此间,各组都采食基础日粮。其目的是使个体适应试验期的条件,淘汰不良个体,并对出现的显著组间差异进行调整,必须达到组间无显著差异($P>0.05$)。

(2)正试期 正试期紧接预试期。在正试期中,严格实施试验计划与方案,并按照生产条件下的饲养日程和操作规程进行饲养管理。正试期的长短,以因子充分体现出有关量化指标(日增重、饲料转化率等)为原则。一般来说,肉牛、奶牛和猪 60 d,蛋鸡 160 d,肉鸡 28 d。

4. 试验资料的收集

饲养试验的目的不同,记录的项目有很大的差异,所以在试验实施之前要以表格的形式列出需观测的指标与要求。其中供试动物的体重和饲料消耗是饲养试验中必测的项目,其他项目按照试验方案中的规定,定期获取有关数据。称重一般要求在同一时间(早晨空腹)连续称重 3 d,取其平均值。血样或尿样等也按以上方法采集,并注意及时分析或保存待测。

(五)试验结果分析与效果评价

试验结束后,对各阶段取得的资料进行整理与分析,用生物统计的方法对原始数据进行处理,同时对饲养效果进行系统分析,并做出科学的评价。

(六)成果鉴定及撰写试验报告

汇编所有试验材料,撰写试验报告,必要时可邀请相关专家、学者对试验成果进行鉴定。试验报告应包括摘要、前言、材料与方法、试验结果、分析与讨论、小结或结论、参考文献等内容。

五、饲养试验设计的方法

(一)按试验方式不同

饲养试验设计方法可分为分组试验、分期试验和交叉试验。

1. 分组试验

分组试验就是将供试动物分组饲养,设试验组和对照组,以比较不同饲养因素对畜禽生产性能影响的差异。要求运用生物统计中完全随机设计的原则进行分组。分组试验是最常用的一种类型。其方案见表 5-1。

表 5-1　分组试验

级　别	期　别	
	预试期	正试期
对照组	基础日粮	基础日粮
试验组 1	基础日粮	基础日粮＋试验因子 A
试验组 2	基础日粮	基础日粮＋试验因子 B

分组试验的特点是,对照组与试验组都在同一时间和条件下进行饲养。因此,可以认为,环境因素对每一个体的影响是相同的,从而可以不予考虑。当然,个体之间的差异是存在的,但如果供试个体达到足够数量,这种差异也可忽略不计。所取得的结果有较高的置信度。

2. 分期试验

分期试验是把同一组(头、只、群)供试动物在不同时期采用不同的试验处理,观察各处理间的差异。其方案见表 5-2。

表 5-2　分期试验

预试期	正试期	后试期
基础日粮	基础日粮＋试验因子	基础日粮

分期试验的特点是,不需很多个体。如操作得好,可在一定程度上消除个体间的差异。但应该知道,即使试验过程的环境条件完全相同(实际上是不可能的),同一个体的生产水平因不同阶段也存在差异。如奶牛的产奶量随时间推移呈一条曲线。这为资料的统计处理带来了不便,结果的准确性也受到一定影响。此法一般用在试验动物较少、采用分组试验有困难,且仅适用于成年动物的饲养试验。

3. 交叉试验

交叉试验是按对称原则将供试个体分为两组,并在不同试验阶段互为对照的试验方法。其设计方案见表 5-3。

表 5-3　交叉试验

级别	第一期	第二期	第三期
1 组	基础日粮	基础日粮＋试验因子 A	基础日粮＋试验因子 B
2 组	基础日粮	基础日粮＋试验因子 B	基础日粮＋试验因子 A

第一期是预试期。第二期与第三期开始前应有 3～5 d 过渡期,两个组的日粮在不同试验期中相互交换。进行数据处理时,可把两个试验组的平均值与两个对照组的平均值进行比较。在供试个体较少时,这种试验方法可在一定程度上消除个体差异和分期造成的环境因素对个

体的不同影响,因而可获得较为准确的试验结果。然而对于处在生长发育阶段的畜禽,试验结果会受到一定影响。

(二)按试验因子多少分

1. 单因子试验

指整个试验中只比较一个试验因素的不同水平的试验。

2. 多因子试验

指在同一试验中同时研究两个或两个以上试验因素的试验。

六、试验结果分析及饲养效果评价

试验结果分析就是对试验过程中所记录的数据运用生物统计的方法进行科学的分析,比较对照组与试验组差异是否显著,从而得出科学的结论(试验结果分析在生物统计课程中有详细介绍,这里不作介绍);饲养效果评价是在试验结果分析的基础上,结合试验过程中观察记录,对配合饲料饲养效果进行综合评定,饲养效果评价的内容包括畜禽食欲表现、健康状况、体重变化、繁殖情况、生产性能、饲料转化率、经济效益分析等。

(一)畜禽的食欲表现

畜禽有旺盛的食欲,才能达到期望的采食量。而一定的采食量是维持其生长发育速度或高产的基本保证。食欲的好坏既是健康的标志,也在一定程度上反映了配合日粮的综合质量,即配方技术、原料种类的选择及其品质直至加工质量和保存质量。如果饲料中含有适口性较差的成分(如某些药物,异味成分或毒素等),霉变原料或饲料的物理性状不适应特定畜禽的生物学特性(如蛋鸡料过细)以及病原体污染等因素,都会影响食欲。

(二)畜禽的健康状况

畜禽的健康状况是反映饲养效果的重要指标之一,而良好的营养状况为畜禽的健康提供了保证,精神状态在一定程度上又反映了畜禽的健康状况。因此,生产中应通过对畜禽群体状态和个体状态的观察,了解其营养状况和健康状况。畜禽群体状态是指畜禽群体静态和动态的一般表现。这种表现具有直观性,并在一定的程度上反映畜禽的健康和生产力以及饲养管理技术的质量。基于这一点,才能进行由此及彼、由表及里地进一步分析。具体应从以下几方面观察。

1. 营养状况

(1)体重　　多数个体是否达到预期体重范围,种用畜禽的体况是否过肥或过瘦,生长发育的整齐度如何。

(2)被毛　　主要观察被毛是否光亮、平滑,皮肤和黏膜有无不正常表征等。如有不正常现象,则应考虑对日粮中蛋白质、能量、维生素以及微量元素等的含量加以适当调整,饲料的内在和外在质量都不可忽视,注意应用适当的添加剂,并辅以其他管理措施的改进。

2. 健康状态

良好的健康状态主要表现在以下几方面。

(1)畜禽保持良好的精神状态和行为状态　　表现为眼明有神,警觉性高,对周围的异常变化反应敏锐。

(2)生长发育正常　　生产水平达到特定品种的要求。

（3）对疾病的抵抗能力较强　在饲养试验中，往往由于个体生理状态、优胜序列、采食机会、采食量、日粮混合均匀度及其组分的品质和物理性状以及管理等原因，部分个体可能出现散发性营养缺乏或亚临床症状，明显降低畜禽的抗病力。另外，在观察畜禽健康状况时，还应考虑病原体对畜禽已经或正在造成的危害。

（三）体重变化

在各类畜禽的饲养中，称重是一项经常性的工作。所谓正常体重，即标准体重，对于畜禽的生长发育、繁殖性能以及经济效益都十分重要。一定周龄或年龄的个体，如果实际体重偏离正常体重达到一定程度，则意味着过瘦或过肥，过大或过小。这对其当前或日后的利用价值均有不利影响。实际上，正常体重是在良好的状态下，平衡日粮与合理的饲养技术完美结合的体现。因此，定期称重可对此做出客观的评价。另外，体重作为原始数据，有助于代谢体重、饲料转化率和日增重等饲养参数的获得。这些资料可作为对日粮进行微调并就饲养技术加以改进的依据。

（四）繁殖情况

种公畜的性欲、精液品质，母畜的发情、排卵、受胎、妊娠、产仔数、初生重和泌乳量等，均与饲料和营养尤其蛋白质和维生素密切有关。如早春时节，母畜发情排卵不正常及公畜精液品质不理想，可通过补饲优质蛋白质和维生素或鲜苜蓿等优质青饲料加以克服。

（五）生产性能及饲料转化率

1. 畜禽的单产

如奶牛个体产奶量、蛋鸡的个体产蛋量，是标志畜禽遗传进展的重要指标。能否使畜禽发挥出其生产潜力，也是检查饲养效果的重要尺度。但是，在追求个体单产时必须考虑饲料转化率以至最终的经济效益。应该注意如下两点：一是短期内日粮营养不平衡或采食量不足，机体可动用自身贮备，从而在一定时间内维持较高产量。泌乳初期的母畜出现这一现象是不可避免的。然而对于产蛋家禽，如果在产蛋前期饲喂不平衡日粮，往往引起产蛋高峰持续期缩短和体重减轻等现象。二是某些畜禽采食不平衡日粮，虽能维持较高产量，却以增加采食量为代价，这势必降低饲料转化率。

2. 饲料转化率

饲料转化率是指生产 1 kg 畜禽产品或增重 1 kg 所需要的配合饲料量。它是衡量养殖业生产水平和经济效益的一个重要指标。

3. 畜禽产品质量

畜禽的种质是影响其产品质量的主要因素，而饲养因素同样是不容忽视的。后者影响诸如产品的组成、风味以及其他感官性状等内在和外在质量指标。当畜禽产品的质量因不合理的饲养受到影响时，其商品等级和市场竞争力下降，有时可造成更为严重的经济损失。

（六）经济效益分析

饲养效益是养殖业的全部产出与全部投入之差，是饲养效果的集中表现。在投入部分中，饲料及饲养技术占一半以上。合理选用配合饲料原料、规范使用饲料添加剂、科学设计配合饲料配方是提高养殖业经济效益的重要措施，也是不断研究、调整配合饲料配方，提高配合饲料加工生产技术的潜动力。

◈ 相关技能

设计饲养试验方案

一、目的要求

熟悉饲养试验设计的原则、要求、基本步骤与内容,并在规定时间内,设计出一个较为合理的饲养试验方案。

二、材料设备

试验动物、常规饲养设施设备、饲料、相关参考资料等。

三、方法步骤

①熟悉饲养试验设计原则与要求。

②熟悉饲养试验方案的内容与要求。

③考察试验场。

④查阅相关资料,结合生产实际情况,设计一个验证某配合饲料饲养效果的饲养试验方案。

四、考核评定

1. 简答

(1)叙述饲养试验设计原则与要求和方法。

(2)如何合理选择供试动物?

2. 技能操作

根据提供的条件,设计一个验证某配合饲料饲养效果的饲养试验方案。

◈ 讨论思考

1. 为什么要进行饲养试验?

2. 饲养试验的方法有哪些?

3. 为什么要进行饲养试验结果处理?包括哪些内容?

附　　录

附录1　猪饲养标准(节选,NY/T 65—2004)

附表 1-1　瘦肉型生长育肥猪每千克饲粮养分含量(自由采食,88%干物质)[a]

项　　目	体重/kg				
	3～8	8～20	20～35	35～60	60～90
平均体重/kg	5.5	14.0	27.5	47.5	75.0
日增重/(kg/d)	0.24	0.44	0.61	0.69	0.80
采食量/(kg/d)	0.30	0.74	1.43	1.90	2.50
饲料/增重	1.25	1.59	2.34	2.75	3.13
饲粮消化能含量/(MJ/kg)	14.02	13.60	13.39	13.39	13.39
饲粮消化能含量/(Mcal/kg)	3.35	3.25	3.20	3.20	3.20
饲粮代谢能含量/(MJ/kg[b])	13.46	13.06	12.86	12.86	12.86
饲粮代谢能含量/(Mcal/kg[b])	3.22	3.12	3.07	3.07	3.07
粗蛋白质 CP/%	21.0	19.0	17.8	16.4	14.5
能量蛋白比/(kJ/%)	668	716	752	817	923
能量蛋白比/(Mcal/%)	0.16	0.17	0.18	0.20	0.22
赖氨酸能量比/(g/MJ)	1.01	0.85	0.68	0.61	0.53
赖氨酸能量比/(g/Mcal)	4.24	3.56	2.83	2.56	2.19
氨基酸[c]/%					
赖氨酸	1.42	1.16	0.90	0.82	0.70
蛋氨酸	0.40	0.30	0.24	0.22	0.19
蛋氨酸＋胱氨酸	0.81	0.66	0.51	0.48	0.40
苏氨酸	0.94	0.75	0.58	0.56	0.48
色氨酸	0.27	0.21	0.16	0.15	0.13
异亮氨酸	0.79	0.64	0.48	0.46	0.39
亮氨酸	1.42	1.13	0.85	0.78	0.63
精氨酸	0.56	0.46	0.35	0.30	0.21
缬氨酸	0.98	0.80	0.61	0.57	0.47
组氨酸	0.45	0.36	0.28	0.26	0.21
苯丙氨酸	0.85	0.69	0.52	0.48	0.40
苯丙氨酸＋酪氨酸	1.33	1.07	0.82	0.77	0.64

续附表 1-1

项 目	体重/kg				
	3～8	8～20	20～35	35～60	60～90
矿物元素d/%或每千克饲粮含量					
钙/%	0.88	0.74	0.62	0.55	0.49
总磷/%	0.74	0.58	0.53	0.48	0.43
非植酸磷/%	0.54	0.36	0.25	0.20	0.17
钠/%	0.25	0.15	0.12	0.10	0.08
氯/%	0.25	0.15	0.10	0.09	0.08
镁/%	0.04	0.04	0.04	0.04	0.04
钾/%	0.30	0.26	0.24	0.21	0.18
铜/mg	6.00	6.00	4.50	4.00	3.50
碘/mg	0.14	0.14	0.14	0.14	0.14
铁/mg	105	105	70	60	50
锰/mg	4.00	4.00	3.00	2.00	2.00
硒/mg	0.30	0.30	0.30	0.25	0.25
锌/mg	110	110	70	60	50
维生素和脂肪酸e/%或每千克饲粮含量					
维生素 A/IUf	2 200	1 800	1 500	1 400	1 300
维生素 D3/IUg	220	200	170	160	150
维生素 E/IUh	16	11	11	11	11
维生素 K/mg	0.50	0.50	0.50	0.50	0.50
硫胺素/mg	1.50	1.00	1.00	1.00	1.00
核黄素/mg	4.00	3.50	2.50	2.00	2.00
泛酸/mg	12.00	10.00	8.00	7.50	7.00
烟酸/mg	20.00	15.00	10.00	8.50	7.50
吡哆醇/mg	2.00	1.50	1.00	1.00	1.00
生物素/mg	0.08	0.05	0.05	0.05	0.05
叶酸/mg	0.30	0.30	0.30	0.30	0.30
维生素 B12/μg	20.00	17.50	11.00	8.00	6.00
胆碱/g	0.60	0.50	0.35	0.30	0.30
亚油酸/%	0.10	0.10	0.10	0.10	0.10

注：a. 瘦肉率高于 56.0% 的公、母混养群(阉公猪和青年母猪各一半)。b. 假定代谢能为消化能的 96.0%。c. 3.0～20.0 kg 猪的赖氨酸百分比是根据试验和经验数据的估测值，其他氨基酸需要量是根据其与赖氨酸的比例(理想蛋白质)的估测值。d. 矿物质需要量包括饲料原料中提供的矿物质量；对于发育公猪和后备母猪，钙总磷和有效磷的需要量应提高 0.05～0.1 个百分点。e. 维生素需要量包括饲料原料中提供的维生素量。f. 1 IU 维生素 A＝0.344 μg 维生素 A 醋酸酯。g. 1 IU 维生素 D3＝0.025 μg 胆钙化醇。h. 1 IU 维生素 E＝0.67 mg D-α-生育酚或 1 mg DL-α-生育酚醋酸酯。

附表 1-2　瘦肉型妊娠母猪每千克饲粮养分含量(88％干物质)[a]

项　目	妊娠期					
	妊娠前期			妊娠后期		
配种体重/kg[b]	120～150	150～180	＞180	120～150	150～180	＞180
预期窝产子数	10	11	11	10	11	11
采食量/(kg/d)	2.10	2.10	2.00	2.60	2.80	3.00
饲粮消化能/(MJ/kg)	12.75	12.35	12.15	12.75	12.55	12.55
饲粮消化能/(Mcal/kg)	(3.05)	(2.95)	(2.95)	(3.05)	(3.00)	(3.00)
饲粮代谢能/(MJ/kg)	12.25	11.85	11.65	12.25	12.05	12.05
饲粮代谢能/(Mcal/kg)[c]	(2.93)	(2.83)	(2.83)	(2.93)	(2.88)	(2.88)
粗蛋白质 CP/％[d]	13.0	12.0	12.0	14.0	13.0	12.0
氨基酸/％						
赖氨酸	0.53	0.49	0.46	0.53	0.51	0.48
蛋氨酸	0.14	0.13	0.12	0.14	0.13	0.12
蛋氨酸＋胱氨酸	0.34	0.32	0.31	0.34	0.33	0.32
苏氨酸	0.40	0.39	0.37	0.40	0.40	0.38
色氨酸	0.10	0.09	0.09	0.10	0.09	0.09
异亮氨酸	0.29	0.28	0.26	0.29	0.29	0.27
亮氨酸	0.45	0.41	0.37	0.45	0.42	0.38
精氨酸	0.06	0.02	0.00	0.06	0.02	0.00
缬氨酸	0.35	0.32	0.30	0.35	0.33	0.31
组氨酸	0.17	0.16	0.15	0.17	0.17	0.16
苯丙氨酸	0.29	0.27	0.25	0.29	0.28	0.26
苯丙氨酸＋酪氨酸	0.49	0.45	0.43	0.49	0.47	0.44
矿物元素[e]/％或每千克饲粮含量						
钙/％			0.68			
总磷/％			0.54			
非植酸磷/％			0.32			
钠/％			0.14			
氯/％			0.11			
镁/％			0.04			
钾/％			0.18			
铜/mg			5.0			
铁/mg			75.0			
锰/mg			18.0			
锌/mg			45.0			
碘/mg			0.13			
硒/mg			0.14			

续附表 1-2

项　　目	妊娠期	
	妊娠前期	妊娠后期
维生素和脂肪酸/%或每千克饲粮含量[f]		
维生素 A/IU[g]	3 620	
维生素 D$_3$/IU[h]	180	
维生素 E/IU[i]	40	
维生素 K/mg	0.50	
硫胺素/mg	0.90	
核黄素/mg	3.40	
泛酸/mg	11	
烟酸/mg	9.05	
吡哆醇/mg	0.90	
生物素/mg	0.19	
叶酸/mg	1.20	
维生素 B$_{12}$/μg	14	
胆碱/g	1.15	
亚油酸/%	0.10	

注：a. 消化能、氨基酸是根据国内试验报告、企业经验数据和 NRC(1998)妊娠模型得到的。b. 妊娠前期指妊娠前 12 周,妊娠后期指妊娠后 4 周;"120.0～150.0 kg"阶段适用于初产母猪和因泌乳期消耗过度的经产母猪,"150.0～180.0 kg"阶段适用于自身尚有生长潜力的经产母猪,"180.0 kg 以上"指达到标准成年体重的经产母猪,其对养分的需要量不随体重增长而变化。c. 假定代谢能为消化能的 96.0%。d. 以玉米-豆粕型日粮为基础确定的。e. 矿物质需要量包括饲料原料中提供的矿物质。f. 维生素需要量包括饲料原料中提供的维生素量。g. 1 IU 维生素 A=0.344 μg 维生素 A 醋酸酯。h. 1 IU 维生素 D$_3$=0.025 μg 胆钙化醇。i. 1 IU 维生素 E=0.67 mg D-α-生育酚或 1.0 mg DL-α-生育酚醋酸酯。

附表 1-3　瘦肉型泌乳母猪每千克饲粮养分含量(88%干物质)

指　　标	需要量	指　　标	需要量
采食量/(kg/d)	5.10	矿物质元素/%或每千克饲粮含量	
饲粮消化能含量/[MJ/kg(Mcal/kg)]	13.60(3.25)	钙/g	0.72
粗蛋白质/%	17.5	总磷/%	0.58
能量蛋白比/[kJ/%(kcal/%)]	777(186)	非植酸磷/%	0.34
赖氨酸能量比/[g/MJ(g/Mcal)]	0.58(2.43)	钠/%	0.20
氨基酸/%		氯/%	0.16
赖氨酸	0.79	镁/%	0.04
蛋氨酸＋胱氨酸	0.40	钾/%	0.20
苏氨酸	0.52	铜/mg	5.00
色氨酸	0.14	碘/mg	0.14
异亮氨酸	0.45	铁/mg	80

续附表 1-3

指　标	需要量	指　标	需要量
矿物质元素/%或每千克饲粮含量		维生素和脂肪酸/%或每千克饲粮含量	
锰/mg	20	核黄素/mg	3.75
硒/mg	0.15	泛酸/mg	12.00
锌/mg	50	烟酸/mg	10.00
维生素和脂肪酸/%或每千克饲粮含量		吡哆醇/mg	1.00
维生素 A/IU	2 000	生物素/mg	0.20
维生素 D/IU	200	叶酸/mg	1.30
维生素 E/IU	44	维生素 B_{12}/μg	15.00
维生素 K/mg	0.50	胆碱/g	1.00
硫胺素/mg	1.00	亚油酸/%	0.10

附表 1-4　配种公猪每千克饲粮需要量(88%干物质)[a]

指　标	需要量	指　标	需要量
饲粮消化能含量/[MJ/kg(kcal/kg)]	12.95(3 100)	矿物元素[e]	
饲粮代谢能含量/[MJ/kg[b](kcal/kg)]	12.45(2 975)	钙/%	0.70
消化能摄入量/[MJ/kg(kcal/kg)]	21.70(6 820)	总磷/%	0.55
代谢能摄入量/[MJ/kg(kcal/kg)]	20.85(6 545)	有效磷/%	0.32
采食量/(kg/d[d])	2.2	钠/%	0.14
粗蛋白质/%[e]	13.50	氯/%	0.11
能量蛋白比/[kJ/%(kcal/%)]	959(230)	镁/%	0.04
赖氨酸能量比/[g/MJ(g/Mcal)]	0.42(1.78)	钾/%	0.20
氨基酸/%		铜/mg	5.0
赖氨酸	0.55	碘/mg	0.15
蛋氨酸	0.15	铁/mg	80.0
蛋氨酸＋胱氨酸	0.38	锰/mg	20.0
苏氨酸	0.46	硒/mg	0.15
色氨酸	0.11	锌/mg	75.0
异亮氨酸	0.32	维生素[f]和脂肪酸	
亮氨酸	0.47	维生素 A[g]/IU	4 000
精氨酸	0.00	维生素 D_3[h]/IU	220
缬氨酸	0.36	维生素 E[i]/IU	45
组氨酸	0.17	维生素 K/mg	0.50
苯丙氨酸	0.30	硫胺素/mg	1.0
苯丙氨酸＋酪氨酸	0.52	核黄素/mg	3.5

续附表 1-4

指　　标	需要量	指　　标	需要量
维生素[f]和脂肪酸		维生素[f]和脂肪酸	
泛酸/mg	12.0	叶酸/mg	1.30
烟酸/mg	10.0	维生素 B_{12}/μg	15.0
吡哆醇/mg	1.0	胆碱/g	1.25
生物素/mg	0.20	亚油酸/%	0.1

注：a. 需要量的制定以每日采食 2.2 kg 饲粮为基础，采食量需根据公猪的体重和期望的增重进行调整；b. 假定代谢能为消化能的 90.0%；c. 以玉米-豆粕日粮为基础；d. 配种前 1 个月采食量增加 20.0%～25.0%，冬季严寒期采食量增加 10.0%～20.0%；e. 矿物质需要量包括饲粮原料中提供的矿物质；f. 维生素需要量包括饲粮原料中提供的维生素量；g. 1 IU 维生素 A＝0.334 μg 维生素 A 醋酸酯；h. 1 IU 维生素 D_3＝0.025 μg 胆钙化醇；i. 1 IU 维生素 E＝0.67 mg D-α-生育酚或 1.0 mg DL-α-生育酚醋酸酯。

附录2　中国鸡的饲养标准 NY/T 33—2004

附表 2-1　生长蛋鸡营养需要

营养指标	0～8 周龄	9～18 周龄	19 周龄至开产
代谢能/[MJ/kg(Mcal/kg)]	11.91(2.85)	11.70(2.80)	11.50(2.75)
粗蛋白质/%	19.0	15.5	17.0
蛋白能量比/[g/MJ(g/Mcal)]	15.95(66.67)	13.25(55.30)	14.78(61.82)
赖氨酸能量比/[g/MJ(g/Mcal)]	0.84(3.51)	0.58(2.43)	0.61(2.55)
赖氨酸/%	1.00	0.68	0.70
蛋氨酸/%	0.37	0.27	0:34
蛋氨酸＋胱氨酸/%	0.74	0.55	0.64
苏氨酸/%	0.66	0.55	0.62
色氨酸/%	0.20	0.18	0.19
精氨酸/%	1.18	0.98	1.02
亮氨酸/%	1.27	1.01	1.07
异亮氨酸/%	0.71	0.59	0.60
苯丙氨酸/%	0.64	0.53	0.54
苯丙氨酸＋酪氨酸/%	1.18	0.98	1.00
组氨酸/%	0.31	0.26	0.27
脯氨酸/%	0.50	0.34	0.44
缬氨酸/%	0.73	0.60	0.62
甘氨酸＋丝氨酸/%	0.82	0.68	0.71
钙/%	0.90	0.80	2.00
总磷/%	0.70	0.60	0.55
非植酸磷/%	0.40	0.35	0.32
钠/%	0.15	0.15	0.15
氯/%	0.15	0.15	0.15
铁/(mg/kg)	80	60	60
铜/(mg/kg)	8	6	8
锌/(mg/kg)	60	40	80
锰/(mg/kg)	60	40	80
碘/(mg/kg)	0.35	0.35	0.35
硒/(mg/kg)	0.30	0.30	0.30

续附表 2-1

营养指标	0～8 周龄	9～18 周龄	19 周龄至开产
亚油酸/%	1.0	1.0	1.0
维生素 A/(IU/kg)	4 000	4 000	4 000
维生素 D/(IU/kg)	800	800	800
维生素 E/(IU/kg)	10	8	8
维生素 K/(mg/kg)	0.5	0.5	0.5
硫胺素/(mg/kg)	1.8	1.3	1.3
核黄素/(mg/kg)	3.6	1.8	2.2
泛酸/(mg/kg)	10	10	10
烟酸/(mg/kg)	30	11	11
吡哆醇/(mg/kg)	3	3	3
生物素/(mg/kg)	0.15	0.10	0.10
叶酸/(mg/kg)	0.55	0.25	0.25
维生素 B_{12}/(mg/kg)	0.01	0.003	0.004
胆碱/(mg/kg)	1 300	900	500

注：根据中型体重鸡制订，轻型鸡可酌减 10.0%，开产日龄按 5.0% 产蛋率计算。

附表 2-2 产蛋鸡营养需要

营养指标	开产至高峰期（>85%）	高峰期（<85%）	种鸡
代谢能/[MJ/kg(Mcal/kg)]	11.29(2.70)	10.87(2.65)	11.29(2.70)
粗蛋白质/%	16.5	15.5	18.0
蛋白能量比/[g/MJ(g/Mcal)]	14.61(61.11)	14.26(58.49)	15.94(66.67)
赖氨酸能量比/[g/MJ(g/Mcal)]	0.64(2.67)	0.61(2.54)	0.63(2.63)
赖氨酸/%	0.75	0.70	0.75
蛋氨酸/%	0.34	0.32	0.34
蛋氨酸＋胱氨酸/%	0.65	0.56	0.65
苏氨酸/%	0.55	0.50	0.55
色氨酸/%	0.16	0.15	0.16
精氨酸/%	0.76	0.69	0.76
亮氨酸/%	1.02	0.98	1.02
异亮氨酸/%	0.72	0.66	0.72
苯丙氨酸/%	0.58	0.52	0.58
(苯丙氨酸＋酪氨酸)/%	1.08	1.06	1.08

续附表 2-2

营养指标	开产至高峰期(>85%)	高峰期(<85%)	种鸡
组氨酸/%	0.25	0.23	0.25
缬氨酸/%	0.59	0.54	0.59
(甘氨酸+丝氨酸)/%	0.57	0.48	0.57
可利用赖氨酸/%	0.66	0.60	—
可利用蛋氨酸/%	0.32	0.30	—
钙/%	3.5	3.5	3.5
总磷/%	0.60	0.60	0.60
非植酸磷/%	0.32	0.32	0.32
钠/%	0.15	0.15	0.15
氯/%	0.15	0.15	0.15
铁/(mg/kg)	60	60	60
铜/(mg/kg)	8	8	6
锰/(mg/kg)	60	60	60
锌/(mg/kg)	80	80	60
碘/(mg/kg)	0.35	0.35	0.35
硒/(mg/kg)	0.30	0.30	0.30
亚油酸/%	1.0	1.0	1.0
维生素 A/(IU/kg)	8 000	8 000	10 000
维生素 D/(IU/kg)	1 600	1 600	2 000
维生素 E/(IU/kg)	5	5	10
维生素 K/(mg/kg)	0.5	0.5	0.5
硫胺素/(mg/kg)	0.8	0.8	0.8
核黄素/(mg/kg)	2.5	2.5	3.8
泛酸/(mg/kg)	2.2	2.2	10
烟酸/(mg/kg)	20	20	30
吡哆醇/(mg/kg)	3.0	3.0	4.5
生物素/(mg/kg)	0.10	0.10	0.15
叶酸/(mg/kg)	0.25	0.25	0.35
维生素 B_{12}/(mg/kg)	0.004	0.004	0.004
胆碱/(mg/kg)	500	500	500

附表 2-3　肉用仔鸡营养需要

营养指标	0～3 周龄	4～6 周龄	7 周龄
代谢能/[MJ/kg(Mcal/kg)]	12.54(3.00)	12.96(3.10)	13.17(3.15)
粗蛋白质/%	21.5	20.0	18.0
蛋白能量比/[g/MJ(g/Mcal)]	17.14(71.67)	15.43(64.52)	13.67(57.14)
赖氨酸能量比/[g/MJ(g/Mcal)]	0.92(3.83)	0.77(3.23)	0.67(2.81)
赖氨酸/%	1.15	1.00	0.87
蛋氨酸/%	0.50	0.40	0.34
(蛋氨酸＋胱氨酸)/%	0.91	0.76	0.65
苏氨酸/%	0.81	0.72	0.68
色氨酸/%	0.21	0.18	0.17
精氨酸/%	1.20	1.12	1.01
亮氨酸/%	1.26	1.05	0.94
异亮氨酸/%	0.81	0.75	0.63
苯丙氨酸/%	0.71	0.66	0.58
(苯丙氨酸＋酪氨酸)/%	1.27	1.15	1.00
组氨酸/%	0.35	0.32	0.27
缬氨酸/%	0.85	0.74	0.64
(甘氨酸＋丝氨酸)/%	1.24	1.10	0.96
钙/%	1.00	0.90	0.80
总磷/%	0.68	0.65	0.60
非植酸磷/%	0.20	0.15	0.15
钠/%	0.20	0.15	0.15
氯/%	0.15	0.15	0.15
铁/(mg/kg)	100	80	80
铜/(mg/kg)	8	8	8
锰/(mg/kg)	120	100	80
锌/(mg/kg)	100	80	80
碘/(mg/kg)	0.70	0.70	0.70
硒/(mg/kg)	0.30	0.30	0.30
亚油酸/%	1.0	1.0	1.0
维生素 A/(IU/kg)	8 000	6 000	2 700
维生素 D/(IU/kg)	1 000	750	400
维生素 E/(IU/kg)	20	10	10
维生素 K/(mg/kg)	0.5	0.5	0.5

续附表 2-3

营养指标	0～3 周龄	4～6 周龄	7 周龄
硫胺素/(mg/kg)	2.0	2.0	2.0
核黄素/(mg/kg)	8.0	5.0	5.0
泛酸/(mg/kg)	10.0	10.0	10.0
烟酸/(mg/kg)	35.0	30.0	30.0
吡哆醇/(mg/kg)	3.5	3.0	3.0
生物素/(mg/kg)	0.18	0.15	0.10
叶酸/(mg/kg)	0.55	0.55	0.50
维生素 B_{12}/(mg/kg)	0.010	0.010	0.007
胆碱/(mg/kg)	1 300	1 000	750

附录 3　牛饲养标准（NY/T 34—2004）

附表 3-1　成年母牛维持的营养需要

体重 /kg	日粮干物质 /kg	奶牛能量 单位/NND	产奶净能 /Mcal	产奶净能 /MJ	可消化粗 蛋白质/g	小肠可消化 粗蛋白质/g	钙/g	磷/g	胡萝卜素 /mg	维生素 A /IU
350	5.02	9.17	6.88	28.79	243	202	21	16	63	25 000
400	5.55	10.13	7.60	31.80	268	224	24	18	75	30 000
450	6.06	11.07	8.30	34.73	293	244	27	20	85	34 000
500	6.56	11.97	8.98	37.57	317	264	30	22	95	38 000
550	7.04	12.88	9.65	40.38	341	284	33	25	105	42 000
600	7.52	13.73	10.30	43.10	364	303	36	27	115	46 000
650	7.98	14.59	10.94	45.77	386	322	39	30	123	49 000
700	8.44	15.43	11.57	48.41	408	340	42	32	133	53 000
750	8.89	16.24	12.18	50.56	430	358	45	34	143	57 000

注 1. 对第一个泌乳期的维持需要按上表基础增加 20%，第二个泌乳期增加 10%。

2. 如第一个泌乳期的年龄和体重过小，应按生长牛的需要实际计算增重的营养需要。

3. 放牧运动时，须在上表基础上增加能量需要量，按正文中的说明计算。

4. 在环境温度低的情况下，维持能量消耗增加，须在上表基础上增加需要量，按正文说明计算。

5. 泌乳期间，每增重 1 kg 体重需增加 8NND 和 325 g 可消化粗蛋白质；每减重 1 kg 需扣除 6.56 NND 和 250 g 可消化粗蛋白质。

附表 3-2　每产 1.0 kg 奶的营养需要

乳脂率/%	日粮干物质/kg	奶牛能量单位/NND	产奶净能/Mcal	产奶净能/MJ	可消化粗蛋白质/g	小肠可消化粗蛋白质/g	钙/g	磷/g	胡萝卜素/mg	维生素 A/IU
2.5	0.31~0.35	0.80	0.60	2.51	49	42	3.6	2.4	1.05	420
3.0	0.34~0.38	0.87	0.65	2.72	51	44	3.9	2.6	1.13	452
3.5	0.37~0.41	0.93	0.70	2.93	53	46	4.2	2.8	1.22	486
4.0	0.40~0.45	1.00	0.75	3.14	55	47	4.5	3.0	1.26	502
4.5	0.43~0.49	1.06	0.80	3.35	57	49	4.8	3.2	1.39	556
5.0	0.46~0.52	1.13	0.84	3.52	59	51	5.1	3.4	1.46	584
5.5	0.49~0.55	1.19	0.89	3.72	61	53	5.4	3.6	1.55	619

附表 3-3　母牛妊娠最后 4 个月的营养需要

体重/kg	怀孕月份	日粮干物质/kg	奶牛能量单位/NND	产奶净能/Mcal	产奶净能/MJ	可消化粗蛋白质/g	小肠可消化粗蛋白质/g	钙/g	磷/g	胡萝卜素/mg	维生素 A/IU
350	6	5.78	10.51	7.88	32.97	293	245	27	18	67	27
	7	6.28	11.44	8.58	35.90	327	275	31	20		
	8	7.23	13.17	9.88	41.34	375	317	37	22		
	9	8.70	15.84	11.84	49.54	437	370	45	25	76	30
400	6	6.30	11.47	8.60	35.99	318	267	30	20		
	7	6.81	12.40	9.30	38.92	352	297	34	22		
	8	7.76	14.13	10.60	44.36	400	339	40	24		
	9	9.22	16.80	12.60	52.72	462	392	48	27		

续附表 3-3

体重/kg	怀孕月份	日粮干物质/kg	奶牛能量单位/NND	产奶净能/Mcal	产奶净能/MJ	可消化粗蛋白质/g	小肠可消化粗蛋白质/g	钙/g	磷/g	胡萝卜素/mg	维生素A/IU
450	6	6.81	12.40	9.30	38.92	343	287	33	22	86	34
	7	7.32	13.33	10.00	41.84	377	317	37	24		
	8	8.27	15.07	11.30	47.28	425	359	43	26		
	9	9.73	17.73	13.30	55.65	487	412	51	29		
500	6	7.31	13.32	9.99	41.80	367	307	36	25	95	38
	7	7.82	14.25	10.69	44.73	401	337	40	27		
	8	8.78	15.99	11.99	50.17	449	379	46	29		
	9	10.24	18.65	13.99	58.54	511	432	54	32		
550	6	7.80	14.20	10.65	44.56	391	327	39	27	105	42
	7	8.31	15.13	11.35	47.49	425	357	43	29		
	8	9.26	16.87	12.65	52.93	473	399	49	31		
	9	10.72	19.53	14.65	61.30	535	452	57	34		
600	6	8.27	15.07	11.30	47.28	414	346	42	29	114	46
	7	8.78	16.00	12.00	50.21	448	376	46	31		
	8	9.73	17.73	13.30	55.65	496	418	52	33		
	9	11.20	20.40	15.30	64.02	558	471	60	36		
650	6	8.74	15.92	11.94	49.96	436	365	45	31	124	50
	7	9.25	16.85	12.64	52.89	470	395	49	33		
	8	10.21	18.59	13.94	58.33	518	437	55	35		
	9	11.67	21.25	15.94	66.70	580	490	63	38		

续附表 3-3

体重/kg	怀孕月份	日粮干物质/kg	奶牛能量单位/NND	产奶净能/Mcal	产奶净能/MJ	可消化粗蛋白质/g	小肠可消化粗蛋白质/g	钙/g	磷/g	胡萝卜素/mg	维生素A/IU
700	6	9.22	16.76	12.57	52.60	458	383	48	34	133	53
	7	9.71	17.69	13.27	55.53	492	413	52	36		
	8	10.67	19.43	14.57	60.97	540	455	58	38		
	9	12.13	22.09	16.57	69.33	602	508	66	41		
750	6	9.65	17.57	13.13	55.15	480	401	51	36	143	57
	7	10.16	18.51	13.88	58.08	514	431	55	38		
	8	11.11	20.24	15.18	63.52	562	473	61	40		
	9	12.58	22.91	17.18	71.89	624	526	69	43		

注 1. 怀孕牛干奶期间按上表计算营养需要。
2. 怀孕期间如未干奶，除按上表计算营养需要外，还应加产奶的营养需要。

附表 3-4　生长母牛的营养需要

体重/kg	日增重/kg	日粮干物质/kg	奶牛能量单位/NND	产奶净能/Mcal	产奶净能/MJ	可消化粗蛋白质/g	小肠可消化粗蛋白质/g	钙/g	磷/g	胡萝卜素/mg	维生素A/IU
40	0		2.20	1.65	6.90	41	—	2	2	4.0	1.6
	200		2.67	2.00	8.37	92	—	6	4	4.1	1.6
	300		2.93	2.20	9.21	117	—	8	5	4.2	1.7
	400		2.23	2.42	10.13	141	—	11	6	4.3	1.7
	500		3.52	2.64	11.05	164	—	12	7	4.4	1.8
	600		3.84	2.86	12.05	188	—	14	8	4.5	1.8
	700		4.19	3.14	13.14	210	—	16	10	4.6	1.8
	800		4.56	3.42	14.31	231	—	18	11	4.7	1.9

续附表 3-4

体重/kg	日增重/kg	日粮干物质/kg	奶牛能量单位/NND	产奶净能/Mcal	产奶净能/MJ	可消化粗蛋白质/g	小肠可消化粗蛋白质/g	钙/g	磷/g	胡萝卜素/mg	维生素 A/IU
50	0		2.56	1.92	8.04	49	—	3	3	5.0	2.0
	300		3.32	2.49	10.42	124	—	9	5	5.3	2.1
	400		3.60	2.70	11.30	148	—	11	6	5.4	2.2
	500		3.92	2.94	12.31	172	—	13	8	5.5	2.2
	600		4.24	3.18	13.31	194	—	15	9	5.6	2.2
	700		4.60	3.45	14.44	216	—	17	10	5.7	2.3
	800		4.99	3.74	15.65	238	—	19	11	5.8	2.3
60	0		2.89	2.17	9.08	56	—	4	3	6.0	2.4
	300		3.67	2.75	11.51	131	—	10	5	6.3	2.5
	400		3.96	2.97	12.43	154	—	12	6	6.4	2.6
	500		4.28	3.21	13.44	178	—	14	8	6.5	2.6
	600		4.63	3.47	14.52	199	—	16	9	6.6	2.6
	700		4.99	3.74	15.65	221	—	18	10	6.7	2.7
	800		5.37	4.03	16.87	243	—	20	11	6.8	2.7
70	0	1.22	3.21	2.41	10.09	63	—	4	4	7.0	2.8
	300	1.67	4.01	3.01	12.60	142	—	10	6	7.9	3.2
	400	1.85	4.32	3.24	13.56	168	—	12	7	8.1	3.2
	500	2.03	4.64	3.48	14.56	193	—	14	8	8.3	3.3
	600	2.21	4.99	3.74	15.65	215	—	16	10	8.4	3.4
	700	2.39	5.36	4.02	16.82	239	—	18	11	8.5	3.4
	800	3.61	5.76	4.32	18.08	262	—	20	12	8.6	3.4

续附表 3-4

体重/kg	日增重/kg	日粮干物质/kg	奶牛能量单位/NND	产奶净能/Mcal	产奶净能/MJ	可消化粗蛋白质/g	小肠可消化粗蛋白质/g	钙/g	磷/g	胡萝卜素/mg	维生素A/IU
80	0	1.35	3.51	2.63	11.01	70	—	5	4	8.0	3.2
	300	1.80	1.80	3.24	13.56	149	—	11	6	9.0	3.6
	400	1.98	4.64	3.48	14.57	174	—	13	7	9.1	3.6
	500	2.16	4.96	3.72	15.57	198	—	15	8	9.2	3.7
	600	2.34	5.32	3.99	16.70	222	—	17	10	9.3	3.7
	700	2.57	5.71	4.28	17.91	245	—	19	11	9.4	3.8
	800	2.79	6.12	4.59	19.21	268	—	21	12	9.5	3.8
90	0	1.45	3.80	2.85	11.93	76	—	6	5	9.0	3.6
	300	1.84	4.64	3.48	14.57	154	—	12	7	9.5	3.8
	400	2.12	4.96	3.72	15.57	179	—	14	8	9.7	3.9
	500	2.30	5.29	3.97	16.62	203	—	16	9	9.9	4.0
	600	2.48	5.65	4.24	17.75	226	—	18	11	10.1	4.0
	700	2.70	6.06	4.54	19.00	249	—	20	12	10.3	4.1
	800	2.93	6.48	4.86	20.34	272	—	22	13	10.5	4.2
100	0	1.62	4.08	3.06	12.81	82	—	6	5	10.0	4.0
	300	2.07	4.93	3.70	15.49	173	—	13	7	10.5	4.2
	400	2.25	5.27	3.95	16.53	202	—	14	8	10.7	4.3
	500	2.43	5.61	4.21	17.62	231	—	16	9	11.0	4.4
	600	2.66	5.99	4.49	18.79	258	—	18	11	11.2	4.4
	700	2.84	6.39	4.79	20.05	285	—	20	12	11.4	4.5
	800	3.11	6.81	5.11	21.39	311	—	22	13	11.6	4.6

续附表 3-4

体重/kg	日增重/kg	日粮干物质/kg	奶牛能量单位/NND	产奶净能/Mcal	产奶净能/MJ	可消化粗蛋白质/g	小肠可消化粗蛋白质/g	钙/g	磷/g	胡萝卜素/mg	维生素A/IU
125	0	1.89	4.73	3.55	14.86	97	82	8	6	12.5	5.0
	300	2.39	5.64	4.23	17.70	186	164	14	7	13.0	5.2
	400	2.57	5.96	4.47	18.71	215	190	16	8	13.2	5.3
	500	2.79	6.35	4.76	19.92	243	215	18	10	13.4	5.4
	600	3.02	6.75	5.06	21.18	268	239	20	11	13.6	5.4
	700	3.24	7.17	5.38	22.51	295	264	22	12	13.8	5.5
	800	3.51	7.63	5.72	23.94	322	288	24	13	14.0	5.6
	900	3.74	8.12	6.09	25.48	347	311	26	14	14.2	5.7
	1 000	4.05	8.67	6.50	27.20	370	332	28	16	14.4	5.8
150	0	2.21	5.35	4.01	16.78	111	94	9	8	15.0	6.0
	300	2.70	6.31	4.73	19.80	202	175	15	9	15.7	6.3
	400	2.88	6.67	5.00	20.92	226	200	17	10	16.0	6.4
	500	3.11	7.05	5.29	22.14	254	225	19	11	16.3	6.5
	600	3.33	7.47	5.60	23.44	279	248	21	12	16.6	6.6
	700	3.60	7.92	5.94	24.86	305	272	23	13	17.0	6.8
	800	3.83	8.40	6.30	26.36	331	296	25	14	17.3	6.9
	900	4.10	8.92	6.69	28.00	356	319	27	16	17.6	7.0
	1 000	4.41	9.49	7.12	29.80	378	339	29	17	18.0	7.2
175	0	2.48	5.93	4.45	18.62	125	106	11	9	17.5	7.0
	300	3.02	7.05	5.29	22.14	210	184	17	10	18.2	7.3
	400	3.20	7.48	5.61	23.48	238	210	19	11	18.5	7.4

续附表 3-4

体重/kg	日增重/kg	日粮干物质/kg	奶牛能量单位/NND	产奶净能/Mcal	产奶净能/MJ	可消化粗蛋白质/g	小肠可消化粗蛋白质/g	钙/g	磷/g	胡萝卜素/mg	维生素A/IU
175	500	3.42	7.95	5.96	24.94	266	235	22	12	18.8	7.5
	600	3.65	8.43	6.32	26.45	290	257	23	13	19.1	7.6
	700	3.92	8.96	6.72	28.12	316	281	25	14	19.4	7.8
	800	4.19	9.53	7.15	29.92	341	304	27	15	19.7	7.9
	900	4.50	10.15	7.61	31.85	365	326	29	16	20.0	8.0
	1 000	4.82	10.81	8.11	33.94	387	346	31	17	20.3	8.1
200	0	2.70	6.48	4.86	20.34	160	133	12	10	20.0	8.0
	300	3.29	7.65	5.74	24.02	244	210	18	11	21.0	8.4
	400	3.51	8.11	6.08	25.44	271	235	20	12	21.5	8.6
	500	3.74	8.59	6.44	26.95	297	259	22	13	22.0	8.8
	600	3.96	9.11	6.83	28.58	322	282	24	14	22.5	9.0
	700	4.23	9.67	7.25	30.34	347	305	26	15	23.0	9.2
	800	4.55	10.25	7.69	32.18	372	327	28	16	23.5	9.4
	900	4.86	10.91	8.18	34.23	396	349	30	17	24.0	9.6
	1 000	5.18	11.60	8.70	36.41	417	368	32	18	24.5	9.8
250	0	3.20	7.53	5.65	23.64	189	157	15	13	25.0	10.0
	300	3.83	8.83	6.62	27.70	270	231	21	14	26.5	10.6
	400	4.05	9.31	6.98	29.21	296	255	23	15	27.0	10.8
	500	4.32	9.83	7.37	30.84	323	279	25	16	27.5	11.0
	600	4.59	10.40	7.80	32.64	345	300	27	17	28.0	11.2
	700	4.86	11.01	8.26	34.56	370	323	29	18	28.5	11.4

续附表 3-4

体重/kg	日增重/kg	日粮干物质/kg	奶牛能量单位/NND	产奶净能/Mcal	产奶净能/MJ	可消化粗蛋白质/g	小肠可消化粗蛋白质/g	钙/g	磷/g	胡萝卜素/mg	维生素A/IU
250	800	5.18	11.65	8.74	36.57	394	345	31	19	29.0	11.6
	900	5.54	12.37	9.28	38.83	417	365	33	20	29.5	11.8
	1 000	5.90	13.13	9.83	41.13	437	385	35	21	30.0	12.0
300	0	3.69	8.51	6.38	26.70	216	180	18	15	30.0	12.0
	300	4.37	10.08	7.56	31.64	295	253	24	16	31.5	12.6
	400	4.59	10.68	8.01	33.52	321	276	26	17	32.0	12.8
	500	4.91	11.31	8.48	35.49	346	299	28	18	32.5	13.0
	600	5.18	11.99	8.99	37.62	368	320	30	19	33.0	13.2
	700	5.49	12.72	9.54	39.92	392	342	32	20	33.5	13.4
	800	5.85	13.51	10.13	42.39	415	362	34	21	34.0	13.6
	900	6.21	14.36	10.77	45.07	438	383	36	22	34.5	13.8
	1 000	6.62	15.29	11.47	48.00	458	402	38	23	35.0	14.0
350	0	4.14	9.43	7.07	29.59	243	202	21	18	35.0	14.0
	300	4.86	11.11	8.33	34.86	321	273	27	19	36.8	14.7
	400	5.13	11.76	8.82	36.91	345	296	29	20	37.4	15.0
	500	5.45	12.44	9.33	39.04	369	318	31	21	38.0	15.2
	600	5.76	13.17	9.88	41.34	392	338	33	22	38.6	15.4
	700	6.08	13.96	10.47	43.81	415	360	35	23	39.2	15.7
	800	6.39	14.83	11.12	46.53	442	381	37	24	39.8	15.9
	900	6.84	15.75	11.81	49.42	460	401	39	25	40.4	16.1
	1 000	7.29	16.75	12.56	52.56	480	419	41	26	41.0	16.4

续附表 3-4

体重/kg	日增重/kg	日粮干物质/kg	奶牛能量单位/NND	产奶净能/Mcal	产奶净能/MJ	可消化粗蛋白质/g	小肠可消化粗蛋白质/g	钙/g	磷/g	胡萝卜素/mg	维生素 A/IU
400	0	4.55	10.32	7.74	32.39	268	224	24	20	40.0	16.0
	300	5.36	12.28	9.21	38.54	344	294	30	21	42.0	16.8
	400	5.63	13.03	9.77	40.88	368	316	32	22	43.0	17.2
	500	5.94	13.81	10.36	43.35	393	338	34	23	44.0	17.6
	600	6.35	14.65	10.99	45.99	415	359	36	24	45.0	18.0
	700	6.66	15.57	11.68	48.87	438	380	38	25	46.0	18.4
	800	7.07	16.56	12.42	51.97	460	400	40	26	47.0	18.8
	900	7.47	17.64	13.24	55.40	482	420	42	27	48.0	19.2
	1 000	7.97	18.80	14.10	59.00	501	437	44	28	49.0	19.6
450	0	5.00	11.16	8.37	35.03	293	244	27	23	45.0	18.0
	300	5.80	13.25	9.94	41.59	368	313	33	24	48.0	19.2
	400	6.10	14.04	10.53	44.06	393	335	35	25	49.0	19.6
	500	6.50	14.88	11.16	46.70	417	355	37	26	50.0	20.0
	600	6.80	15.80	11.85	49.59	439	377	39	27	51.0	20.4
	700	7.20	16.79	12.58	52.64	461	398	41	28	52.0	20.8
	800	7.70	17.84	13.38	55.99	484	419	43	29	53.0	21.2
	900	8.10	48.99	14.24	59.59	505	439	45	30	54.0	21.6
	1 000	8.60	20.23	15.17	63.48	524	456	47	31	55.0	22.0
500	0	5.40	11.97	8.98	37.58	317	264	30	25	50.0	20.0
	300	6.30	14.37	10.78	45.11	392	333	36	26	53.0	21.2
	400	6.60	15.27	11.45	47.91	417	355	38	27	54.0	21.6

续附表 3-4

体重/kg	日增重/kg	日粮干物质/kg	奶牛能量单位/NND	产奶净能/Mcal	产奶净能/MJ	可消化粗蛋白质/g	小肠可消化粗蛋白质/g	钙/g	磷/g	胡萝卜素/mg	维生素A/IU
500	500	7.00	16.24	12.18	50.97	441	377	40	28	55.0	22.0
	600	7.30	17.27	12.95	54.19	463	397	42	29	56.0	22.4
	700	7.80	18.39	13.79	57.70	485	418	44	30	57.0	22.8
	800	8.20	19.61	14.71	61.55	507	438	46	31	58.0	23.2
	900	8.70	20.91	15.68	65.61	529	458	48	32	59.0	23.6
	1 000	9.30	22.33	16.75	70.09	548	476	50	33	60.0	24.0
550	0	5.80	12.77	9.58	40.09	341	284	33	28	55.0	22.0
	300	6.80	15.31	11.48	48.04	417	354	39	29	58.0	23.0
	400	7.10	16.27	12.20	51.05	441	376	30	30	59.0	23.6
	500	7.50	17.29	12.97	54.27	465	397	31	31	60.0	24.0
	600	7.90	18.40	13.80	57.74	487	418	45	32	61.0	24.4
	700	8.30	19.57	14.68	61.43	510	439	47	33	62.0	24.8
	800	8.80	20.85	15.64	65.44	533	460	49	34	63.0	25.2
	900	9.30	22.25	16.69	69.84	554	480	51	35	64.0	25.6
	1 000	9.90	23.76	17.82	74.56	573	496	53	36	65.0	26.0
600	0	6.20	13.53	10.15	42.47	364	303	36	30	60.0	24.0
	300	7.20	16.39	12.29	15.43	441	374	42	31	66.0	26.4
	400	7.60	17.48	13.11	54.86	465	396	44	32	67.0	26.8
	500	8.00	18.64	13.98	58.50	489	418	46	33	68.0	27.2
	600	8.40	19.88	14.91	62.39	512	439	48	34	69.0	27.6
	700	8.90	21.23	15.92	66.61	535	459	50	35	70.0	28.0
	800	9.40	22.67	17.00	71.13	557	480	52	36	71.0	28.4
	900	9.90	24.24	18.18	76.07	580	501	54	37	72.0	28.8
	1 000	10.50	25.93	19.45	81.38	599	518	56	38	73.0	29.2

附录 4 中国饲料成分及营养价值表（第 21 版）

附表 4-1 饲料描述及常规成分

%

序号	中国饲料号	饲料名称	饲料描述	干物质	粗蛋白质	粗脂肪	粗纤维	无氮浸出物	粗灰分	中洗纤维	酸洗纤维	钙	总磷	有效磷
1	4-07-0278	玉米	成熟,高蛋白,优质	86.0	9.4	3.1	1.2	71.1	1.2	9.4	3.5	0.09	0.22	0.09
2	4-07-0288	玉米	成熟,高赖氨酸,优质	86.0	8.5	5.3	2.6	68.3	1.3	9.4	3.5	0.16	0.25	0.09
3	4-07-0279	玉米	成熟,GB/T 17890—1999,1 级	86.0	8.7	3.6	1.6	70.7	1.4	9.3	2.7	0.02	0.27	0.11
4	4-07-0280	玉米	成熟,GB/T 17890—1999,2 级	86.0	7.8	3.5	1.6	71.8	1.3	7.9	2.6	0.02	0.27	0.11
5	4-07-0272	高粱	成熟,NY/T 1 级	86.0	9.0	3.4	1.4	70.4	1.8	17.4	8.0	0.13	0.36	0.12
6	4-07-0270	小麦	混合小麦,成熟 NY/T 2 级	87.0	13.9	1.7	1.9	67.6	1.9	13.3	3.9	0.17	0.41	0.13
7	4-07-0274	大麦(裸)	裸大麦,成熟 NY/T 2 级	87.0	13.0	2.1	2.0	67.7	2.2	10.0	2.2	0.04	0.39	0.13
8	4-07-0277	大麦(皮)	皮大麦,成熟 NY/T 1 级	87.0	11.0	1.7	4.8	67.1	2.4	18.4	6.8	0.09	0.33	0.12
9	4-07-0281	黑麦	籽粒,进口	88.0	11.0	1.5	2.2	71.5	1.8	12.3	4.6	0.05	0.30	0.11
10	4-07-0273	稻谷	成熟,晒干 NY/T 2 级	86.0	7.8	1.6	8.2	63.8	4.6	27.4	28.7	0.03	0.36	0.15
11.	4-07-0276	糙米	良,成熟,除去外壳的整粒大米	87.0	8.8	2.0	0.7	74.2	1.3	1.6	0.8	0.03	0.35	0.13
12	4-07-0275	碎米	良,加工精米后的副产品	88.0	10.4	2.2	1.1	72.7	1.6	0.8	0.6	0.06	0.35	0.12
13	4-07-0479	粟(谷子)	合格,带壳,成熟	86.5	9.7	2.3	6.8	65.0	2.7	15.2	13.3	0.12	0.30	0.09
14	4-04-0067	木薯干	木薯干片,晒干 NY/T合格	87.0	2.5	0.7	2.5	79.4	1.9	8.4	6.4	0.27	0.09	—
15	4-04-0068	甘薯干	甘薯干片,晒干 NY/T合格	87.0	4.0	0.8	2.8	76.4	3.0	8.1	4.1	0.19	0.02	—
16	4-08-0104	次粉	黑面,黄粉,下面 NY/T 1 级	88.0	15.4	2.2	1.5	67.1	1.5	18.7	4.3	0.08	0.48	0.15
17	4-08-0105	次粉	黑面,黄粉,下面 NY/T 2 级	87.0	13.6	2.1	2.8	66.7	1.8	31.9	10.5	0.08	0.48	0.15

续附表 4-1

%

序号	中国饲料号	饲料名称	饲料描述	干物质	粗蛋白质	粗脂肪	粗纤维	无氮浸出物	粗灰分	中洗纤维	酸洗纤维	钙	总磷	有效磷
18	4-08-0069	小麦麸	传统制粉工艺 NY/T 1级	87.0	15.7	3.9	6.5	56.0	4.9	37.0	13.0	0.11	0.92	0.28
19	4-08-0070	小麦麸	传统制粉工艺 NY/T 2级	87.0	14.3	4.0	6.8	57.1	4.8	41.3	11.9	0.10	0.93	0.28
20	4-08-0041	米糠	新鲜,不脱脂 NY/T 2级	87.0	12.8	16.5	5.7	44.5	7.5	22.9	13.4	0.07	1.43	0.20
21	4-10-0025	米糠饼	未脱脂,机榨 NY/T 1级	88.0	14.7	9.0	7.4	48.2	8.7	27.7	11.6	0.14	1.69	0.24
22	4-10-0018	米糠粕	浸提或预压浸提 NY/T 1级	87.0	15.1	2.0	7.5	53.6	8.8	23.3	10.9	0.15	1.82	0.25
23	5-09-0127	大豆	黄大豆,成熟 NY/T 2级	87.0	35.5	17.3	4.3	25.7	4.2	7.9	7.3	0.27	0.48	0.14
24	5-09-0128	全脂大豆	湿法膨化,生大豆为 NY/T 2级	88.0	35.5	18.7	4.6	25.2	4.0	11.0	6.4	0.32	0.40	0.14
25	5-10-0241	大豆饼	机榨 NY/T 2级	89.0	41.8	5.8	4.8	30.7	5.9	18.1	15.5	0.31	0.50	0.17
26	5-10-0103	大豆粕	去皮,浸提或预压浸提 NY/T 1级	89.0	47.9	1.5	3.3	29.7	4.9	8.8	5.3	0.34	0.65	0.22
27	5-10-0102	大豆粕	浸提或预压浸提 NY/T 2级	89.0	44.2	1.9	5.9	28.3	6.1	13.6	9.6	0.33	0.62	0.21
28	5-10-0118	棉籽饼	机榨 NY/T 2级	88.0	36.3	7.4	12.5	26.1	5.7	32.1	22.9	0.21	0.83	0.28
29	5-10-0119	棉籽粕	浸提或预压浸提 NY/T 1级	90.0	47.0	0.5	10.2	26.3	6.0	22.5	15.3	0.25	1.10	0.38
30	5-10-0117	棉籽粕	浸提或预压浸提 NY/T 2级	90.0	43.5	0.5	10.5	28.9	6.0	28.4	19.4	0.28	1.04	0.36
31	5-10-0220	棉籽蛋白	脱酚·低温一次浸出,分步萃取	92.0	51.1	1.0	6.9	27.3	5.7	20.0	13.7	0.29	0.89	0.29
32	5-10-0183	菜籽饼	机榨 NY/T 2级	88.0	35.7	7.4	11.4	26.3	7.2	33.3	26.0	0.59	0.96	0.33
33	5-10-0121	菜籽粕	浸提或预压浸提 NY/T 2级	88.0	38.6	1.4	11.8	28.9	7.3	20.7	16.8	0.65	1.02	0.35
34	5-10-0116	花生仁饼	机榨 NY/T 2级	88.0	44.7	7.2	5.9	25.1	5.1	14.0	8.7	0.25	0.53	0.16
35	5-10-0115	花生仁粕	浸提或预压浸提 NY/T 2级	88.0	47.8	1.4	6.2	27.2	5.4	15.5	11.7	0.27	0.56	0.17
36	1-10-0031	向日葵仁饼	壳仁比 35:65 NY/T 3级	88.0	29.0	2.9	20.4	31.0	4.7	41.4	29.6	0.24	0.87	0.22
37	5-10-0242	向日葵仁粕	壳仁比 16:84 NY/T 2级	88.0	36.5	1.0	10.5	34.4	5.6	14.9	13.6	0.27	1.13	0.29
38	5-10-0243	向日葵仁粕	壳仁比 24:76 NY/T 2级	88.0	33.6	1.0	14.8	38.8	5.3	32.8	23.5	0.26	1.03	0.26

续附表 4-1

%

序号	中国饲料号	饲料名称	饲料描述	干物质	粗蛋白质	粗脂肪	粗纤维	无氮浸出物	粗灰分	中洗纤维	酸洗纤维	钙	总磷	有效磷
39	5-10-0119	亚麻仁饼	机榨 NY/T 2级	88.0	32.2	7.8	7.8	34.0	6.2	29.7	27.1	0.39	0.88	—
40	5-10-0120	亚麻仁粕	浸提或预压浸提 NY/T 2级	88.0	34.8	1.8	8.2	36.6	6.6	21.6	14.4	0.42	0.95	—
41	5-10-0246	芝麻饼	机榨,CP40%	92.0	39.2	10.3	7.2	24.9	10.4	18.0	13.2	2.24	1.19	0.22
42	5-11-0001	玉米蛋白粉	玉米去胚芽,淀粉后的面筋部分 CP60%	90.1	63.5	5.4	1.0	19.2	1.0	8.7	4.6	0.07	0.44	0.16
43	5-11-0002	玉米蛋白粉	同上,中等蛋白质产品,CP50%	91.2	51.3	7.8	2.1	28.0	2.0	10.1	7.5	0:06	0.42	0.15
44	5-11-0008	玉米蛋白粉	同上,中等蛋白质产品,CP40%	89.9	44.3	6.0	1.6	37.1	0.9	29.1	8.2	0.12	0.50	0.31
45	5-11-0003	玉米蛋白饲料	玉米去胚芽,淀粉后的含皮残渣	88.0	19.3	7.5	7.8	48.0	5.4	33.6	10.5	0.15	0.70	0.17
46	4-10-0026	玉米胚芽饼	玉米湿磨后的胚芽·机榨	90.0	16.7	9.6	6.3	50.8	6.6	28.5	7.4	0.04	0.50	0.15
47	4-10-0244	玉米胚芽粕	玉米湿磨后的胚芽·浸提	90.0	20.8	2.0	6.5	54.8	5.9	38.2	10.7	0.06	0.50	0.15
48	5-11-0007	DDGS	玉米酒精糟及可溶物·脱水	89.2	27.5	10.1	6.6	39.9	5.1	27.6	12.2	0.05	0.71	0.48
49	5-11-0009	蚕豆粉浆蛋白粉	蚕豆去皮制粉丝后的浆液·脱水	88.0	66.3	4.7	4.1	10.3	2.6	13.7	9.7		0.59	0.18
50	5-11-0004	麦芽根	大麦芽副产品·干燥	89.7	28.3	1.4	12.5	41.4	6.1	40.0	15.1	0.22	0.73	—
51	5-13-0044	鱼粉(CP64.5%)	7样平均值	90.0	64.5	5.6	0.5	8.0	11.4			3.81	2.83	2.83
52	5-13-0045	鱼粉(CP62.5%)	8样平均值	90.0	62.5	4.0	0.5	10.0	12.3			3.96	3.05	3.05
53	5-13-0046	鱼粉(CP60.2%)	沿海产的海鱼粉,脱脂,12样平均值	90.0	60.2	4.9	0.5	11.6	12.8			4.04	2.90	2.90
54	5-13-0077	鱼粉(CP53.5%)	沿海产的海鱼粉,脱脂,11样平均值	90.0	53.5	10.0	0.8	4.9	20.8			5.88	3.20	3.20
55	5-13-0036	血粉	鲜猪血喷雾干燥	88.0	82.8	0.4		1.6	3.2			0.29	0.31	0.31
56	5-13-0037	羽毛粉	纯净羽毛,水解	88.0	77.9	2.2	0.7	1.4	5.8			0.20	0.68	0.68
57	5-13-0038	皮革粉	废牛皮,水解	88.0	74.7	0.8	1.6		10.9			4.40	0.15	0.15
58	5-13-0047	肉骨粉	屠宰下脚,带骨干燥粉碎	93.0	50.0	8.5	2.8		31.7	32.5	5.6	9.20	4.70	4.70

续附表 4-1

%

序号	中国饲料号	饲料名称	饲料描述	干物质	粗蛋白质	粗脂肪	粗纤维	无氮浸出物	粗灰分	中洗纤维	酸洗纤维	钙	总磷	有效磷
59	5-13-0048	肉粉	脱脂	94.0	54.0	12.0	1.4	4.3	22.3	31.6	8.3	7.69	3.88	3.88
60	1-05-0074	苜蓿草粉(CP19%)	一茬盛花期烘干 NY/T 1级	87.0	19.1	2.3	22.7	35.3	7.6	36.7	25.0	1.40	0.51	0.51
61	1-05-0075	苜蓿草粉(CP17%)	一茬盛花期烘干 NY/T 2级	87.0	17.2	2.6	25.6	33.3	8.3	39.0	28.6	1.52	0.22	0.22
62	1-05-0076	苜蓿草粉(CP14%～15%)	NY/T 3级	87.0	14.3	2.1	29.8	33.8	10.1	36.8	2.9	1.34	0.19	0.19
63	5-11-0005	啤酒糟	大麦酿造副产品	88.0	24.3	5.3	13.4	40.8	4.2	39.4	24.6	0.32	0.42	0.14
64	7-15-0001	啤酒酵母	啤酒酵母菌粉，QB/T 1940—94	91.7	52.4	0.4	0.6	33.6	4.7	6.1	1.8	0.16	1.02	0.46
65	4-13-0075	乳清粉	乳清、脱水、低乳糖含量	94.0	12.0	0.7		71.6	9.7			0.87	0.79	0.79
66	5-01-0162	酪蛋白	脱水	91.0	84.4	0.6		2.4	3.6			0.36	0.32	0.32
67	5-14-0503	明胶	食用	90.0	88.6	0.5		0.59	0.31			0.49		
68	4-06-0076	牛奶乳糖	进口,含乳糖 80%以上	96.0	3.5	0.5		82.0	10.0			0.52	0.62	0.62
69	4-06-0077	乳糖	食用	96.0	0.3			95.7						
70	4-06-0078	葡萄糖	食用	90.0	0.3			89.7						
71	4-06-0079	蔗糖	食用	99.0				98.5	0.5			0.04	0.01	0.01
72	4-02-0889	玉米淀粉	食用	99.0	0.3			98.5	0.5				0.03	0.01
73	4-17-0001	牛脂		99.0		98.0*		0.5	0.5					
74	4-17-0002	猪油		99.0		98.0*		0.5	0.5					
75	4-17-0003	家禽脂肪		99.0		98.0*		0.5	0.5					
76	4-17-0004	鱼油		99.0		98.0*		0.5	0.5					
77	4-17-0005	菜籽油		99.0		98.0*		0.5	0.5					
78	4-17-0006	椰子油		99.0		98.0*		0.5	0.5					

续附表 4-1

序号	中国饲料号	饲料名称	饲料描述	干物质	粗蛋白质	粗脂肪	粗纤维	无氮浸出物	粗灰分	中洗纤维	酸洗纤维	钙	总磷	有效磷
79	4-07-0007	玉米油		99.0		98.0*				0.5					
80	4-17-0008	棉籽油		99.0		98.0*				0.5					
81	4-17-0009	棕榈油		99.0		98.0*				0.5					
82	4-17-0010	花生油		99.0		98.0*				0.5					
83	4-17-0011	芝麻油		99.0		98.0*				0.5					
84	4-17-0012	大豆油	粗制	99.0		98.0*				0.5					
85	4-17-0013	葵花油		99.0		98.0*				0.5					

注："—"表示未测值,下同。"*"表示典型值。

附表 4-2 有效能

序号	中国饲料号	饲料名称	干物质 /%	粗蛋白质/%	猪消化能		鸡代谢能		肉牛维持净能		肉牛增重净能		奶牛产奶净能	
					/(Mcal/kg)	/(MJ/kg)	/(Mcal/kg)	/(MJ/kg)	/(Mcal/kg)	/(MJ/kg)	/(Mcal/kg)	/(MJ/kg)	/(Mcal/kg)	/(MJ/kg)
1	4-07-0278	玉米	86.0	9.4	3.44	14.39	3.18	13.31	2.20	9.19	1.68	7.02	1.83	7.66
2	4-07-0288	玉米	86.0	8.5	3.45	14.43	3.25	13.60	2.24	9.39	1.72	7.21	1.84	7.70
3	4-07-0279	玉米	86.0	8.7	3.41	14.27	3.24	13.56	2.21	9.25	1.69	7.09	1.84	7.70
4	4-07-0280	玉米	86.0	7.8	3.39	14.18	3.22	13.47	2.19	9.16	1.67	7.00	1.83	7.66
5	4-07-0272	高粱	86.0	9.0	3.15	13.18	2.94	12.30	1.86	7.80	1.30	5.44	1.59	6.65
6	4-07-0270	小麦	87.0	13.9	3.39	14.18	3.04	12.72	2.09	8.73	1.55	6.46	1.75	7.32
7	4-07-0274	大麦(裸)	87.0	13.0	3.24	13.56	2.68	11.21	1.99	8.31	1.43	5.99	1.68	7.03
8	4-07-0277	大麦(皮)	87.0	11.0	3.02	12.64	2.70	11.30	1.90	7.95	1.35	5.64	1.62	6.78
9	4-07-0281	黑麦	88.0	11.0	3.31	13.85	2.69	11.25	1.98	8.27	1.42	5.95	1.68	7.03

%

续附表4-2

序号	中国饲料号	饲料名称	干物质/%	粗蛋白质/%	猪消化能 /(Mcal/kg)	/(MJ/kg)	鸡代谢能 /(Mcal/kg)	/(MJ/kg)	肉牛维持净能 /(Mcal/kg)	/(MJ/kg)	肉牛增重净能 /(Mcal/kg)	/(MJ/kg)	奶牛产奶净能 /(Mcal/kg)	/(MJ/kg)
10	4-07-0273	稻谷	86.0	7.8	2.69	11.25	2.63	11.00	1.80	7.54	1.28	5.33	1.53	6.40
11	4-07-0276	糙米	87.0	8.8	3.44	14.39	3.36	14.06	2.22	9.28	1.71	7.16	1.84	7.70
12	4-07-0275	碎米	88.0	10.4	3.60	15.06	3.40	14.23	2.40	10.05	1.92	8.03	1.97	8.24
13	4-07-0479	粟(谷子)	86.5	9.7	3.09	12.93	2.84	11.88	1.97	8.25	1.43	6.00	1.67	6.99
14	4-04-0067	木薯干	87.0	2.5	3.13	13.10	2.96	12.38	1.67	6.99	1.12	4.70	1.43	5.98
15	4-04-0068	甘薯干	87.0	4.0	2.82	11.80	2.34	9.79	1.85	7.76	1.33	5.57	1.57	6.57
16	4-08-0104	次粉	88.0	15.4	3.27	13.68	3.05	12.76	2.41	10.10	1.92	8.02	1.99	8.32
17	4-08-0105	次粉	87.0	13.6	3.21	13.43	2.99	12.51	2.37	9.92	1.88	7.87	1.95	8.16
18	4-08-0069	小麦麸	87.0	15.7	2.24	9.37	1.36	5.69	1.67	7.01	1.09	4.55	1.46	6.11
19	4-08-0070	小麦麸	87.0	14.3	2.23	9.33	1.35	5.65	1.66	6.95	1.07	4.50	1.45	6.08
20	4-08-0041	米糠	87.0	12.8	3.02	12.64	2.68	11.21	2.05	8.58	1.40	5.85	1.78	7.45
21	4-10-0025	米糠饼	88.0	14.7	2.99	12.51	2.43	10.17	1.72	7.20	1.11	4.65	1.50	6.28
22	4-10-0018	米糠粕	87.0	15.1	2.76	11.55	1.98	8.28	1.45	6.06	0.90	3.75	1.26	5.27
23	5-09-0127	大豆	87.0	35.5	3.97	16.61	3.24	13.56	2.16	9.03	1.42	5.93	1.90	7.95
24	5-09-0128	全脂大豆	88.0	35.5	4.24	17.74	3.75	15.69	2.20	9.19	1.44	6.01	1.94	8.12
25	5-10-0241	大豆饼	89.0	41.8	3.44	14.39	2.52	10.54	2.02	8.44	1.36	5.67	1.75	7.32
26	5-10-0103	大豆粕	89.0	47.9	3.60	15.06	2.53	10.58	2.07	8.68	1.45	6.06	1.78	7.45
27	5-10-0102	大豆粕	89.0	44.2	3.37	14.26	2.39	10.00	2.08	8.71	1.48	6.20	1.78	7.45
28	5-10-0118	棉籽饼	88.0	36.3	2.37	9.92	2.16	9.04	1.79	7.51	1.13	4.72	1.58	6.61

续附表 4-2

序号	中国饲料号	饲料名称	干物质/%	粗蛋白质/%	猪消化能/(Mcal/kg)	/(MJ/kg)	鸡代谢能/(Mcal/kg)	/(MJ/kg)	肉牛维持净能/(Mcal/kg)	/(MJ/kg)	肉牛增重净能/(Mcal/kg)	/(MJ/kg)	奶牛产奶净能/(Mcal/kg)	/(MJ/kg)
29	5-10-0119	棉籽粕	90.0	47.0	2.25	9.41	1.86	7.78	1.78	7.44	1.13	4.73	1.56	6.53
30	5-10-0117	棉籽粕	90.0	43.5	2.31	9.68	2.03	8.49	1.76	7.35	1.12	4.69	1.54	6.44
31	5-10-0220	棉籽蛋白	92.0	51.1	2.45	10.25	2.16	9.04	1.87	7.82	1.20	5.02	1.82	7.61
32	5-10-0183	菜籽饼	88.0	35.7	2.88	12.05	1.95	8.16	1.59	6.64	0.93	3.90	1.42	5.94
33	5-10-0121	菜籽粕	88.0	38.6	2.53	10.59	1.77	7.41	1.57	6.56	0.95	3.98	1.39	5.82
34	5-10-0116	花生仁饼	88.0	44.7	3.08	12.89	2.78	11.63	2.37	9.91	1.73	7.22	2.02	8.45
35	5-10-0115	花生仁粕	88.0	47.8	2.97	12.43	2.60	10.88	2.10	8.80	1.48	6.20	1.80	7.53
36	5-10-0031	向日葵仁饼	88.0	29.0	1.89	7.91	1.59	6.65	1.43	5.99	0.82	3.41	1.28	5.36
37	5-10-0242	向日葵仁粕	88.0	36.5	2.78	11.63	2.32	9.71	1.75	7.33	1.14	4.76	1.53	6.40
38	5-10-0243	向日葵仁粕	88.0	33.6	2.49	10.42	2.03	8.49	1.58	6.60	0.93	3.90	1.41	5.90
39	5-10-0119	亚麻仁饼	88.0	32.2	2.90	12.13	2.34	9.79	1.90	7.96	1.25	5.23	1.66	6.95
40	5-10-0120	亚麻仁粕	88.0	34.8	2.37	9.92	1.90	7.95	1.78	7.44	1.17	4.89	1.54	6.44
41	5-10-0246	芝麻饼	92.0	39.2	3.20	13.39	2.14	8.95	1.92	8.02	1.23	5.13	1.69	7.07
42	5-11-0001	玉米蛋白粉	90.1	63.5	3.60	15.06	3.88	16.23	2.32	9.71	1.58	6.61	2.02	8.45
43	5-11-0002	玉米蛋白粉	91.2	51.3	3.73	15.61	3.41	14.27	2.14	8.96	1.40	5.85	1.89	7.91
44	5-11-0008	玉米蛋白粉	89.9	44.3	3.59	15.02	3.18	13.31	1.93	8.08	1.26	5.26	1.74	7.28
45	5-11-0003	玉米蛋白饲料	88.0	19.3	2.48	10.38	2.02	8.45	2.00	8.36	1.36	5.69	1.70	7.11
46	4-10-0026	玉米胚芽饼	90.0	16.7	3.51	14.69	2.24	9.37	2.06	8.62	1.40	5.86	1.75	7.32
47	4-10-0244	玉米胚芽粕	90.0	20.8	3.28	13.72	2.07	8.66	1.87	7.83	1.27	5.33	1.60	6.69

续附表 4-2

序号	中国饲料号	饲料名称	干物质/%	粗蛋白质/%	猪消化能 /(Mcal/kg)	/(MJ/kg)	鸡代谢能 /(Mcal/kg)	/(MJ/kg)	肉牛维持净能 /(Mcal/kg)	/(MJ/kg)	肉牛增重净能 /(Mcal/kg)	/(MJ/kg)	奶牛产奶净能 /(Mcal/kg)	/(MJ/kg)
48	5-11-0007	DDGS	89.2	27.5	3.43	14.35	2.20	9.20	1.86	7.78	1.57	6.58	2.14	8.97
49	5-11-0009	蚕豆粉浆蛋白粉	88.0	66.3	3.23	13.51	3.47	14.52	2.16	9.03	1.47	6.16	1.92	8.03
50	5-11-0004	麦芽根	89.7	28.3	2.31	9.67	1.41	5.90	1.60	6.69	1.02	4.29	1.43	5.98
51	5-13-0044	鱼粉(CP64.5%)	90.0	64.5	3.15	13.18	2.96	12.38	1.92	8.01	1.22	5.12	1.69	7.07
52	5-13-0045	鱼粉(CP62.5%)	90.0	62.5	3.10	12.97	2.91	12.18	1.85	7.75	1.19	4.97	1.63	6.82
53	5-13-0046	鱼粉(CP60.2%)	90.0	60.2	3.00	12.55	2.82	11.80	1.86	7.77	1.19	4.98	1.63	6.82
54	5-13-0077	鱼粉(CP53.5%)	90.0	53.5	3.09	12.93	2.90	12.13	1.85	7.72	1.21	5.05	1.61	6.74
55	5-13-0036	血粉	88.0	82.8	2.73	11.42	2.46	10.29	1.45	6.08	0.75	3.13	1.34	5.61
56	5-13-0037	羽毛粉	88.0	77.9	2.77	11.59	2.73	11.42	1.46	6.10	0.76	3.19	1.34	5.61
57	5-13-0038	皮革粉	88.0	74.7	2.75	11.51	1.48	6.19	0.67	2.81	0.37	1.55	0.74	3.10
58	5-13-0047	肉骨粉	93.0	50.0	2.83	11.84	2.38	9.96	1.65	6.91	1.08	4.53	1.43	5.98
59	5-13-0048	肉粉	94.0	54.0	2.70	11.30	2.20	9.20	1.66	6.95	1.05	4.39	1.34	5.61
60	1-05-0074	苜蓿草粉(CP19%)	87.0	19.1	1.66	6.95	0.97	4.06	1.29	5.40	0.73	3.04	1.15	4.81
61	1-05-0075	苜蓿草粉(CP17%)	87.0	17.2	1.46	6.11	0.87	3.64	1.29	5.38	0.73	3.05	1.14	4.77
62	1-05-0076	苜蓿草粉(CP14%～15%)	87.0	14.3	1.49	6.23	0.84	3.51	1.11	4.66	0.57	2.40	1.00	4.18
63	5-11-0005	啤酒糟	88.0	24.3	2.25	9.41	2.37	9.92	1.56	6.55	0.93	3.90	1.39	5.82
64	7-15-0001	啤酒酵母	91.7	52.4	3.54	14.81	2.52	10.54	1.90	7.93	1.22	5.10	1.67	6.99
65	4-13-0075	乳清粉	94.0	12.0	3.44	14.39	2.73	11.42	2.05	8.56	1.53	6.39	1.72	7.20
66	5-01-0162	酪蛋白	91.0	84.4	4.13	17.27	4.13	17.28	3.14	13.14	2.36	9.88	2.31	9.67

续附表 4-2

序号	中国饲料号	饲料名称	干物质 /%	粗蛋白 质/%	猪消化能 /(Mcal/kg)	/(MJ/kg)	鸡代谢能 /(Mcal/kg)	/(MJ/kg)	肉牛维持净能 /(Mcal/kg)	/(MJ/kg)	肉牛增重净能 /(Mcal/kg)	/(MJ/kg)	奶牛产奶净能 /(Mcal/kg)	/(MJ/kg)
67	5-14-0503	明胶	90.0	88.6	2.80	11.72	2.36	9.87	1.80	7.53	1.36	5.70	1.56	6.53
68	4-06-0076	牛奶乳糖	96.0	3.5	3.37	14.10	2.69	11.25	2.32	9.72	1.85	7.76	1.91	7.99
69	4-06-0077	乳糖	96.0	0.3	3.53	14.77	2.70	11.30	2.31	9.67	1.84	7.70	2.06	8.62
70	4-06-0078	葡萄糖	90.0	0.3	3.36	14.06	3.08	12.89	2.66	11.13	2.13	8.92	1.76	7.36
71	4-06-0079	蔗糖	99.0		3.80	15.90	3.90	16.32	3.37	14.10	2.69	11.26	2.06	8.62
72	4-02-0889	玉米淀粉	99.0	0.3	4.00	16.74	3.16	13.22	2.73	11.43	2.20	9.12	1.87	7.82
73	4-17-0001	牛油	99.0		8.00	33.47	7.78	32.55	4.76	19.90	3.52	14.73	4.23	17.70
74	4-17-0002	猪油	99.0		8.29	34.69	9.11	38.11	5.60	23.43	4.15	17.37	4.86	20.34
75	4-17-0003	家禽脂肪	99.0		8.52	35.65	9.36	39.16	5.47	22.89	4.10	17.00	4.96	20.76
76	4-17-0004	鱼油	99.0		8.44	35.31	8.45	35.35	9.55	39.92	5.26	21.20	4.64	19.40
77	4-17-0005	菜籽油	99.0		8.76	36.65	9.21	38.53	10.14	42.30	5.68	23.77	5.01	20.97
78	4-17-0006	玉米油	99.0		8.75	36.61	9.66	40.42	10.44	43.64	5.75	24.10	5.26	22.01
79	4-17-0007	椰子油	99.0		8.40	35.11	8.81	36.83	9.78	40.92	5.58	23.35	4.79	20.05
80	4-17-0008	棉籽油	99.0		8.60	35.98	10.20	42.68	5.72	23.94	4.92	20.06	8.91	37.25
81	4-17-0009	棕榈油	99.0		8.01	33.51	6.56	27.45	3.94	16.50	3.16	13.23	5.76	24.10
82	4-17-0010	花生油	99.0		8.73	36.53	10.50	43.89	5.57	23.31	5.09	21.30	9.17	38.33
83	4-17-0011	芝麻油	99.0		8.75	36.61	9.60	40.14	5.20	21.76	4.61	19.29	8.35	34.91
84	4-17-0012	大豆油	99.0		8.75	36.61	9.38	39.21	5.44	22.76	4.55	19.04	8.29	34.69
85	4-17-0013	葵花油	99.0		8.76	36.65	10.44	43.64	5.43	22.72	5.26	22.01	9.47	39.63

附表 4-3 饲料中氨基酸含量

序号	中国饲料号	饲料名称	干物质/%	粗蛋白质/%	精氨酸/%	组氨酸/%	异亮氨酸/%	亮氨酸/%	赖氨酸/%	蛋氨酸/%	胱氨酸/%	苯丙氨酸/%	酪氨酸/%	苏氨酸/%	色氨酸/%	缬氨酸/%
1	4-07-0278	玉米	86.0	9.4	0.38	0.23	0.26	1.03	0.26	0.19	0.22	0.43	0.34	0.31	0.08	0.40
2	4-07-0288	玉米	86.0	8.5	0.50	0.29	0.27	0.74	0.36	0.15	0.18	0.37	0.28	0.30	0.08	0.46
3	4-07-0279	玉米	86.0	8.7	0.39	0.21	0.25	0.93	0.24	0.18	0.20	0.41	0.33	0.30	0.07	0.38
4	4-07-0280	玉米	86.0	7.8	0.37	0.20	0.24	0.93	0.23	0.15	0.15	0.38	0.31	0.29	0.06	0.35
5	4-07-0272	高粱	86.0	9.0	0.33	0.18	0.35	1.08	0.18	0.17	0.12	0.45	0.32	0.26	0.08	0.44
6	4-07-0270	小麦	87.0	13.9	0.58	0.27	0.44	0.80	0.30	0.25	0.24	0.58	0.37	0.33	0.15	0.56
7	4-07-0274	大麦(裸)	87.0	13.0	0.64	0.16	0.43	0.87	0.44	0.14	0.25	0.68	0.40	0.43	0.16	0.63
8	4-07-0277	大麦(皮)	87.0	11.0	0.65	0.24	0.52	0.91	0.42	0.18	0.18	0.59	0.35	0.41	0.12	0.64
9	4-07-0281	黑麦	88.0	11.0	0.50	0.25	0.40	0.64	0.37	0.16	0.25	0.49	0.26	0.34	0.12	0.52
10	4-07-0273	稻谷	86.0	7.8	0.57	0.15	0.32	0.58	0.29	0.19	0.16	0.40	0.37	0.25	0.10	0.47
11	4-07-0276	糙米	87.0	8.8	0.65	0.17	0.30	0.61	0.32	0.20	0.14	0.35	0.31	0.28	0.12	0.49
12	4-07-0275	碎米	88.0	10.4	0.78	0.27	0.39	0.74	0.42	0.22	0.17	0.49	0.39	0.38	0.12	0.57
13	4-07-0479	粟(谷子)	86.5	9.7	0.30	0.20	0.36	1.15	0.15	0.25	0.20	0.49	0.26	0.35	0.17	0.42
14	4-04-0067	木薯干	87.0	2.5	0.40	0.05	0.11	0.15	0.13	0.05	0.04	0.10	0.04	0.10	0.03	0.13
15	4-04-0068	甘薯干	87.0	4.0	0.16	0.08	0.17	0.26	0.16	0.06	0.08	0.19	0.13	0.18	0.05	0.27
16	4-08-0104	次粉	88.0	15.4	0.86	0.41	0.55	1.06	0.59	0.23	0.37	0.66	0.46	0.50	0.21	0.72
17	4-08-0105	次粉	87.0	13.6	0.85	0.33	0.48	0.98	0.52	0.16	0.33	0.63	0.45	0.50	0.18	0.68
18	4-08-0069	小麦麸	87.0	15.7	0.97	0.39	0.46	0.81	0.58	0.13	0.26	0.58	0.28	0.43	0.20	0.63
19	4-08-0070	小麦麸	87.0	14.3	0.88	0.35	0.42	0.74	0.53	0.12	0.24	0.53	0.25	0.39	0.18	0.57
20	4-08-0041	米糠	87.0	12.8	1.06	0.39	0.63	1.00	0.74	0.25	0.19	0.63	0.50	0.48	0.14	0.81
21	4-10-0025	米糠饼	88.0	14.7	1.19	0.43	0.72	1.06	0.66	0.26	0.30	0.76	0.51	0.53	0.15	0.99
22	4-10-0018	米糠粕	87.0	15.1	1.28	0.46	0.78	1.30	0.72	0.28	0.32	0.82	0.55	0.57	0.17	1.07
23	5-09-0127	大豆	87.0	35.5	2.57	0.59	1.28	2.72	2.20	0.56	0.70	1.42	0.64	1.41	0.45	1.50

续附表 4-3

序号	中国饲料号	饲料名称	干物质/%	粗蛋白质/%	精氨酸/%	组氨酸/%	异亮氨酸/%	亮氨酸/%	赖氨酸/%	蛋氨酸/%	胱氨酸/%	苯丙氨酸/%	酪氨酸/%	苏氨酸/%	色氨酸/%	缬氨酸/%
24	5-09-0128	全脂大豆	88.0	35.5	2.63	0.63	1.32	2.68	2.37	0.55	0.76	1.39	0.67	1.42	0.49	1.53
25	5-10-0241	大豆饼	89.0	41.8	2.53	1.10	1.57	2.75	2.43	0.60	0.62	1.79	1.53	1.44	0.64	1.70
26	5-10-0103	大豆粕	89.0	47.9	3.43	1.22	2.10	3.57	2.99	0.68	0.73	2.33	1.57	1.85	0.65	2.26
27	5-10-0102	大豆粕	89.0	44.2	3.38	1.17	1.99	3.35	2.68	0.59	0.65	2.21	1.47	1.71	0.57	2.09
28	5-10-0118	棉籽饼	88.0	36.3	3.94	0.90	1.16	2.07	1.40	0.41	0.70	1.88	0.95	1.14	0.39	1.51
29	5-10-0119	棉籽粕	88.0	47.0	4.98	1.26	1.40	2.67	2.13	0.56	0.66	2.43	1.11	1.35	0.54	2.05
30	5-10-0117	棉籽粕	90.0	43.5	4.65	1.19	1.29	2.47	1.97	0.58	0.68	2.28	1.05	1.25	0.51	1.91
31	5-10-0220	棉籽蛋白	92.0	51.1	6.08	1.58	1.72	3.13	2.26	0.86	1.04	2.94	1.42	1.60		2.48
32	5-10-0183	菜籽饼	88.0	35.7	1.82	0.83	1.24	2.26	1.33	0.60	0.82	1.35	0.92	1.40	0.42	1.62
33	5-10-0121	菜籽粕	88.0	38.6	1.83	0.86	1.29	2.34	1.30	0.63	0.87	1.45	0.97	1.49	0.43	1.74
34	5-10-0116	花生仁饼	88.0	44.7	4.60	0.83	1.18	2.36	1.32	0.39	0.38	1.81	1.31	1.05	0.42	1.28
35	5-10-0115	花生仁粕	88.0	47.8	4.88	0.88	1.25	2.50	1.40	0.41	0.40	1.92	1.39	1.11	0.45	1.36
36	5-10-0031	向日葵仁饼	88.0	29.0	2.44	0.62	1.19	1.76	0.96	0.59	0.43	1.21	0.77	0.98	0.28	1.35
37	5-10-0242	向日葵仁粕	88.0	36.5	3.17	0.81	1.51	2.25	1.22	0.72	0.62	1.56	0.99	1.25	0.47	1.72
38	5-10-0243	向日葵仁粕	88.0	33.6	2.89	0.74	1.39	2.07	1.13	0.69	0.50	1.43	0.91	1.14	0.37	1.58
39	5-10-0119	亚麻仁饼	88.0	32.2	2.35	0.51	1.15	1.62	0.73	0.46	0.48	1.32	0.50	1.00	0.48	1.44
40	5-10-0120	亚麻仁粕	88.0	34.8	3.59	0.64	1.33	1.85	1.16	0.55	0.55	1.51	0.93	1.10	0.70	1.51
41	5-10-0246	芝麻饼	92.0	39.2	2.38	0.81	1.42	2.52	0.82	0.82	0.75	1.68	1.02	1.29	0.49	1.84
42	5-11-0001	玉米蛋白粉	90.1	63.5	1.90	1.18	2.85	11.59	0.97	1.42	0.96	4.10	3.19	2.08	0.36	2.98
43	5-11-0002	玉米蛋白粉	91.2	51.3	1.48	0.89	1.75	7.87	0.92	1.14	0.76	2.83	2.25	1.59	0.31	2.05
44	5-11-0008	玉米蛋白粉	89.9	44.3	1.31	0.78	1.63	7.08	0.71	1.04	0.65	2.61	2.03	1.38		1.84
45	5-11-0003	玉米蛋白饲料	88.0	19.3	0.77	0.56	0.62	1.82	0.63	0.29	0.33	0.70	0.50	0.68	0.14	0.93
46	4-10-0026	玉米胚芽饼	90.0	16.7	1.16	0.45	0.53	1.25	0.70	0.31	0.47	0.64	0.54	0.64	0.16	0.91
47	4-10-0244	玉米胚芽粕	90.0	20.8	1.51	0.62	0.77	1.54	0.75	0.21	0.28	0.93	0.66	0.68	0.18	1.66

续附表 4-3

序号	中国饲料号	饲料名称	干物质/%	粗蛋白质/%	精氨酸/%	组氨酸/%	异亮氨酸/%	亮氨酸/%	赖氨酸/%	蛋氨酸/%	胱氨酸/%	苯丙氨酸/%	酪氨酸/%	苏氨酸/%	色氨酸/%	缬氨酸/%
48	5-11-0007	DDGS	89.2	27.5	1.23	0.75	1.06	3.21	0.87	0.56	0.57	1.40	1.09	1.04	0.22	1.41
49	5-11-0009	蚕豆粉浆蛋白粉	88.0	66.3	5.96	1.66	2.90	5.88	4.44	0.60	0.57	3.34	2.21	2.31		3.20
50	5-11-0004	麦芽根	89.7	28.3	1.22	0.54	1.08	1.58	1.30	0.37	0.26	0.85	0.67	0.96	0.42	1.44
51	5-13-0044	鱼粉(CP64.5%)	90.0	64.5	3.91	1.75	2.68	4.99	5.22	1.71	0.58	2.71	2.13	2.87	0.78	3.25
52	5-13-0045	鱼粉(CP62.5%)	90.0	62.5	3.86	1.83	2.79	5.06	5.12	1.66	0.55	2.67	2.01	2.78	0.75	3.14
53	5-13-0046	鱼粉(CP60.2%)	90.0	60.2	3.57	1.71	2.68	4.80	4.72	1.64	0.52	2.35	1.96	2.57	0.70	3.17
54	5-13-0077	鱼粉(CP53.5%)	90.0	53.5	3.24	1.29	2.30	4.30	3.87	1.39	0.49	2.22	1.70	2.51	0.60	2.77
55	5-13-0036	血粉	88.0	82.8	2.99	4.40	0.75	8.38	6.67	0.74	0.98	5.23	2.55	2.86	1.11	6.08
56	5-13-0037	羽毛粉	88.0	77.9	5.30	0.58	4.21	6.78	1.65	0.59	2.93	3.57	1.79	3.51	0.40	6.05
57	5-13-0038	皮革粉	88.0	74.7	4.45	0.40	1.06	2.53	2.18	0.80	0.16	1.56	0.63	0.71	0.50	1.91
58	5-13-0047	肉骨粉	93.0	50.0	3.35	0.96	1.70	3.20	2.60	0.67	0.33	1.70	1.26	1.63	0.26	2.25
59	5-13-0048	肉粉	94.0	54.0	3.60	1.14	1.60	3.84	3.07	0.80	0.60	2.17	1.40	1.97	0.35	2.66
60	1-05-0074	苜蓿草粉(CP19%)	87.0	19.1	0.78	0.39	0.68	1.20	0.82	0.21	0.22	0.82	0.58	0.74	0.43	0.91
61	1-05-0075	苜蓿草粉(CP17%)	87.0	17.2	0.74	0.32	0.66	1.10	0.81	0.20	0.16	0.81	0.54	0.69	0.37	0.85
62	1-05-0076	苜蓿草粉(CP14%~15%)	87.0	14.3	0.61	0.19	0.58	1.00	0.60	0.18	0.15	0.59	0.38	0.45	0.24	0.58
63	5-11-0005	啤酒糟	88.0	24.3	0.98	0.51	1.18	1.08	0.72	0.52	0.35	2.35	1.17	0.81	0.28	1.66
64	7-15-0001	啤酒酵母	91.7	52.4	2.67	1.11	2.85	4.76	3.38	0.83	0.50	4.07	0.12	2.33	0.21	3.40
65	4-13-0075	乳清粉	94.0	12.0	0.40	0.20	0.90	1.20	1.10	0.20	0.30	0.40	0.21	0.80	0.20	0.70
66	5-01-0162	酪蛋白	91.0	84.4	3.10	2.68	4.43	8.36	6.99	2.57	0.39	4.56	4.54	3.79	1.08	5.80
67	5-14-0503	明胶	90.0	88.6	6.60	0.66	1.42	2.91	3.62	0.76	0.12	1.74	0.43	1.82	0.05	2.26
68	4-06-0076	牛奶乳糖	96.0	3.5	0.25	0.09	0.09	0.16	0.14	0.03	0.04	0.09	0.02	0.09	0.09	0.09

附表 4-4　矿物质及维生素含量

序号	中国饲料号	饲料名称	钠/%	氯/%	镁/%	钾/%	铁/(mg/kg)	铜/(mg/kg)	锰/(mg/kg)	锌/(mg/kg)	硒/(mg/kg)	胡萝卜素/(mg/kg)	维生素E/(mg/kg)
1	4-07-0278	玉米	0.01	0.04	0.11	0.29	36	3.4	5.8	21.1	0.04	2	22.0
2	4-07-0272	高粱	0.03	0.09	0.15	0.34	87	7.6	17.1	20.1	0.05		7.0
3	4-07-0270	小麦	0.06	0.07	0.11	0.50	88	7.9	45.9	29.7	0.05	0.4	13.0
4	4-07-0274	大麦(裸)	0.04		0.11	0.60	100	7.0	18.0	30.0	0.16		48.0
5	4-07-0277	大麦(皮)	0.02	0.15	0.14	0.56	87	5.6	17.5	23.6	0.06	4.1	20.0
6	4-07-0281	黑麦	0.02	0.04	0.12	0.42	117	7.0	53.0	35.0	0.40		15.0
7	4-07-0273	稻谷	0.04	0.07	0.07	0.34	40	3.5	20.0	8.0	0.04		16.0
8	4-07-0276	糙米	0.04	0.06	0.14	0.34	78	3.3	21.0	10.0	0.07		13.5
9	4-07-0275	碎米	0.07	0.08	0.11	0.13	62	8.8	47.5	36.4	0.06		14.0
10	4-07-0479	粟(谷子)	0.04	0.14	0.16	0.43	270	24.5	22.5	15.9	0.08	1.2	36.3
11	4-04-0067	木薯干	0.03		0.11	0.78	150	4.2	6.0	14.0	0.04		
12	4-04-0068	甘薯干	0.16		0.08	0.36	107	6.1	10.0	9.0	0.07		
13	4-08-0104	次粉	0.60	0.04	0.41	0.60	140	11.6	94.2	73.0	0.07	3.0	20.0
14	4-08-0105	次粉	0.60	0.04	0.41	0.60	140	11.6	94.2	73.0	0.07	3.0	20.0
15	4-08-0069	小麦麸	0.07	0.07	0.52	1.19	170	13.8	104.3	96.5	0.07	1.0	14.0
16	4-08-0070	小麦麸	0.07	0.07	0.47	1.19	157	16.5	80.6	104.7	0.05	1.0	14.0
17	4-08-0041	米糠	0.07	0.07	0.90	1.73	304	7.1	175.9	50.3	0.09		60.0
18	4-10-0025	米糠饼	0.08		1.26	1.80	400	8.7	211.6	56.4	0.09		11.0
19	4-10-0018	米糠粕	0.09	0.10		1.80	432	9.4	228.4	60.9	0.10		
20	5-09-0127	大豆	0.02	0.03	0.28	1.70	111	18.1	21.5	40.7	0.06		40.0
21	5-09-0128	全脂大豆	0.02	0.03	0.28	1.70	111	18.1	21.5	40.7	0.06		40.0

续附表 4-4

序号	中国饲料号	饲料名称	钠/%	氯/%	镁/%	钾/%	铁/(mg/kg)	铜/(mg/kg)	锰/(mg/kg)	锌/(mg/kg)	硒/(mg/kg)	胡萝卜素/(mg/kg)	维生素E/(mg/kg)
22	5-10-0241	大豆饼	0.02	0.02	0.25	1.77	187	19.8	32.0	43.4	0.04		6.6
23	5-10-0103	大豆粕	0.03	0.05	0.28	2.05	185	24.0	38.2	46.4	0.10	0.2	3.1
24	5-10-0102	大豆粕	0.03	0.05	0.28	1.72	185	24.0	28.0	46.4	0.06	0.2	3.1
25	5-10-0118	棉籽饼	0.04	0.14	0.52	1.20	266	11.6	17.8	44.9	0.11	0.2	16.0
26	5-10-0119	棉籽粕	0.04	0.04	0.40	1.16	263	14.0	18.7	55.5	0.15	0.2	15.0
27	5-10-0117	棉籽粕	0.04	0.04	0.40	1.16	263	14.0	18.7	55.5	0.15	0.2	15.0
28	5-10-0183	菜籽饼	0.02			1.34	687	7.2	78.1	59.2	0.29		
29	5-10-0121	菜籽粕	0.09	0.11	0.51	1.40	653	7.1	82.2	67.5	0.16		54.0
30	5-10-0116	花生仁饼	0.04	0.03	0.33	1.14	347	23.7	36.7	52.5	0.06		3.0
31	5-10-0115	花生仁粕	0.07	0.03	0.31	1.23	368	25.1	38.9	55.7	0.06		3.0
32	1-10-0031	向日葵仁饼	0.02	0.01	0.75	1.17	424	45.6	41.5	62.1	0.09		0.9
33	5-10-0242	向日葵仁粕	0.20	0.01	0.75	1.00	226	32.8	34.5	82.7	0.06		0.7
34	5-10-0243	向日葵仁粕	0.20	0.10	0.68	1.23	310	35.0	35.0	80.0	0.08		
35	5-10-0119	亚麻仁饼	0.09	0.04	0.58	1.25	204	27.0	40.3	36.0	0.18		7.7
36	5-10-0120	亚麻仁粕	0.14	0.05	0.56	1.38	219	25.5	43.3	38.7	0.18	0.2	5.8
37	5-10-0246	芝麻饼	0.04	0.05	0.50	1.39	1780	50.4	32.0	2.4	0.21	0.2	0.3
38	5-11-0001	玉米蛋白粉	0.01	0.05	0.08	0.30	230	1.9	5.9	19.2	0.02	44.0	25.5
39	5-11-0002	玉米蛋白粉	0.02	0.08		0.35	332	10.0	78.0	49.0			
40	5-11-0008	玉米蛋白粉	0.02	0.08	0.05	0.40	400	28.0	7.0		1.00	16.0	19.9
41	5-11-0003	玉米蛋白饲料	0.12	0.22	0.42	1.30	282	10.7	77.1	59.2	0.23	8.0	14.8
42	4-10-0026	玉米胚芽饼	0.01	0.12	0.10	0.30	99	12.8	19.0	108.1		2.0	87.0

续附表 4-4

序号	中国饲料号	饲料名称	钠/%	氯/%	镁/%	钾/%	铁/(mg/kg)	铜/(mg/kg)	锰/(mg/kg)	锌/(mg/kg)	硒/(mg/kg)	胡萝卜素/(mg/kg)	维生素E/(mg/kg)
43	4-10-0244	玉米胚芽粕	0.01		0.16	0.69	214	7.7	23.3	126.6	0.33	2.0	80.8
44	5-11-0007	DDGS	0.24	0.17	0.91	0.28	98	5.4	15.2	52.3		3.5	40.0
45	5-11-0009	蚕豆粉浆蛋白粉	0.01			0.06		22.0	16.0				
46	5-11-0004	麦芽根	0.06	0.59	0.16	2.18	198	5.3	67.8	42.4	0.60		4.2
47	5-13-0044	鱼粉（CP64.5%）	0.88	0.60	0.24	0.90	226	9.1	9.2	98.9	2.70		5.0
48	5-13-0045	鱼粉（CP62.5%）	0.78	0.61	0.16	0.83	181	6.0	12.0	90.0	1.62		5.7
49	5-13-0046	鱼粉（CP60.2%）	0.97	0.61	0.16	1.10	80	8.0	10.0	80.0	1.50		7.0
50	5-13-0077	鱼粉（CP53.5%）	1.15	0.61	0.16	0.94	292	8.0	9.7	88.0	1.94		5.6
51	5-13-0036	血粉	0.31	0.27	0.16	0.90	2100	8.0	2.3	14.0	0.70		1.0
52	5-13-0037	羽毛粉	0.31	0.26	0.20	0.18	73	6.8	8.8	53.8	0.80		7.3
53	5-13-0038	皮革粉		0.75	1.13	1.40	131	11.1	25.2	89.8			
54	5-13-0047	肉骨粉	0.73	0.97	0.35	0.57	500	1.5	12.3	90.0	0.25		0.8
55	5-13-0048	肉粉	0.80	0.38	0.30	2.08	440	10.0	10.0	94.0	0.37		1.2
56	1-05-0074	苜蓿草粉（CP19%）	0.09	0.46	0.36	2.40	372	9.1	30.7	17.1	0.46	94.6	144.0
57	1-05-0075	苜蓿草粉（CP17%）	0.17	0.46	0.36	2.40	361	9.7	30.7	21.0	0.46	94.6	125.0
58	1-05-0076	苜蓿草糟	0.11	0.12	0.36	2.22	437	9.1	33.2	22.6	0.48	63.0	98.0
59	5-11-0005	啤酒糟	0.25	0.12	0.19	0.08	274	20.1	35.6	104.0	0.41	0.20	27.0
60	7-15-0001	啤酒酵母	0.10	0.14	0.23	1.70	248	61.0	22.3	86.7	1.00		2.2
61	4-13-0075	乳清粉	2.11	0.04	0.13	1.81	160	43.1	4.6	3.0	0.06		0.3
62	5-01-0162	酪蛋白	0.01		0.01	0.01	13	3.6	3.6	27.0	0.15		
63	5-14-0503	明胶			0.05								
64	4-06-0076	牛奶乳糖			0.15	2.40							

续附表 4-4

序号	中国饲料号	饲料名称	维生素 B$_1$ /(mg/kg)	维生素 B$_2$ /(mg/kg)	泛酸 /(mg/kg)	烟酸 /(mg/kg)	生物素 /(mg/kg)	叶酸 /(mg/kg)	胆碱 /(mg/kg)	维生素 B$_6$ /(mg/kg)	维生素 B$_{12}$ /(μg/kg)	亚油酸 /%
1	4-07-0278	玉米	3.5	1.1	5.0	24.0	0.06	0.15	620	10.0		2.20
2	4-07-0272	高粱	3.0	1.3	12.4	41.0	0.26	0.20	668	5.2		1.13
3	4-07-0270	小麦	4.6	1.3	11.9	51.0	0.11	0.36	1 040	3.7		0.59
4	4-07-0274	大麦(裸)	4.1	1.4		87.0				19.3		
5	4-07-0277	大麦(皮)	4.5	1.8	8.0	55.0	0.15	0.07	990	4.0		0.83
6	4-07-0281	黑麦	3.6	1.5	8.0	16.0	0.06	0.60	440	2.6		0.76
7	4-07-0273	稻谷	3.1	1.2	3.7	34.0	0.08	0.45	900	28.0		0.28
8	4-07-0276	糙米	2.8	1.1	11.0	30.0	0.08	0.40	1 014	0.04		
9	4-07-0275	碎米	1.4	0.7	8.0	30.0	0.08	0.20	800	28.0		
10	4-07-0479	粟(谷子)	6.6	1.6	7.4	53.0		15.0	790			0.84
11	4-04-0067	木薯干	1.7	0.8	1.0	3.0				1.00		0.10
12	4-04-0068	甘薯干										
13	4-08-0104	次粉	16.5	1.8	15.6	72.0	0.33	0.76	1 187	9.0		1.74
14	4-08-0105	次粉	16.5	1.8	15.6	72.0	0.33	0.76	1 187	9.0		1.74
15	4-08-0069	小麦麸	8.0	4.6	31.0		0.36	0.63	980	7.0		1.70
16	4-08-0070	小麦麸	8.0	4.6	31.0	186.0	0.36	0.63	980	7.0		1.70
17	4-08-0041	米糠	22.5	2.5	23.0	293.0	0.42	2.20	1 135	14.0		3.57
18	4-10-0025	米糠饼	24.0	2.9	94.9	689.0	0.70	0.88	1 700	54.0	40.0	
19	4-10-0018	米糠粕										
20	5-09-0127	大豆	12.3	2.9	17.4	24.0	0.42	2.00	3 200	12.0	0.0	8.00
21	5-09-0128	全脂大豆	12.3	2.9	17.4	24.0	0.42	4.00	3 200	12.00	0.0	8.00

续附表 4-4

序号	中国饲料号	饲料名称	维生素B_1 /(mg/kg)	维生素B_2 /(mg/kg)	泛酸 /(mg/kg)	烟酸 /(mg/kg)	生物素 /(mg/kg)	叶酸 /(mg/kg)	胆碱 /(mg/kg)	维生素B_6 /(mg/kg)	维生素B_{12} /(µg/kg)	亚油酸 /%
22	5-10-0241	大豆饼	1.7	4.4	13.8	37.0	0.32	0.45	2 673	10.00	0.0	0.51
23	5-10-0103	大豆粕	4.6	3.0	16.4	30.7	0.33	0.81	2 858	6.10	0.0	0.51
24	5-10-0102	大豆粕	4.6	3.0	16.4	30.7	0.33	0.81	2 858	6.10	0.0	0.51
25	5-10-0118	棉籽饼	6.4	5.1	10.0	38.0	0.53	1.65	2 753	5.30	0.0	2.47
26	5-10-0119	棉籽粕	7.0	5.5	12.0	40.0	0.30	2.51	2 933	5.10	0.0	1.51
27	5-10-0117	棉籽粕	7.0	5.5	12.0	40.0	0.30	2.51	2 933	5.10	0.0	1.51
28	5-10-0183	菜籽饼	5.2	3.7	9.5	160.0	0.98	0.95	6 700	7.20	0.0	0.42
29	5-10-0121	菜籽粕	7.1	5.2	47.0	166.0	0.33	0.40	1 655	10.00	0.0	1.43
30	5-10-0116	花生仁饼	5.7	11.0	53.0	173.0	0.39	0.39	1 854	10.00	0.0	0.24
31	5-10-0115	花生仁粕		18.0	4.0	86.0	1.40	0.40	800			
32	1-10-0031	向日葵仁饼	4.6	2.3	39.0	22.0	1.70	1.60	3 260	17.20		0.98
33	5-10-0242	向日葵仁粕	3.0	3.0	29.9	14.0	1.40	1.14	3 100	11.10	0.0	0.98
34	5-10-0243	向日葵仁粕	2.6	4.1	16.5	37.4	0.36	2.90	1 672	6.10		1.07
35	5-10-0119	亚麻仁饼	7.5	3.2	14.7	33.0	0.41	0.34	1 512	6.00		
36	5-10-0120	亚麻仁粕	2.8	3.6	6.0	30.0	2.40	—	1 536	12.50	200.0	0.36
37	5-10-0246	芝麻仁饼	0.3	2.2	3.0	55.0	0.15	0.20	330	6.90	0.0	1.90
38	5-11-0001	玉米蛋白粉									50.0	1.17
39	5-11-0002	玉米蛋白粉	0.2	1.5	9.6	54.5	0.15	0.22	330			
40	5-11-0008	玉米蛋白粉	2.0	2.4	17.8	75.5	0.22	0.28	1 700	13.00		
41	5-11-0003	玉米蛋白饲料									250.0	1.43
42	4-10-0026	玉米胚芽饼	3.7	3.7	3.3	42.0			1 936			1.47

续附表 4-4

序号	中国饲料号	饲料名称	维生素 B₁ /(mg/kg)	维生素 B₂ /(mg/kg)	泛酸 /(mg/kg)	烟酸 /(mg/kg)	生物素 /(mg/kg)	叶酸 /(mg/kg)	胆碱 /(mg/kg)	维生素 B₆ /(mg/kg)	维生素 B₁₂ /(μg/kg)	亚油酸 /%
43	4-10-0244	玉米胚芽粕	1.1	4.0	4.4	37.7	0.22	0.20	2 000			1.47
44	5-11-0007	DDGS	3.5	8.6	11.0	75.0	0.30	0.88	2 637	2.28	10.0	2.15
45	5-11-0009	蚕豆粉浆蛋白粉										
46	5-11-0004	麦芽根	0.7	1.5	8.6	43.3		0.20	1 548			0.46
47	5-13-0044	鱼粉(CP64.5%)	0.3	7.1	15.0	100.0	0.23	0.37	4 408	4.00	352.0	0.20
48	5-13-0045	鱼粉(CP62.5%)	0.2	4.9	9.0	55.0	0.15	0.30	3 099	4.00	150.0	0.12
49	5-13-0046	鱼粉(CP60.2%)	0.5	4.9	9.0	55.0	0.20	0.30	3 056	4.00	104.0	0.12
50	5-13-0077	鱼粉(CP53.5%)	0.4	8.8	8.8	65.0			3 000		143.0	
51	5-13-0036	血粉	0.4	1.6	1.2	23.0	0.09	0.11	800	4.40	50.0	0.10
52	5-13-0037	羽毛粉	0.1	2.0	10.0	27.0	0.04	0.20	880	3.00	71.0	0.83
53	5-13-0038	皮革粉										
54	5-13-0047	肉骨粉	0.2	5.2	4.4	59.4	0.14	0.60	2 000	4.60	100.0	0.72
55	5-13-0048	肉粉	0.6	4.7	5.0	57.0	0.08					
56	1-05-0074	苜蓿草粉(CP19%)	5.8	15.5	34.0	40.0	0.35					0.35
57	1-05-0075	苜蓿草粉(CP17%)	3.4	13.6	29.0	38.0	0.30	4.20	1 401	6.50		0.80
58	1-05-0076	苜蓿草粉	3.0	10.6	20.8	41.8	0.25	1.54	1 548			0.44
59	5-11-0005	啤酒糟	0.6	1.5	8.6	43.0	0.24	0.24	1 723	0.70		2.94
60	7-15-0001	啤酒酵母	91.8	37.0	109.0	448.0	0.63	9.90	3 984	42.80	999.9	0.04
61	4-13-0075	乳清粉	3.9	29.9	47.0	10.0	0.34	0.66	1 500	4.00	20.0	0.01
62	5-01-0162	酪蛋白		0.4	1.5	2.7	1.0	0.04				
63	5-14-0503	明胶								0.51205	0.40	
64	4-06-0076	牛奶乳糖										

表 4-5　常用矿物质饲料中矿物元素的含量(以饲喂状态为基础)

序号	中国饲料号	饲料名称	化学分子式	钙(Ca)a /%	磷(P) /%	磷利用率b /%	钠(Na) /%	氯(Cl) /%	钾(K) /%	镁(Mg) /%	硫(S) /%	铁(Fe) /%	锰(Mn) /%
01	6-14-0001	碳酸钙,饲料级轻质	$CaCO_3$	38.42	0.02		0.08	0.02	0.08	1.610	0.08	0.06	0.02
02	6-14-0002	磷酸氢钙,无水	$CaHPO_4$	29.60	22.77	95~100	0.18	0.47	0.15	0.800	0.80	0.79	0.14
03	6-14-0003	磷酸氢钙,2个结晶水	$CaHPO_4 \cdot 2H_2O$	23.29	18.00	95~100							
04	6-14-0004	磷酸二氢钙	$Ca(H_2PO_4)_2 \cdot H_2O$	15.90	24.58	100	0.20		0.16	0.900	0.80	0.75	0.01
05	6-14-0005	磷酸三钙(磷酸钙)	$Ca_3(PO_4)_2$	38.76	20.0								
06	6-14-0006	石粉c,石灰石,方解石等		35.84	0.01		0.06	0.02	0.11	2.060	0.04	0.35	0.02
07	6-14-0007	骨粉,脱脂		29.80	12.50	80~90	0.04		0.20	0.300	2.40		0.03
08	6-14-0008	贝壳粉		32~35									
09	6-14-0009	蛋壳粉		30~40	0.1~0.4								
10	6-14-0010	磷酸氢铵	$(NH_4)_2HPO_4$	0.35	23.48	100	0.20		0.16	0.750	1.50	0.41	0.01
11	6-14-0011	磷酸二氢铵	$NH_4H_2PO_4$		26.93	100							
12	6-14-0012	磷酸氢二钠	Na_2HPO_4	0.09	21.82	100	31.04						
13	6-14-0013	磷酸二氢钠	NaH_2PO_4		25.81	100	19.17	0.02	0.01	0.010			
14	6-14-0014	碳酸钠	Na_2CO_3				43.30						
15	6-14-0015	碳酸氢钠	$NaHCO_3$	0.01			27.00		0.01				
16	6-14-0016	氯化钠	$NaCl$	0.30			39.50	59.00		0.005	0.20	0.01	
17	6-14-0017	氯化镁	$MgCl_2 \cdot 6H_2O$							11.95			

续附表 4-5

序号	中国饲料号	饲料名称	化学分子式	钙(Ca)ᵃ /%	磷(P)/%	磷利用率ᵇ/%	钠(Na)/%	氯(Cl)/%	钾(K)/%	镁(Mg)/%	硫(S)/%	铁(Fe)/%	锰(Mn)/%
18	6-14-0018	碳酸镁	$MgCO_3 \cdot Mg(OH)_2$	0.02						34.00			0.01
19	6-14-0019	氧化镁	MgO	1.69					0.02	55.00	0.10	1.06	
20	6-14-0020	硫酸镁，7个结晶水	$MgSO_4 \cdot 7H_2O$	0.02				0.01		9.86	13.01		
21	6-14-0021	氯化钾	KCl	0.05			1.00	47.56	52.44	0.23	0.32	0.06	0.001
22	6-14-0022	硫酸钾	K_2SO_4	0.15			0.09	1.50	44.87	0.60	18.40	0.07	0.001

注：①数据来源：《中国饲料学》(2000，张子仪主编)、《猪营养需要》(NRC，1998)。②饲料中使用的矿物质添加剂一般不是化学纯化合物，其组成成分的变异较大。如果能得到，一般应采用原料供给商的分析结果。例如饲料级的磷酸氢钙原料中往往含有一些磷酸二氢钙，而磷酸二氢钙中含有一些磷酸氢钙。ᵃ在大多数来源的磷酸氢钙、磷酸二氢钙、磷酸三钙、脱氟磷酸钙、碳酸钙、硫酸钙和方解石粉中，估计钙的生物学利用率为90%～100%，在高镁含量的白云石粉或白云石粉的生物学效价较低，为50%～80%。ᵇ生物学效价估计值通常以相当于磷酸氢钙或磷酸氢钙中的磷的生物学效价来表示；ᶜ大多数方解石石粉中含有38%或高于38%或分解石石粉中所示的钙和低于上表中所示的镁。

参 考 文 献

[1] 姚军虎.动物营养与饲料.北京:中国农业出版社,2001.

[2] 杨久仙,刘建胜.动物营养与饲料加工.北京:中国农业出版社,2006.

[3] 陈翠玲,张京和.动物营养与饲料加工生产技术.北京:化学工业出版社,2011.

[4] 张丽英.饲料分析及饲料质量检测技术.北京:中国农业大学出版社,2004.

[5] 张力,杨孝列.动物营养与饲料.北京:中国农业大学出版社,2007.

[6] 陈代文.饲料添加剂学.北京:中国农业出版社,2003.

[7] 李德发.中国饲料大全.北京:中国农业出版社,2003.

[8] 冯定远.配合饲料学.北京:中国农业出版社,2003.

[9] 陈喜斌.饲料学.北京:科学出版社,2002.